工程综合标准化管理

国家电网公司直流建设分公司 编

中国电力出版社
CHINA ELECTRIC POWER PRESS

内 容 提 要

为全面总结十年来特高压直流输电工程建设管理的实践经验，国家电网公司直流建设分公司编纂完成《特高压直流工程建设管理实践与创新》丛书。本丛书分标准化管理、标准化作业指导书、典型经验和典型案例四个系列，共12个分册。

本书为《工程综合标准化管理》分册，包含环境保护、水土保持、工程创优、安全监督、质量监督、协同监督、安全文明施工设施、档案、工程依法合规建设9个专业的标准化管理或配置要求，各部分基本包含管理模式及职责、管理流程、管理制度、工作流程、评价机制和附录等内容。

本丛书可用于指导后续特高压直流工程建设管理，并为其他等级直流工程建设管理提供经验借鉴。

图书在版编目（CIP）数据

特高压直流工程建设管理实践与创新. 工程综合标准化管理 / 国家电网公司直流建设分公司编. —北京：中国电力出版社，2017.12

ISBN 978-7-5198-1470-0

Ⅰ. ①特… Ⅱ. ①国… Ⅲ. ①特高压输电–直流输电–工程施工–标准化管理 Ⅳ. ①TM726.1

中国版本图书馆CIP数据核字（2017）第296283号

出版发行：中国电力出版社
地　　址：北京市东城区北京站西街19号（邮政编码100005）
网　　址：http://www.cepp.sgcc.com.cn
责任编辑：刘　薇（010-63412357）
责任校对：常燕昆
装帧设计：张俊霞　左　铭
责任印制：邹树群

印　　刷：北京大学印刷厂
版　　次：2017年12月第一版
印　　次：2017年12月北京第一次印刷
开　　本：787毫米×1092毫米　16开本
印　　张：30.75
字　　数：702千字
印　　数：0001—2000册
定　　价：150.00元

《特高压直流工程建设管理实践与创新》丛书

编委会

本书专家组

孙　涛　周　峰　王　劲　李燕雷　吕洪林　姬广鹏　陈发宇　王新康　张长权　王晓宁

本书编写组

组　　长　程更生　杨春茂

副 组 长　鲍　瑞　高学彬　张　昉　赵如意　邢瑶青

成　　员（排名不分先后）

梁　杰　郑树海　陈新刚　齐　根　李　浩　龙　波　张燕红　章旭雯　赵国鑫　经翔飞　赵旭鸣　刘佳烨　张　伟　张万祥　王菊吟　熊春友　张茂盛　邱国斌　刘　环　胡　俊　王立国

序 言

建设以特高压电网为骨干网架的坚强智能电网，是深入贯彻“五位一体”总体布局、全面落实“四个全面”战略布局、实现中华民族伟大复兴的具体实践。国家电网公司特高压直流输电的快速发展以向家坝—上海±800kV特高压直流输电示范工程为起点，其成功建成、安全稳定运行标志着我国特高压直流输电技术进入全面自主研发创新和工程建设快速发展新阶段。

十年来，国家电网公司特高压直流输电技术和建设管理在工程建设实践中不断发展创新，历经±800kV向上、锦苏、哈郑、溪浙、灵绍、酒湖、晋南到锡泰、上山、扎青等工程实践，输送容量从640万kW提升至1000万kW，每千千米损耗率降低到1.6%，单位走廊输送功率提升1倍，特高压工程建设已经进入“创新引领”新阶段。在建的±1100kV吉泉特高压直流输电工程，输送容量1200万kW、输送距离3319km，将再次实现直流电压、输送容量、送电距离的“三提升”。向上、锦苏、哈郑等特高压工程荣获国家优质工程金奖，向上特高压工程获得全国质量奖卓越项目奖，溪浙特高压双龙换流站荣获2016年度中国建设工程鲁班奖等，充分展示了特高压直流工程建设本质安全和优良质量。

在特高压直流输电工程建设实践十年之际，国网直流公司全面落实专业化建设管理责任，认真贯彻落实国家电网公司党组决策部署，客观分析特高压直流输电工程发展新形势、新任务、新要求，主动作为开展特高压直流工程建设管理实践与创新的总结研究，编纂完成《特高压直流工程建设管理实践与创新》丛书。

丛书主要从总结十年来特高压直流工程建设管理实践经验与创新管理角度出发，本着提升特高压直流工程建设安全、优质、效益、效率、创新、生态文明等管理能力，提炼形成了特高压直流工程建设管理标准化、现场标准化作业指导书等规范要求，总结了特高压直流工程建设管理典型经验和案例。丛书既有成功经验总结，也有典型案例汇编，既有管理创新的智慧结晶，也有规范管理的标准要求，是对以往特高压输电工程难得的、较为系统的总结，对后续特高压直流工程和其他输变电工程建设管理具有很好的指导、借鉴和启迪作用，必将进一步提升特高压直流工程建设管理水平。丛书分标准化管理、标准化作业指导书、典型经验和典型案例四个系列，共 12 个分册 300 余万字。希望丛书在今后的特高压建设管理实践中不断丰富和完善，更好地发挥示范引领作用。

特此为贺特高压直流发展十周年，并献礼党的十九大胜利召开。

刘泽洪

2017 年 10 月 16 日

前 言

自2007年中国第一条特高压直流工程——向家坝—上海±800kV特高压直流输电示范工程开工建设伊始，国家电网公司就建立了权责明确的新型工程建设管理体制。国家电网公司是特高压直流工程项目法人；国网直流公司负责工程建设与管理；国网信通公司承担系统通信工程建设管理任务。中国电力科学研究院、国网北京经济技术研究院、国网物资有限公司分别发挥在科研攻关、设备监理、工程设计、物资供应等方面的业务支撑和技术服务的作用。

2012年特高压直流工程进入全面提速、大规模建设的新阶段。面对特高压电网建设迅猛发展和全球能源互联网构建新形势，国家电网公司对特高压工程建设提出“总部统筹协调、省公司属地建设管理、专业公司技术支撑”的总体要求。国网直流公司开展“团队支撑、两级管控”的建设管理和技术支撑模式，在工程建设中实施“送端带受端、统筹全线、同步推进”机制。在该机制下，哈密南—郑州、溪洛渡—浙江、宁东—浙江、酒泉—湘潭、晋北—南京、锡盟—泰州等特高压直流工程成功建设并顺利投运。工程沿线属地省公司通过参与工程建设，积累了特高压直流线路工程建设管理经验，国网浙江、湖南、江苏电力顺利建成金华换流站、绍兴换流站、湘潭换流站、南京换流站以及泰州换流站等工程。

十年来，特高压直流工程经受住了各种运行方式的考验，安全、环境、经济等各项指标达到和超过了设计的标准和要求。向家坝—上海、锦屏—苏州南、哈密南—郑州特高压直流输电工程荣获“国家优质工程金奖”，溪洛渡—浙江双龙±800kV换流站获得“2016～2017年度中国建筑工程鲁班奖”等。

《工程综合标准化管理》分册共分九章，内容包括环境保护标准化管理、水土保持标准化管理、创优标准化管理、安全监督标准化管理、质量监督标准化管理、协同监督典型经验、安全文明施工设施标准化配置、特高压工程档案标准化管理、工程依法合规建设。

本书在编写过程中，得到工程各参建单位的大力支持，在此表示衷心感谢！书中恐有疏漏之处，敬请广大读者批评指正。

编　者

2017 年 9 月

目 录

序言
前言

第 1 部分　环境保护标准化管理……1

第 2 部分　水土保持标准化管理……65

第 3 部分　创优标准化管理……159

第 4 部分　安全监督标准化管理……239

第 5 部分　质量监督标准化管理……287

第 6 部分　协同监督典型经验……303

第 7 部分　安全文明施工设施标准化配置……365

第 8 部分　档案标准化管理……413

第 9 部分　工程依法合规建设标准化管理……457

第1部分

环境保护标准化管理

目　次

第1章　概述……3
1.1　组织模式……3
1.2　管理职责与内容……4
第2章　业主项目部管理……6
2.1　业主项目部管理职责……6
2.2　业主项目部各岗位职责……6
2.3　工作内容与方法……8
2.4　管理流程……9
2.5　工作标准……15
第3章　监理环保管理……16
3.1　监理项目部管理职责……16
3.2　监理项目部岗位管理职责……16
3.3　工作内容与方法……18
3.4　工作流程……24
3.5　工作标准……30
第4章　施工环保管理……31
4.1　施工项目部管理职责……31
4.2　施工项目部各岗位环保职责……31
4.3　工作内容与方法……33
4.4　工作流程……35
4.5　工作标准……40
第5章　评价机制……41
5.1　业主项目部综合评价……41
5.2　对监理单位及其监理项目部的评价考核……41
5.3　对施工单位及其施工项目部的评价考核……43
5.4　对设计单位评价考核……45
附录A　监理策划……48
附录B　监理工作单……53
附录C　租用土地移交协议书模板……63

第1章 概　述

1.1 组织模式

1.1.1 特高压直流工程建设环保管理体系

按照国家电网公司基建三级管理模式，国家电网公司、省电力公司基建部、业主项目部（监理、施工项目部）是三级基建管理机构，该体系既是工程主体建设实施的主体，也是工程环保管理实施的主体。其中在工程实施过程中，业主项目部总体组织工程环保管理，组织建立工程环保管理体系，监理项目部独立建立环保管理机构，代表业主项目部开展环保管理工作，与主体工程建设同步开展设计、实施和验收工作。

（1）国家电网公司科技部是国家电网公司环保监督管理的归口管理部门，国家电网公司直流建设部（简称国网直流部）是国家电网公司特高压直流工程的业务管理部门，国家电网公司直流建设分公司（简称国网直流公司）受国家电网公司委托，负责组织整体工程环保过程管理和竣工验收工作。

（2）各省电力公司（含国网直流公司）接受国家电网公司委托进行特高压直流工程项目建设管理，应与主体工程同步开展环保工程的建设管理工作，具体负责各个项目环保工程建设管理的实施和自验收工作，按照三级管理模式对各业主项目部进行业务管理。业主项目部在业务上接受所属省电力公司的指导、监督和考核。

1.1.2 特高压直流工程环保验收体系

（1）国网直流公司受国家电网公司委托，负责组织工程监测、环保验收、单位的招标工作，组织开展工程环保过程巡查，陪同主体工程同步开展验收工作。并对各监测、验收调查、单位工作进行指导、监督和考核。

（2）各环保监测、验收调查单位接受国家电网公司委托，独立开展第三方监测、验收调查工作，具体负责特高压直流工程过程监督检查和验收工作，指导和汇总各建设管理单位环保措施执行情况，环保设计、施工、监理总结，负责编制工程环保验收调查报告并对报告内容负终身责任，经过公司内审后，上报国家电网公司。在业务上接受国网直流公司的指导、监督和考核。

1.1.3 特高压直流工程项目环保管理的组织模式

特高压直流工程项目环保管理的组织模式如图 1–1 所示。

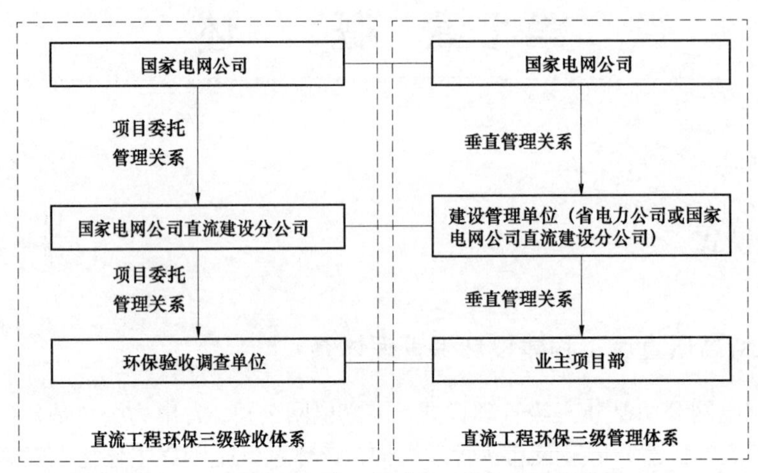

图 1–1 特高压直流工程项目环保管理组织模式

1.2 管理职责与内容

1.2.1 建设管理单位管理职责

1. 建设管理单位（省电力公司或直属单位）

（1）受国家电网公司委托，负责特高压直流工程项目主体和环保工程的建设管理工作和环保“三同时”制度的具体落实，同时接受国网直流部业务管理和考核，向业主项目部传达国家电网公司各级管理要求，代表委托方随同主体工程同步开展工程环保管理，保证工程建设总体目标的实现。

（2）省电力公司各职能部门通过计划、组织、协调、监督、评价等管理手段，同步推动工程环保设施和环保措施按计划实施监管范围内项目环保验收的具体实施工作，配合总体验收工作，协助业主项目部实现工程环保目标，通过环保专项验收。

（3）配合环保行政部门组织监督检查，并组织整改发现的问题。

2. 运行管理部门

配合环保设施和环保措施的检查验收和交接工作。

1.2.2 管理内容

相关各部门主要工作内容见表 1–1。

表1–1　　　　　　　　　　　各部门主要工作内容

管理部门	主要工作内容
国网发策部	（1）配合工程项目做好前期农、林、水、牧、环保、土地、文物等政府部门的相关手续。 （2）在工程开工期，完成相关工程环评、水保报告审批需要的属地文件办理。 （3）协助办理环保重大变动需要的相关属地手续文件。 （4）配合做好现场施工前期工作
国网科技部	（1）联系环保部配合环境保护部组织的电网建设项目监督检查工作。 （2）指导业主项目部开展外部建设环境协调工作。 （3）组织研究和处理公司系统电网建设项目环保验收工作的共性问题；牵头组织特高压交、直流工程和其他跨省电网建设环保验收；组织验收资料审查及现场检查，召开验收会，并组织批复文件
国网直流部	（1）国网直流部是特高压直流工程环保管理的业务管理部门，负责各特高压直流工程项目环保验收管理及监测工作的委托、指导和监督 （2）依据国家环保部批复的环境影响评价报告要求，组织审核重大的环保设计变更。按照公司环保管理要求，整理工程重大环保变更情况，向国家环保部上报重大设计变更情况和变更依据。及时传达总部归口管理单位重大环保设计变动意见
建设管理单位（省电力公司或国网直流公司）	（1）负责业主项目部成立之前的工程前期有关工作。随同特高压直流工程主体同步建立健全工程环保工作建设管理体系，明确环保管理职责，全面负责本单位及受托工程建设项目的环保监督管理工作。 （2）参加相关特高压直流工程招投标工作，受项目法人委托，与各相关方签订合同，开展合同管理工作。 （3）负责组织召开工程月度例会，协调有关工作；组织或参加特高压直流工程重大外部环境的专题协调会，对影响工程建设的问题进行统一协调。 （4）审核业主项目部编制的项目管理策划文件（《建设管理纲要》《安全文明施工和环保总体策划》等），落实特高压直流工程环评报告及批复文件要求的环保设施和环保措施的符合性，预防工程环保风险，排查隐患；组织办理开工前的有关手续（前期房屋拆迁、林木赔偿等政策处理、后期迹地恢复和土地复垦等），落实开工条件，实现“三同时”制度的落实。 （5）负责组织环保设施或环保措施设计审查和交底工作；结合本单位安全质量培训，同步组织环保知识培训；负责与政府有关部门的沟通衔接，组织开展外部建设环境协调工作。 （6）依据国家环保部批复的环境影响评价报告要求，组织审批一般的环保设计变更；组织业主项目部梳理和收集工程重大环保变更、月报等管理信息，并按照国家电网公司环保管理要求，及时上报重大设计变更情况和变更依据。在未接到总部归口管理单位明确意见前，严禁私自进行重大环保变更。 （7）对于工程各级环保行政主管部门开展的检查，统一组织迎检，对提出的问题，应专题组织限期整改并将整改情况书面报送主管部门。协助开展环保投诉和验收调查公众参与工作。 （8）组织或委托业主项目部结合主体工程建设，同步开展工程环保设施中间验收，负责建管范围内环保设施工程竣工自验收、竣工预验收，配合整体工程同步开展环保竣工验收和环保验收调查工作，配合整体工程环保专项验收，并组织做好相关档案资料的整理、移交工作
运行管理部门	（1）参加工程环保设计交底和培训，熟悉工程环保设施和环保措施。 （2）组织编写或修订运行规程，编制环保工作管理制度，做好环保设施运行管理。 （3）落实环保设施或环保措施的运行维护资金，做好环保设施或环保措施在工程启动试运行前各项生产准备工作。 （4）参加工程同步竣工环保验收和启动试运行，做好工程环保设施或环保措施的验收交接工作。 （5）配合环保监测单位现场运行工况资料的收集，关注环保监测达标结果。 （6）配合工程环保验收调查和环保专项验收工作

第2章 业主项目部管理

2.1 业主项目部管理职责

2.1.1 业主项目部环保管理是依托特高压直流输电工程业主项目部，设立环保专业管理岗位，代表业主随同主体工程同步开展工程环保管理。

2.1.2 业主项目部组织机构组建原则、组建方式与要求、报备要求应满足《国家电网公司业主项目部标准化管理手册》（2014版）的规定，通过计划、组织、协调、监督、评价等管理手段，同步推动工程环保设施和环保措施按计划实施，实现工程环保目标，通过环保专项验收。

2.1.3 明确环保管理岗位责任人，贯彻执行并监督参建单位贯彻执行国家的各项环境保护方针、政策、法规和各项规章制度，国家电网公司各项管理要求。

2.1.4 依据国家环保部批复的环境影响评价报告要求，开展项目环保管理策划，组织编写业主项目部环保管理策划文件，报建设管理单位审批；督促参建单位制定环保实施策划，审批参建单位的环保策划文件并监督执行。

2.1.5 参与工程设计、监理、施工等招标及合同签订工作，明确工程环保要求，并具体负责落实设计、监理、监测、施工合同条款的监督执行，及时协调合同执行过程中出现的有关环保问题。

2.1.6 协调推进并跟踪工程前期房屋拆迁、林木赔偿等政策处理以及后期土地复垦、迹地恢复工作。

2.1.7 开展施工图设计管理及设计变更管理。

2.1.8 开展建设协调与环保监督检查，负责工程施工过程中各项环境保护措施实施、环保监理工作的监督和日常管理。

2.1.9 组织开展环保法规、知识的培训。

2.1.10 参与或受建设管理单位（部门）委托组织工程中间验收。

2.1.11 负责环保监理、施工开展的考核评价管理。

2.2 业主项目部各岗位职责

业主项目部各岗位职责内容见表2–1。

表 2–1　　业主项目部各岗位职责

岗位名称	职　责
业主项目经理	业主项目经理是落实业主现场环保管理职责的第一责任人，全面负责业主项目部各项环保管理工作。 （1）组织项目建设管理纲要等管理策划文件中环境保护部分的编制实施。依据国家环保部批复的环境影响评价报告要求，结合现场文明施工建设和环保设计文件要求，组织编制《工程环境保护管理策划》文件，报建设管理单位批准后实施。 （2）参与工程设计、监理、施工等招标及合同签订工作，明确工程环保要求，组织业主项目部环保管理人员对设计、施工、环保监理的合同中环保执行情况进行监督检查。 （3）工程开工前，参与建设单位组织的第一次工地例会，掌握参建单位环保组织机构、人员及分工情况，明确工程环保目标及保证措施。 （4）担任项目现场环保管理体系常务主任，协助建设管理单位落实环保管理责任，定期参加或组织环保监督检查活动。 （5）自觉接受地方行政部门组织的监督检查，参加上级组织的环保、水保检查，组织参建单位做好迎检工作；参加工程环保事故（件）的调查。 （6）组织审查重大设计变更和技术方案。 （7）审核、签发监理项目部下达的环保监理工程开工报审、停工令、复工令。重大问题及时上报建设管理单位
业主项目副经理	（1）核查及协助办理开工前的有关手续，落实开工条件，实现环保“三同时”制度的具体执行。 （2）结合工程主体进度计划，负责施工图设计管理，组织设计联络会，完成技术确认；同步组织环保施工图设计交底及施工图会检；组织审查设计文件与国家环保部批复环评报告的符合性，签发会议纪要并监督纪要的闭环落实。 （3）组织对监理单位编制的《监理规划》《环境保护监理实施细则》《环境保护监理管理制度》和施工单位编制的《项目管理实施规划（环保措施部分）》《环境保护专项施工方案》《环境污染事件应急预案》《环境保护施工管理制度》等文件进行审批。 （4）开展环保工程设计变更与现场签证管理，落实安全文明施工费中的环境措施的专项计划、实施和支付工作，做到专款专用；审核确认工程设计变更和现场签证中的计划及费用等内容，履行审批手续。 （5）负责配合环保监测单位、相关环保管理单位开展的环保监测、监督检查等，按要求组织完成相关问题的整改闭环工作。 （6）参与或组织换流站工程环保设施中间验收，协调推进工程林木赔偿等政策处理、房屋拆迁及后期临建拆除后土地复垦、迹地恢复工作；组织各参建单位开展环保设施和环保措施竣工自验收；组织编制工程竣工环保验收执行报告并及时报送建设管理单位。参加环保工程同步竣工预验收、启动验收并组织整改消缺，负责组织环保工程同步移交。 （7）负责项目建设管理总结中环保管理部分的编写，总结工程环保管理中的优良经验和存在的问题，分析、查找存在问题的原因，提出工作改进措施。 （8）组织配合整体工程环保验收调查和环保监测工作，配合国家环保专项验收现场迎检和评审会议。 （9）负责环保监理、施工开展的考核评价管理，提出考核评价意见并及时报送建设管理单位
换流站工程环保管理	（1）具体负责项目建设管理纲要等管理策划文件中环境保护部分的编制和《工程环境保护管理策划》文件的编制。核查开工前换流站周边施工临时场地占用平面布置图的占地面积的符合性，土石方工程量平衡的符合性，站区表土剥离和保管，确定换流站环保设施（围墙及隔声屏障、Box–in 设施、施工油池、站内外污水处理系统）的单位工程划分。 （2）参加建设管理单位开工前组织的环保培训交底工作，组织开展环保法规、知识的培训，督促检查环保监理、施工的二次培训。 （3）参加第一次工地例会和月度例会、专题会议，协调相关环保工作，跟踪会议纪要落实。 （4）参与环保设计交底和环保施工图会检工作，具体按照工程环评报告复核环保设施和环保措施的落实，监督实施安全文明施工费中的环境措施的专项计划、实施和支付工作，处理工程环保设计变更和签证手续工作。 （5）结合主体工程进展情况，同步按照工程环保管理策划方案对环保工程进行过程管理，督促落实现场设施和环保措施的执行情况。督促施工单位办理夜间施工噪声控制手续。 （6）负责环保工程月度例会和专题协调会的会议组织，编制纪要，审核工程建设月报，报送建设管理单位和环保验收单位。 （7）定期开展环保监督专项检查和环保管理过程评价等活动，负责工程施工过程中各项环境保护措施实施、环保监理工作的监督和日常管理，跟踪环保问题闭环整改情况。 （8）协助业主项目经理审核确认工程环保设计变更和现场签证中的计划及费用等内容。 （9）配合项目环保事故（件）的调查和处理工作。

续表

岗位名称	职　责
换流站工程环保管理	（10）组织、参与工程环保验收、签证、竣工预验收和启动运行，组织验收施工后临时占地的迹地恢复，具体编制工程竣工环保验收执行报告，参加项目建设管理总结中环保管理部分的编写。 （11）带电后，配合环保监测单位、环保管理相关单位开展的环保监测、监督检查等，按要求完成相关问题的整改闭环工作；参加工程环保专项验收和迎检工作。 （12）按有关规定和合同约定，做好工程资料的收发、整理、归档和工程档案的汇总、组卷工作并妥善保管，满足环保专项验收通过和移交规定的要求。 （13）参加对项目参建单位资信和合同执行情况的评价
线路工程环保管理	（1）具体负责项目建设管理纲要等管理策划文件中环境保护部分的编制和《工程环境保护管理策划》文件的编制。核查开工前，线路工程塔基及周边、牵张场、跨越场地等施工临时场地占用平面布置图的占地面积的符合性，塔基土石方工程量平衡的符合性，塔基表土剥离和保管，确定施工便道长度和实施方案。 （2）参加建设管理单位开工前组织的环保培训交底工作，组织开展环保法规、知识的培训，督促检查环保监理、施工的二次培训。 （3）参加第一次工地例会和月度例会、专题会议，协调相关环保工作，跟踪会议纪要落实情况。 （4）参与环保设计交底和环保施工图会检工作，具体按照工程环评报告复核环保措施的落实，监督实施安全文明施工费中的环境措施的专项计划、实施和支付工作，复核设计路径偏移超过 300m 的工程量，复核居民和非居民区域导线最低距离，处理工程环保设计变更和签证手续工作。 （5）结合主体工程进展情况，同步按照工程环保管理策划方案对环保工程进行过程管理，督促落实现场设施和环保措施的执行情况；跟踪监督工程路径房屋拆迁和政策处理的办理情况。 （6）负责环保工程月度例会和专题协调会的会议组织，编制纪要，审核工程建设月报，报送建设管理单位和环保验收单位。 （7）督促施工单位进入生态敏感点前，按照要求办理相关施工手续，落实生态专题报告要求的施工措施，复核工程与生态敏感点的实际距离。配合工程环保验收单位核查居民敏感点数量的变化，采集和审核工程与生态、居民敏感点相关位置的数码照片。 （8）定期开展环保监督专项检查和环保管理过程评价等活动，负责工程施工过程中各项环境保护措施实施、环保监理工作的监督和日常管理，跟踪环保问题闭环整改情况。 （9）协助业主项目经理审核确认工程环保设计变更和现场签证中的计划及费用等内容。复核前期工程沿途路径手续中相关行政部门提出的后续要求的落实工作。 （10）配合项目环保事故（件）的调查和处理工作。 （11）组织、参与工程环保验收、签证、竣工预验收和启动运行，组织验收房屋拆迁和施工后临时占地的迹地恢复，具体编制工程竣工环保验收执行报告，参加项目建设管理总结中环保管理部分的编写。 （12）带电后，配合环保监测单位、环保管理相关单位开展的环保监测、监督检查等，按要求完成相关问题的整改闭环工作。参加工程环保专项验收和迎检工作。 （13）按有关规定和合同约定，做好工程资料的收发、整理、归档和工程档案的汇总、组卷工作并妥善保管，满足环保专项验收通过和移交规定的要求。 （14）参加对项目参建单位资信和合同执行情况的评价
属地协调负责人	（1）负责工程属地协调的联系工作，协助项目经理落实属地房屋拆迁、林木赔偿等政策处理工作的进展情况。督促相关单位做好属地部门负责征占用的换流站周边、工程线路沿线塔基、牵张场、跨越区周边临时占地的土地复垦或迹地恢复工作。 （2）加强与政府的沟通汇报，配合工程施工、监理、环保验收调查等单位做好与工程周边或沿线生态、居民敏感点以及农、林、水、牧、环保、土地、文物等保护区管理部门的沟通协调工作。 （3）负责协助环保监测、工程环保验收相关单位开展环保验收调查工作，配合做好公众意见调查工作

2.3 工作内容与方法

各阶段环保管理工作内容与方法见表 2–2。

表 2–2 环保管理工作内容与方法

管理内容	工作内容与方法（标准化管理模板编号）	主要成果资料
策划阶段	（1）按照标准化项目部建设要求，确定环保岗位职责。 （2）依据国家环保部批复的环境影响评价报告要求，结合现场文明施工建设和环保设计文件要求，专题编制《工程环境保护管理策划》文件，报建设管理单位批准后实施。 （3）参与工程设计、监理、施工等招标及合同签订工作，明确工程环保要求。 （4）工程开工前，参与第一次工地例会，掌握参建单位环保组织机构、人员及分工情况，明确工程环保目标及保证措施。 （5）参加建设管理单位开工前组织的环保培训交底工作，负责本单位的二次培训交底，监督监理、施工二次培训交底。 （6）开展施工图设计管理，组织设计联络会，完成技术确认；同步组织环保施工图设计交底及施工图会检，签发会议纪要并监督纪要的闭环落实。 （7）组织对施工单位编制的《项目管理实施规划》（环保措施部分）、《环境保护专项施工方案》、《环境污染事件应急预案》、《环境保护施工管理制度》和监理单位编制的《监理规划》、《环境保护监理实施细则》、《环境保护监理管理制度》进行审批。同时负责审批环保监理报送的环保策划文件。 （8）在收到环保监理重大环保设计变更情况汇报时，及时进行核实并上报上级管理单位，在未得到明确意见前，严禁私自进行变更。 （9）协调推进并跟踪工程前期房屋拆迁、林木赔偿等政策处理以及后期土地复垦、迹地恢复工作，组织审查设计文件与国家环保部批复环评报告的符合性，核查及协助办理开工前的有关手续，落实开工条件	1. 建设管理纲要、工程项目环保管理策划、安全文明施工总体策划等项目策划文件 2. 相关招标文件、合同等 3. 对项目环保设计计划、环保监理规划、环保监理实施细则、项目管理实施规划（环保篇章）、环保专项施工方案、环保实施细则、工程验收实施方案等策划文件提出审核意见 4. 设计联络会纪要 5. 设计单位提出环保设计复核情况报告、重大环评报告及其批复 6. 环保设计交底纪要、施工图会检纪要
施工阶段	（1）同步组织召开月度例会、专题会议，编制、分发会议纪要并跟踪落实，重点问题上报建设管理单位协调解决。 （2）具体负责落实设计、监理、监测、施工合同条款的监督执行，及时协调合同执行过程中出现的有关环保问题。 （3）开展环保监督专项检查，负责工程施工过程中各项环境保护措施实施、环保监理工作的监督和日常管理。 （4）开展环保工程设计变更与现场签证管理，落实安全文明施工费中的环保措施的专项计划、实施和支付工作，做到专款专用；审核确认工程设计变更和现场签证中的计划及费用等内容，履行审批手续。 （5）审核、签发监理项目部下达的环保监理工程停工令、复工令。 （6）负责组织配合环保监测单位、地方相关环保行政主管部门开展的环保监测、监督检查等，应专题组织限期整改并将整改情况书面报送建设管理单位。 （7）工程环保管理工作应与主体工程管理同步，形成相应档案资料	1. 会议纪要及相关会议材料 2. 项目物资供货协调表、到场验收交接记录、环保物资材料统计表、开箱检查记录 3. 环保施工过程管理往来文件及相关审批意见，环保月报，会议纪要及整改记录，相关监督检查、核查记录 4. 现场问题整改情况报告 5. 相关专题会议纪要 6. 工程环保设计变更（签证）审核（或审批）意见 7. 验收过程资料 8. 相关过程文件及资料
试运行阶段	（1）参与或受建设管理单位（部门）委托组织工程环保设施中间验收，检查环境保护措施落实情况，督促相关单位对发现的问题完成整改闭环。 （2）随着主体工程竣工预验收，同步负责组织建管范围内环保工程竣工预验收工作，检查环境保护措施落实情况，编制工程环保措施执行报告，督促相关单位对发现的问题完成整改闭环。 （3）配合整体工程环保验收调查和环保监测工作。 （4）配合国家环保专项验收现场迎检和评审会议	1. 验收过程资料 2. 工程运行工况记录 3. 工程环保措施执行情况报告 4. 环保设施交接证书 5. 相关过程文件及资料
总结评价阶段	（1）负责环保监理、施工环保工作开展的考核评价管理，提出考核评价意见，并报送建设管理单位。 （2）对安全文明施工费使用计划报审的环保措施未达到环保要求的，对使用计划中所列工程量不予支付。并按照施工合同中的考核要求追究责任。 （3）负责项目建设管理总结中环保管理部分的编写，总结工程环保管理中的优良经验和存在的问题，分析、查找存在问题的原因，提出工作改进措施	1. 相关评价报告或记录表 2. 相关资料

2.4 管理流程

业主项目部环保管理总体流程见图 2–1，不同阶段单项重点工作业务流程包括工程环保管理策划流程、工程环保设计变更管理流程、工程环保现场签证管理流程、工程环保设计交底及图纸会检工作流程，分别见图 2-2～图 2-5。

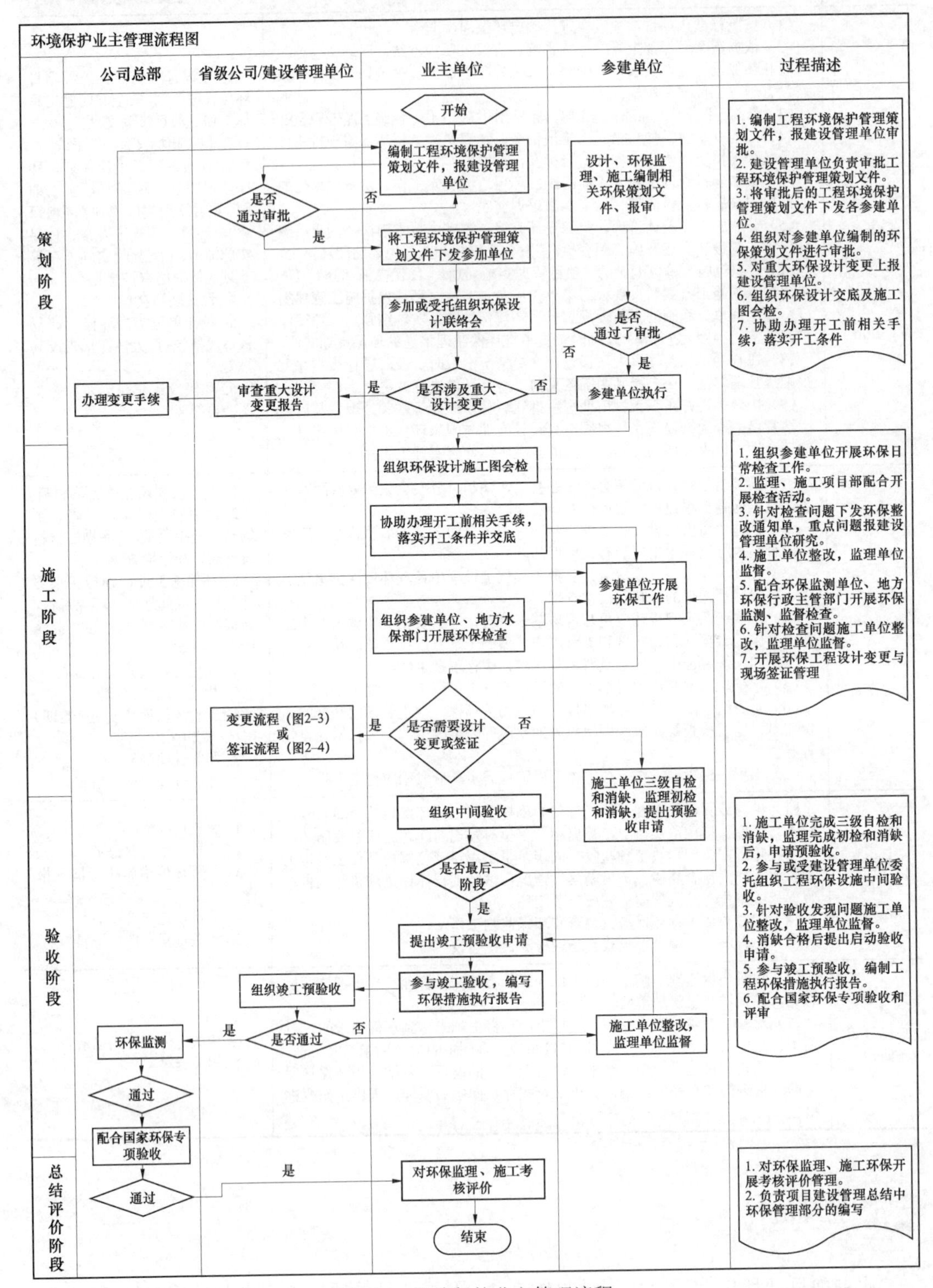

图 2-1　环境保护业主管理流程

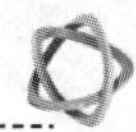

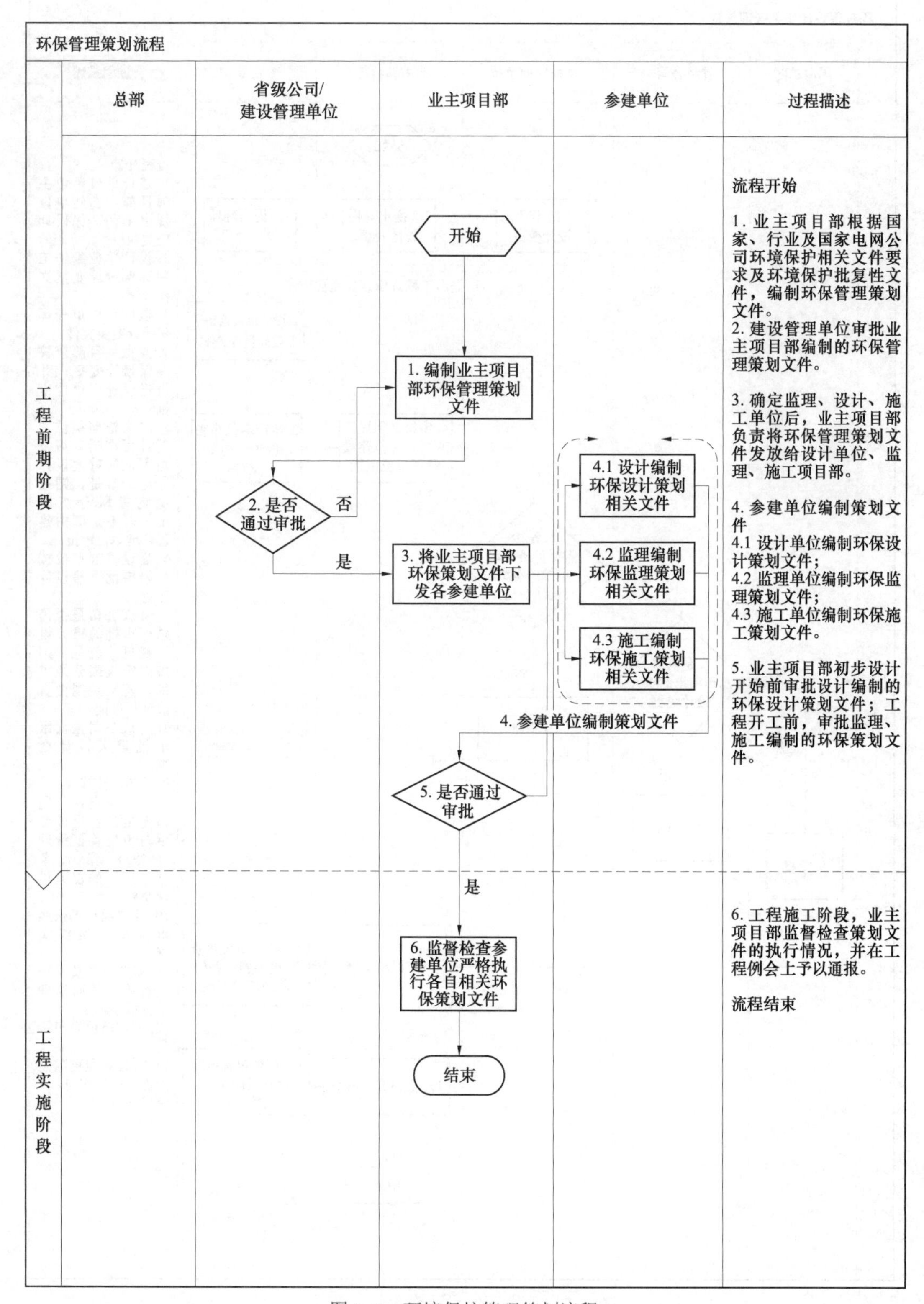

图 2–2 环境保护管理策划流程

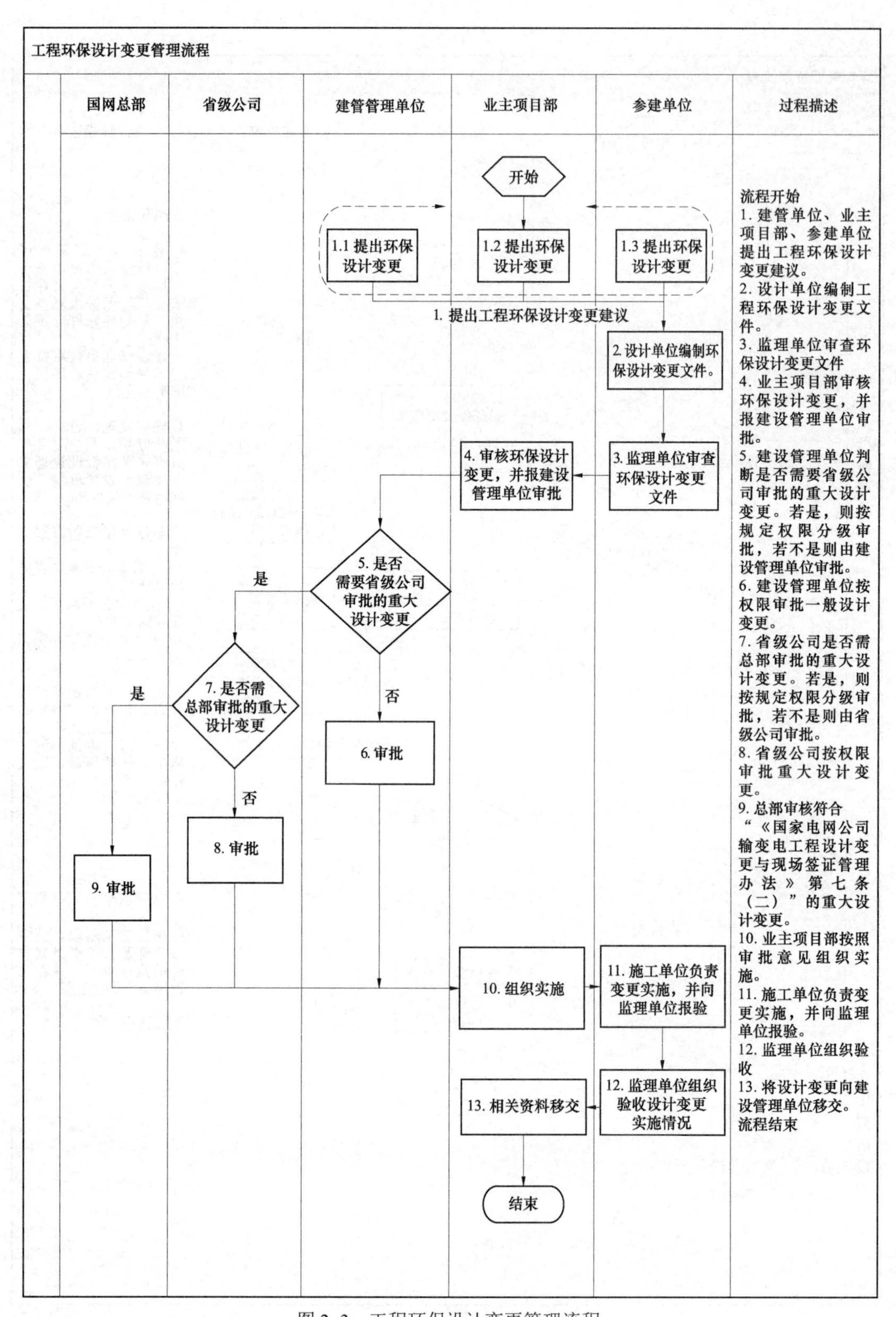

图 2–3　工程环保设计变更管理流程

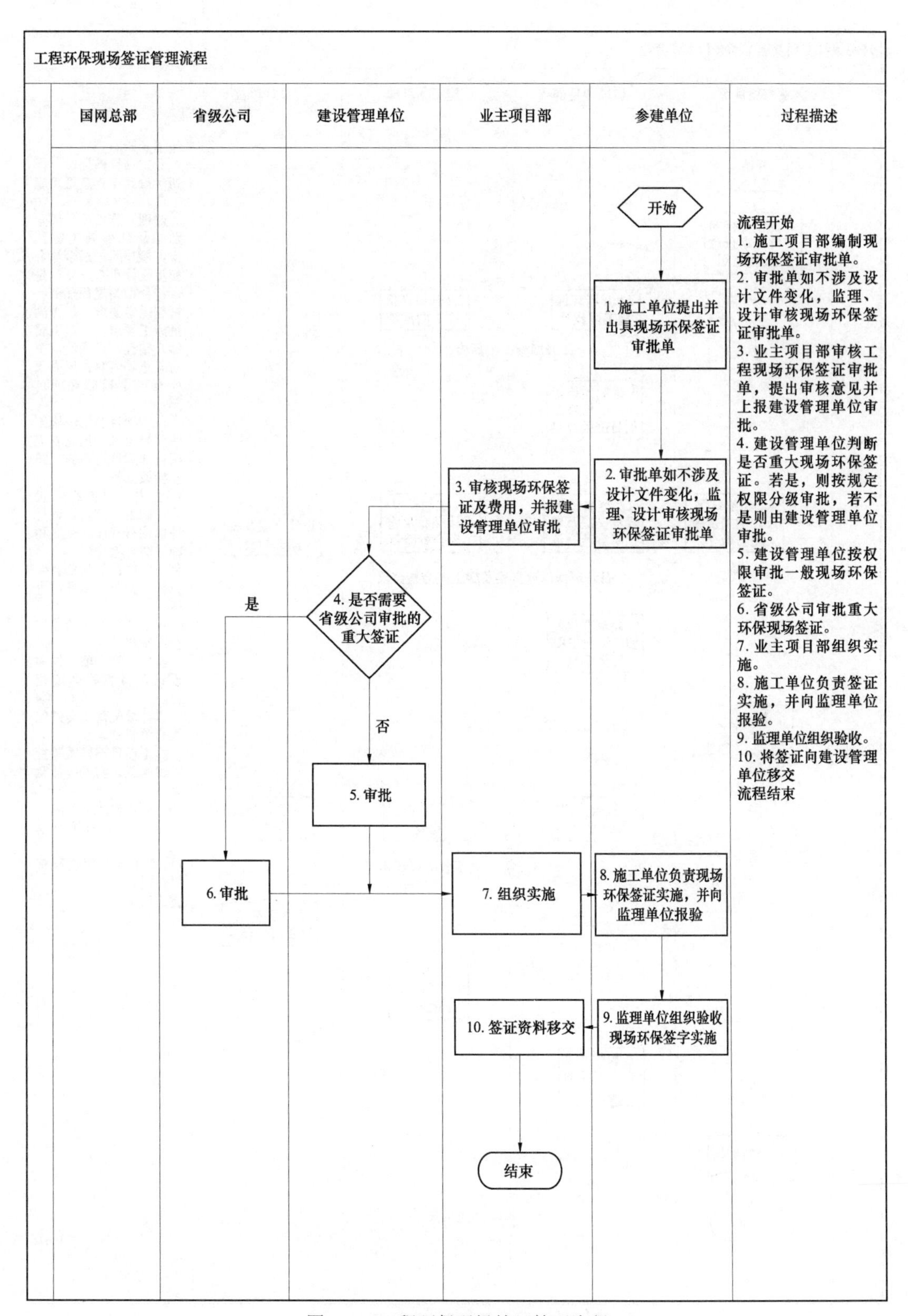

图 2–4　工程环保现场签证管理流程

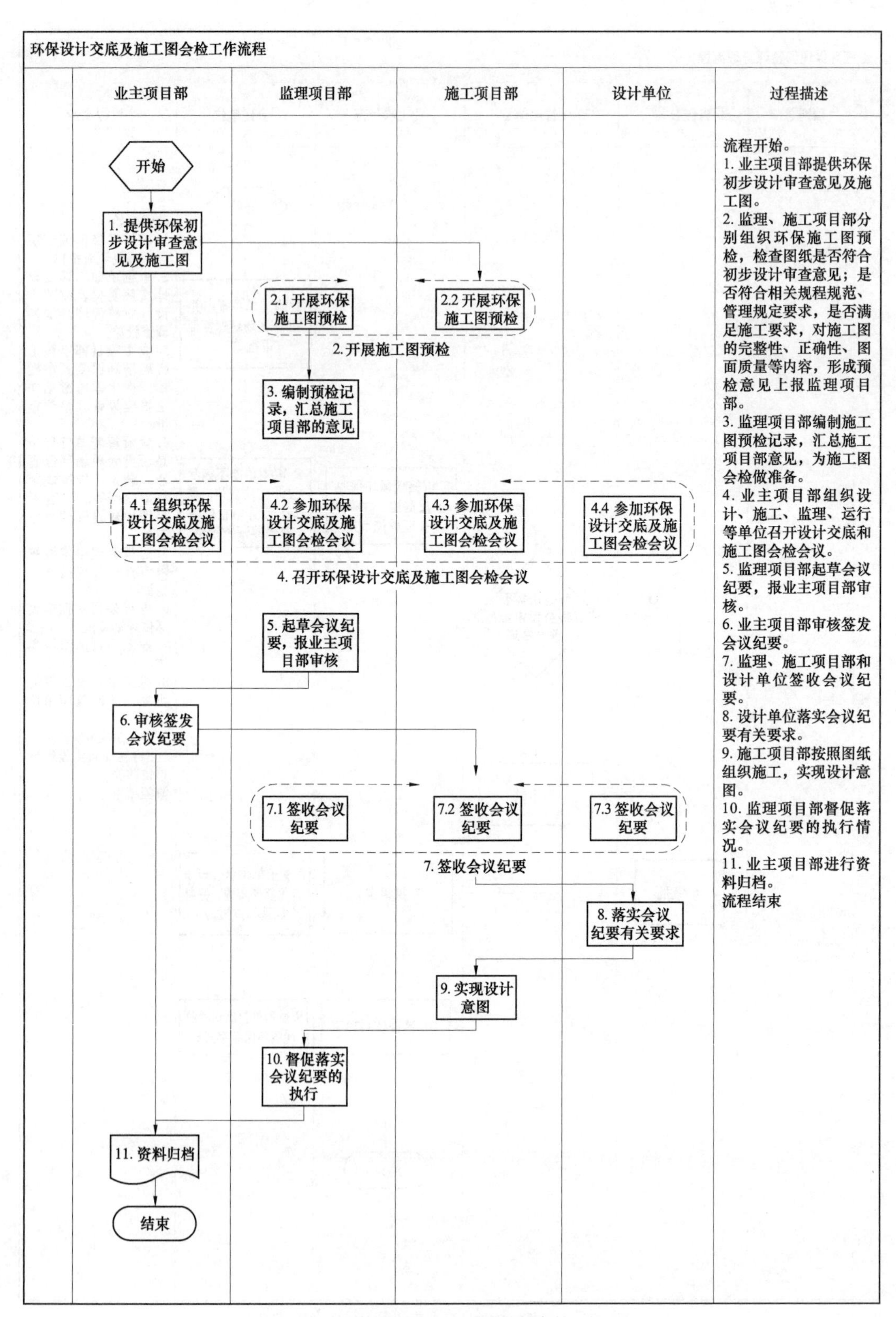

图 2–5　工程环保设计交底及图纸会检工作流程

2.5 工作标准

环保管理工作的主要管理依据见表2–3。

表2–3　　环保管理工作主要管理依据

工作标准	主要管理依据
法律法规	(1)《中华人民共和国环境保护法》(2015年1月1日起修订施行) (2)《中华人民共和国环境影响评价法》(2016年9月1日起修订施行) (3)《中华人民共和国水污染防治法》(2008年6月1日起修订施行) (4)《中华人民共和国环境噪声污染防治法》(1997年3月1日起施行) (5)《中华人民共和国大气污染防治法》(2015年8月29日修订，2016年1月1日起施行) (6)《中华人民共和国固体废物污染环境防治法》(2005年4月1日起施行) (7)《中华人民共和国野生动物保护法》(2017年1月1日起修订施行) (8)《中华人民共和国电力法》(2015年4月24日起修订施行) (9)《中华人民共和国土地管理法》(2004年8月28日起修订施行) (10)《中华人民共和国文物保护法》(2013年6月29日起修订施行) (11)《中华人民共和国城乡规划法》(2008年1月1日起施行) (12)《中华人民共和国野生植物保护条例》(国务院令第204号，1997年1月1日起施行) (13)《中华人民共和国文物保护法实施条例》(2013年12月7日起修订施行) (14)《土地复垦条例》(国务院令第592号，2011年3月5日起施行)
技术规范及标准	(1)《交流输变电工程电磁环境监测方法》(试行)(HJ 681—2013) (2)《电磁环境控制限值》(GB 8702—2014) (3)《声环境质量标准》(GB 3096—2008) (4)《工业企业厂界环境噪声排放标准》(GB 12348—2008) (5)《建筑施工场界环境噪声排放标准》(GB 12523—2011) (6)《污水综合排放标准》(GB 8978—1996) (7)《防洪标准》(GB 50201—2014) (8)《建设项目竣工环境保护验收管理办法》(国家环境保护总局令第13号) (9)《环境影响评价技术导则　输变电工程》(HJ 24—2014) (10)《建设项目竣工环境保护验收技术规范　输变电工程》(HJ 705—2014) (11)《直流换流站与线路合成场强、离子流密度测试方法》(DL/T 1089—2008) (12)《高压直流架空送电线路、换流站直流磁场测量方法》(CEMDCH 001—2010)
相关管理文件	(1)《国家电网公司电网建设项目环境监理工作指导意见》(科环〔2011〕93号) (2)《国家电网公司电网建设项目环境影响评价管理办法》(国家电网科〔2015〕1225号) (3)《国家电网公司环保监理规范》(Q/GDW 11444—2015) (4)《国家电网公司环境污染事件处置应急预案》(国家电网科〔2015〕1052号) (5)《国家电网公司电网建设项目竣工环保验收管理办法》 (6)环保部《输变电建设项目重大变动清单(试行)》的通知(科环〔2016〕111号) (7)《国家电网公司直流线路工程安全文明施工与环境保护总体策划(试行)》
相关技术文件	(1)××直流输电工程初步设计、施工图设计资料 (2)《××直流输电工程环境影响报告书》 (3)《××直流输电工程环境影响报告书的批复》

第3章 监理环保管理

3.1 监理项目部管理职责

特高压直流输电工程监理项目部是负责履行建设工程合同中环保部分约定的组织机构，并负责公平、独立、诚信、科学地开展建设工程环保监理与相关服务活动，通过审查、见证、旁站、巡视、验收等方式、方法，实现监理合同中环保部分约定的各项要求，随同主体工程同步开展工程环保监理。设立环保监理岗位，在总监理工程师的领导下开展工程建设项目环保监理的日常工作。

3.2 监理项目部岗位管理职责

监理项目部各岗位职责内容见表3–1。

表3–1　　环保监理项目部各岗位环保职责

岗位名称	职　责
总监理工程师	（1）确定项目监理机构人员及其环保岗位职责。 （2）依据经国家环保部批准的环评报告和环保设计文件，组织编制《环境保护监理规划》《环境保护监理实施细则》等文件，编制环境保护监理管理制度。 （3）对全体监理人员进行环保监理规划、环保监理实施细则的交底和相关环保管理制度、标准、规程规范的培训。 （4）根据工程进展及环保监理工作情况调配环保监理人员，检查环保监理人员工作。 （5）组织召开环保月度工地例会。 （6）组织审查施工项目管理实施规划环保专篇、《环境保护专项施工方案》。 （7）审查环境保护开复工报审表，签发环境保护工程开工令、停工令和复工令。定期编制环保监理月报报送业主项目部和工程环保验收调查单位。 （8）组织检查施工单位现场环境保护管理体系的建立及运行情况，开展环保监督专项检查和环保管理过程评价等活动，跟踪环保问题闭环整改情况。 （9）组织审查和处理重大设计变更。 （10）参加工程环保事故（件）的调查。 （11）做好环保工程中间验收和环保措施的落实检查工作，组织开展环保监理初检工作，做好环保竣工自验收期间的环境监理工作，组织工程周边房屋拆迁及后期临建拆除后土地复垦、迹地恢复验收工作，负责组织办理环保设施单元、分部、单位工程签证、签字盖章工作。参与环保工程预验收、启动验收和环保工程专项验收。 （12）组织编写环保监理月报、环保监理专题报告、环保监理工作总结，组织整理监理文件资料。 （13）参加国家环保验收工作，完成自身问题整改闭环，监督施工项目部完成问题整改闭环，负责监理档案资料的收集、整理、归档、移交工作。 （14）参加对项目施工单位资信和合同执行情况的评价

续表

岗位名称	职　责
总监代表	经总监理工程师委托后可开展下列监理工作： （1）对全体监理人员进行环保管理文件和相关法律法规、制度、实施细则的二次交底培训。 （2）协助总监监督检查环保监理工作，组织召开环保监理例会。 （3）开展环保工程设计变更与现场签证管理，落实安全文明施工费中的环保措施的专项计划、实施和支付工作，做到专款专用；审核确认工程设计变更和现场签证中的计划及费用等内容，履行审批手续。 （4）参与或配合环保监测单位、相关单位开展的环保监测、监督检查等，按要求完成相关问题的整改闭环工作。 （5）积极协助业主项目部编制完成环保工作执行报告，督促施工单位编制完成环保施工总结。配合整体工程环保监理总结的编制工作，参加环保监理总结编制委员会，参加监理总结内审会并按照要求修改完善。 （6）参加国家环保验收工作，完成自身问题整改闭环，监督施工项目部完成问题整改闭环，负责监理档案资料的收集、整理、归档、移交工作
换流站环保监理工程师	（1）在总监理工程师的领导下负责工程建设项目环保监理的日常工作。 （2）参与编制《环境保护监理规划》，负责编制《环境保护监理实施细则》等文件。协助业主项目部核查开工前换流站周边施工临时场地占用平面布置图占地面积的符合性，复核土石方工程量平衡的符合性，落实站区表土剥离和保管，施工结束后临时占地的迹地恢复，植被恢复，组织落实换流站环保设施（围墙及隔声屏障、Box–in 设施、施工油池、站内外污水处理系统）的单位、分部、分项工程划分和工程分工情况。审批施工单位编制的《环保施工实施细则》，并督促落实。 （3）分阶段对环保施工图进行预检，形成预检记录，汇总施工项目部的意见，参加环保设计交底及施工图会检，监督有关工作的落实。实施安全文明施工费中的环境措施的专项计划、实施和支付工作，处理工程环保设计变更和签证手续工作。 （4）根据环保工程不同阶段和特点，组织对现场监理人员进行环保培训和交底。参与施工项目部环保交底，监督检查环保措施的落实。 （5）组织审查施工单位提交的环保管理文件，审核施工单位环境保护组织管理、临时施工场地选址、施工现场总平面图、各施工工序的环境保护措施等。检查和验收施工现场环保设施施工质量，审查噪声、废水、固废、抑尘、道路维护、临时堆土、周边居民敏感点或生态敏感点相关办理协议，施工结束后临时占地的基地恢复和植被恢复工作等环保措施的工作计划和具体安排是否满足要求。审核结果立即向总监理工程师报告。 （6）指导、检查现场环保监理员工作和环保监理日志，定期组织编制环保监理月报，向总监理工程师报告环保监理工作实施情况。 （7）按照工程统一规定，制定环保措施过程数码照片采集管理办法，组织采用数码照片、视频影像等方式记录线路经过区域的原始地貌及生态环境现状，监督并采集施工单位环保措施落实的实体照片。 （8）定期组织统计现场施工单位环保措施实施工程量，组织或参加环保工地例会，督促会议纪要的落实。 （9）按照国家电网公司环保监理规范企标要求的监理内容和方法，开展环保监督专项检查和环保管理过程评价等活动，跟踪环保问题闭环整改情况，督促施工单位对环保措施的落实进行全过程管理。检查落实施工单位办理夜间施工噪声控制手续的办理，并检测现场噪声情况，形成记录。 （10）组织编写环保监理日志，收集、汇总、参与整理环保监理文件资料。巡查、旁站、见证过程中发现施工作业中的问题，立即指出并向总监理工程师报告。 （11）参加工程环保设施中间验收和环保措施的检查、环保监理初检、环保预验收、启动验收、环保竣工验收调查和工程环保专项验收期间的监理工作。组织验收周边房屋拆迁和施工后临时占地的迹地恢复，具体编制工程竣工环保监理总结报告。 （12）带电后，配合环保监测单位、环保管理相关单位开展的环保监测、监督检查等，按要求完成相关问题的整改闭环工作。参加工程环保专项验收和迎检工作
线路环保监理工程师	（1）在总监理工程师的领导下负责工程建设项目环保监理的日常工作。 （2）参与编制《环境保护监理规划》，负责编制《环境保护监理实施细则》等文件。协助业主项目部核查开工前，线路工程塔基及周边、牵张场、跨越场地等施工临时场地占用平面布置图的占地面积的符合性，复核土石方工程量平衡的符合性，落实塔基周边表土剥离和保管，审核施工便道长度和实施方案，施工结束后临时占地的迹地恢复和植被恢复等内容，审批施工单位编制的《环保施工实施细则》，并督促落实。 （3）分阶段对环保施工图进行预检，形成预检记录，汇总施工项目部的意见，参加环保设计交底及施工图会检，监督有关工作的落实。具体按照工程环评报告复核环保措施的落实，实施安全文明施工费中的环境措施的专项计划、实施和支付工作，复核设计路径偏移超过 300m 的工程量，复核居民和非居民区域导线最低距离，处理工程环保设计变更和签证手续工作。

续表

岗位名称	职责
线路环保监理工程师	（4）根据环保工程不同阶段和特点，组织对现场监理人员进行环保培训和交底。参与施工项目部环保交底，监督检查环保措施的落实。 （5）组织审查施工单位提交的环保管理文件，审核施工单位环境保护组织管理、临时施工场地选址、施工现场总平面图、各施工工序的环境保护措施等。检查和验收施工现场环保设施施工质量，审查噪声、废水、固废、抑尘、道路维护、临时堆土等环保措施的工作计划和具体安排是否满足要求，核实环评报告罗列的生态敏感区、居民敏感点等内容，逐一进行落实跟踪。跟踪监督工程路径房屋拆迁和政策处理的办理情况。复核前期工程沿途路径手续中相关行政部门提出的后续要求的落实工作。审核结果立即向总监理工程师报告。 （6）指导、检查现场环保监理员工作和环保监理日志，定期组织编制环保监理月报，向总监理工程师报告环保监理工作实施情况。 （7）核查施工单位进入生态敏感点前，是否按照要求办理相关施工手续，落实生态专题报告要求的施工措施，复核工程与生态敏感点的实际距离；配合工程环保验收单位核查居民敏感点数量的变化；按照工程统一规定，制定环保措施过程数码照片采集管理办法，组织采用数码照片、视频影像等方式记录线路经过区域的原始地貌及生态环境现状，监督并采集施工单位环保措施落实的实体照片。 （8）定期组织统计现场施工单位环保措施实施工程量，组织或参加环保工地例会，督促会议纪要的落实。 （9）按照国家电网公司环保监理规范企标要求的监理内容和方法，开展环保监督专项检查和环保管理过程评价等活动，跟踪环保问题闭环整改情况，督促施工单位对环保措施的落实进行全过程管理。检查落实施工单位办理夜间施工噪声控制手续的办理，并检测现场噪声情况，形成记录。 （10）组织编写环保监理日志，参与编写环保监理月报。收集、汇总、参与整理环保监理文件资料。巡查、旁站、见证过程中发现施工作业中的问题，立即指出并向总监理工程师报告。 （11）参加工程环保设施中间验收和环保措施的检查、环保监理初检、环保预验收、启动验收、环保竣工验收调查和工程环保专项验收期间的监理工作。组织验收房屋拆迁和施工后临时占地的迹地恢复，具体编制工程竣工环保监理总结报告。 （12）带电后，配合环保监测单位、环保管理相关单位开展的环保监测、监督检查等，按要求完成相关问题的整改闭环工作。参加工程环保专项验收和迎检工作
环保监理员	（1）具体对现场环境绿化、废污水处理、施工噪声、固体废弃物（建筑和生活垃圾）、抑尘、道路维护、临时堆土、减少植物破坏、保护野生动物等进行巡视检查，复核工程计量有关数据，并采集数码照片。 （2）对生态敏感区的偏移位置状态、居民敏感点增减变化情况和路径偏移情况进行逐一落实，对涉及自然保护区、风景名胜区、饮用水保护区、世界自然和文化遗产地等施工的废弃物处置、废污水处理、降噪保护，涉及列入国家和地方重点保护名录的动植物资源等区域施工作业行为，涉及密集居民区施工噪声防护和作业时间等，应实施旁站监理并采集照片。 （3）对降低噪声、废旧材料回收措施，表土剥离（生熟土分别堆放、苫盖），固定进出施工道路，临时用地封闭管理（包括生产、办公生活区域、搅拌站、材料场、牵引场、基坑开挖、临时道路、材料运输道路等），植物恢复效果，实施见证。 （4）复核记录环保有关数据，记录环保措施完成工程量、实施内容、实施时间、投资金额等。 （5）检查、监督工程现场的环保状况及环保措施的落实情况，发现存在环保施工隐患的，及时要求施工项目部整改，并向监理工程师报告。 （6）数码照片拍摄应符合规定，数码照片重点体现原始地貌、破坏现状、实施后效果、施工过程环保措施等，拍摄方法、质量等满足国家电网公司相关规定。 （7）做好环保记录，按有关规定和合同约定做好工程档案资料的管理工作并妥善保管。 （8）做好环保监理日志和相关记录，负责环境保护工程信息与档案监理资料的收集、整理、上报、移交。 （9）巡查、旁站、见证过程中发现施工作业中的问题，立即指出并向环保监理工程师报告
信息资料员	（1）按照国家电网公司环保监理规范整编归档资料。 （2）按照要求向建设单位移交环保资料

3.3 工作内容与方法

环保监理管理工作内容与方法见表3-2～表3-8。

表 3–2　　环保监理管理工作内容与方法

管理内容	工作内容与方法（标准化管理模板编号）	主要成果资料
施工准备阶段	（1）监理合同签订后，监理单位同步组建环保监理组织机构，将建设项目环保监理机构的组织形式、人员构成及对环保监理总监的任命书面通知建设单位。总监理工程师、监理工程师、监理员均应明确各自岗位职责，各级监理人员应持证上岗，其中要求环保监理工程师必须具备环保监理资格，具有每年省级以上环保专业培训证明。当环保监理总监需要调整时，应征得建设单位同意并书面通知建设单位；当环保监理工程师需要调整时，应书面通知建设单位和施工单位。 （2）参与第一次工地例会，明确环保监理的关注点和监理要求，监理沟通机制。 （3）参加业主项目部组织的开工前环保培训交底工作，监理项目部对全体监理人员进行二次培训交底。 （4）监理项目部依据经国家环保部批准的环评报告、环保设计文件、监理规范、合同等，独立编制《监理规划》（环保专篇）（见 A.1.1）、《环境保护监理实施细则》（见 A.1.2）等文件，制定环境保护监理管理制度（见 A.2.1），报业主项目部审批后实施。 （5）监理项目部结合主体工程组织进行环保设施项目划分，用于工程质量验评，一般换流站工程环保设施包括换流变事故油池、围墙及隔声屏障、Box–in 设备、污水处理系统、设备隔声屏障、设备防晕金具等，其项目划分可以纳入主体工程质量验评，随主体工程进行管理；其他关于噪声、废水、固废、抑尘、施工道路维护、土石方处置、生态保护等环保措施应纳入工程环保管理过程，并以安全文明施工费中的环保费用对施工单位进行评价考核。 （6）监理项目部在施工合同签订的同时对施工承包合同中环境保护条款进行复核，必要时通过增加合同专项条款的方式，体现环境保护有关要求。 （7）审查设计、施工单位的项目组织机构中环境保护人员配备及环境保护管理体系。 （8）参加施工图设计交底和图纸会检，检查设计单位落实初步设计评审意见中的环境保护要求及施工图设计环境保护执行情况，提出监理审查意见。 （9）督促设计、施工单位编制环保专项措施方案。监理项目部审查设计单位编制的环境保护方案和审查施工项目部报审的项目管理实施规划中（环保专篇）、环保措施方案、绿色施工方案等施工策划文件，审查环境保护组织管理、临时施工场地选址、施工现场总平面图、各施工工序的环境保护措施等。对环保施工专项施工方案的固废、扬尘、废水、噪声、堆土等处理措施是否合理，对护坡、挡土墙等防护措施，自然保护区、林区、野生动植物保护等生态环境保护措施是否完善等进行重点审查，形成监理文件审查记录（见附表 B.1）。 （10）监理项目部应调查工程开工前区域环境现状，制定环保措施过程数码照片采集管理办法，采用数码照片、视频影像等方式记录线路经过区域的原始地貌及生态环境现状，监督施工单位环保措施落实，并作为后续生态恢复依据之一	1. 环保监理规划 环保监理实施细则 2. 文件审查记录 3. 设计联络会纪要 4. 设计单位提出环保设计复核情况报告、文件审查记录 5. 整改闭环资料文件
施工阶段	（1）监理项目部通过组织月度例会、专题会议和参与专项检查等方式，督促现场严格执行落实环保措施，工程环保管理工作应与主体工程管理同步，监理单位按要求落实相关工作，形成相应档案资料。 （2）监理项目部参与配合环保监测、环保行政监督检查等，按要求书面完成相关问题的整改闭环工作。 （3）施工项目部完成工程开工准备后，应向监理项目部提交工程开工报审表。经监理检查确认施工单位的各项准备工作已完成后签认开工许可。	1. 工程开工报审表、单位（分部）工程开工报审表、工程开工令 2. 培训交底记录 3. 巡查记录、旁站记录、见证记录、工作日志、会议纪要、数码照片

续表

管理内容	工作内容与方法（标准化管理模板编号）	主要成果资料
施工阶段	（4）监理项目部对环境绿化、临时堆土、弃土弃渣、抑尘、废污水处理、减少植物破坏、保护野生动物等应进行巡视检查（见附表B.2）；对涉及自然保护区、风景名胜区、饮用水保护区、世界自然和文化遗产地等施工的废弃物处置、废污水处理、降噪保护，涉及及列入国家和地方重点保护名录的动植物资源等区域施工作业行为，涉及密集居民区施工噪声防护和作业时间等，应实施旁站监理（见附表B.3）；对降低噪声、废旧材料回收措施等进行见证（见附表B.4）。同时，发现施工扬尘、废（污）水、噪声超标或固体废弃物处理处置不当，环境保护措施（设施）未与主体工程同时施工或与主体工程设计及环境保护专项设计不符，生态保护措施未同时施工或与环境影响评价文件及其批复文件不符，环保监理人员应签发环保监理整改通知单（见附表B.7），督促施工单位整改。施工单位完成整改后以监理整改通知回复单形式闭环。 （5）监理项目部应督促施工项目部全过程落实环保措施，并做好监督检查，记录环保措施完成工程量、实施内容、实施时间、投资金额等，填写环保监理工作日志（见附表B.5），为环保专项验收提供依据。对环境问题落实不到位进行跟踪检查，直至落实到位，填写环保监理问题跟踪检查表（见附表B.9）。 （6）监理项目部应对工程建设各方依据有关规定和工程现场实际情况提出的工程变更进行审查，同意后报业主项目部批准。 1）当环境影响评价文件及批复文件中列明的噪声防治措施、事故油池、污水处理设施等污染防治工程以及植被恢复、植物异地保护、土地复垦及绿化、水土保持等生态保护工程措施发生重大变动时，设计单位应将环境保护措施（设施）变更文件提交监理项目内部审核。环保监理机构应重点审核变动后项目产生的电磁、噪声及废（污）水达标排放情况、固体废物处置情况及生态恢复情况，并发环保监理工作联系单（见附表B.6）告知建设单位、设计单位或施工单位审核结果。 2）审核同意的，监理项目部应提请建设单位及时履行相关环境保护手续。审核不同意变动后环境保护措施（设施）的，环保监理机构应在《环保监理工作联系单》中书面告知建设单位原因，并提出可行的调整建议。 3）环境保护措施（设施）变动涉及的计量、支付、工期变化等其他工程变更内容应按照工程监理有关规定进行管理。 （7）监理项目部在主体工程进度款报审时，同步审查环保工程投资落实情况。 （8）监理项目部应每月定期召开一次工地例会（见附表B.10），会议应通报环保措施落实情况，检查上一次例会中有关决定的执行情况，分析当前存在的问题，提出解决方案或建议，明确会后应完成的任务。 （9）监理项目部应按双方约定的时间和渠道向建设单位提交项目环保监理月报（见A.4.1）、环保监理专题报告（见A.4.2），按基础和竣工两个阶段编写监理专题报告（内容重点体现环保重大设计变更，主要为线路500m及以上偏移、超过30%，居民敏感点变化超过30%，房屋拆迁和迹地恢复，发生一般及以上的环境污染事件等），在合同项目验收时提交监理工作总结报告。监理报告的编写提纲见附表A.3。 （10）发现施工存在重大环境保护隐患、可能造成环境污染事件的，环保监理总监应及时向建设单位报告，在征得业主项目部同意后可签发《环保监理工程停工令》（见附表B.8），要求施工单位停工整改。整改完毕经环保监理人员复查符合规定要求并报建设单位同意后，环保监理总监方可签署《环保监理工程复工申请表》。 （11）发生一般及以上环境污染事件后，造成环境污染事件单位应及时报告监理项目部和建设单位，环保监理总监应立即下达《环保监理工程停工令》，要求施工项目部立即暂停施工、对环境污染事件进行处置，采取有效措施消除污染。环保监理总监签发工程停工令应征得建设单位同意，在紧急情况下未能事先报告的，应在事后及时向业主项目部作出书面报告。	4. 工程设计变更（签证）审批单监理审核意见、设计变更执行报验单 5. 会议纪要、索赔审核记录 6 收发文记录、环保活动记录表，环保监理月报，环保监理专题报告、工程档案资料 7. 环保风险排查记录，环保监理通知单、工程暂停令等监理指令文件 8. 环保安全旁站监理记录 9. 安全文明施工环保措施计划申报单、环保监理检查记录 10. 环保监理问题整改闭环记录

续表

管理内容	工作内容与方法（标准化管理模板编号）	主要成果资料
施工阶段	（12）监理项目部应到环境污染事件发生现场进行调查，全面审查有关施工记录、环保监理记录，并提请建设单位组织召开环境污染事件处理会议，对污染事故的责任进行判定并进行相关处理。应在24小时内提交业主项目部书面调查报告。 （13）监理项目部应对环境污染事件的处理过程、处理结果进行跟踪检查。整改完毕经环保监理人员检查验收符合规定要求并报建设单位同意后，环保监理总监方可签署《环保监理工程复工申请表》。 （14）当施工项目部与外界发生环境保护纠纷时，环保监理人员积极协调相关工作。涉及环境保护投诉时，监理项目部应做好环境保护相关统计分析，督促检查环境影响评价文件中对社会环境影响提出的有关要求的落实情况，重点关注施工期及试运行阶段公众关于环境保护问题的投诉、上访等事件的处理情况及效果，政府部门、社会团体有关环境保护的意见落实情况等。相关单位应做好相关配合工作	
试运行阶段	（1）监理项目部组织投运前随主体工程同步开展环保设施监理初检工作，对环境保护措施落实情况进行全面检查，提出监理意见。 （2）监理项目部完成全部环保设施分部工程的验收评定工作后，应提请建设单位督促、检查单位工程验收应具备的条件，检查分部工程验收中提出的遗留问题和处理情况，对单位工程进行质量评定，提出尾工清单。向业主项目部提交《环保监理总结》（见附表A.4.3）。 （3）监理项目部督促施工单位编制工程临时占地处置和迹地恢复实施方案，指导现场临时占地、建筑物、植被恢复、土地复垦等迹地恢复工作。现场完成临时租用占地的土地复垦后，应督促相关单位与地方政府办理临时租用土地移交证明（见附录D）。 （4）参加环保部门组织竣工验收，并对检查提出的问题监督施工单位整改闭环后上报。 （5）监理项目部应制定包括文档资料、图片及录像资料收集、整编、归档、保管、查阅、移交和保密等信息管理制度，设置档案资料管理人员并制定相应岗位职责。 （6）环保工程档案资料的归档按主体工程归档要求执行。环保工程档案资料是环保专项验收的重要依据，监理项目部应重点加强档案资料管理工作，确保内容及时、真实、规范，保管期限应满足工程通过环保验收和工程创优的要求	1. 监理初检报告、监理初检问题整改闭环记录 2. 文件审查表 环保监理总结报告
总结评价阶段	（1）接受业主项目部对工程环保监理工作开展的考核评价管理，提出考核评价意见。 （2）负责项目建设管理总结中环保监理管理部分的编写，总结工程环保监理中的优良经验和存在的问题，分析、查找存在问题的原因，提出工作改进措施	相关评价报告或记录表

表3–3　换流站工程施工准备阶段环境监理主要内容及方法

监理内容		监理方法	频次	记录表格
电磁	是否尽量避让环境敏感目标；优化总平面布置；设备选型满足环境保护要求	文件审查	1次	表B.1
噪声	主要噪声设备的要求；噪声控制及降噪措施	文件审查	1次	表B.1
水	污水处理设施，包括雨污分流措施、生活污水处理设施、污水回用设施、排污口规范化设计	文件审查	1次	表B.1
固废	生活垃圾收集及处理设施、废旧材料回收措施、弃土弃渣的处置措施	文件审查	1次	表B.1
环境风险	事故油池及储油坑、连通管及事故油回收处置措施	文件审查	1次	表B.1
生态环境	自然保护区等生态敏感区的避让、减缓、补偿和重建措施；护坡、挡土墙、排水沟、绿化等措施	文件审查	1次	表B.1

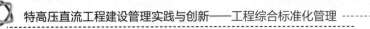

续表

监 理 内 容		监理方法	频次	记录表格
设计变更	站址及总平面布置是否发生对环境保护不利影响的变动；重大变更是否履行环境保护手续	文件审查	1 次	表 B.1
环境保护投资	是否已计列以上环境保护措施费用	文件审查	1 次	表 B.1

表 3–4　换流站工程施工阶段环境监理主要内容及方法

监 理 内 容			监理方法	频次	记录表格
永久环境保护措施监理	电磁	合理布局、优化布置	巡视检查	至少 2 次	表 B.2
		设备选型满足环境保护要求	文件审查	1 次	表 B.1
	噪声	对主噪声设备源强的限值要求	文件审查	1 次	表 B.1
		降噪措施	见证	全过程	表 B.4
		噪声防护距离	监测	1 次	表 B.5
	水	雨污分流措施	见证	全过程	表 B.4
		生活污水处理设施、污水回用设施、排污口施工	见证	全过程	表 B.4
	固废	生活垃圾收集及处理设施	巡视检查	1 次	表 B.2
		废旧材料回收措施	见证	全过程	表 B.4
	环境风险	事故油池及储油坑、事故油的收集及处置措施	旁站	全过程	表 B.3
	生态环境	护坡、挡土墙、排水沟	见证	全过程	表 B.4
		绿化、迹地恢复	巡视检查	至少 3 次	表 B.2
		自然保护区等生态敏感区的避让、减缓、补偿和重建措施	文件审查 走访调查	1 次	表 B.1、表 B.5
	环境保护投资	环境保护措施费用使用	文件审查	1 次	表 B.1
临时环境保护措施监理	施工固废	建筑垃圾及时清运处置；弃土弃渣的处置措施	巡视检查	全过程	表 B.2
	施工噪声	避免夜间施工；防止噪声扰民	走访调查	至少 2 次	表 B.5
		施工场界噪声值达标	监测	全过程	表 B.5
	施工扬尘	施工材料及开挖临时土方集中堆放；临时堆放时采取遮盖等防尘措施；临时场地经常洒水	巡视检查	全过程	表 B.2
	施工废污水	施工废污水收集、回用，无污水漫排现象	巡视检查	全过程	表 B.2
	生态影响	尽量少砍伐乔木和灌木；不捕杀及避免惊吓野生动物；珍稀植物的移栽；破坏植被的类型及面积满足环保要求	巡视检查 走访调查	全过程	表 B.2、表 B.5

表3–5　　　　换流站工程试运行阶段环境监理主要内容及方法

监理内容			监理方法	频次	记录表格
环境保护措施（设施）试运行监理	电磁	厂界及敏感点电磁环境达标	文件审查	1次	表B.1
	噪声	主变噪声源强度满足环境影响评价文件要求	文件审查	1次	表B.1
		降噪措施效果	文件审查	1次	表B.1
	水	雨污分流措施	巡视检查	1次	表B.2
		生活污水处理设施、污水回用设施运行情况	巡视检查	1次	表B.2
	固废	废旧材料回收情况	巡视检查、文件审查	1次	表B.2、表B.1
		生活垃圾收集及处理设施正常使用	巡视检查	1次	表B.2
	环境风险	事故油池及储油坑、连通管、事故油回收措施正常运行	巡视检查	1次	表B.2
	生态环境	护坡、挡土墙防护效果、排水沟的通畅性	巡视检查	1次	表B.2
		绿化效果	巡视检查	1次	表B.2
		自然保护区等生态敏感区的恢复效果	巡视检查	1次	表B.2
		临时施工营（场）地土地功能恢复情况	巡视检查	1次	表B.2
	环境保护投资	环境保护措施费用使用	文件审查	1次	表B.1

表3–6　　　　输电线路工程施工准备阶段环境监理主要内容及方法

监理内容		监理方法	频次	记录表格
电磁	是否尽量避让电磁环境敏感目标；导线对地及房屋的距离是否满足环境影响评价文件要求；导线型号、分裂数、排列方式是否满足环境影响评价文件要求	文件审查	1次	表B.1
固废	废旧材料回收措施、弃土弃渣的处置措施	文件审查	1次	表B.1
生态环境	护坡、挡土墙、排水沟、绿化等防护措施；自然保护区等生态敏感区避让、减缓、补偿和重建措施；高跨、缩小塔基等林地保护措施；野生动植物保护措施	文件审查	1次	表B.1
设计变更	线路路径是否发生对环境保护不利影响的变动；重大变更是否履行环境保护手续	文件审查	1次	表B.1
环保投资	是否已计列以上环境保护措施费用	文件审查	1次	表B.1

表3–7　　　　输电线路工程施工阶段环境监理主要内容及方法

监理内容			监理方法	频次	记录表格
永久环境保护措施监理	电磁	导线对地及房屋的距离满足环境影响评价文件要求	文件审查 测量	全过程	表B.1、表B.5
		设备选型满足环境保护要求	文件审查	1次	表B.1
	噪声	设备选型满足环境保护要求	文件审查	1次	表B.1
	固废	废旧材料回收措施	巡视检查	全过程	表B.2

续表

监理内容			监理方法	频次	记录表格
永久环境保护措施监理	生态环境	护坡、挡土墙、排水沟	见证	全过程	表B.4
		绿化	巡视检查	至少3次	表B.2
		自然保护区等生态敏感区的避让及减缓、补偿和迹地恢复措施	文件审查、走访调查	1次	表B.1、表B.5
	环境保护投资	环境保护措施费用使用	文件审查	1次	表B.1
临时环境保护措施监理	施工固废	临时堆土的临时拦挡、覆盖、排水措施	巡视检查	至少2次	表B.2
		弃土弃渣平整堆放在指定区域	巡视检查	1次	表B.2
	施工噪声	城区避免夜间施工；防止噪声扰民	走访调查	至少2次	表B.5
		城区施工场界噪声值达标	监测	至少2次	表B.5
	施工扬尘	施工材料及开挖临时土方集中堆放并采取遮盖等防尘措施；临时场地根据需要洒水	巡视检查	全过程	表B.2
	施工废污水	施工废污水收集、回用，无污水漫排现象	巡视检查	全过程	表B.2
	生态影响	尽量少砍伐乔木和灌木；不捕杀及避免惊吓野生动物；珍稀植物的移栽；破坏植被的类型及面积满足环保要求	巡视检查、走访调查	全过程	表B.2、表B.5

表3–8　输电线路工程试运行阶段环境监理主要内容及方法

监理内容			监理方法	频次	记录表格
环境保护措施（设施）试运行监理	电磁	环境及敏感点电磁环境达标	文件审查	1次	表B.1
	噪声	敏感点噪声达标	文件审查	1次	表B.1
	生态环境	护坡、挡土墙的稳定性、排水沟的通畅性	巡视检查	1次	表B.2
		绿化效果	巡视检查	1次	表B.2
		自然保护区等生态敏感区的恢复效果	巡视检查	1次	表B.2
	环境保护投资	环境保护措施费用使用	文件审查	1次	表B.1

3.4 工作流程

监理单位环保管理总体流程见图3–1，不同阶段单项重点工作业务流程包括环保监理策划管理流程、监理审查环保落实情况工作流程、环保监理现场签证工作流程、环保监理初检工作流程工程环保设计变更管理流程，分别见图3–2～图3–5。

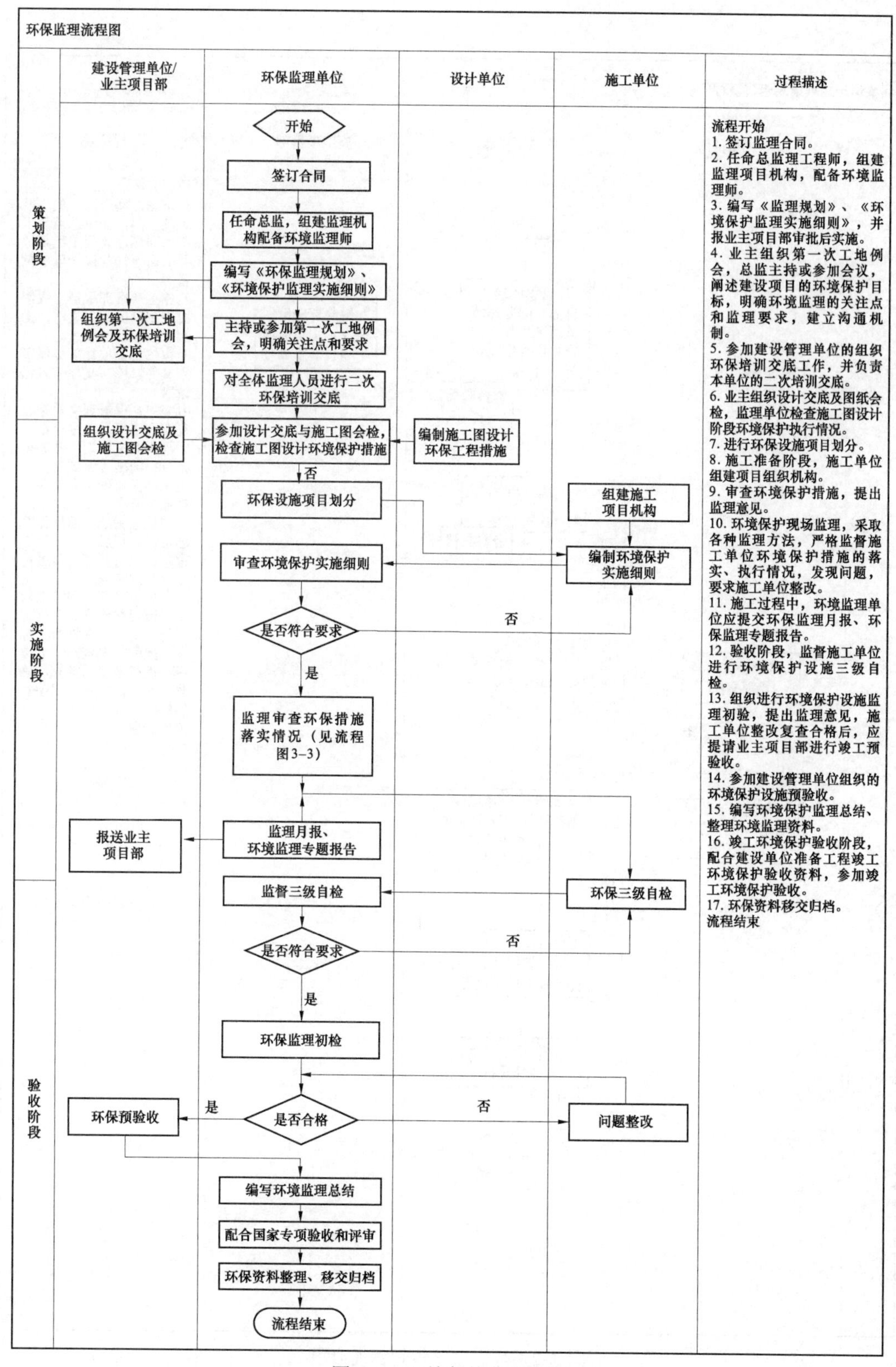

图 3–1　环境保护监理流程

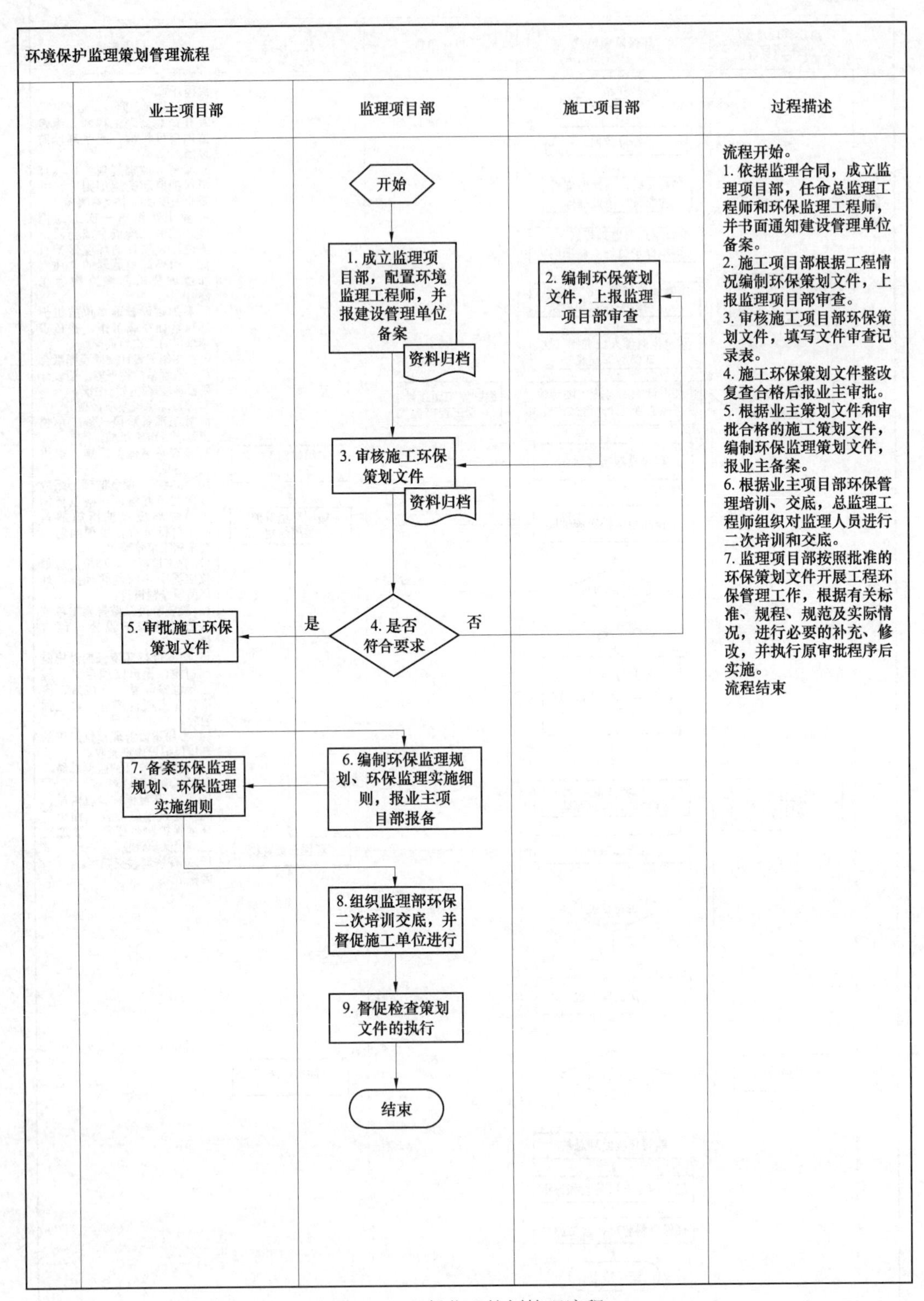

图 3–2　环保监理策划管理流程

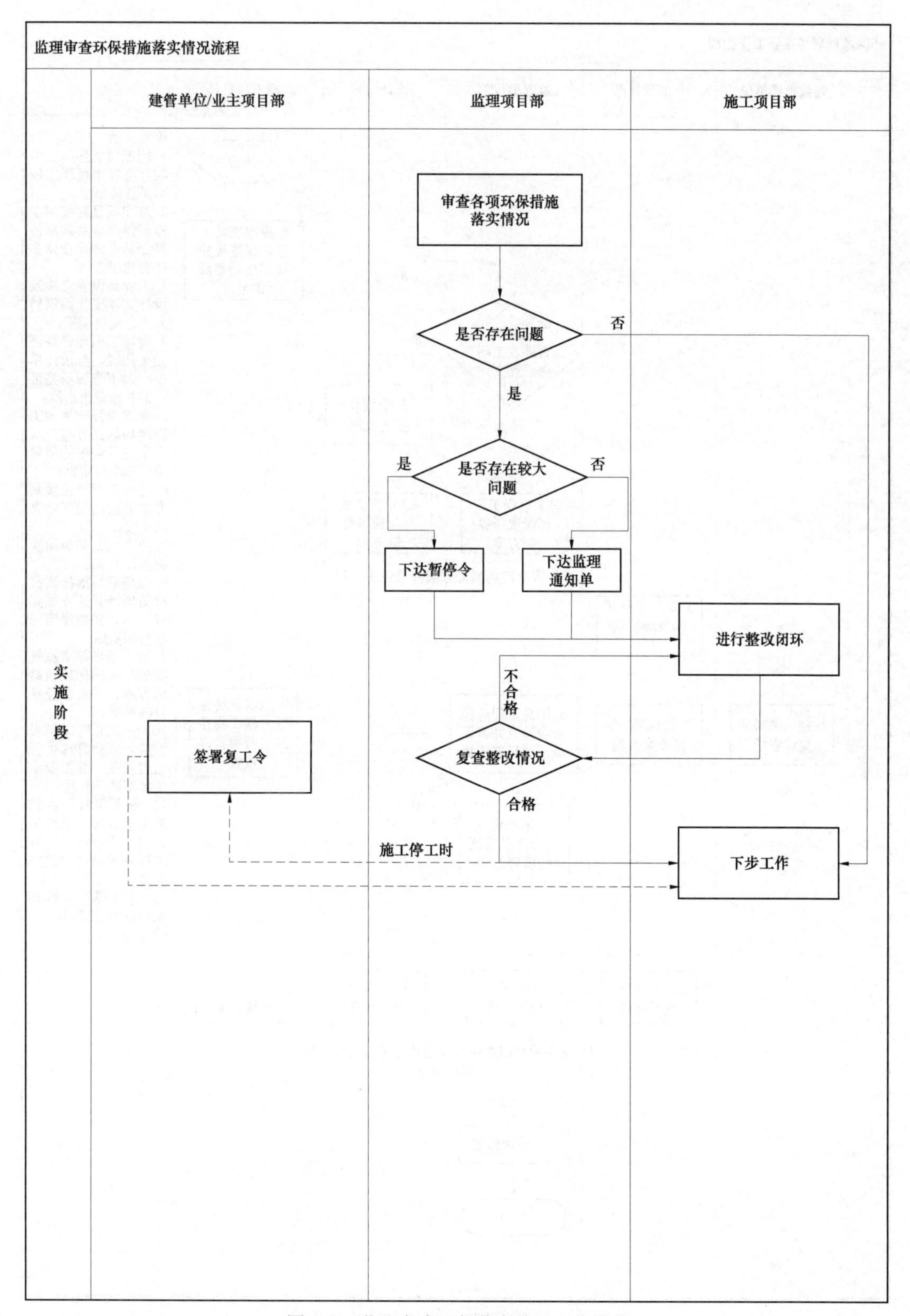

图 3–3　监理审查环保落实情况工作流程

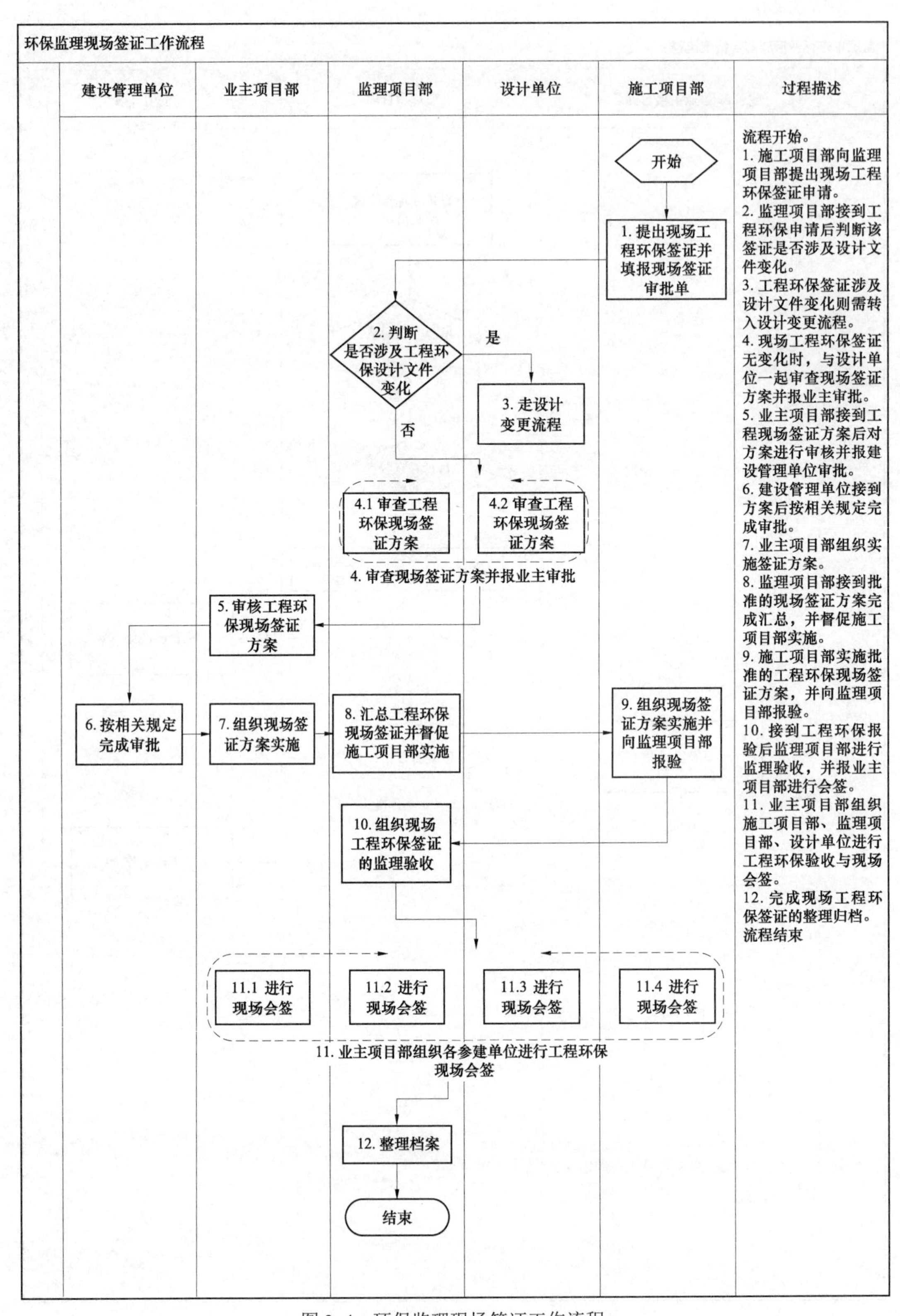

图 3–4　环保监理现场签证工作流程

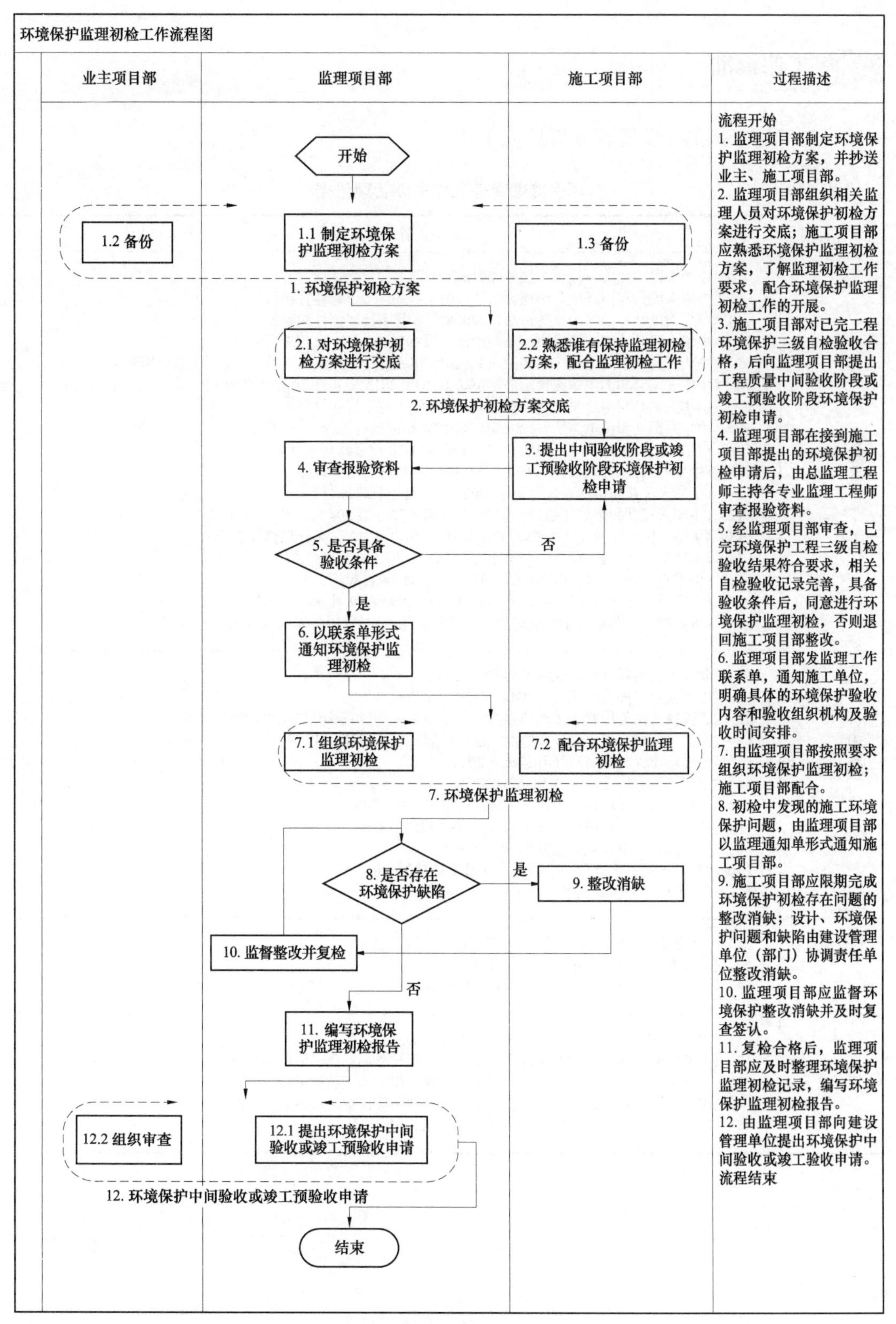

图3–5　环保监理初检工作流程

3.5 工作标准

监理管理工作的主要管理依据见表 3–9。

表 3–9　环保监理管理工作主要管理依据

工作标准	主要管理依据
法律法规	（1）《中华人民共和国环境保护法》（2015 年 1 月 1 日起修订施行） （2）《中华人民共和国环境影响评价法》（2016 年 9 月 1 日起修订施行） （3）《中华人民共和国水污染防治法》（2008 年 6 月 1 日起修订施行） （4）《中华人民共和国环境噪声污染防治法》（1997 年 3 月 1 日起施行） （5）《中华人民共和国大气污染防治法》（2015 年 8 月 29 日修订，2016 年 1 月 1 日起施行） （6）《中华人民共和国固体废物污染环境防治法》（2015 年 4 月 24 日修订版） （7）《中华人民共和国野生动物保护法》（2017 年 1 月 1 日起修订施行） （8）《中华人民共和国电力法》（2015 年 4 月 24 日起修订施行） （9）《中华人民共和国土地管理法》（2004 年 8 月 28 日起修订施行） （10）《中华人民共和国文物保护法》（2013 年 6 月 29 日起修订施行） （11）《中华人民共和国城乡规划法》（2008 年 1 月 1 日起施行） （12）《中华人民共和国野生植物保护条例》（国务院令第 204 号，1997 年 1 月 1 日起施行） （13）《中华人民共和国文物保护法实施条例》（2013 年 12 月 7 日起修订施行） （14）《土地复垦条例》（国务院令第 592 号，2011 年 3 月 5 日起施行） （15）《国家重点保护野生动物名录》（1989 年 1 月 14 日起施行） （16）《国家重点保护野生植物名录（第一批）》（1999 年 9 月 9 日起施行） （17）《国务院关于落实科学发展观加强环境保护的决定》（国务院国发〔2005〕39 号）
技术规范与标准	（1）《建设工程监理规范》（GB/T 50319—2000） （2）《电力建设工程监理规范》（DL/T 5434—2009） （3）《直流换流站与线路合成电场强度、离子流密度测试方法》（DL/T 1089—2008） （4）《交流输变电工程电磁环境监测方法》（试行）（HJ 681—2013） （5）《电磁环境控制限值》（GB 8702—2014） （6）《声环境质量标准》（GB 3096—2008） （7）《工业企业厂界环境噪声排放标准》（GB 12348—2008） （8）《建筑施工场界环境噪声排放标准》（GB 12523—2011） （9）《污水综合排放标准》（GB 8978—1996） （10）《声环境功能区划分技术规范》（GB/T 15190—2014） （11）《防洪标准》（GB 50201—2014）
相关管理文件	（1）××直流输电工程初步设计、施工图设计资料 （2）《××直流输电工程环境影响报告书》 （3）《××直流输电工程环境影响报告书的批复》
相关技术文件	（1）《国家电网公司输变电工程建设监理管理办法》 （2）《国家电网公司电网建设项目环境监理工作指导意见》（科环〔2011〕93 号） （3）《国家电网公司直流输电线路工程环境监理工作大纲（试行）》 （4）《国家电网公司直流线路工程安全文明施工与环境保护总体策划（试行）》 （5）《输变电工程环境监理规范》（Q/GDW 11444—2015）

第4章 施工环保管理

4.1 施工项目部管理职责

特高压直流输电工程施工项目部，代表施工单位落实国家环保法律规定的“同时设计、同时施工、同时运行”的三同时要求，履行建设工程施工承包合同中环保部分的约定，是工程环保设施和环保措施落实的主体单位之一。通过计划、组织、协调、监督、评价等管理手段，同步推动工程环保设施和环保措施按计划实施，建设“资源节约型，环境友好型”的生态文明工程，实现工程环保目标，通过环保专项验收。设立施工环保管理岗位，协助项目部经理负责项目施工过程中的环保控制和管理工作。

4.2 施工项目部各岗位环保职责

施工项目部各岗位环保职责见表4–1。

表4–1 施工项目部各岗位环保职责

岗位名称	职　责
施工项目经理	施工项目经理是施工现场环保管理的第一责任人，全面负责施工项目部环保管理工作（施工项目部副经理协助施工项目经理履行职责）。 （1）主持施工项目部工作，在授权范围内代表施工单位全面履行施工承包合同，对环保进行全过程管理，确保环保设施和环保措施顺利实施。 （2）组织建立健全项目环保管理职责和环保管理体系，明确工程环保目标，落实环保管理人员职责分工、工作职责和工作内容。 （3）组织落实各项环保管理组织和资源配备，并监督有效运行，负责项目部员工环保管理绩效的考核及奖惩。 （4）组织编制《项目管理实施规划》（环保专篇）、《环境保护专项施工方案》，组织编制环境保护相关制度，落实国家电网公司提出的环境保护目标及要求，执行施工图环保设计相关内容。 （5）定期召开或参加工程环保工作例会、环保专题协调会，落实业主、监理、本公司以及上级环保管理工作要求。 （6）负责组织处理工程环保实施和检查中出现的重大问题，制定预防措施，特殊困难及时提请有关方协调解决。 （7）参与或配合环保监测单位、环保管理相关单位开展的环保监测、监督检查等，按要求完成相关问题的整改闭环工作。 （8）组织编制环境污染事件应急处置方案，配置现场应急资源，开展应急教育培训和应急演练，执行应急报告制度。参与或配合工程环保事故（件）的调查。 （9）落实安全文明施工费用中环保措施费用的申请、使用，报审工程环保资金使用计划，向环保监理提交现场环保措施落实情况汇总表，申请签证，配合工程结算、审计以及财务稽查工作。 （10）根据工程进展，组织开展环保设施和环保措施的交底、培训，施工班组级自检和项目部级复检工作，配合各级环保质量检查、监督、验收等工作。

续表

岗位名称	职　责
施工项目经理	（11）配合做好环保工作现场检查和环保竣工验收调查工作，对提出的问题整改闭环。 （12）工程带电后，按照现场环保监理要求，组织编制现场临时占地迹地恢复方案。在试运行结束后 2 个月之内，完成施工环保总结的编制工作，配合整体工程环保调查单位开展工程环保调查和环保专项验收工作
施工项目副经理	在项目经理的领导下，负责项目环保施工技术管理工作，负责按照工程环评报告和设计图纸要求，落实业主、监理项目部对工程环保方面的有关要求，并向施工班组进行交底培训。 （1）贯彻执行国家环保法规和国家电网公司环保监理规范，组织编制项目管理实施规划（环保专篇）、《环境保护专项施工方案》、环境风险应急处置方案等管理策划文件，并负责技术交底和监督落实。 （2）结合施工现场实际情况，编制环保设施和环保措施的实施计划，在施工准备、施工实施、施工结束过程中切实落实环保措施，做到环保措施和工程主体同步实施，同步验收。 （3）组织对项目全员进行环保等相关法律、法规及设计文件要求的培训工作，切实落实工程施工现场环保设施施工质量，施工过程中噪声、废水、固废、抑尘、道路维护、临时堆土等环保措施的工作计划和具体安排。 （4）组织环保施工图预检，参加业主组织的设计交底及施工图会检，对环保设计和设计变更的执行有效性负责，对施工图中存在的环保措施不足问题，及时编制设计变更联系单并报设计单位。 （5）组织编写环保专项施工实施细则，负责对采取的环保措施进行技术经济分析与评价。 （6）定期组织或配合业主、监理开展环保检查环保、水保情况，组织解决工程施工环保、水保问题。当施工工艺要求连续 24 小时施工时，组织办理夜间施工噪声控制手续，并对现场噪声情况进行监控，形成记录。当需要进入生态敏感点施工前，应按照要求办理相关施工手续，落实生态专题报告要求的施工措施，复核工程与生态敏感点的实际距离，确保环保措施的落实。 （7）按照工程统一规定，组织制定环保措施过程数码照片采集管理办法，组织采用数码照片、视频影像等方式记录换流站及周边、线路经过区域的原始地貌及生态环境现状，监督并采集现场施工环保措施落实的实体照片。 （8）定期组织统计现场施工环保措施实施工程量，组织或参加环保工地例会，落实业主、监理会议纪要的内容。 （9）参加工程环保设施中间验收和环保措施的检查、环保监理初检、环保预验收、启动验收、环保竣工验收调查和工程环保专项验收期间的施工管理工作。组织实施施工后范围内临时占地的拆除和垃圾的清运，按照环保监理要求，组织编制工程竣工环保施工总结报告。 （10）负责组织收集、整理施工过程资料，在工程带电后，配合环保监测做好环境监测工作，配合工程环保竣工验收调查单位开展环保基础数据的整理，组织移交环保施工资料。 （11）协助项目经理做好其他施工管理工作
换流站 环保管理员	协助项目部经理负责项目施工过程中的环保控制和管理工作： （1）贯彻执行国家环保法律、法规、规范和国家电网公司等环保管理类文件，熟悉有关环评报告及批复、环保设计文件，及时提出环保设计文件存在的问题，协助项目副经理做好设计变更的现场执行及签证闭环管理。 （2）参与编制《项目管理实施规划》（环保专篇）和《环境保护专项施工方案》等策划文件，明确施工单位环境保护组织管理、临时施工场地选址、施工现场总平面图、各施工工序的环境保护措施等，施工现场环保设施施工质量的检查和验收，施工过程中施工噪声、废水、固废、抑尘、道路维护、临时堆土、周边居民敏感点或生态敏感点、迹地恢复和植被恢复等环保措施的工作计划和具体安排要求等内容。 （3）具体负责《环保专项施工实施细则》的编制，确定施工土石方工程量平衡的实施方案，落实站区表土剥离和保管，施工结束后的迹地恢复和植被恢复工作，组织落实换流站环保设施（围墙及隔声屏障、Box–in 设施、施工油池、站内外污水处理系统）的分部、分项工程划分和工程分工情况，并负责指导实施。 （4）组织对项目全员进行环境保护法律法规、环保目标要求、施工控制措施等培训、交底，留存相关记录。 （5）组织环保施工图预检，参加业主组织的环保施工图设计交底及施工图会检，严格按图施工。具体按照工程环评报告及其批复文件，落实现场环保措施，具体编制安全文明施工费中的环境措施的专项计划、实施和支付工作，处理工程环保设计变更和签证手续工作。 （6）严格落实各项环境保护措施的过程管理工作，在施工过程中随时对环保工作进行检查和提供技术指导，存在环保问题或隐患时，及时提出解决和防范措施。 （7）开展并参加各级环保检查的迎检工作，严格检查环保控制措施的执行情况，填写执行记录表，对存在的环保问题闭环整改，通过现场采集数码照片等管理手段严格落实环保措施，控制环境保护范围。

续表

岗位名称	职　责
换流站 环保管理员	（8）规范开展施工班组级环保自检和项目部级复检工作，配合各级环保检查、监督、验收等工作。定期统计现场施工环保措施实施工程量，组织或参加业主、监理、施工项目部环保工地例会，督促会议纪要的落实。 （9）参与编制环境污染事件应急处置方案，开展应急教育培训和应急演练。参与或配合工程环保事故（件）的调查。 （10）负责项目建设环保信息收集、整理与上报，每月按时上报现场环保信息月报。 （11）负责环保施工档案资料的收集、整理、归档、移交工作，确保资料的真实和准确性。 （12）参与工程环保设施和环保措施各级验收，编制工程竣工环保施工总结报告。 （13）按有关规定和合同约定做好工程档案资料的管理工作并妥善保管，满足环保专项验收通过和移交规定的要求。参加项目建设管理总结中环保管理部分的编写。 （14）参加对项目参建单位资信和合同执行情况的评价
线路环保管理员	协助项目部经理负责项目施工过程中的环保控制和管理工作： （1）贯彻执行国家环保法律、法规、规范和国家电网公司等环保管理类文件，熟悉有关环评报告及批复、环保设计文件，及时提出环保设计文件存在的问题，协助项目副经理做好设计变更的现场执行及签证闭环管理。 （2）参与编制管理实施规划（环保专篇）和《环境保护专项施工方案》等策划文件，明确施工单位环境保护组织管理、临时施工场地选址、塔基、牵张场、跨越场施工现场总平面图、施工道路实施方案、各施工工序的环境保护措施等，施工现场环保措施施工质量的检查和验收，施工过程中施工噪声、废水、固废、抑尘、道路维护、临时堆土、工程沿线居民敏感点或生态敏感点相关协议，施工结束后临时占地的迹地恢复和植被恢复工作等环保措施的工作计划和具体安排要求等内容。具体负责《环保专项施工实施细则》的编制，确定线路工程塔基及周边、牵张场、跨越场地等施工临时场地占用平面布置图的占地面积，施工土石方工程量平衡的实施方案，落实塔基周边表土剥离和保管，审核施工便道长度和实施方案，施工后临时占地的植被恢复工作等内容，并负责指导实施。 （3）组织对项目全员进行环境保护法律法规、环保目标要求、施工控制措施等培训、交底，留存相关记录。 （4）组织环保施工图预检，参加业主组织的环保施工图设计交底及施工图会检，严格按图施工。具体按照工程环评报告及其批复文件，落实现场环保措施，具体编制安全文明施工费中的环境措施的专项计划、实施和支付工作，复核设计路径偏移超过 300m 的工程量，复核居民和非居民区域导线最低距离，处理工程环保设计变更和签证手续工作。 （5）严格落实各项环境保护措施的过程管理工作，在施工过程中随时对环保工作进行检查和提供技术指导，存在环保问题或隐患时，及时提出解决和防范措施。 （6）开展并参加各级环保检查的迎检工作，严格检查环保控制措施的执行情况，填写执行记录表，对存在的环保问题闭环整改，通过现场采集数码照片等管理手段严格落实环保措施，控制环境保护范围。 （7）规范开展施工班组级环保自检和项目部级复检工作，配合各级环保检查、监督、验收等工作。定期统计现场施工环保措施实施工程量，组织或参加业主、监理、施工项目部环保工地例会，督促会议纪要的落实。 （8）参与编制环境污染事件应急处置方案，开展应急教育培训和应急演练。参与或配合工程环保事故（件）的调查。 （9）负责项目建设环保信息收集、整理与上报，每月按时上报现场环保信息月报。 （10）负责环保施工档案资料的收集、整理、归档、移交工作，确保资料的真实和准确性。 （11）参与工程环保设施和环保措施各级验收，编制工程竣工环保施工总结报告。 （12）按有关规定和合同约定做好工程档案资料的管理工作并妥善保管，满足环保专项验收通过和移交规定的要求。参加项目建设管理总结中环保管理部分的编写。 （13）参加对项目参建单位资信和合同执行情况的评价
资料员	（1）按照国家电网公司相关环保管理要求整编归档资料。 （2）按照要求向建设单位移交环保资料

4.3 工作内容与方法

环保管理工作内容与方法见表 4–2。

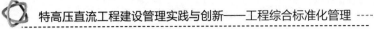

表 4–2　　施工管理工作内容与方法

管理阶段	工作内容与方法	主要成果资料
施工准备阶段	（1）签订施工合同，明确工程环保要求。 （2）建立健全项目环境保护管理体系，明确工程环保目标，落实环保管理人员职责分工、工作职责和工作内容；组建环保施工管理机构，环保施工管理和技术人员数量应满足工程建设需要。其中环保岗位专责应具有每年省级以上环保专业培训证明。 （3）施工项目部依据经国家环保部批准的环评报告和环保设计文件，在编制《项目管理实施规划（施工组织设计）》时编制环保专篇，报监理项目部审查、业主项目部审批后实施。 （4）施工项目部针对站外施工生产、生活办公区域布置、土石方处置、固体废弃物处置、废水（施工、生活用水）和施工噪声达标排放、施工道路的使用和维护、临时占地使用应采取具体可行的临时措施逐一进行落实，独立编制《环境保护专项施工方案》、《环境污染事件应急预案》，制定环境保护施工管理制度（见附表 A.2.2），报监理项目部审查、业主项目部审批后实施。 （5）开展环保施工图预检，参加环保施工图设计交底及施工图会检，严格按图施工。 （6）负责施工项目部管理人员及施工人员的环保培训和教育。结合工程实际情况组织开展环保应急教育培训和应急演练。 （7）施工项目部应严格执行材料进场报验程序，保证工程材料质量符合环保要求。对进场材料、设备和构配件进行环保检验，检查材质证明和产品合格证，报监理项目部审查。 （8）施工项目部完成工程开工准备后，应向监理项目部提交工程开工报审表。经监理检查确认施工项目部的各项准备工作已完成后签认开工许可	1. 项目管理实施规划（环保篇章）、施工环保专项实施方案、施工环保措施实施细则、施工环保风险控制方案、质量验收及评定范围划分表等项目策划文件 2. 安全文明施工费用中环保措施费用申报表、环保措施费用使用计划、施工临时场地总平面布置、土石方平衡施工方案等计划性文件 3. 环保施工图预检记录 4. 教育培训记录及交底记录 5. 工程开工报审表、换流站环保设施单位或分部工程开工报审表
施工阶段	（1）认真实施现场环保监理机构编制的现场管理制度和要求，重点落实现场施工噪声、废水（施工、生活用水）、固体废弃物（建筑和生活垃圾）、抑尘、施工道路使用和维护、临时堆土的管理措施，并针对性一一编制落实方案和措施，将相关责任人、相关费用使用条目，相关金额编写完整，会同相关协议（废水、固废、临时用地协议等）一并提交监理机构审查，每月定期将落实情况以书面形式提交业主项目部和监理项目部，作为安全文明施工费（其中环境费用占用 1/3）支付依据。 （2）严格按照工程安全文明施工规定实施，做好土石方处理、临时占地使用、施工便道、表土剥离等临时措施，并配合监理做好数据统计工作，做到合法施工，由于施工原因造成的环境污染和超标排放，履行环保责任。 （3）定期召开或参加工程环保工作例会、环保专题协调会，落实上级和业主、监理项目部的环保管理工作要求，协调解决施工过程中出现的环保问题。 （4）施工项目部在施工过程中应按图施工，落实各项环保措施，执行各项管理制度，配合各级检查，环保监督检查等。保证环境保护措施（设施）与主体工程同时施工，对各级检查提出的问题落实整改闭环。严格控制施工质量和工艺。 （5）施工项目部应严格落实各项环境保护措施的过程管理工作，填写过程管控记录，并经环保监理人员见证签字。 （6）在钻孔灌注桩施工时，施工项目部需对灌注桩泥浆、搅拌站沉淀池残渣处理（外运）与当地政府签订排放协议。 （7）对监理项目部巡视、旁站、见证等检查中提出的施工存在质量问题的，或施工扬尘、废（污）水、噪声超标或固体废弃物处理处置不当，环境保护措施（设施）未与主体工程同时施工或与主体工程设计及环境保护专项设计不符，生态保护措施未同时施工或与环境影响评价文件及其批复文件不符等问题签发的环保监理整改通知单（见附表 B.7），施工项目部完成整改后以监理整改通知回复单形式闭环。	1. 会议纪要及相关会议材料、会议记录问题执行反馈单 2. 施工记录、验收评定记录等 3. 施工安全固有风险识别、评估、预控清册，施工安全风险动态识别、评估及预控措施台账等

续表

管理阶段	工作内容与方法	主要成果资料
施工阶段	（8）发生监理项目部下达停工令的情况（见附表 A.2）。在具备复工条件后，施工项目部及时向监理项目部提交环保监理工程复工申请表，监理项目部征得建设单位同意后签发复工通知，明确复工范围，并督促施工项目部执行。 （9）工程建设过程中施工项目部应加强数码照片管理，数码照片拍摄应符合相关规定。数码照片重点体现原始地貌、破坏现状、实施后效果、施工过程环保措施等，拍摄方法、数量等还应满足国家电网公司相关规定。 （10）施工项目部应配合相应环保行政主管部门、国家电网公司、直流公司结合工程实际情况组织的环保专项巡查工作；施工过程中建设管理单位组织的相关环保专家对现场工作进行指导和培训。 （11）施工项目部按照经批复的环评报告和环保施工图纸落实工程环保措施，并接受监理项目部的监督，确保施工质量，并对土石方处理、临时用地等内容进行汇总统计，工程实施过程进行拍照，按照实施细则落实各项专业资料管理工作	4. 工程环保水保过程检查及闭环整改资料 5. 工程环保水保过程检查及闭环整改资料 6. 环保措施施工过程数码照片及文字资料，工程档案资料等 7. 工程环保设计变更审批单、重大设计变更审批单 8. 工程现场环保措施签证审批单、重大签证审批单
试运行阶段	（1）施工项目部应按要求开展三级自检，验收内容应涵盖环保措施落实情况。施工三级自检完成后，向监理项目部提交监理初检申请，验收申请及自检报告中须包括环境保护的相关内容。 （2）配合监理项目部、业主项目部、建设管理单位及国家电网公司组织开展的工程环保各级验收工作，并对提出的问题负责整改闭环。 （3）配合国家环保专项验收，并对提出的问题负责整改闭环	1. 隐蔽验收签证记录、工程验评记录及环保措施问题管理台账、监理初检申请、班组自检记录、项目部复检记录及公司级专检报告 2. 质监汇报材料等 3. 文件审查表、施工环保总结报告 4. 施工环保措施实施方案及有关执行记录 5. 环保汇报材料等
总结评价阶段	（1）配合整体工程环保调查单位开展工程环保调查工作，在试运行结束后2个月之内，完成施工环保总结的编制工作。 （2）工程试运行后，按照监理项目部要求编制现场临时占地迹地恢复方案，并在3个月内完成临时建筑的拆迁工作，配合土地复垦单位6个月内完成工程临建土地复垦工作。 （3）配合建设管理单位和监理项目部做好环保工作现场检查和环保竣工验收调查工作。 （4）按照档案整理要求，及时收集、整理、归档环境保护档案资料，其中应包括相关影像资料、环保施工总结等，竣工完成后移交环保档案资料。 （5）施工项目部在完成所有环保工程验评工作后，组织编制环保工程施工总结，对环保工程实施过程中的环保措施数据进行整理，总结环保施工经验，提炼环保施工亮点和环保成效	相关评价报告或记录表

4.4 工作流程

施工单位环保管理总体流程见图 4–1，不同阶段单项重点工作业务流程包括环境保护施工策划管理流程、环保现场签证管理流程、施工环保三级自检管理流程分别见图 4–2～图 4–4。

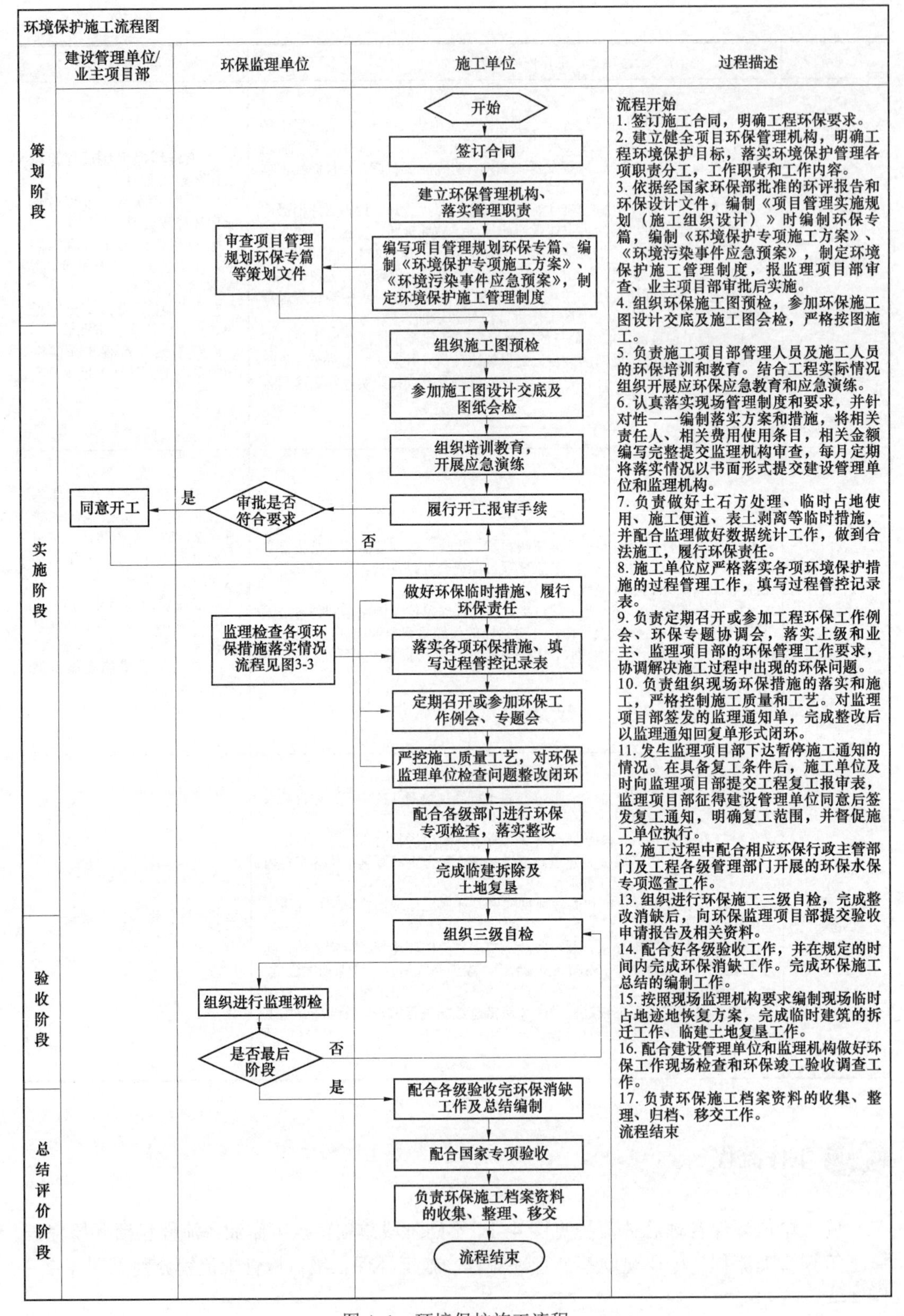

图 4–1　环境保护施工流程

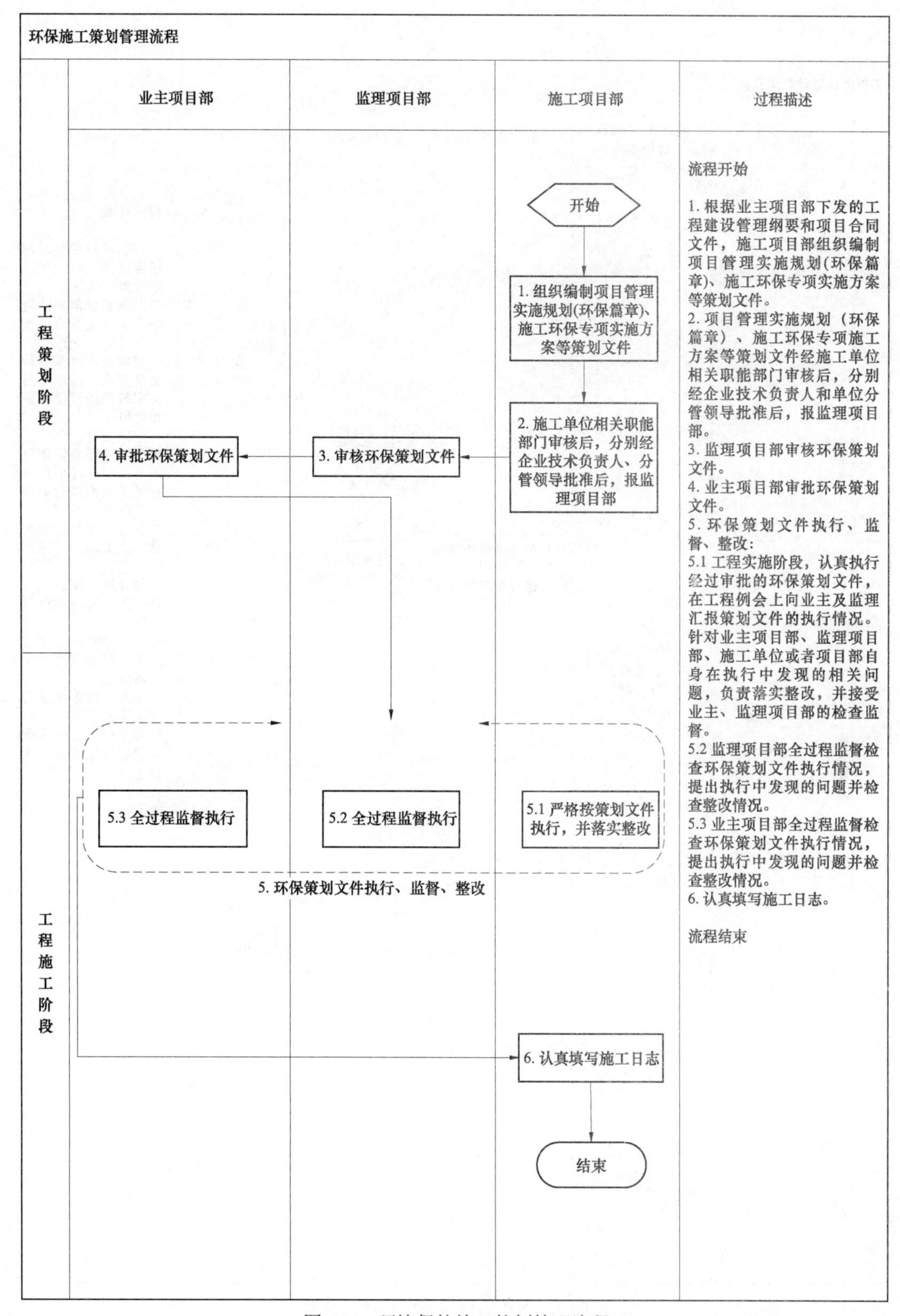

图 4–2 环境保护施工策划管理流程

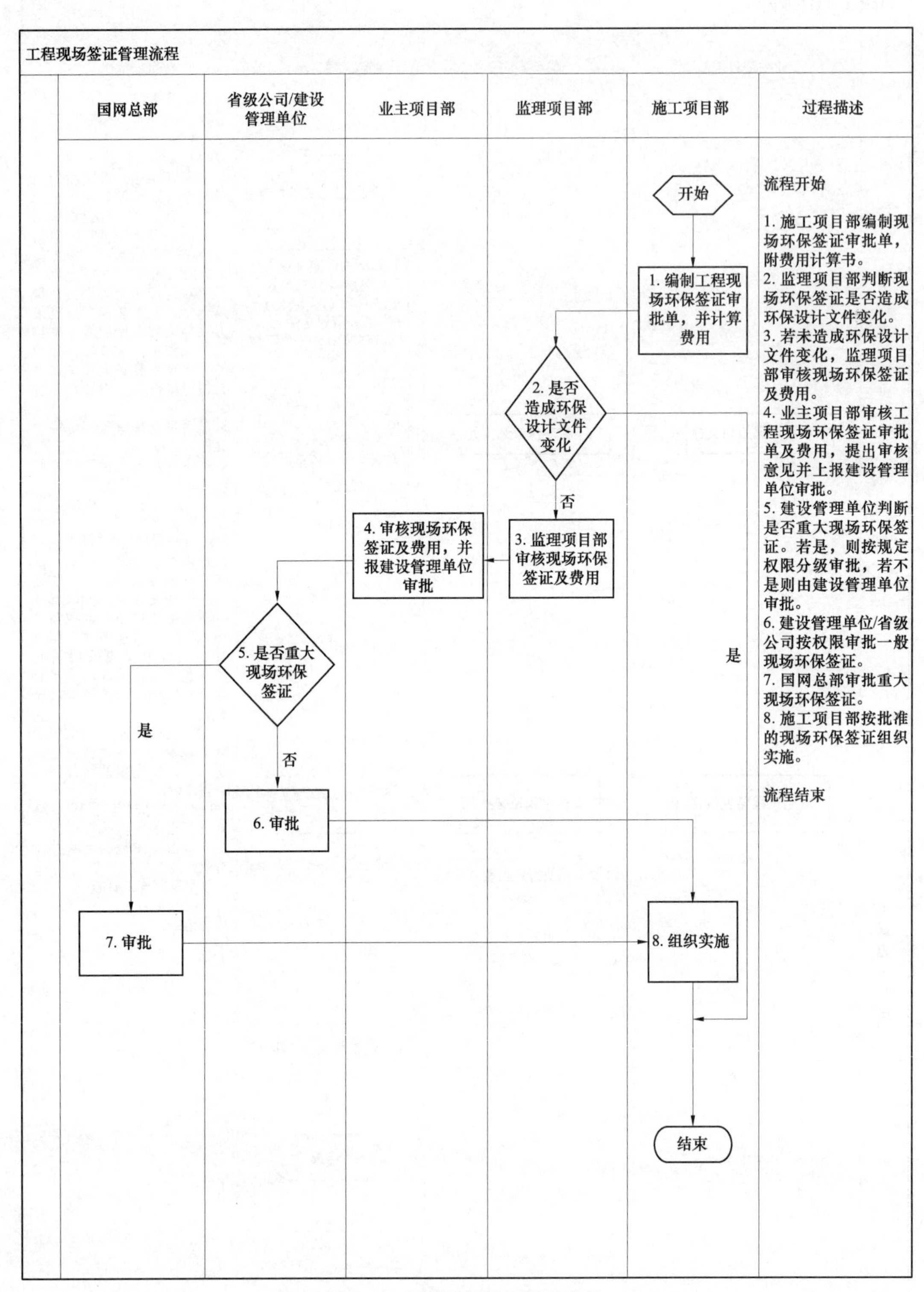

图 4–3　环保现场签证管理流程

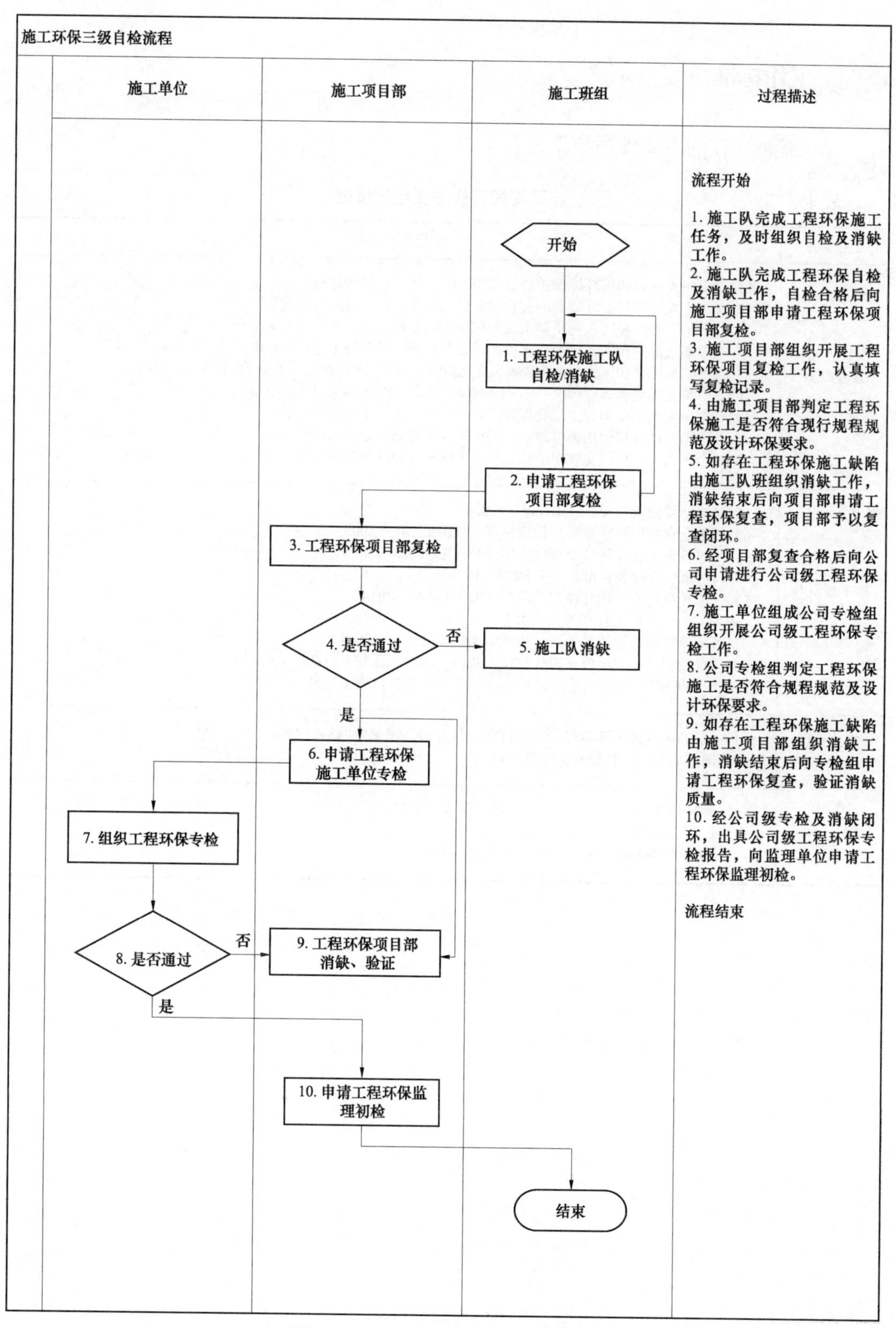

图4–4　施工环保三级自检管理流程

4.5 工作标准

施工管理工作的主要管理依据见表 4–3。

表 4–3 施工管理工作主要管理依据

工作标准	主要管理依据
法律法规	(1)《中华人民共和国环境保护法》(2015 年 1 月 1 日起修订施行) (2)《中华人民共和国环境影响评价法》(2016 年 9 月 1 日起修订施行) (3)《中华人民共和国水污染防治法》(2008 年 6 月 1 日起修订施行) (4)《中华人民共和国环境噪声污染防治法》(1997 年 3 月 1 日起施行) (5)《中华人民共和国大气污染防治法》(2015 年 8 月 29 日修订，2016 年 1 月 1 日起施行) (6)《中华人民共和国固体废物污染环境防治法》(2005 年 4 月 1 日起施行) (7)《中华人民共和国野生动物保护法》(2017 年 1 月 1 日起修订施行) (8)《中华人民共和国土地管理法》(2004 年 8 月 28 日起修订施行) (9)《中华人民共和国文物保护法》(2013 年 6 月 29 日起修订施行)
技术规范与标准	(1)《声环境质量标准》(GB 3096—2008) (2)《工业企业厂界环境噪声排放标准》(GB 12348—2008) (3)《建筑施工场界环境噪声排放标准》(GB 12523—2011) (4)《污水综合排放标准》(GB 8978—1996) (5)《声环境功能区划分技术规范》(GB/T 15190—2014) (6)《防洪标准》(GB 50201—2014) (7)《环境影响评价技术导则 输变电工程》(HJ 24—2014) (8)《建设项目竣工环境保护验收技术规范 输变电工程》(HJ 705—2014) (9)《±800kV 特高压直流线路电磁环境参数限值》(DL/T 1088—2008)
相关管理文件	(1)《国家电网公司环境保护管理办法（试行）》(国家电网科〔2004〕85 号) (2) 国家电网公司其他有关制度、规定
相关技术文件	(1) ××直流输电工程初步设计、施工图设计资料 (2)《××直流输电工程环境影响报告书》 (3)《××直流输电工程环境影响报告书的批复》

第5章 评 价 机 制

5.1 业主项目部综合评价

5.1.1 评价方法

受国家电网公司委托，国家电网公司直流建设分公司负责对特高压直流输电工程业主项目部环保工作进行业务指导、监督检查和业绩评价考核，并不定期对各单位业主项目部环保工作开展情况进行监督抽查，定期开展评价和相关竞赛评比活动。

在工程竣工投产后30个工作日，按照业主项目部综合评价表的评价指标及考核标准，组织完成业主项目部工作考核评价。在项目建设过程中，建设管理单位、省级公司基建部可适时对所属业主项目部环保工作开展情况及其实际效果进行过程评价，过程评价结果作为工程竣工投产后综合评价的基础依据。

5.1.2 评价标准

对业主项目部的综合评价主要包括业主项目部环保总体策划、环保重点工作开展情况、工作成效三个方面。

5.1.3 评价结果应用

各业主项目部过程评价及综合评价结果，作为开展业主项目部标准化建设示范工地竞赛活动、优秀业主项目经理评选等竞赛评选工作的重要参考依据。

5.2 对监理单位及其监理项目部的评价考核

5.2.1 评价方法

业主项目部在工程建成投运后一个月内，按照监理项目部环保评价标准，负责完成对监理项目部环保工作开展情况及其取得的实际效果进行综合评价，并及时将评价结果上报建设管理单位。

5.2.2 评价标准

对监理项目部的综合评价主要包括监理项目部标准化建设、重点工作开展情况、工作成效三个方面，具体评价内容及评价标准参见业主项目部综合评价表（见表 5–1）。检查表内的标准分值是该项工作评价的最高得分，同时也是检查扣分的上限。

表 5–1　　对监理单位及其监理项目部的考核评价表

序号	评价指标	标准分值	考核内容及评分标准	扣分	扣分原因
一	监理项目部标准化建设（30 分）				
1	项目部组建	10	是否依据国家电网公司输变电工程环保监理规范建立健全环保监理组织机构		
2	监理项目部制度建设及环保管理体系运行情况	10	是否严格执行国家、行业和国家电网公司环保管理规定，落实各级环保监理岗位职责，确保环保监理组织机构环保管理体系有效运行		
3	策划文件及管理制度编制情况	10	是否按照环保监理规范、合同、设计文件等依据性文件，编制环保监理规范和实施细则，结合业主项目部编制的环保管理策划文件，落实环评报告及其批复文件中提出的各项环保设施、工程环保措施的具体要求。编制现场环保管理工作制度		
二	重点工作开展情况（60 分）				
1	环评报告落实情况	5	是否按照国家批复后的环评报告，协助建设管理单位组织设计单位落实环保设计文件，核实输变电工程设计与环境影响评价文件及批复文件的相符性		
2	环保专项设计管理	5	是否督促设计单位编制环保专篇，对相应工程环保设施、环保措施以及迹地恢复提出明确要求；是否按照建设管理单位要求督促设计单位提供环保施工图		
3	环境敏感点及前期协议路径管理	10	是否核实施工设计与生态敏感区的偏移位置状态，居民敏感点增减变化情况；是否与设计单位核实统计路径偏移情况，工程施工前审核前期协议是否满足地方政府协议要求等工作，发现问题及时向建设管理单位汇报		
4	施工环保措施落实情况	10	是否督促施工编制专项实施细则，审查项目施工规划（环保专篇）、环保措施实施方案等施工策划文件，重点审查施工噪声、废水、固废、抑尘、道路维护、临时堆土等环保措施的工作计划和具体安排是否满足要求，督促施工项目部安排专业人员进行落实管理，并提出监理意见，报业主项目部审批		
5	施工环保费用管理	10	是否重点落实现场施工噪声、废水、固体废弃物（建筑和生活垃圾）、抑尘、道路维护、临时堆土的管理措施，并将落实情况以书面形式反馈在施工单位进度款支付申请表中，作为安全文明施工费中环境费用支付依据		
6	外协工作	10	是否协助建设管理到位落实房屋拆迁和相关政策处理工作，核实环评报告罗列的生态敏感区、居民敏感点等内容，逐一进行落实跟踪		

续表

序号	评价指标	标准分值	考核内容及评分标准	扣分	扣分原因
7	环保信息资料管理	10	是否结合工程进展，定期编制环保工作简报（月报、季报、年报）、专项和工作报告，向建设单位和地方环保管理部门汇报环保工程情况和现场环保措施落实图片等方面情况		
三	工作成效（10分）				
1	过程管理	5	顺利通过环保中间过程检查		
2	验收管理	5	顺利通过环保竣工验收及专项验收		

5.2.3　评价结果应用

（1）工程结算方面。按照本工程合同相关条款，将评价结果作为工程结算的依据。

（2）资信评价方面。按照《国家电网公司输变电工程设计施工监理承包商资信管理办法》相关规定，监理项目部综合评价得分即为监理承包商本工程指标评价得分，将评价结果与承包商资信评价予以挂钩落实。

5.3　对施工单位及其施工项目部的评价考核

5.3.1　评价方法

业主项目部在工程建设投运后一个月内，按照施工项目部综合评价表的评价内容和评价标准，负责完成对施工项目部环保工作开展情况及其取得的实际效果进行综合评价，并及时将评价结果上报建设管理单位。

5.3.2　评价标准

对施工项目部的综合评价主要包括施工项目部标准化建设、重点工作开展情况、工作成效三个方面，具体评价内容及评价标准参见业主项目部综合评价表（见表5–2）。检查表内的标准分值是该项工作评价的最高得分，同时也是检查扣分的上限。

表5–2　　对施工单位及其施工项目部的考核评价表

序号	评价指标	标准分值	考核内容及评分标准	扣分	扣分原因
一	施工项目部标准化建设（25分）				
1	项目部组建	5	是否建立健全环保施工管理组织机构		
2	施工项目部制度建设及环保管理体系运行情况	5	是否严格执行国家、行业和国家电网公司环保管理规定，落实各级环保施工岗位职责，确保环保施工组织机构环保管理体系有效运行		

续表

序号	评价指标	标准分值	考核内容及评分标准	扣分	扣分原因
3	策划文件管理制度编制情况	10	（1）施工组织设计中是否编制环保专篇，编制环保管理实施策划文件，报监理项目部审查、业主项目部审批后实施。 （2）是否编制专项环保方案并报审，特别是针对站外施工生产、生活办公区域布置、土石方处置、固体废弃物处置、废水（施工、生活用水）和施工噪声达标排放、施工道路的使用和维护、临时占地使用应采取具体可行的临时措施逐一进行落实。是否结合工程实际情况参与编制和执行现场废水和施工噪声超标排放、污染环境等环境污染事件应急处置方案，配置现场应急资源，开展应急教育培训和应急演练，执行应急报告制度		
4	人员培训	5	是否对施工项目部管理人员及施工人员进行环保培训和教育		
二	重点工作开展情况（60分）				
1	环保措施落实情况	10	是否重点落实现场施工噪声、废水（施工、生活用水）、固体废弃物（建筑和生活垃圾）、抑尘、施工道路使用和维护、临时堆土的管理措施，并针对性一一编制落实方案和措施，将相关责任人、相关费用使用条目，相关金额编写完整，会同相关协议（废水、固废、临时用地协议等）一并提交监理审查		
2	施工过程环保措施落实情况	10	施工单位按照经批复的环评报告和环保施工图纸落实工程环保措施，并接受监理项目部的指导，确保施工质量，并对土石方处理、临时用地等内容进行汇总统计，工程实施过程进行拍照，按照实施细则落实各项专业资料管理工作，工程完成后及时编审工程施工总结		
3	施工过程环保措施落实情况	10	是否组织环保施工图预检，参加环保施工图设计交底及施工图会检，严格按图施工。严格按照工程安全文明施工规定实施，做好土石方处理、临时占地使用、施工便道、表土剥离等临时措施，并配合监理做好数据统计工作，做到合法施工，由于施工原因造成的环境污染和超标排放，履行环保责任		
4	施工过程环保日常管理	5	是否定期召开或参加工程环保工作例会、环保专题协调会，落实上级和业主、监理项目部的环保管理工作要求，协调解决施工过程中出现的环保问题，履行应施工原因造成的环保责任		
5	配合工作	5	是否配合相应环保行政主管部门、国家电网公司、国网直流公司结合工程实际情况组织的环保专项巡查工作，施工过程中建设管理单位组织的相关环保专家对现场工作进行指导和培训		
6	环保相关验收及检查工作开展情况	5	是否负责组织现场环保措施的落实和施工，开展并参加各类环保检查，对存在的问题闭环整改，通过数码照片等管理手段严格控制施工质量和工艺。规范开展施工班组级自检和项目部级复检工作，配合各级环保质量检查、监督、验收等工作		

续表

序号	评价指标	标准分值	考核内容及评分标准	扣分	扣分原因
7	施工环保费用管理	5	每月定期将落实情况以书面形式提交建设管理单位和监理机构，作为安全文明施工费（其中环境费用占用1/3）支付依据。报审工程资金使用计划，提交环保工程进度款申请，配合工程结算、审计以及财务稽查工作		
8	配合总结	5	是否配合整体工程环保调查单位开展工程环保调查工作，在试运行结束后2个月之内，完成施工环保总结的编制工作		
9	环保信息资料管理	5	是否配合建设管理单位和监理机构做好环保工作现场检查和环保竣工验收调查工作。负责环保施工档案资料的收集、整理、归档、移交工作，确保资料的真实和准确性等方面		
三	工作成效（15分）				
1	过程管理	5	顺利通过环保中间过程检查		
2	迹地恢复土地复垦	5	工程试运行后，按照现场环保监理机构要求编制现场临时占地迹地恢复方案，并在3个月内完成临时建筑的拆迁工作，配合土地复垦单位6个月内完成工程临建土地复垦工作		
3	验收管理	5	顺利通过环保竣工验收及专项验收		

5.3.3 评价结果应用

（1）工程结算方面。按照本工程合同相关条款，将评价结果作为工程结算的依据。

（2）资信评价方面。按照《国家电网公司输变电工程设计施工监理承包商资信管理办法》相关规定，施工项目部综合评价得分即为施工承包商本工程指标评价得分，将评价结果与承包商资信评价予以挂钩落实。

5.4 对设计单位评价考核

5.4.1 评价方法

按照要求，工程设计环保评价范围主要包括设计依据、环保措施体系、环保措施工程量、主要环保设计、环保工程投资概算、环保措施设计图纸对照表、环保措施典型设计、施工主要环境保护管理要求、施工图纸和环保设计专篇。业主项目部配合建设管理单位完成对设计单位的相应环保设计的评价。

5.4.2 评价标准

输变电工程环保设计管理分别对初步设计、施工图设计、现场服务、设计变更、竣工图设计情况进行评价，具体评价指标及评价依据《国家电网公司输变电工程设计质量管理办法》。考核内容及评分标准见表 5–3，评价表内的标准分值是该项工作评价的最高得分，同时也是检查扣分的上限。

表 5–3　对设计单位的考核评价表

序号	评价指标	标准分值	考核内容及评分标准	扣分	扣分原因
一	策划阶段环保设计管理工作（20 分）				
1	成立设计项目组织机构	5	是否成立项目组织机构，包括针对工程项目设环保专业主设人，配备环保专业人员		
2	资料收集	5	是否收集前期环境影响报告及批复文件		
3	制定环保设计方案	5	是否制定工程环境保护设计方案，参加初步设计评审中对环境保护设计方案的审查		
4	建立设计与环保联络机制	5	是否建立设计与环保联络机制，确保环评工作中发现问题能及时反映到设计方案中，避免出现设计与环评工作脱节		
二	设计阶段环保管理工作（40 分）				
1	落实国家环评报告要求开展环保专项设计	10	是否依据国家环保部批复的工程环境影响评价报告要求，与主体设计同时开展环保设施设计工作，设计深度满足环保工程建设要求		
2	明确实现环保目标的相关措施要求	10	是否结合工程环评报告对设计、施工和运行过程中环保设计依据、环境保护设计任务与目标、环保要求及措施等提出详细的要求		
3	按时交付环保施工图纸	5	编制并报审环保施工图及环保措施专项设计计划，并按计划交付环保施工图纸和环保设计专篇		
4	设计变更管理	10	是否按照环保部环评报告重大变更管理办法规定，同步核查环保设计与批复的环评报告的差异，按照规定要求提供差异说明和变化依据，涉及重大设计变更应立即向建设管理单位书面汇报，确保程序合法		
5	信息报送	5	按照国家环保部批复的环评报告和重大环保措施变更管理要求，核实主体设计施工图的差异，并对差异进行详细说明，并及时向相关建设管理单位和前期环评报告编制单位反馈信息		
三	实施阶段环保管理工作（20 分）				
1	环保专项设计交底	5	是否按要求对监理单位、施工单位进行环保施工图纸和环保措施专项设计交底		
2	现场工代服务	5	按规定派驻工地代表，提供现场设计服务，及时解决与环保相关的设计问题		
3	环保设计要求落实情况核验及变更管理	10	是否结合现场环保监理和监测单位提供的数据，及时核算环保措施、路径偏移和敏感点的实施情况。若经设计核算，出现重大环保措施变更的情况时，立即向建设管理单位和设计监理汇报，并结合实际提出设计意见，及时解决存在的问题		
四	验收阶段环保管理工作（20 分）				
1	配合工作	5	是否配合或参与现场工程环保检查、环保监督检查、各阶段各级环保验收工作、环境污染事件调查和处理等工作		

续表

序号	评价指标	标准分值	考核内容及评分标准	扣分	扣分原因
2	工程环保符合性说明	5	是否在现场开展环保竣工验收时，设计单位结合环保实施情况，提出环保目标实现和工程环保符合性说明文件，确保工程环保设施符合设计要求		
3	环保竣工图	5	是否按时按要求编制环保竣工图		
4	资料档案管理	5	是否按有关规定和合同约定做好工程档案资料的管理工作并妥善保管，满足环保专项验收通过和移交规定的要求		

5.4.3　评价结果应用

（1）工程结算方面。按照《国家电网公司输变电工程设计质量管理办法》及本工程合同相关条款，将评价结果作为工程结算及设计质保金支付的依据。

（2）资信评价方面。按照《国家电网公司输变电工程设计施工监理承包商资信管理办法》相关规定，设计质量综合评价得分即为设计承包商本工程指标评价得分，将评价结果与承包商资信评价予以挂钩落实。

附录A 监 理 策 划

A.1 监理策划文件编写要求

A.1.1 环境监理规划主要内容

1. 总则

介绍环境监理工作由来、工作目的、工作依据等。工作目的包括完善环境管理、服务建设单位两方面，工作依据包括国家及地方颁发的与工程有关的环境保护法律法规、标准、环境影响评价文件及批复文件、工程环保专题说明等有关设计资料等。

2. 建设项目概况

介绍建设项目主要工程内容及规模，包括工程组成、地理位置、线路走向、变电站（换流站、开关站、串补站）总平面布置、施工方案、工程特性及投资等；工程规模及内容调整情况；周边环境敏感目标点性质、距离及线路调整情况。

3. 环境监理工作目标和范围

介绍环境监理工作预计达到的目标。结合具体的输变电工程特点，介绍环境监理工作的地理范围、时间范围。一般环境监理工作地理范围为工程所在区域及工程环境影响到达区域，包括施工现场、施工营地、施工道路、其他附属设施区等区域。时间范围为从环境监理进场到工程通过竣工环境保护验收。

4. 环境监理工作程序

介绍环境监理工作总体程序，结合输变电工程特点及工程进展，分别介绍各阶段主要监理工作流程。

5. 环境监理工作内容

根据专项设计要求及工程特点、环境影响评价文件及批复文件，按时间顺序简要说明环境监理工作内容，例如施工准备阶段为设计复核、监理策划文件、施工单位合同条款审核、施工组织设计审核等工作。

6. 环境监理工作制度

明确环境监理开展过程中需采取的工作制度，以保证监理工作规范有序进行。主要包括：记录制度、报告制度、会议制度、奖惩制度、函件来往制度、自查及初验制度、档案管理制度等。明确环境监理工作界面及监理程序。

7. 环境监理工作方法及措施

结合工程特点及建设单位要求，确定采取的环境监理工作方法与措施，例如巡视、旁

站、跟踪检查、环境监测等方式，根据工作需要，可选择其中一种或几种。

8. 环境监理要点

根据工程特点、环境影响评价文件及批复文件要求，详细说明环境监理过程中应关注的重点内容及监理要求。输变电工程一般性环境监理要点包括：线路走向是否发生变化；塔基形式及数量是否发生变化；线路对地安全距离、通过居民区时导线高度及边导线最大风偏、导线类型等是否满足环境影响评价文件要求；线路途径自然保护区、风景名胜区、饮用水源保护区是否按照相关要求采取足够避让及防护措施；线路与公路、铁路、河流、航道交叉跨越时是否按规范要求留有足够净空距离；修筑施工便道、设置施工营地、塔基开挖等施工活动中，是否落实各项污染防治措施；施工后期临时占地及永久占地生态环境是否恢复，工程占用农田、林地是否办理合法手续；是否开展迹地恢复；变电站（换流站、开关站、串补站）噪声污染防治措施落实情况；变电站（换流站、开关站、串补站）生活污水处理设施落实情况及维护管理制度建立情况；事故应急措施落实情况等。

9. 环境监理机构及职责

根据具体工程特点及地区管理规定，明确采取的环境监理工作模式（独立式、包容式、结合式）。确定环境监理工作人员，说明其职责。

10. 环境监理设施、设备

根据建设单位要求和工作需要，明确在建设项目环境监理工作中应配备的交通、办公、通信等设施和专业仪器设备。

11. 应提交成果及建议

介绍环境监理涉及的工作成果；针对环境保护提出合理化建议。

A.1.2　环境监理实施细则主要内容

1. 总则

详细说明实施细则的目的、依据、子工程（工序）内容及规模、产生的环境影响、敏感目标分布情况等。工程内容应详细说明子工程（工序）地点、占地面积、土石方量、施工平面布置、施工工艺、施工组织等；产生的环境影响应详细说明产生施工废水和施工扬尘的产生环节和部位，主要施工机械作业时段、频率及其噪声水平，各要素相应的污染防治措施；敏感目标分布情况应详细说明子工程（工序）周边的居民类环境保护目标位置、规模及建筑特征，地表水保护目标，植被及生物量，涉及生态敏感区的应详细说明其保护级别、范围、保护对象及分类等。

2. 环境监理工作目标和范围

详细说明预计达到的目标，目标应尽可能细化，包括废水、扬尘及施工噪声防治措施落实目标，各类生态保护措施落实目标，环境因子达标排放目标，周边地表水、环境空气、声环境质量达标目标，等；细化明确该子工程（工序）的工作范围，包括准确的现场工作范围，以及各参建单位的工作界面。

3. 环境监理工作内容及方式

分阶段分类说明具体工作内容，明确各工序具体的监理方法、监理部位以及形成的监理记录要点。

按项目的具体施工工序和分项工程内容，确定环境监理实际开展所采用的工作方式。

4. 环境监理对问题的处理

对环境监理过程中可能遇到的问题进行分类总结，详细介绍环境监理对各类问题的具体处理程序，如一般环境保护问题、重大环境保护问题等。

5. 环境监理工作制度及操作细则

介绍环境监理实际采用的工作制度，详细介绍环境监理制度的操作细则，如工作联系单、工作通知单、停工令、复工令等的使用流程；发现设计问题、设计变更的处理流程，环境监理会议的开展细则等。

6. 环境监理人员岗位职责

明确人员及联络方式，说明环境监理机构的组织架构、工作人员应履行的工作职责及分工、环境监理人员守则等。

7. 某工序或分项工程环境监理实施细则

根据工序或分项工程的特点，结合该工序施工废水产生量、产生部位、处置措施及排放要求等详细说明施工废水达标监理内容、方法和主要关注点；结合该工序主要施工机械类型、数量、布置、作业时段及频率、噪声源强、与周边声环境保护目标的距离和高差、有关防治措施及排放要求等说明施工噪声达标监理内容、方法和主要关注点；结合该工序产生扬尘的部位和扬尘浓度说明施工扬尘达标监理内容；结合该工序废弃土石方量、施工生活垃圾产生量及特征、处置要求等说明施工固体废弃物监理主要内容；结合该工序林木砍伐量、占地面积、恢复要求等情况说明生态环境保护监理主要内容。同时应明确该工序或分项工程的环境监理工作程序、工作方式、环境监理过程中的关注点及应达到的监理策划要求。

8. 特殊环境敏感区环境监理实施细则

当建设项目涉及自然保护区、风景名胜区及饮用水源保护区等特殊环境敏感区时，应给出特殊环境敏感区的保护级别、保护对象、保护分区区划等具体信息，详细说明涉及环境敏感区的工程内容及规模、施工方案、施工污染物产排情况、主要施工环境保护措施，明确监理部位、监理时段、监理方法、主要技术要求以及应形成的监理记录文件等。

9. 迹地恢复环境监理实施细则

列出环境影响评价文件中要求进行迹地恢复的具体工程位置、恢复方案，统计主要工程量，明确恢复措施的监理时段、监理方法、主要技术要求以及应形成的监理记录文件等。

A.2 管 理 制 度

A.2.1　监理项目部应制定包括但不限于以下工作制度：

（1）记录制度。
（2）工程报告制度。
（3）会议制度。
（4）奖惩制度。
（5）自查及初检制度。
（6）档案管理制度。

A.2.2　施工项目部应制定包括但不限于以下工作制度：

（1）质量检查验收制度。
（2）技术管理和交底制度。
（3）隐蔽工程验收签证制度。
（4）施工图预审制度。
（5）工程变更管理制度。
（6）例会制度。
（7）工程报告制度。

A.3　工程下达停工令情况

1）环境监理机构发现施工扬尘、废（污）水、噪声超标或固体废物处理处置不当时，施工单位不整改或整改不到位。

2）环境监理机构发现环境保护措施（设施）未与主体工程同时施工，或与主体工程设计、环境保护措施（设施）专项设计不符时，施工单位未整改或整改不到位。

3）环境监理机构发现生态保护措施未同时施工或与环境影响评价文件及其批复文件不符时，施工单位不整改或整改不到位。

4）发现施工存在重大环境保护隐患、可能造成环境污染事件，征得建设单位同意。

5）发生一般及以上环境污染事件。

A.4　监理报告编写提纲

A.4.1　监理月报编写内容

（1）建设项目形象进度；
（2）本月环境保护设施施工进度情况；

（3）环境保护投资完成情况；
（4）本月环境保护设施及污染防治、生态保护措施落实情况；
（5）本月环境监理工作情况；
（6）上月存在问题的整改情况，本月存在的问题及要求；
（7）其他需说明事项；
（8）下月工作计划；
（9）附图及照片。

A.4.2　监理专题报告编写内容

（1）专题汇报内容概要；
（2）主要环境保护问题及原因；
（3）下阶段解决方案；
（4）结论及建议。

A.4.3　监理工作总结编写内容

（1）建设项目概况；
（2）建设项目进度；
（3）建设项目环境保护投资；
（4）环境保护设施施工总进度；
（5）环境保护措施（设施）、污染防治、生态保护措施的落实完成情况；
（6）环境监测工作及其报告；
（7）环境监理工作情况；
（8）建设项目涉及环境保护的工程变更情况，其他必须报送的资料和说明事项；
（9）环境监理结论；
（10）存在的问题及建议；
（11）环境监理大事记；
（12）环境监理档案及影像资料；
（13）附图及照片。

附录B　监 理 工 作 单

表 B.1　　　　环境监理文件审查记录

<table>
<tr><td colspan="3">工程名称：　　　　　　　　　　　　　　　　　　　　　编号：</td></tr>
<tr><td colspan="2">文件名称</td><td>（写文件全称）</td></tr>
<tr><td colspan="2">送审单位</td><td>（文件编制单位）</td></tr>
<tr><td>序号</td><td>环境监理审查意见</td><td>施工项目部反馈意见</td></tr>
<tr><td></td><td></td><td></td></tr>
<tr><td></td><td></td><td></td></tr>
<tr><td></td><td></td><td></td></tr>
<tr><td></td><td></td><td></td></tr>
<tr><td></td><td></td><td></td></tr>
<tr><td></td><td></td><td></td></tr>
<tr><td colspan="2">环境监理总监：____________
日期：______年__月__日</td><td>项目经理：______________
日期：______年__月__日</td></tr>
<tr><td colspan="2">环境监理复查意见</td><td>环境监理总监：__________
日期：______年__月__日</td></tr>
<tr><td colspan="3">注：1. 施工项目部按环境监理的审查意见逐条回复，采纳环境监理意见应说明具体修改部位，不采纳时应说明原因。
2. 本表一式两份，环境监理、施工项目部各存 1 份</td></tr>
</table>

表 B.2　　环境监理巡视记录

<table>
<tr><td colspan="2">工程名称：</td></tr>
<tr><td>日期：　　天气情况：</td><td>工程地点：</td></tr>
<tr><td colspan="2">巡视监理的部位或工序：</td></tr>
<tr><td>巡视开始时间：</td><td>巡视结束时间：</td></tr>
<tr><td colspan="2">施工情况：</td></tr>
<tr><td colspan="2">监理情况：</td></tr>
<tr><td colspan="2">发现的问题：</td></tr>
<tr><td colspan="2">处理意见：

环境监理机构：
巡视监理人员：</td></tr>
</table>

表 B.3　　**环境监理旁站记录**

工程名称：	
日期：　　天气情况：	工程地点：
旁站监理的部位或工序：	
旁站监理开始时间：	旁站监理结束时间：
施工情况：	
监理情况：	
发现的问题：	
处理意见： 环境监理机构： 旁站监理人员：	

表 B.4　　环境监理见证记录

<table>
<tr><td colspan="2">工程名称：</td></tr>
<tr><td>日期：　　　天气情况：</td><td>工程地点：</td></tr>
<tr><td colspan="2">见证监理的部位或工序：</td></tr>
<tr><td>见证监理开始时间：</td><td>见证监理结束时间：</td></tr>
<tr><td colspan="2">施工情况：</td></tr>
<tr><td colspan="2">监理情况：</td></tr>
<tr><td colspan="2">发现的问题：</td></tr>
<tr><td colspan="2">处理意见：

环境监理机构：
见证监理人员：</td></tr>
</table>

表B.5　　环境监理工作日志

<table>
<tr><td>工程名称：
日　　期：　　年　月　日至　　年　月　日</td><td>编　　号：
天气情况：</td></tr>
<tr><td colspan="2"></td></tr>
<tr><td colspan="2">工作内容：</td></tr>
<tr><td colspan="2">存在问题及处理意见：

监理人员：</td></tr>
</table>

表 B.6　　环境监理工作联系单

<table>
<tr><td>工程名称：</td></tr>
<tr><td>致（相关单位）：
事由：

内容

环境监理机构（章）：
环境监理总监：
日　　期：</td></tr>
<tr><td>相关单位签收：

单位（章）：
联系人：
日　期：</td></tr>
<tr><td>注：本表一式　份，由环境监理机构填写，报建设单位、抄送相关单位各　份</td></tr>
</table>

表 B.7　　　　　　　　　　**环境监理整改通知单**

工程名称：　　　　　　　　　　　　　　　　　　　　　　　　编号：
致（施工单位）： 事由（经检查发现你单位在工程施工过程中出现×××等违反环境保护相关规定的情况，现要求你单位在×××时间内完成整改。） 整改完成后书面通知我们检查，如在规定时间未完成整改，将依据之规定对你单位进行处罚，直至停工处理。 环境监理机构（章）： 环境监理总监： 日　　　期：
施工单位签收： 施工单位（章）： 签　收　人： 日　　　期：
注：本表一式　份，由环境监理机构填写，建设单位、施工单位各存　份，环境监理机构存　份

表 B.8　　　　环境监理工程停工令

<table>
<tr><td>工程名称：　　　　　　　　　　　　　　　　　　　　　　　　编号：</td></tr>
<tr><td>致（施工单位）：
经检查发现，你单位存在违反环境保护相关规定的行为。现要求你单位于　年　月　日起，对本工程的单项、分部工程暂停施工，并按下述要求做好各项工作。

具体要求如：

环境监理机构（章）：
环境监理总监：
日　　　期：</td></tr>
<tr><td>建设单位意见：

环境监理机构（章）：
项　目　代　表：
日　　　　期：</td></tr>
<tr><td>施工单位签收：

施工单位（章）：
签　　收　　人：
日　　　期：</td></tr>
<tr><td>注：本表一式　份，由环境监理机构填写，建设单位存　份，环境监理机构存　份</td></tr>
</table>

表 B.9　　环境监理问题跟踪检查表

工程名称：　　　　　　　　　　　　　　　　　　　　　　　　　　　编号：

发现的问题：
对策及处理措施：
实施效果记录： 环境监理人员：　　　　　　　　　　　　　　　　日期：

表 B.10 **会 议 纪 要**

工程名称 编号：

<table>
<tr><td>会议名称</td><td colspan="4"></td></tr>
<tr><td>会议时间</td><td></td><td>会议地点</td><td colspan="2"></td></tr>
<tr><td>会议主要议题</td><td colspan="4"></td></tr>
<tr><td>组织单位</td><td colspan="2"></td><td>主持人</td><td></td></tr>
<tr><td rowspan="5">参加单位</td><td colspan="2"></td><td rowspan="5">主要参加人
（签名）</td><td></td></tr>
<tr><td colspan="2"></td><td></td></tr>
<tr><td colspan="2"></td><td></td></tr>
<tr><td colspan="2"></td><td></td></tr>
<tr><td colspan="2"></td><td></td></tr>
<tr><td>会议主要内容及结论</td><td colspan="4">监 理 机 构：（盖章）
总监理工程师：（签名）
日 期：</td></tr>
</table>

说明：本表由监理机构填写，签字后送达与会单位。全文记录可加附页。

附录C 租用土地移交协议书模板

租用土地移交协议书

甲方：（属地政府）

乙方：（承租人）

经××县人民政府批准，乙方承租××县国土资源局对位于____________________的临时土地租用，租用期为××年。现经乙方对该临时租用土地进行迹地恢复和土地复垦，现已具备移交条件。现就交接临时租用土地事宜达成如下协议：

一、土地按现场交付。由甲、乙方在现场交接，经甲方验收确认后，乙方于×年×月×日移交租用土地面积_____平方米。

二、乙方已按照临时租用土地合同支付补偿费 元。

三、土地交接后，由甲方负责管理，乙方不再承担后续发生的任何环保责任。

四、其他事项。

五、上述条款：甲乙双方共同遵守，否则应承担相应的经济和法律责任。

六、本协议一式叁份，甲、乙双方各执一份，××县国土资源局一份，自签订之日起生效。

甲方签章	乙方签章
代表签字	代表签字
年 月 日	年 月 日

第2部分

水土保持标准化管理

目 次

第 1 章 概述 …… 67
1.1 组织模式 …… 67
1.2 管理职责与内容 …… 68
第 2 章 业主项目部管理 …… 70
2.1 业主项目部管理职责 …… 70
2.2 业主项目部各岗位职责 …… 70
2.3 管理工作内容与方法 …… 72
2.4 工作流程 …… 73
2.5 工作标准 …… 79
第 3 章 水保监理项目部管理 …… 80
3.1 监理项目部管理职责 …… 80
3.2 监理项目部岗位管理职责 …… 80
3.3 工作内容与方法 …… 83
3.4 工作流程 …… 85
3.5 工作标准 …… 91
第 4 章 施工水保管理 …… 92
4.1 施工项目部管理职责 …… 92
4.2 施工项目部各岗位水保职责 …… 92
4.3 工作内容与方法 …… 95
4.4 工作流程 …… 96
4.5 工作标准 …… 101
第 5 章 评价机制 …… 102
5.1 业主项目部综合评价 …… 102
5.2 对监理单位及其监理项目部的评价考核 …… 102
5.3 对施工单位及其施工项目部的评价考核 …… 104
5.4 对设计单位评价考核 …… 106
附录 A 监理策划报告编制 …… 108
附录 B 施工及监理工作单 …… 122
附录 C 工程质量评定表及鉴定书 …… 142

第1章 概 述

1.1 组织模式

1.1.1 特高压直流工程建设管理体系

按照国家电网公司基建三级管理模式，国家电网公司、省电力公司基建部、业主项目部（监理、施工项目部）是三级基建管理机构，该体系既是工程主体建设实施的主体，也是工程水保管理实施的主体。其中在工程实施过程中，业主项目部总体组织工程水保管理，组织建立工程水保管理体系，监理项目部独立建立水保管理机构，代表业主项目部开展水保管理工作，与主体工程建设同步开展设计、实施和验收工作。

（1）国家电网公司科技部是国家电网公司水保监督管理的归口管理部门，国家电网公司直流建设部是国家电网公司特高压直流工程的业务管理部门，国家电网公司直流建设分公司受国网公司委托，负责组织整体工程水保过程管理和竣工验收工作。

（2）各省电力公司（含国家电网公司直流建设分公司）接受国家电网公司委托进行特高压直流工程项目建设管理，应与主体工程同步开展水保工程的建设管理工作，具体负责各个项目水保工程建设管理的实施和自验收工作，按照三级管理模式对各业主项目部进行业务管理。业主项目部在业务上接受所属省电力公司的指导、监督和考核。

1.1.2 特高压直流工程水保验收体系

（1）国家电网公司直流建设分公司受国家电网公司直流建设部委托，负责组织工程水保验收单位的招标工作，组织开展工程水保过程巡查，随同主体工程同步开展验收工作，申请专项验收工作并对各监测、验收单位工作进行指导、监督和考核。

（2）各水保自验收评估单位接受国家电网公司委托，独立开展第三方监督验收评估工作，具体负责特高压直流工程过程监督检查和验收工作，指导和汇总各建设管理单位水保措施执行情况，水保设计、施工、监理总结，组织编制整体工程水保自验收报告并对报告内容终身负责，经过公司内审后，上报国家电网公司。在业务上接受国网直流建设分公司的指导、监督和考核。

1.1.3 特高压直流工程项目水保的组织管理模式

特高压直流工程项目水保的组织管理模式如图 1–1 所示。

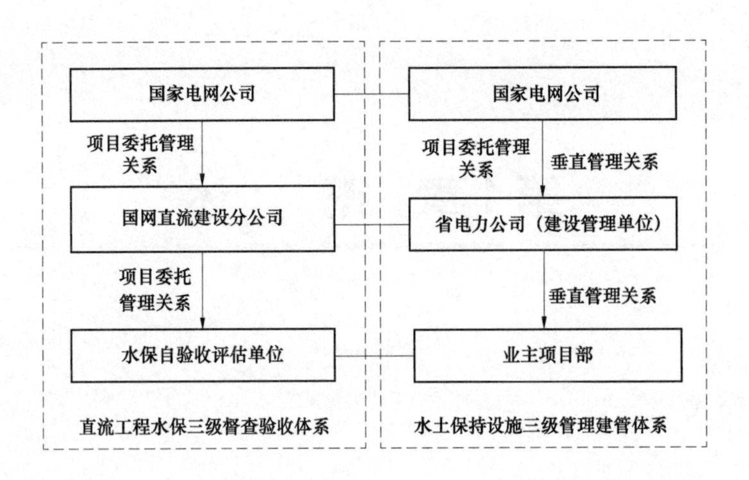

图 1–1　特高压直流工程项目委托水保管理的组织管理模式

1.2 管理职责与内容

1.2.1 建设管理单位管理职责

1. 建设管理单位（省电力公司或直属单位）

（1）受国家电网公司委托，负责特高压直流工程项目主体和水保工程的建设管理工作及水保“三同时”体制的具体落实，同时接受国家电网公司直流建设部业务管理和考核，向业主项目部传达国家电网公司各级管理要求，代表委托方随同主体工程同步开展工程水保管理，保证工程建设总体目标的实现。

（2）省电力公司各职能部门通过计划、组织、协调、监督、评价等管理手段，同步推动工程水保设施和水保措施按计划实施并监管范围内项目水保验收的具体实施工作，配合总体验收工作，协助业主项目部实现工程水保目标，通过水保专项验收。

2. 运行管理部门

配合水保设施和水保措施的检查验收和交接工作。

1.2.2 管理内容

相关部门水保职责见表 1–1。

表 1–1　　相关部门水保职责

岗位名称	职　责
国网发策部	（1）配合工程项目做好前期农、林、水、牧、环保、土地、文物等政府部门的相关手续。 （2）在工程开工期，完成相关工程水保报告审批需要的属地文件办理。 （3）协助办理水保重大变更需要的相关属地手续文件。 （4）配合做好现场施工前期工作

续表

岗位名称	职　责
国网科技部	（1）联系水利部配合水利部（流域机构）组织的电网建设项目监督检查工作。 （2）指导属地公司开展外部建设环境和水土流失协调工作。 （3）组织研究和处理公司系统电网建设项目水保验收验收工作的共性问题。 （4）牵头组织特高压交、直流工程和其他跨省电网建设项目水保验收。 （5）组织资料审核及现场检查，召开验收会，并批复文件
国网直流部	（1）国家电网公司直流建设部是特高压直流工程水保管理的业务管理部门，负责各特高压直流工程项目水保验收管理及监测工作的委托、指导和监督。 （2）依据国家水利部批复的水土保持方案报告要求，组织审核重大的水保设计变更；按照公司水保管理要求，整理工程重大水保变更情况，向水利部上报重大设计变更情况和变更依据。及时传达总部归口管理单位重大水保设计变更意见。 （3）配合水保行政主管部门组织落实“三同时”制度的检查工作，并督促责任单位整改
建设管理单位（省电力公司或国家电网公司直流建设分公司）	（1）负责业主项目部成立之前的工程前期有关工作。随同特高压直流工程主体同步建立健全工程水保工作建设管理体系，明确水保管理职责，全面负责本单位及受托工程建设项目的水保监督管理工作。 （2）参加相关特高压直流工程招投标工作，受项目法人委托，与各相关方签订合同，开展合同管理工作。 （3）负责组织召开工程月度例会，协调有关工作；组织或参加特高压直流工程重大外部环境和水土流失的专题协调会，对影响工程建设问题进行统一协调。 （4）审核业主项目部编制的项目管理策划文件（《建设管理纲要》（水保管理部分）、施工现场场地占用平面布置文件等），落实特高压直流工程水土保持方案报告及批复文件要求的水保设施和水保措施的符合性，审查现场场地占用策划文件，组织办理开工前的有关手续，落实开工条件，实现水保“三同时”制度的具体落实。 （5）负责组织水保设施或水保措施设计审查和交底工作；结合本单位安全质量培训，同步组织水保知识培训。负责与政府有关部门的沟通衔接，组织开展外部建设环境和水土流失协调工作。 （6）依据国家水利部批复的水土保持方案报告要求，组织审批一般的水保设计变更；组织业主项目部梳理和收集工程重大水保变更、月报等管理信息，并按照国网公司水保管理要求，及时上报重大设计变更情况和变更依据。在未接到总部归口管理单位明确意见前，严禁私自进行重大水保变更。 （7）对于工程各级水行政主管部门开展的检查，统一组织迎检，对提出的问题，应专题组织限期整改并将整改情况书面报送主管部门。协助做好水保投诉和自验收评估工作的开展。 （8）组织或委托业主项目部结合主体工程建设，同步开展工程水保设施中间验收，负责建管范围内水保设施工程竣工自验收，竣工预验收，配合整体工程同步开展水保竣工验收和水保自验收评估工作，配合整体工程水保专项验收，并组织做好相关档案资料的整理、移交工作
运行维护部门	（1）参加工程水保设计交底和培训，熟悉工程水保设施和水保措施。 （2）组织编写或修订运行规程，编制水保设施维护管理制度，做好水保设施的运行维护管理。 （3）落实水保设施或水保措施的运行维护资金，做好水保设施或水保措施在工程启动试运行前各项生产准备工作。 （4）参加工程同步竣工水保验收和启动试运行，做好工程水保设施或水保措施的验收交接工作，履行后续水保措施的维护和管理工作。 （5）配合水保监测单位在试运行期间水保监测工作，关注水保监测达标结果。 （6）配合工程水保自验收评估和水保专项验收工作

第2章 业主项目部管理

2.1 业主项目部管理职责

2.1.1 业主项目部水保管理是依托特高压直流输电工程业主项目部，设立水保专业管理岗位，代表业主随同主体工程同步开展工程水保管理。

2.1.2 业主项目部组织机构组建原则、组建方式与要求、报备要求应满足《国家电网公司业主项目部标准化管理手册》（2014 版）的规定，通过计划、组织、协调、监督、评价等管理手段，同步推动工程水保设施和水保措施按计划实施，实现工程水保目标，通过水保专项验收。

2.1.3 明确水保管理岗位责任人，督促参建单位具体贯彻执行国家、行业水保工程建设的标准、规程和规定，国家电网公司各项水保管理要求。

2.1.4 依据国家水利部批复的水土保持方案，开展项目水保管理策划，组织编写业主项目部水保管理策划文件，报建设管理单位审批；督促参建单位制定水保实施策划，审批参建单位的水保策划文件并监督执行。

2.1.5 参与工程设计、监理、监测、施工等招标及合同签订，明确工程水保要求，并具体负责落实设计、监理、监测、施工合同条款中水保工作的监督执行，及时协调合同执行过程中出现的有关水保问题。

2.1.6 协调工程前期工作、组织水保设计联络会，完成技术确认。

2.1.7 开展工程水保建设协调与监督检查工作。

2.1.8 组织开展项目建设外部环境协调。

2.1.9 负责建管范围内水土保持费缴纳工作。

2.1.10 负责对水保监理、施工项目部开展水保措施落实情况的考核评价管理。

2.2 业主项目部各岗位职责

业主项目部各岗位职责内容见表 2–1。

表 2-1　　业主项目部各岗位水保职责

岗位名称	职　责
业主项目经理	业主项目经理是落实业主现场水保管理职责的第一责任人，全面负责业主项目部各项水保管理工作。 （1）组织项目建设管理纲要等管理策划文件中水土保持部分的编制，并组织实施。依据国家水利部批复的水土保持方案报告要求，结合现场文明施工建设和水保设计文件要求，组织编制《工程水土保持管理策划》文件，报建设管理单位批准后实施。 （2）参与工程设计、监理、施工等招标及合同签订工作，明确工程水保要求，组织业主项目部水保管理人员对设计、施工、水保监理的合同中水保执行情况进行监督检查。 （3）协调推进工程前期工作，组织审查是否存在水保重大设计变更和技术方案。 （4）工程开工前，参与建设单位组织的第一次工地例会，掌握参建单位水保组织机构、人员及分工情况，明确工程水保目标及保证措施，协调相关水保工作；结合主体工程情况，同步组织召开月度例会、专题会议，编制、分发会议纪要并跟踪落实。 （5）担任项目现场水保管理体系常务主任，协助建设管理单位落实水保管理责任，定期参加或组织水保监督检查活动。 （6）自觉接受地方水行政部门组织的监督检查，参加上级组织的水保检查，组织参建单位做好迎检工作。 （7）审核、签发监理项目部下达的水保监理工程开工报审、停工令、复工令。重大问题及时上报建设管理单位
业主项目副经理	业主项目副经理协助业主项目经理履行以下职责： （1）核查及协助办理开工前的有关手续，落实开工条件。 （2）结合工程主体进度计划，负责水保施工图设计管理，组织设计联络会，完成技术确认；同步组织水保施工图设计交底及施工图会检，组织审查水保设计文件与国家水利部批复水保方案报告的符合性，签发会议纪要并监督纪要的闭环落实。 （3）组织对水保监理单位编制的《水保监理规划》《水土保持监理实施细则》《水土保持监理管理制度》和施工单位编制的《项目管理实施规划（水保措施部分）》《水土保持专项施工方案》《水土流失、泥石流等突发事件应急预案》《水土保持施工管理制度》等文件进行审批。 （4）开展工程水保设计变更与现场签证管理，落实施工图纸中水保措施的专项计划、实施和巡查工作；审核确认工程水保设计变更和现场签证中的计划及费用等内容，履行审批手续。 （5）负责配合水保监测单位、相关水保管理单位开展的水保监测、监督检查等，按要求组织完成相关问题的整改闭环工作。 （6）参与或组织工程水保设施中间验收和接受质量监督检查，协调推进工程房屋拆迁及后期临建拆除后土地复垦、迹地恢复工作，组织各参建单位开展水保设施和水保措施自验收，组织编制工程水保自验收报告及时报送建设管理单位。参加水保工程同步竣工预验收、启动验收并组织整改消缺，负责组织水保设施和水保措施同步移交。 （7）负责项目建设管理总结中水保管理部分的编写，总结工程水保管理中的优良经验和存在的问题，分析、查找存在问题的原因，提出工作改进措施。 （8）配合整体工程水保自验收评估和水保监测工作，配合国家水保专项验收现场迎检和评审会议。 （9）负责水保监理、施工开展的考核评价管理，提出考核评价意见及时报送建设管理单位
换流站工程水保管理	（1）具体负责项目建设管理纲要等管理策划文件中水土保持措施部分的编制和《工程水土保持管理策划》文件的编制。核查开工前换流站周边施工临时场地占用平面布置图的占地面积的符合性，土石方工程量平衡的符合性，站区表土剥离、临时堆土实施和保管方案，确定换流站水保设施（挡墙、护坡、排水沟、截水沟、植被恢复、土地整治、苫盖等工程措施、临时措施、植物措施）的单位、分部、单元工程划分。 （2）参加建设管理单位开工前组织的水保培训交底工作，组织开展水保法规、知识的培训，督促检查水保监理、施工的二次培训。 （3）参加第一次工地例会和月度例会、专题会议，协调相关水保工作，跟踪会议纪要落实。 （4）参与水保设计交底和水保施工图会检工作，具体按照工程环评报告复核水保设施和水保措施的落实，监督水土保持报告中水保措施实施的专项计划、落实和资料支付工作，处理工程水保设计变更和签证手续工作。 （5）结合主体工程进展情况，同步按照工程水保管理策划方案对水保工程进行过程管理，督促施工单位落实现场设施和水保措施的执行情况。 （6）负责水保工程月度例会和专题协调会的会议组织，编制纪要，审核工程水保月报，报送建设管理单位和水保验收单位。

续表

岗位名称	职　责
换流站工程水保管理	（7）定期开展水保监督专项检查和水保管理过程评价等活动，负责工程施工过程中各项水土保持措施实施、水保监理工作的监督和日常管理，跟踪水保问题闭环整改情况。 （8）协助业主项目经理审核确认工程水保设计变更和现场签证中的计划及费用等内容。 （9）配合项目水土流失事故（件）的调查和处理工作。 （10）组织、参与工程水保验收、签证、同步竣工水保预验收和启动运行，组织施工后临时占地的迹地恢复验收，具体编制工程水保自验收报告，参加项目建设管理总结中水保管理部分的编写。 （11）配合水保监测单位、水保管理相关单位开展的水保监测、监督检查等，按要求完成相关问题的整改闭环工作。参加工程水保专项验收和迎检工作。 （12）按有关规定和合同约定，做好工程资料的收发、整理、归档和工程档案的汇总、组卷工作并妥善保管，满足水保专项验收通过和移交规定的要求。 （13）参加对项目参建单位资信和合同水保措施落实执行情况的评价
线路工程水保管理	（1）具体负责项目建设管理纲要等管理策划文件中水土保持部分的编制和《工程水土保持管理策划》文件的编制。核查开工前，线路工程塔基及周边、牵张场、跨越场地等施工临时场地占用平面布置图的占地面积的符合性，塔基土石方工程量平衡的符合性，临时堆土实施方案、塔基表土剥离和保管，确定施工便道长度和实施方案等内容的核查工作。确定线路工程水保措施（挡墙、护坡、排水沟、截水沟、植被恢复、土地整治、苫盖等工程措施、临时措施、植物措施）的单位、分部、单元工程划分。 （2）参加建设管理单位开工前组织的水保培训交底工作，组织开展水保法规、知识的培训，督促检查水保监理、施工的二次培训。 （3）参加第一次工地例会和月度例会、专题会议，协调相关水保工作，跟踪会议纪要落实。 （4）参与水保设计交底和水保施工图会检工作，具体按照工程水保方案报告复核水保措施的落实，监督水保方案报告中的水保措施的专项计划、实施和资金支付工作，复核设计路径偏移超过 300m 的工程量，复核表土剥离、施工道路、植被恢复、临时堆土方案等内容，处理工程水保设计变更和签证手续工作。 （5）结合主体工程进展情况，同步按照工程水保管理策划方案对水保工程进行过程管理，督促落实现场设施和水保措施的执行情况。跟踪监督工程临时占地面积的实施和临时堆土的处理情况。 （6）负责水保工程月度例会和专题协调会的会议组织，编制纪要，审核工程水保月报，报送建设管理单位和水保验收单位。 （7）督促施工单位进入河道、湖泊、水系施工前，按照要求办理相关施工手续，落实防洪专题报告要求的施工措施。配合工程水保验收单位核查临时占道面积、施工道路、临时堆土等数量的变化，采集和审核工程与水保措施落实相关的数码照片。 （8）定期开展水保监督专项检查和水保管理过程评价等活动，负责工程施工过程中各项水土保持措施实施、水保监理工作的监督和日常管理，跟踪水保问题闭环整改情况。 （9）协助业主项目经理审核确认工程水保设计变更和现场签证中的计划及费用等内容，复核前期工程沿途路径手续中相关行政部门提出的后续水保要求的落实工作。 （10）配合项目水土流失、泥石流等突发事故（件）的调查和处理工作。 （11）组织、参与工程水保验收、签证、同步竣工水保预验收和启动运行，组织房屋拆迁和施工后临时占地的迹地恢复验收，具体编制工程竣工水保自验收报告，参加项目建设管理总结中水保管理部分的编写。 （12）配合水保监测单位、水保管理相关单位开展的水保监测、监督检查等，按要求完成相关问题的整改闭环工作。参加工程水保专项验收和迎检工作。 （13）按有关规定和合同约定，做好工程资料的收发、整理、归档和工程档案的汇总、组卷工作并妥善保管，满足水保专项验收通过和移交规定的要求。 （14）参加对项目参建单位资信和合同水保措施落实执行情况的评价
属地协调负责人	（1）负责工程属地协调的联系工作，协助项目经理落实属地跨越河流、湖泊、水系，林木赔偿等处理工作的进展情况。督促相关单位做好属地部门负责征占用的换流站周边、工程线路沿线塔基、牵张场、跨越区周边临时占地的土地复垦或迹地恢复验收工作。 （2）加强与政府的沟通汇报，配合工程施工、水保监理、水保验收调查等单位做好工程周边或沿线水系、河流、湖泊以及农、林、水、牧、文物等保护区管理部门的沟通协调工作。 （3）负责协助水保监测、工程水保验收相关单位开展水保监测和自验收评估工作

2.3 管理工作内容与方法

各阶段水土保持管理工作内容与方法见表 2–2。

表 2–2　　　　水土保持管理工作内容与方法

管理阶段	工作内容与方法	主要成果资料
施工准备阶段	（1）按照标准化项目部建设，确定水保管理岗位职责。 （2）依据国家水利部批复的水土保持方案结合现场文明施工建设和水保设计文件要求，专题编制《工程水土保持管理策划》文件，报建设管理单位审批后实施。 （3）参与工程设计、监理、监测、施工等参建单位的招标及合同签订，明确工程水保要求。 （4）协调推进工程前期工作，组织审查设计文件与国家水利部批复水保方案的符合性，核查及协助办理开工前的有关手续，落实开工条件。 （5）参加建设管理单位开工前组织的水保培训交底工作，负责本单位的二次培训交底，监督监理、施工二次培训交底。 （6）开展施工图设计管理，组织设计联络会，完成技术确认；同步组织水保施工图设计交底及施工图会检，签发会议纪要并监督纪要的闭环落实。 （7）组织对施工单位编制的《项目管理实施规划（水保措施部分）》《工程水土保持施工方案》和监理单位编制的《水保监理规划》《水土保持监理实施细则》进行审批。 （8）同时负责审批水保监理报送的水保策划文件。 （9）在工程开工前，依据经批复的水保方案缴纳建管范围内的水土保持补偿费	1. 建设管理纲要、工程项目水保管理策划、现场场地占用平面布置文件等项目策划文件 2. 相关招标文件、合同等 3. 对项目水保设计计划、水保监理规划、水保监理实施细则、项目管理实施规划（水保篇章）、水保专项施工方案、水保实施细则、现场场地占用平面布置文件、工程验收实施方案等策划文件提出审核意见 4. 设计联络会纪要 5. 设计单位提出水保设计复核情况报告、重大水保变更报告及其批复 6. 设计单位提出水保设计复核情况报告、重大水保变更报告及其批复 7. 水保设计交底纪要、施工图会检纪要
施工阶段	（1）组织召开月度例会、专题会议，编制、分发会议纪要并跟踪落实，重点问题上报建设管理单位协调解决。 （2）具体负责落实设计、监理、监测、施工合同条款中水保工作的监督执行，及时协调合同执行过程中出现的有关水保问题。 （3）检查水保工程安全、质量、进度、造价、技术管理工作落实情况，及时协调工程建设有关水保问题，提出改进措施。 （4）组织开展项目建设外部环境协调，推动属地公司有序开展外部协调、房屋拆迁和迹地恢复工作。 （5）在收到监理项目部重大水保设计变更情况汇报时，及时进行核实并上报上级管理单位，在未得到明确意见前，严禁私自进行变更。 （6）开展水保工程设计变更与现场签证管理，审核确认工程设计变更和现场签证中的计划及费用等内容，履行审批手续。 （7）负责组织配合水保监测单位、相关水行政部门开展的水保监测、监督检查等；组织按要求完成相关问题的整改闭环工作。 （8）配合水保监测开展工作，按照水保监测提出的意见，及时组织现场整改闭环，并留下整改记录	1. 工程例会纪要及相关会议材料 2. 项目物资到场验收交接记录、水保物资材料统计表、质量抽检记录，检验报告 3. 水保施工过程管理往来文件及相关审批意见，水保月报，会议纪要及整改记录，相关监督检查、核查记录 4. 现场问题整改情况报告 5. 工程水保设计变更（签证）审核（或审批）意见 6. 相关专题会议纪要 7. 验收过程资料 8. 相关过程文件及资料
试运行阶段	（1）参与或受建设管理单位（部门）委托组织工程水保设施中间验收，检查水土保持措施落实情况，对发现的问题督促相关单位完成整改闭环。 （2）负责组织参建单位对建管范围内的工程水保设施进行单位工程验收，形成单位工程质量鉴定书和水土保持自验报告。 （3）督促项目水保监测单位按照现有规范和合同要求编写《工程水土保持监测总结》，并进行审核。 （4）负责项目建设管理总结中水保管理部分的编写，总结工程水保管理中的优良经验和存在的问题，分析、查找存在问题的原因，提出工作改进措施。 （5）配合国家水土保持专项验收现场迎检和专家评审会议	1. 验收过程资料，水保自验收报告 2. 工程水保监测报告 3. 工程水保相关资料 4. 相关过程文件及资料
总结评价阶段	负责水保监理、施工水保工作开展的考核评价管理，提出考核评价意见，并报送建设管理单位	相关评价报告或记录表

2.4 工作流程

业主项目部水保管理总体流程见图 2–1，不同阶段单项重点工作业务流程包括工程水保管理策划流程、工程水保设计变更管理流程、工程水保现场签证管理流程、工程水保设计交底及图纸会检工作流程，分别见图 2–2～图 2–5。

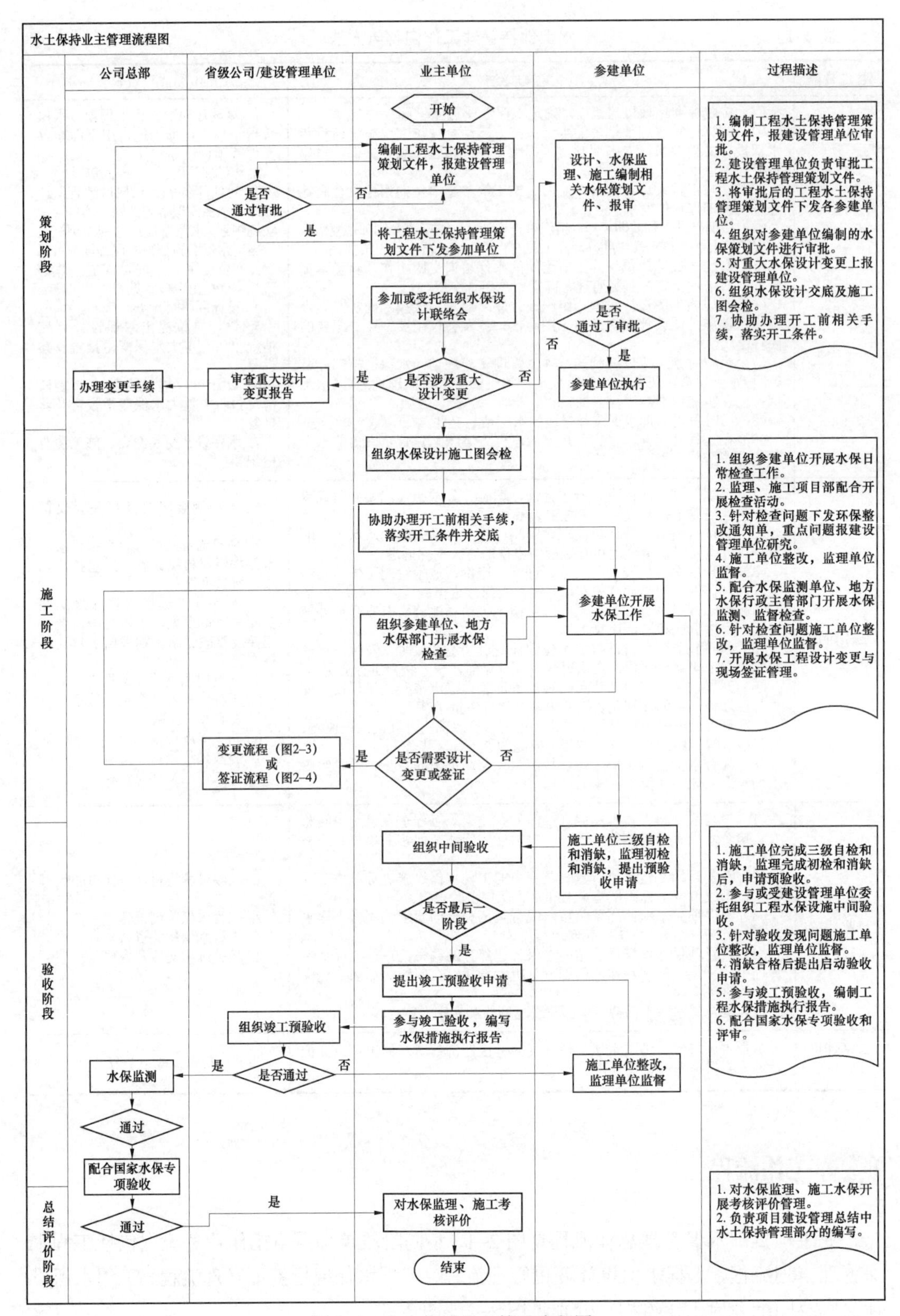

图 2–1　水土保持业主管理流程图

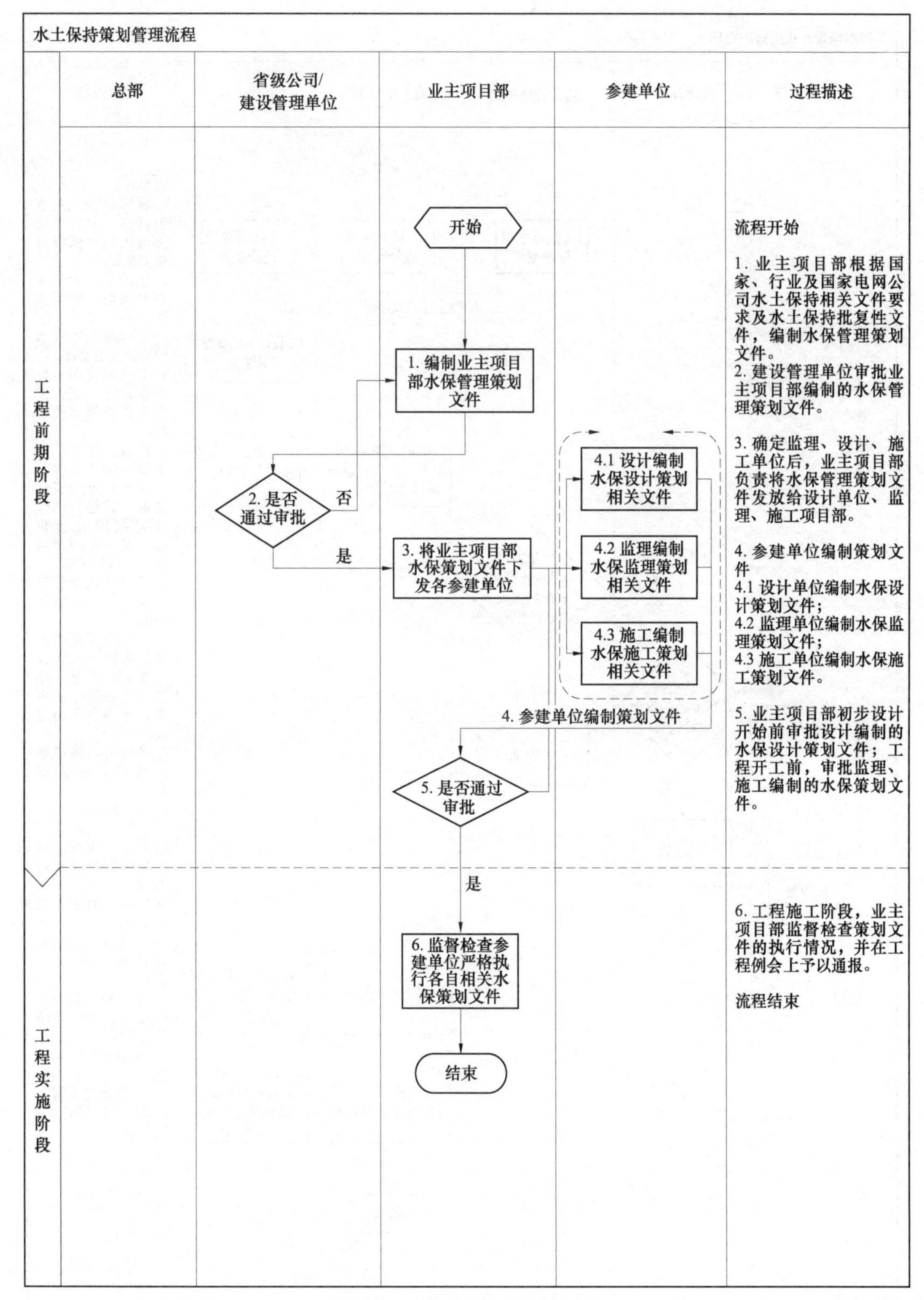

图 2–2　水土保持策划管理流程

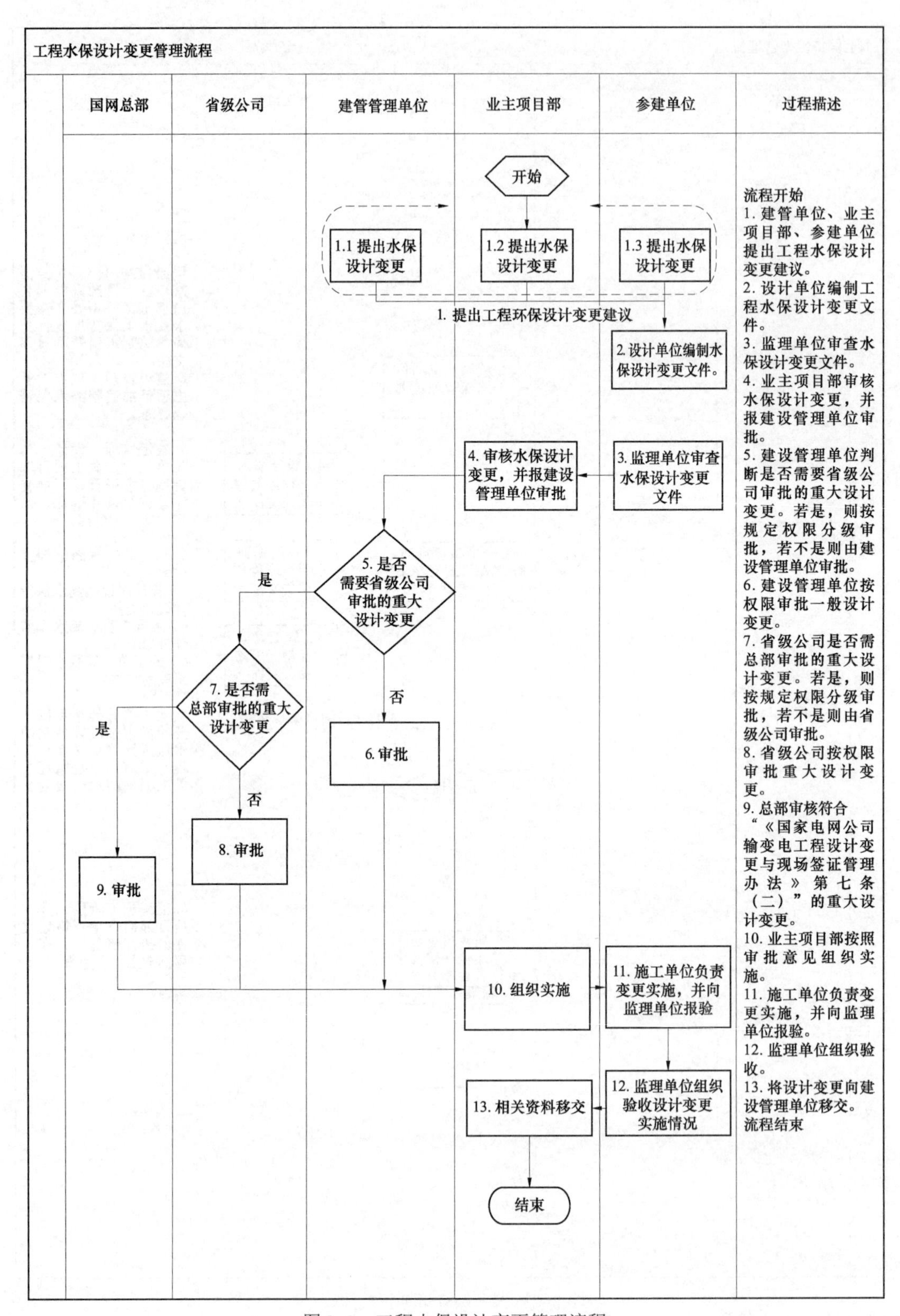

图 2–3　工程水保设计变更管理流程

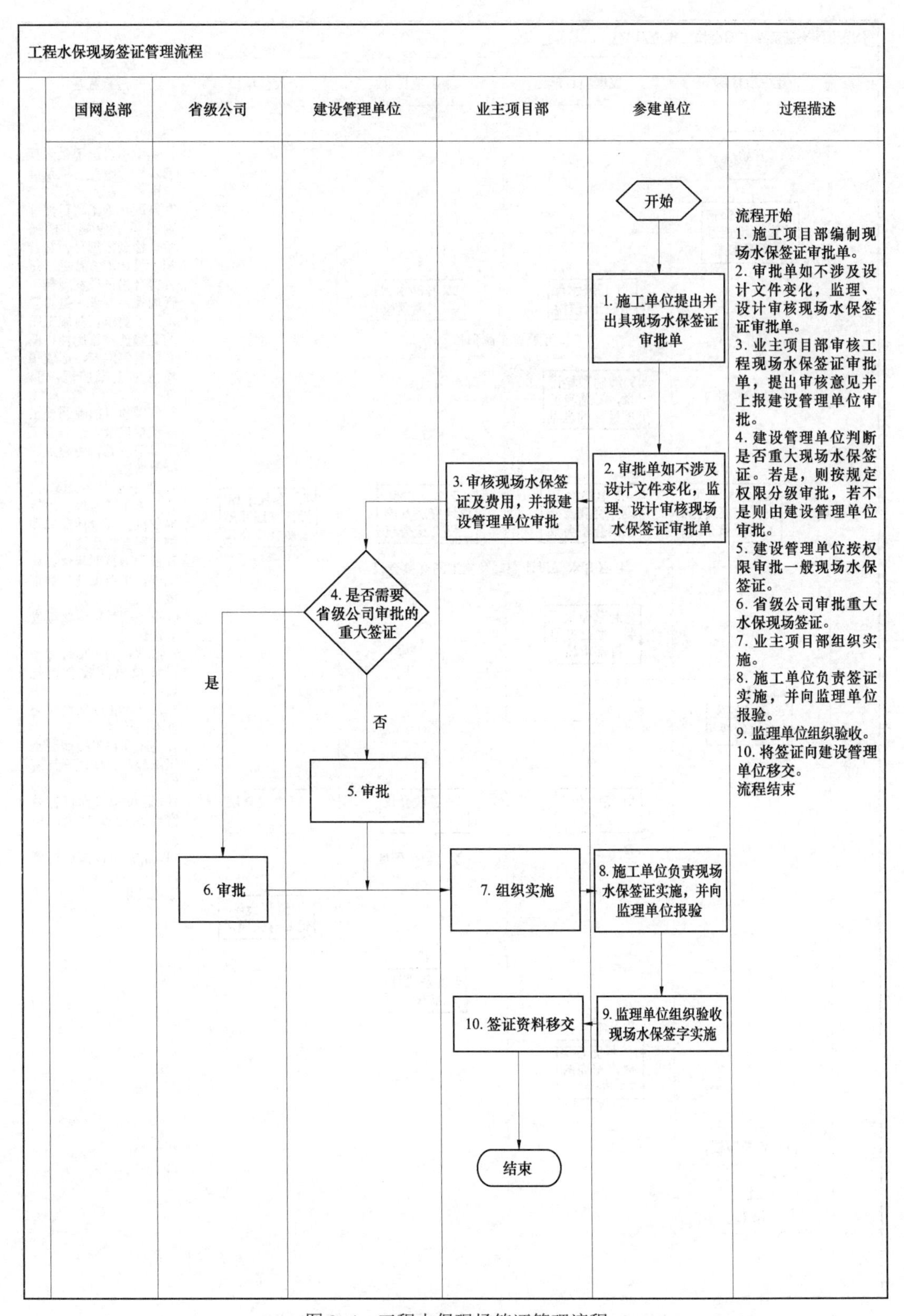

图 2–4　工程水保现场签证管理流程

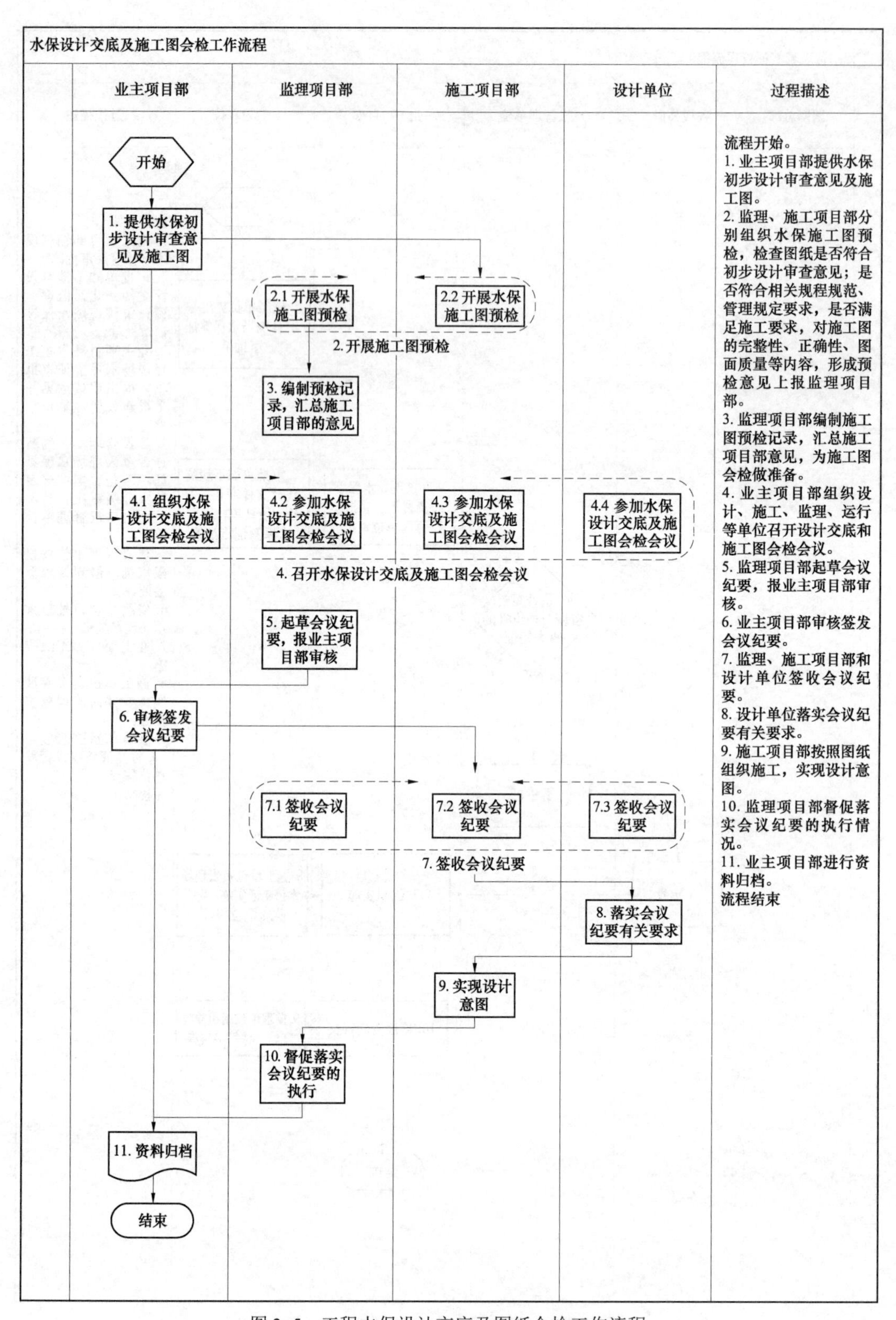

图 2–5　工程水保设计交底及图纸会检工作流程

2.5 工作标准

业主管理工作的主要管理依据见表 2–3。

表 2–3　　水保管理工作主要管理依据

工作标准	主要管理依据
法律法规	（1）《中华人民共和国水土保持法》（中华人民共和国主席令第三十九号，2010 年 12 月 25 日修订，2011 年 3 月 1 日实施） （2）《中华人民共和国水土保持法实施条例》（国务院令第 120 号，2011 年 1 月 8 日修订）
技术规范与标准	（1）《开发建设项目水土保持设施验收技术规程》（GB/T 22490—2008） （2）《开发建设项目水土保持技术规范》（GB 50433—2008） （3）《水土保持工程施工监理规范》（SL 523—2011） （4）《水土保持工程质量评定规程》（SL 336—2006） （5）《水利部办公厅关于印发〈生产建设项目水土保持监测规程（试行）〉的通知》（办水土保持〔2015〕139 号） （6）《水利部办公厅关于印发〈水利部生产建设项目水土保持方案变更管理规定（试行）的通知〉》（办水土保持〔2016〕65 号）
相关管理文件	（1）《国家电网公司电网建设项目水土保持管理办法》国网（科/3）643—2017（F） （2）《开发建设项目水土保持设施验收管理办法》（水利部〔2002〕第 16 号令，2002 年 12 月 1 日） （3）《国家电网公司基建安全管理规定》 （4）《国家电网公司电网建设项目水土保持管理办法》（国家电科（2017）34 号文） （5）《国家电网公司关于进一步规范电网建设项目水土保持设施验收管理的通知》
相关技术文件	（1）《×××工程水土保持方案》 （2）××直流输电工程初步设计、施工图设计资料 （3）《××直流输电工程水土保持方案报告书》 （4）《××直流输电工程水土保持方案报告书的批复》

第3章　水保监理项目部管理

3.1 监理项目部管理职责

特高压直流输电工程监理项目部是履行建设工程合同中水保部分约定的组织机构，并负责公平、独立、诚信、科学地开展建设工程水保监理与相关服务活动，通过审查、见证、旁站、巡视、验收等方式、方法，实现监理合同中水保部分约定的各项要求，随同主体工程同步开展工程水保监理。设立水保监理岗位，在总监理工程师的领导下开展工程建设项目水保监理的日常工作。

3.2 监理项目部岗位管理职责

监理项目部各岗位职责内容见表3–1。

表3–1　　水保监理项目部各岗位水保职责

岗位名称	职　　责
总监理工程师	总监理工程师是监理单位履行工程监理合同的全权代表，全面负责建设工程监理实施水保管理工作（总监代表协助总监理工程师履行职责）。 （1）确定项目监理机构人员及其水保岗位职责。 （2）依据水保行业标准、国家水利部批准的水保方案和水保设计文件，组织编制《水土保持监理规划》《水土保持监理实施细则》等文件，编制水土保持监理管理制度。 （3）对全体监理人员进行水保监理规划、水保监理实施细则的交底和相关水保管理制度、标准、规程规范的培训。 （4）根据工程进展及水保监理工作情况调配水保监理人员，检查水保监理人员工作。 （5）组织召开水保月度工地例会。 （6）组织审查《施工项目管理实施规划（水保专篇）》《水土保持专项施工方案》。 （7）审查水土保持开复工报审表，签发水土保持工程开工令、停工令和复工令。定期编制水保监理月报报送业主项目部和工程水保验收调查单位。 （8）组织检查施工单位现场水土保持管理体系的建立及运行情况，开展水保监督专项检查和水保管理过程评价等活动，跟踪水保问题闭环整改情况。 （9）组织审查和处理重大设计变更。开展水保工程设计变更与现场签证管理，审核确认工程设计变更和现场签证中的计划及费用等内容，履行审批手续。 （10）参与或配合水保监测单位、相关单位开展的水保监测、监督检查等，按要求完成相关问题的整改闭环工作。 （11）参加工程水保事故（件）的调查。

续表

岗位名称	职　　责
总监理工程师	（12）做好水保工程中间验收和水保措施的落实检查工作，组织开展水保监理初检工作，做好水保竣工自验收期间的水土保持监理工作，组织工程周边房屋拆迁及后期临建拆除后土地复垦、迹地恢复验收工作，负责组织办理水保设施单元、分部、单位工程签证、签字盖章工作。参与质量监督、水保工程预验收、启动验收和水保工程专项验收。 （13）组织编写水保监理月报、水保监理专题报告、水保监理工作总结，组织整理监理文件资料。积极协助业主项目部编制完成水保自验收报告，督促施工单位编制完成水保施工总结。 （14）配合整体工程水保监理总结的编制工作，参加水保监理总结编制委员会，参加监理总结内审会并按照要求修改完善。 （15）参加国家水保验收工作，完成自身问题整改闭环，监督施工项目部完成问题整改闭环，负责监理档案资料的收集、整理、归档、移交工作。 （16）参加对项目施工单位资信和合同执行情况的评价
总监理工程师代表	经总监理工程师委托后可开展下列监理工作： （1）对全体监理人员进行水保管理文件和相关法律法规、制度、实施细则的二次交底培训。 （2）协助总监监督检查水保监理工作，组织召开水保监理例会。 （3）开展水保工程设计变更与现场签证管理，落实水保措施的专项计划、实施工作；审核确认工程设计变更和现场签证中的计划及费用等内容，履行审批手续。 （4）参与或配合水保监测单位、相关单位开展的水保监测、监督检查等，按要求完成相关问题的整改闭环工作。 （5）积极协助业主项目部编制完成水保自验收报告，督促施工单位编制完成水保施工总结。配合整体工程水保监理总结的编制工作，参加水保监理总结编制委员会，参加监理总结内审会并按照要求修改完善。 （6）参加国家水保验收工作，完成自身问题整改闭环，监督施工项目部完成问题整改闭环，负责监理档案资料的收集、整理、归档、移交工作
换流站水保监理工程师	（1）在总监理工程师的领导下负责工程建设项目水保监理的日常工作。 （2）参与编制《水土保持监理规划》，负责编制《水土保持监理实施细则》等文件。协助业主项目部核查开工前，换流站周边施工临时场地占用平面布置图的占地面积的符合性，复核土石方工程量平衡的符合性，落实站区表土剥离、临时堆土和保管，施工结束后临时占地的迹地恢复，植被恢复，组织落实换流站水保设施（挡墙、护坡、排水沟、截水沟、土地整治、苫盖、植被恢复等）的单位、分部、分项工程划分和工程分工情况。审批施工单位编制的《水保施工实施细则》，并督促落实。 （3）分阶段对水保施工图进行预检，形成预检记录，汇总施工项目部的意见，参加水保设计交底及施工图会检，监督有关工作的落实。处理工程水保设计变更和签证手续工作。 （4）根据水保工程不同阶段和特点，组织对现场监理人员进行水保培训和交底。参与施工项目部水保交底，监督检查水保措施的落实。 （5）组织审查施工单位提交的水保管理文件，审核施工单位水土保持组织管理、临时施工场地选址、施工现场总平面图、各施工工序的水土保持措施等。检查和验收施工现场水保设施施工质量，审查废水、固废、道路维护、临时堆土、余土处理等相关协议办理，施工结束后临时占地德迹地恢复和植被恢复等工作计划和具体安排是否满足要求。审核结果立即向总监理工程师报告。 （6）督促施工项目部组织专业人员进行水保管理，严格落实水保方案中的水保措施，组织核实现场表土剥离及堆放工程量、施工便道维护、临时占地面积、临时堆土、取（弃）土场的管理，表土苫盖、排水、编织袋围挡、植被恢复等措施的落实和统计，将水保措施落实情况以书面形式反馈在施工单位进度款支付申请表中，作为水保工程费用支付依据。 （7）指导、检查现场水保监理员工作和水保监理日志，定期组织编制水保监理月报，向总监理工程师报告水保监理工作实施情况。 （8）按照工程统一规定，制定水保措施过程数码照片采集管理办法，组织采用数码照片、视频影像等方式记录工程经过区域的原始地貌及生态环境现状，监督并采集施工单位水保措施落实的实体照片。 （9）定期组织统计现场施工单位水保措施实施工程量，组织或参加水保工地例会，督促会议纪要的落实。 （10）按照水保行业标准、国家电网公司水保管理办法要求的监理内容和方法，开展水保监督专项检查和水保管理过程评价等活动，跟踪水保问题闭环整改情况，督促施工单位对水保措施的落实进行全过程管理，形成水保措施完成工程量、实施内容、实施时间、投资金额等记录。 （11）组织编写水保监理日志，收集、汇总、参与整理水保监理文件资料。巡查、旁站、见证过程中发现施工作业中的问题，立即指出并向总监理工程师报告，参与编写水保监理月报。 （12）参加工程水保设施中间验收和水保措施的检查、水保监理初检、质量监督、水保预验收、启动验收、水保竣工验收调查和工程水保专项验收期间的监理工作。组织周边房屋拆迁和施工后临时占地的迹地恢复的验收，具体编制工程竣工水保监理总结报告。 （13）配合水保监测单位、水保验收管理相关单位开展的水保监测、监督检查等，按要求完成相关问题的整改闭环工作。参加工程水保专项验收和迎检工作

续表

岗位名称	职　责
线路水保监理工程师	（1）在总监理工程师的领导下负责工程建设项目水保监理的日常工作。 （2）参与编制《水土保持监理规划》，负责编制《水土保持监理实施细则》等文件。协助业主项目部核查开工前，线路工程塔基及周边、牵张场、跨越场地等施工临时场地占用平面布置图的占地面积的符合性，复核土石方工程量平衡的符合性，落实塔基周边表土剥离、临时堆土和保管，审核施工便道、余土处理等实施方案，施工结束后临时占地的迹地恢复和植被恢复验收等内容，组织落实线路工程水保设施（挡墙、护坡、排水沟、截水沟、土地整治、苫盖、植被恢复等）的单位、分部、分项工程划分和工程分工情况。审批施工单位编制的《水保施工实施细则》，并督促落实。 （3）分阶段对水保施工图进行预检，形成预检记录，汇总施工项目部的意见，参加水保设计交底及施工图会检，监督有关工作的落实。具体按照工程水保方案报告复核水保措施的工程量，复核设计路径偏移超过300m的工程量，处理工程水保设计变更和签证手续工作。 （4）根据水保工程不同阶段和特点，组织对现场监理人员进行水保培训和交底工作。参与施工项目部水保交底工作，监督检查水保措施的落实。 （5）组织审查施工单位提交的水保管理文件，审核施工单位水土保持组织管理、临时施工场地选址、施工现场总平面图、各施工工序的水土保持措施等。检查和验收施工现场水保设施施工质量，审查废水、固废、道路维护、临时堆土等水保措施的工作计划和具体安排是否满足要求。复核前期工程沿途路径手续中，相关行政部门提出的后续要求的落实工作。审核结果立即向总监理工程师报告。 （6）督促施工项目部组织专业人员进行水保管理，严格落实水保方案中的水保措施，组织核实现场表土剥离及堆放工程量、施工便道维护、临时占地面积、临时堆土、取（弃）土场的管理，表土苫盖、排水、编织袋围挡、植被恢复等措施的落实和统计，将水保措施落实情况以书面形式反馈在施工单位进度款支付申请表中，作为水保工程费用支付依据。 （7）指导、检查现场水保监理员工作和水保监理日志，定期组织编制水保监理月报，向总监理工程师报告水保监理工作实施情况。 （8）核查施工单位进入河流、湖泊、水系等区域施工前，是否按照要求办理相关施工手续，落实防洪专题报告要求的施工措施；配合工程水保验收单位核查土石方、临时场地占地、施工道路等数量的变化；按照工程统一规定，制定水保措施过程数码照片采集管理办法，组织采用数码照片、视频影像等方式记录线路经过区域的原始地貌及环境现状，监督并采集施工单位水保措施落实的实体照片。 （9）定期组织统计现场施工单位水保措施实施工程量，组织或参加水保工地例会，督促会议纪要的落实。 （10）按照水保行业标准、国家电网公司水保管理办法要求的监理内容和方法，开展水保监督专项检查和水保管理过程评价等活动，跟踪水保问题闭环整改情况，督促施工单位对水保措施的落实进行全过程管理，形成水保措施完成工程量、实施内容、实施时间、投资金额等记录。 （11）组织编写水保监理日志，参与编写水保监理月报。收集、汇总、参与整理水保监理文件资料。巡查、旁站、见证过程中发现施工作业中的问题，立即指出并向总监理工程师报告。 （12）参加工程水保设施中间验收和水保措施的检查、水保监理初检、质量监督、水保预验收、启动验收、水保竣工验收调查和工程水保专项验收期间的监理工作。组织房屋拆迁和施工后临时占地的迹地恢复的验收，具体编制工程竣工水保监理总结报告。 （13）配合水保监测单位、水保管理相关单位开展的水保监测、监督检查等，按要求完成相关问题的整改闭环工作。参加工程水保专项验收和迎检工作
水保监理员	（1）具体对现场环境绿化、废污水处理、固体废弃物（建筑和生活垃圾）、道路维护、临时堆土、减少植物破坏等进行巡视检查，对护坡工程、排水工程、泥石流防治等的隐蔽工程、关键部位和关键工序，实施旁站监理。复核工程水保措施工程量等有关数据，并采集数码照片。 （2）对工程线路在山区的偏移位置状态、工程现场临时占地面积、施工道路长度、余土处理、植被恢复面积等数据的变化情况进行逐一落实，对涉及饮用水保护区、跨越河流、湖泊等施工的废弃物处置、废污水处理进行监督并采集照片。 （3）对现场废旧材料回收措施，表土剥离、土方施工［挖方、填方、取（弃）土］、临时堆土（生熟土分别堆放、苫盖）、余土处理，固定进出施工道路，临时用地封闭管理（包括生产、办公生活区域、搅拌站、材料场、牵引场、基坑开挖、临时道路、材料运输道路等），对造林、种草、基本农田复垦、土地整治等植物恢复效果，实施见证监理并采集照片。 （4）对植物措施、临时用地以及基地恢复，表土剥离及堆放、施工便道维护、临时占地面积、临时堆土、取（弃）土场的管理，表土苫盖、排水、编织袋围挡、植被恢复，实施巡视监理，复核水保措施有关数据，记录水保措施完成工程量、实施内容、实施时间、投资金额等。

续表

岗位名称	职　责
水保监理员	（5）检查、监督工程现场的水保设施及水保措施的施工质量，发现存在水保施工隐患的，及时要求施工项目部整改，并向监理工程师报告。 （6）数码照片拍摄应符合规定，数码照片重点体现原始地貌、破坏现状、实施后效果、施工过程水保措施等，拍摄方法、质量等满足国网公司相关规定。 （7）做好水保记录，按有关规定和合同约定做好工程档案资料的管理工作并妥善保管。 （8）做好水保监理日志和相关记录，负责水土保持工程信息与档案监理资料的收集、整理、上报、移交。 （9）巡查、旁站、见证过程中发现施工作业中的问题，立即指出并向水保监理工程师报告
信息资料员	（1）按照水保行业标准规范整编归档资料。 （2）按照要求向建设单位移交水保资料

3.3 工作内容与方法

水保监理项目部水保管理工作内容与方法见表3–2。

表3–2　　水保监理项目部水保管理工作内容与方法

管理阶段	工作内容与方法（标准化管理模板编号）	主要成果资料
施工准备阶段	（1）依据《水土保持工程施工监理规范》（SL 523—2011）监理单位同步组建水保监理组织机构，将建设项目水保监理机构的组织形式、人员构成及对水保监理总监的任命书面通知建设单位。总监理工程师、监理工程师、监理员均应明确各自岗位职责，各级监理人员应持证上岗，其中要求水保监理工程师必须具备水保监理资格，具有每年省级以上水保专业培训证明。当水保监理总监需要调整时，应征得建设单位同意并书面通知建设单位；当水保监理工程师需要调整时，应书面通知建设管理单位和施工单位。 （2）参加业主项目部组织的开工前水保培训交底工作，监理项目部对全体监理人员进行二次培训交底。 （3）参加施工图交底和会检会议，提出施工图会检意见，按要求完成本职工作，落实会议要求。 （4）监理项目部依据经国家水利部批准的水保方案和水保设计文件，编制《监理规划》（水保专篇）（见附录A.1.1）、《水土保持监理实施细则》（见附录A.1.2）等文件报业主项目部审批，编制水保相关监理工作制度（见附录A.1.3），报业主项目部备案。 （5）监理项目部组织进行项目划分，用于工程质量验评，项目划分应依据《水土保持工程质量检验评定规程》（SL 336—2006）。 （6）审查施工单位水保施工管理机构及水保施工管理和技术人员配备。 （7）审查管理施工规划中（水保专篇）、工程水土保持施工方案、绿色施工方案、水保相关施工管理制度（见附录A.2），形成监理文件审查记录	1. 水保监理规划、水保监理实施细则 2. 文件审查记录 3. 设计联络会纪要 4. 设计单位提出水保设计复核情况报告、文件审查记录 5. 整改闭环资料文件

续表

<table>
<tr><th>管理阶段</th><th>工作内容与方法（标准化管理模板编号）</th><th>主要成果资料</th></tr>
<tr><td>施工阶段</td><td>（1）监理项目部通过组织月度例会、专题会议（见表 B.20）和参与专项检查等方式，督促现场严格执行水保措施，工程水保管理工作应与主体工程管理同步，监理项目部按要求落实相关工作，形成相应档案资料。
（2）监理单位参与配合水保监测、水保行政监督检查等，按要求书面完成相关问题的整改闭环工作。
（3）水保单位工程或单项工程开工前，应通过监理工作联系单（见表 B.17），要求施工单位报送相关资料，并审核施工单位报送的开工申请（见表 B.1）、项目管理实施规划（见表 B.3），检查水保工程开工条件，征得业主项目部同意后由总监理工程师签发水保工程开工通知和开工令（见表 B.11、表 B.12）。
（4）监理项目部严把工程质量关，严格执行对水保单元工程、隐蔽工程、分部工程验收程序。
1）对施工项目部报验的水保单元工程、隐蔽工程报验申请表（见表 B.6）进行审查，对报验的工序或部位组织监理验收，提出监理验收意见，对发现的问题监督施工项目部整改闭环，形成水保工程验收单（见表 B.16）。
2）水保分部验收由水保监理组织，验收通过后监理项目部签署或协助建设单位签署水保分部工程施工质量评定表（见表 C.19）和水保工程验收单（见表 B.16）。
（5）水保监理单位应督促施工单位对水保措施的落实进行全过程管理，记录水保措施完成工程量、实施内容、实施时间、投资金额等，填写水保监理日志（见表 B.18）。
（6）施工过程中，监理单位应对施工进度进行检查与协调，制约总进度计划的分部工程的进度严重滞后时，监理工程师应签发监理指令，要求施工项目部采取措施加快施工进度。进度计划需调整时，应报总监理工程师审批。施工进度计划的调整使总工期目标、阶段目标和资金使用等变化较大时，监理项目部应提出处理意见报建设管理单位批准。
（7）施工过程中监理项目部下达暂停施工通知（见表 B.13），应征得业主项目部同意。发生监理项目部下达暂停施工通知的情况（见附录 A.3）。在具备复工条件后，施工项目部及时向监理项目部提交工程复工报审表（见表 B.2），监理项目部征得业主项目部同意后签发复工通知，明确复工范围，并督促施工单位执行。
（8）监理项目部应依据合同处理索赔事件，但不接受未按施工合同约定的索赔程序和时限提出的索赔要求。监理项目部应施工合同约定的时间内做出对索赔申请（见表 B.8）报告的处理决定，形成费用索赔审批表（见表 B.15），报送建设单位并抄送施工单位。
（9）监理项目部应对工程建设各方依据有关规定和工程现场实际情况提出的工程变更（见表 B.9）建议进行审查，同意后报业主项目部批准。
1）业主项目部批准的工程变更，应由业主项目部委托原设计单位负责完成具体的工程变更设计。业主项目部组织或委托监理项目部对变更设计审查。一般的变更设计由业主项目部审批；对较大的变更设计，应由业主项目部汇总，及时上报上级管理部门。
2）监理项目部在接到变更设计批复文件后，应向施工单位下达工程变更指令，并作为施工单位组织工程变更实施的依据。
3）在特殊情况下，如出现危及人身、工程安全或财产严重损失的紧急事件时，工程变更可不受程序限制，但监理项目部仍应督促变更提出单位及时补办相关手续。
（10）监理项目部应每月定期召开一次工地例会，会议应通报工程进展情况，检查上一次例会中有关决定的执行情况，分析当前存在的问题，提出解决方案或建议，明确会后应完成的任务。根据需要组织召开水保专题会议，研究解决施工中出现的涉及工程质量、工程进度、工程变更、索赔、安全、争议等方面的专门问题。
（11）监理单位应按双方约定的时间和渠道向业主项目部和建设管理单位提交项目监理月报或季报、年度报告（见附录 A.4.1），按基础和竣工两个阶段编写监理专题报告（见附录 A.4.2），在合同项目验收时提交监理工作总结报告（见附录 A.4.3）。
（12）监理单位督促施工单位对水保措施的落实进行统计，填写相关水土保持措施统计表，并负责汇总水保措施完成工程量、实施内容、实施时间、投资金额等，为水保专项验收提供依据。</td><td>1. 工程开工报审表、单位（分部）工程开工报审表、工程开工令
2. 培训交底记录
3. 巡查记录、旁站记录、见证记录、工作日志、会议纪要、数码照片图册
4. 工程水保设计变更（签证）审批单监理审核意见、水保设计变更执行报验单
5. 会议纪要、索赔审核记录
6. 收发文记录、水保活动记录表，水保监理月报，水保监理专题报告、工程档案资料
7. 水保风险排查记录，水保监理通知单、工程暂停令等监理指令文件
8. 水保监理问题整改闭环记录</td></tr>
</table>

续表

管理阶段	工作内容与方法（标准化管理模板编号）	主要成果资料
施工阶段	（13）监理人员应对护坡工程、排水工程、泥石流防治等的隐蔽工程、关键部位和关键工序，应实施旁站监理；对造林、种草、基本农田、土地整治等应进行巡视检验。同时，发现施工存在质量问题的，或施工单位采用不适当的施工工艺，或施工不当，造成工程质量不合格的，应计算签发监理通知（见表 B.12），督促施工单位整改。施工单位完成整改后以监理通知回复单（见表 B.5）形式闭环。 （14）组织对进场材料、苗木和籽种的检查验收，监理人员对进场的实物按照有关规范采用平行检验或见证取样方式进行抽检。未经检验和检验不合格不应在工程中使用，强化施工过程质量控制和水保措施的落实。 （15）按照监理水保管理要求，严格审核现场土方处理、临时占地使用情况并做好签证，参加工程结算。 （16）配合相应水保行政主管部门、国网公司、国网直流公司结合工程实际情况组织的水保专项巡查工作，施工过程中业主项目部组织的相关水保专家对现场工作进行指导和培训	
试运行阶段	（1）组织开展水保监理初检工作，做好工程中间验收，做好水保竣工自验收期间的监理工作，负责组织办理水保单元、分部、单位工程签证、签字盖章工作。 （2）按照工程水保专业竣工验收与工程主体验收提前或同步实施的要求，配合业主项目部做好工程竣工验收工作，协助业主项目部编制自验收报告，对于未完成的政策处理和迹地恢复工作，与工程主体同步进行消缺，确保专项竣工验收前整改完成，确实无法完成的拆迁工作，单独进行处理。 （3）监理项目部完成全部分部工程的验收评定工作后，应提请建设单位督促检查单位工程验收应具备的条件，检查分部工程验收中提出的遗留问题和处理情况，对单位工程进行质量评定，提出尾工清单。向业主项目部提交《直流输电工程水土保持监理总结》（见附录 A.4）。 （4）监理项目部督促施工单位编制工程临时占地处置和迹地恢复实施方案，指导现场临时占地、建筑物、植被恢复、土地复垦等迹地恢复工作。 （5）监理项目部对施工单位提交验收申请报告及水保所有单元、分部、单位工程资料进行审核，指示施工单位对存在的问题进行补充、修正。 （6）监理项目部应制定包括文档资料、图片及录像资料收集、整编、归档、保管、查阅、移交和保密等信息管理制度，设置档案资料管理人员并制定相应岗位职责。 （7）工程建设过程中监理项目部应加强数码照片管理，数码照片拍摄应符合附录 E 的规定。数码照片重点体现原始地貌、破坏现状、实施后效果等，拍摄方法、质量等还应满足国网公司相关规定。 （8）水保工程档案资料的归档按主体工程归档要求执行。水保工程档案资料是水保专项验收的重要依据，监理项目部应重点加强档案资料管理工作，确保内容及时、真实、规范，保管期限应满足工程通过水保验收和工程创优的要求。 （9）参加国家水保验收工作，完成自身问题整改闭环，监督施工项目部完成问题整改闭环，负责监理档案资料的、整理、归档、移交工作，并列出监理资料移交清单（见表 B.19）	1. 监理初检报告、监理初检问题整改闭环记录 2. 文件审查表、水保监理总结报告
总结评价阶段	依据设计、施工等合同执行情况，参加业主项目部对项目设计、施工单位开展水保措施落实履约评价，提出评价建议，接受业主项目部的综合评价	相关评价报告或记录表

3.4 工作流程

水保监理单位环保管理总体流程见图 3–1，不同阶段单项重点工作业务流程包括水保监理策划管理流程、水保监理审查水保措施落实管理流程、水保监理现场签证工作流程、水保监理初检工作流程工程、水保设计变更管理流程，分别见图 3–2～图 3–5。

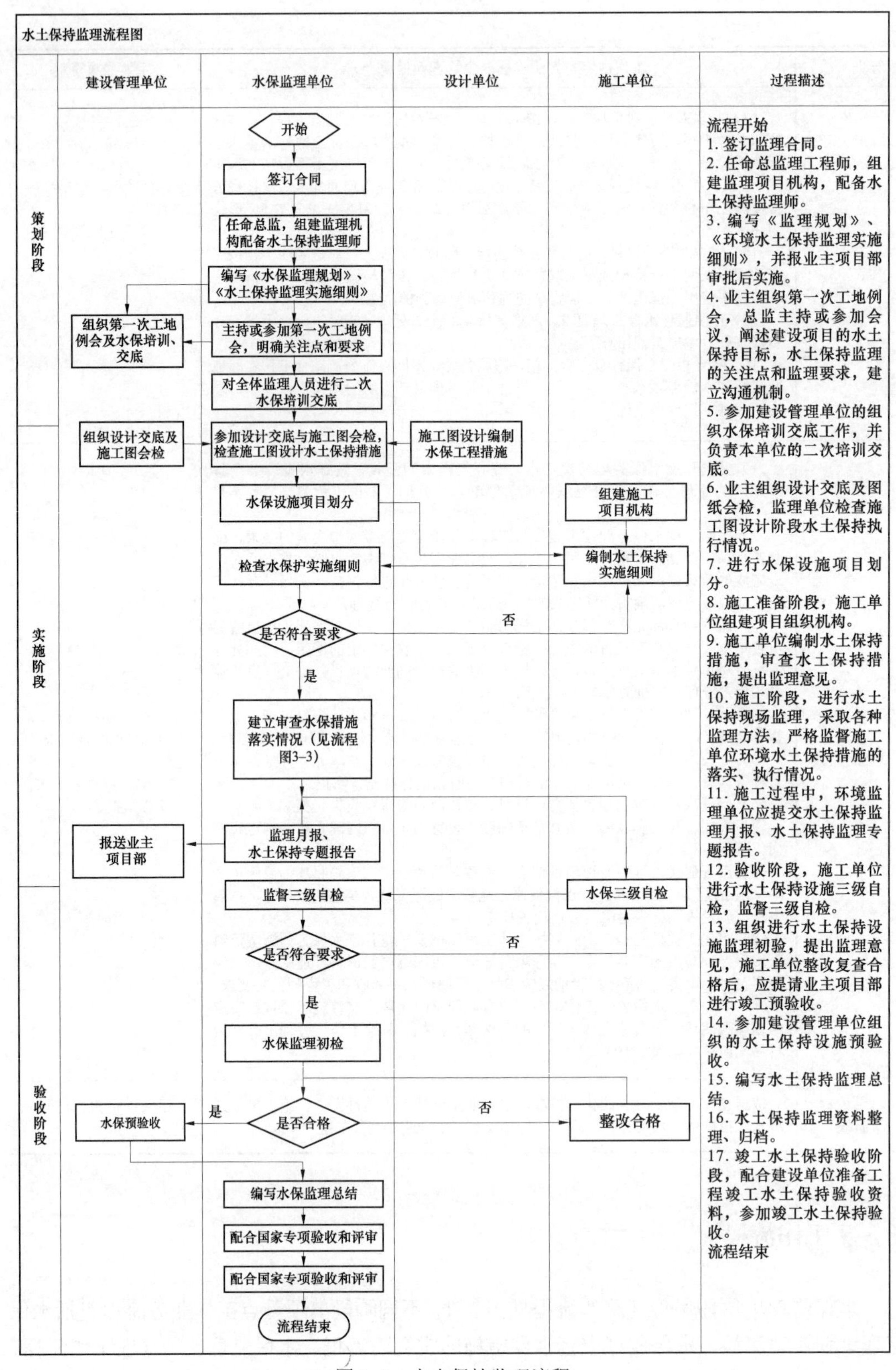

图 3-1　水土保持监理流程

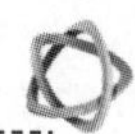

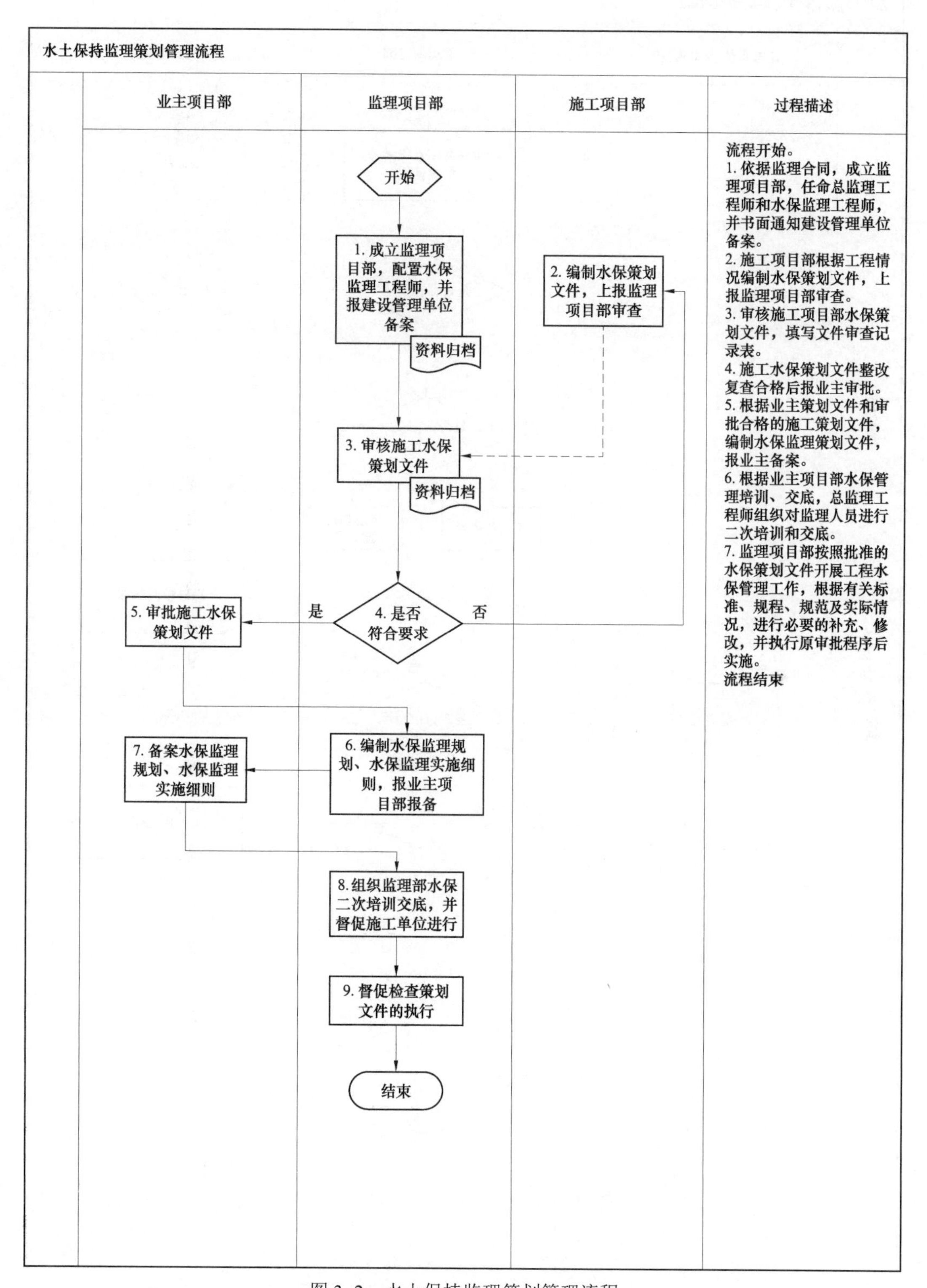

图 3–2　水土保持监理策划管理流程

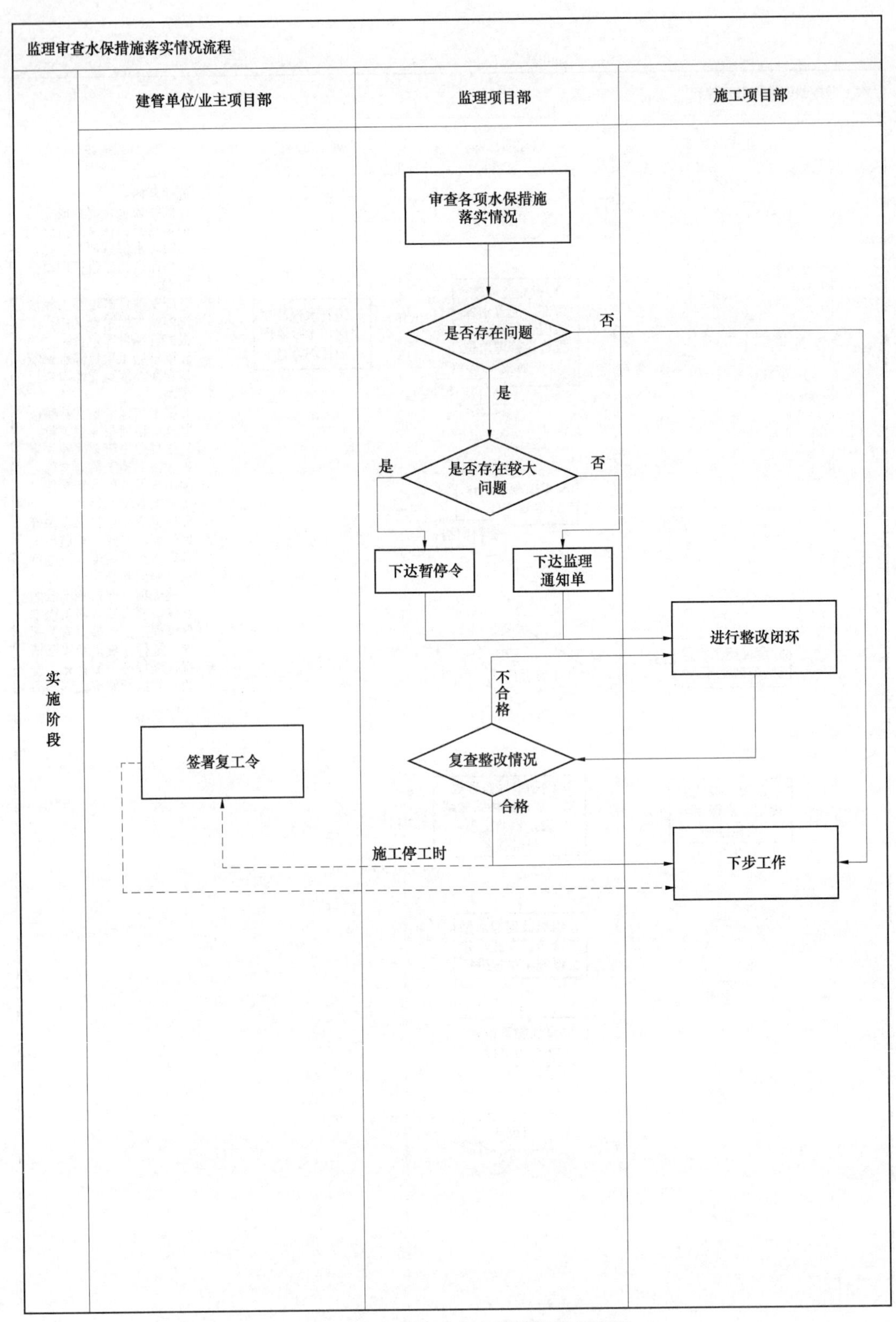

图 3–3　水土保持审查水保措施管理流程

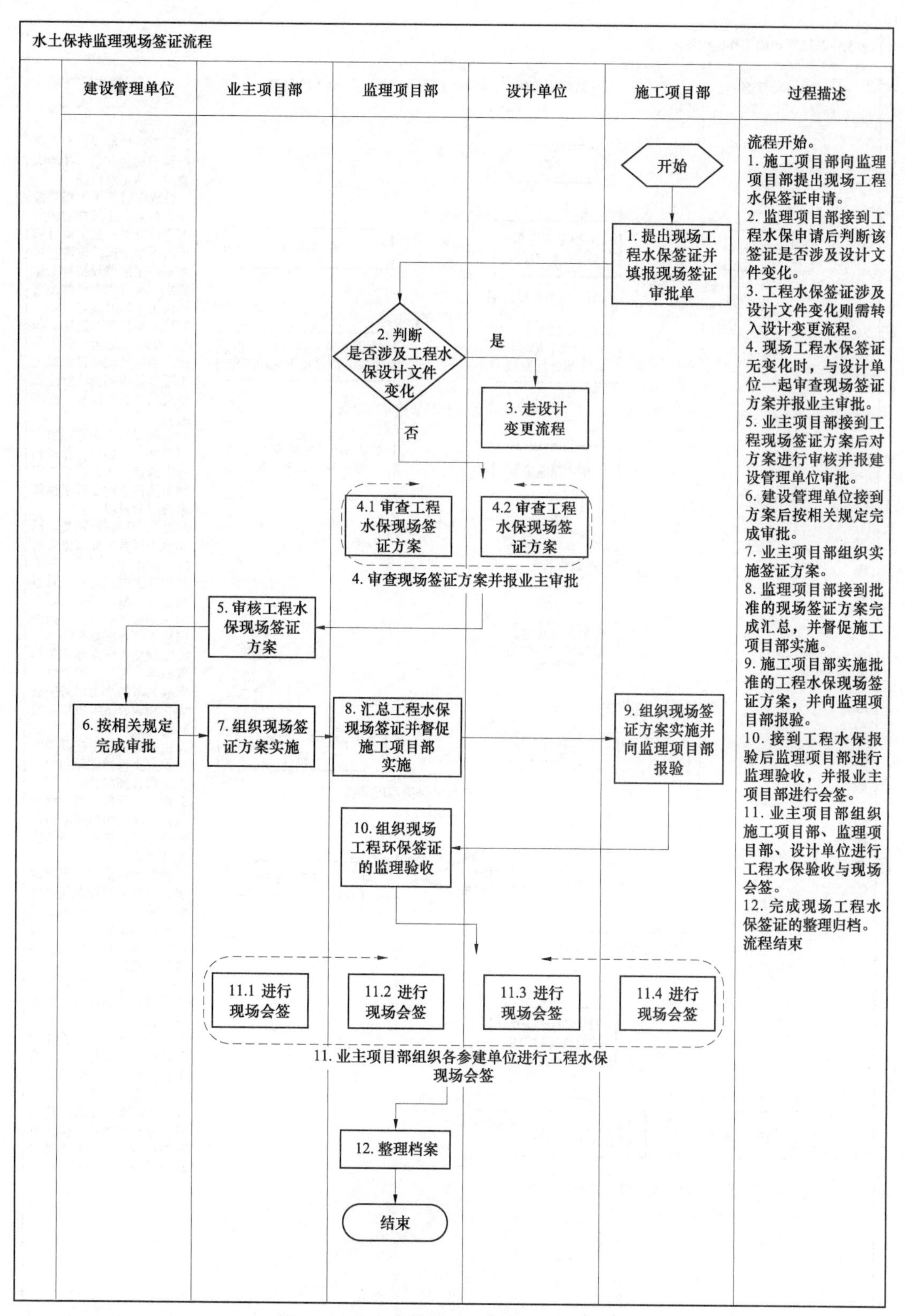

图 3–4　水土保持监理现场签证管理流程

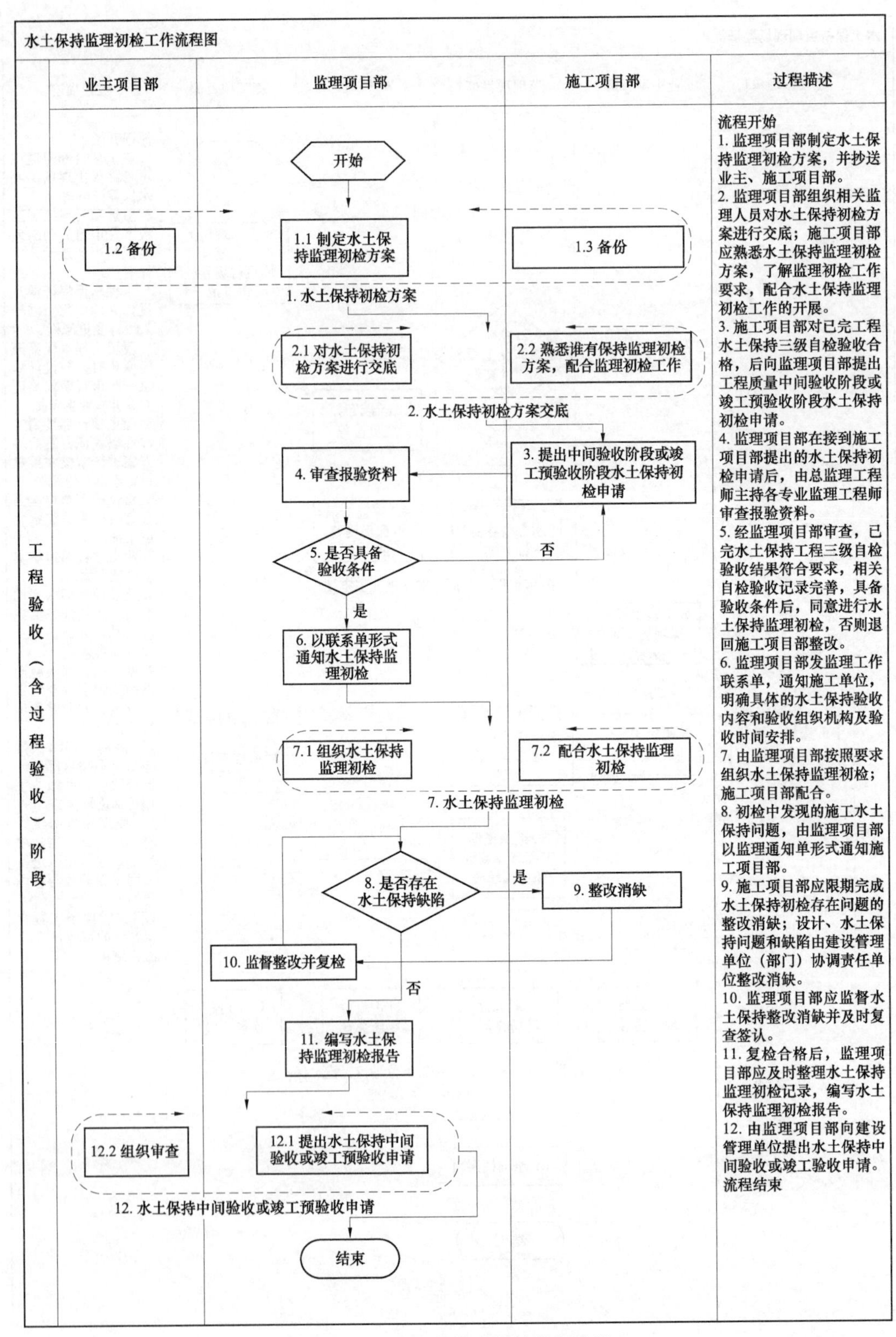

图 3–5　水土保持监理初检管理流程

3.5 工作标准

水保监理项目部水保管理工作的主要管理依据见表 3–3。

表 3–3 水保监理主要管理依据

工作标准	主要管理依据
法律法规	（1）《中华人民共和国水土保持法》（中华人民共和国主席令第 39 号，2010 年 12 月 25 日修订，2011 年 3 月 1 日实施）； （2）《中华人民共和国水土保持法实施条例》（国务院令第 120 号，2011 年 1 月 8 日修订）
技术规范与标准	（1）《开发建设项目水土保持设施验收技术规程》（GB/T 22490—2008）； （2）《开发建设项目水土保持技术规范》（GB 50433—2008）； （3）《水土保持工程施工监理规范》（SL 523—2011）； （4）《水土保持工程质量评定规程》（SL 336—2006）； （5）《水利部办公厅关于印发〈生产建设项目水土保持监测规程（试行）〉的通知》（办水土保持〔2015〕139 号）； （6）《水利部办公厅关于印发〈水利部生产建设项目水土保持方案变更管理规定（试行）的通知〉》（办水土保持〔2016〕65 号）
相关管理文件	（1）《国家电网公司电网建设项目水土保持管理办法》[国网（科/3）643—2017（F）]； （2）《开发建设项目水土保持设施验收管理办法》（水利部〔2002〕第 16 号令，2002 年 12 月 1 日）； （3）《国家电网公司基建安全管理规定》[国网（基建/2）173—2015]； （4）《国家电网公司电网建设项目水土保持管理办法》（国家电科（2017）34 号文） （5）《国家电网公司关于进一步规范电网建设项目水土保持设施验收管理的通知》 （6）《国家电网公司输变电工程建设监理管理办法》； （7）《国家电网公司直流线路工程安全文明施工与环境保护总体策划（试行）》
相关技术文件	（1）××直流输电工程初步设计、施工图设计资料； （2）《××直流输电工程水土保持方案报告书》； （3）《××直流输电工程水土保持方案报告书的批复》

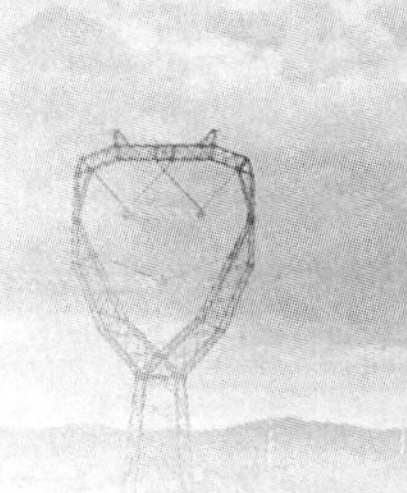
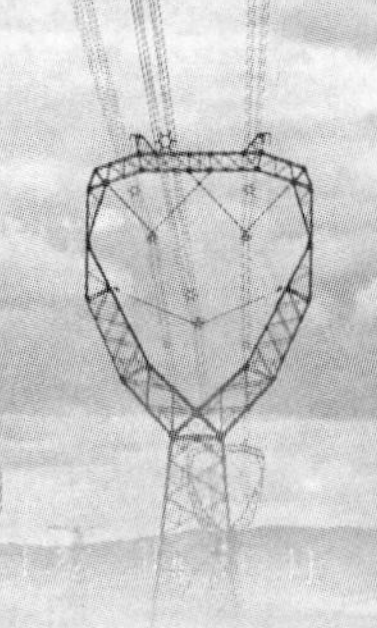

第4章 施工水保管理

4.1 施工项目部管理职责

特高压直流输电工程施工项目部是代表施工单位落实国家水保法律规定的“同时设计、同时施工、同时运行”的三同时要求，履行建设工程施工承包合同中水保部分的约定，是工程水保设施和水保措施落实的主体单位之一。通过计划、组织、协调、监督、评价等管理手段，同步推动工程水保设施和水保措施按计划实施，建设“资源节约型，环境友好性”的生态文明工程，实现工程水保目标，通过水保专项验收。设立施工水保管理岗位，协助项目部经理负责项目施工过程中的水保控制和管理工作。

4.2 施工项目部各岗位水保职责

施工项目部各岗位水保职责见表4–1。

表4–1 施工项目部各岗位水保职责

岗位名称	职　　责
施工项目经理	施工项目经理是施工现场水保管理的第一责任人，全面负责施工项目部水保管理工作（施工项目部副经理协助施工项目经理履行职责）。 （1）主持施工项目部工作，在授权范围内代表施工单位全面履行施工承包合同，对水保进行全过程管理，确保水保设施和措施顺利实施。 （2）组织建立健全项目水保管理职责和水保管理体系，明确工程水保目标，落实水保管理人员职责分工、工作职责和工作内容。 （3）组织落实各项水保管理和资源配备，并监督有效运行，负责项目部员工水保管理绩效的考核及奖惩。 （4）组织编制项目管理实施规划（水保专篇）、《水土保持专项施工方案》，组织编制水土保持相关制度，落实国家电网公司提出的水土保持目标及要求，执行施工图水保设计相关内容。 （5）定期召开或参加工程水保工作例会、水保专题协调会，落实业主、监理、本公司以及上级水保管理工作要求。 （6）负责组织处理工程水保实施和检查中出现的重大问题，制定预防措施，特殊困难及时提请有关方协调解决。 （7）参与或配合水保监测单位、水保验收管理相关单位开展的水保监测、监督检查等，按要求完成相关问题的整改闭环工作。 （8）组织编制水土流失、泥石流等突发事件应急处置方案，配置现场应急资源，开展应急教育培训和应急演练，执行应急报告制度。参与或配合工程水保突发事故（件）的调查。 （9）落实水保措施费用的申请、使用，报审工程水保资金使用计划，向水保监理提交现场水保措施落实情况汇总表，申请签证，配合工程结算、审计以及财务稽查工作。

续表

岗位名称	职　责
施工项目经理	（10）根据工程进展，组织开展水保设施和措施的交底、培训，施工班组级自检和项目部级复检工作，配合各级水保质量检查、监督、验收等工作。 （11）配合做好水保工作现场检查和水保竣工验收调查工作，对提出的问题整改闭环。 （12）按照现场水保监理要求，组织编制现场临时占地迹地恢复和植被恢复方案。在试运行结束后2个月之内，完成施工水保总结的编制工作，配合整体工程水保调查单位开展工程水保调查和水保专项验收工作
施工项目副经理	在项目经理的领导下，负责项目水保施工技术管理工作，负责按照工程环评报告和设计图纸要求，落实业主、监理项目部对工程水保方面的有关要求，并向施工班组进行交底培训。 （1）贯彻执行国家水保法规、水保行业标准和国家电网公司水保管理办法，组织编制项目管理实施规划（水保专篇）、《水土保持专项施工方案》、水土流失、泥石流等突发事件应急处置方案等管理策划文件，并负责技术交底和监督落实。 （2）结合施工现场实际情况，编制水保设施和措施的实施计划，在施工准备、施工实施、施工结束过程中切实落实水保措施，做到水保措施和工程主体同步实施，同步验收。 （3）组织对项目全员进行水保等相关法律、法规及设计文件要求的培训工作，切实落实工程施工现场水保设施施工质量，施工过程中废水、固废、施工道路维护、临时堆土、苫盖、排水沟等水保措施的工作计划和具体安排。 （4）组织水保施工图预检，参加业主组织的设计交底及时施工图会检，对水保设计和设计变更的执行有效性负责，对施工图中存在的水保措施不足问题，及时编制设计变更联系单并报设计单位。 （5）组织编写水保专项施工实施细则，负责对采取的水保措施进行技术经济分析与评价。 （6）定期组织或配合业主、监理开展水保检查，组织解决工程施工水保问题。当需要进入河流、湖泊、水系施工前，应按照要求办理相关施工手续，落实防洪专题报告要求的施工措施。 （7）按照工程统一规定，组织制定水保措施过程数码照片采集管理办法，采用数码照片、视频影像等方式记录换流站及周边、线路经过区域的原始地貌及生态环境现状，监督并采集现场施工水保措施落实的实体照片。 （8）定期组织统计现场施工水保措施实施工程量，组织或参加水保工地例会，落实业主、监理会议纪要的内容。 （9）参加工程水保设施中间验收和水保措施的检查、水保监理初检、质量监督、水保预验收、启动验收、水保竣工验收调查和工程水保专项验收期间的施工管理工作。组织实施施工后范围内临时占地的拆除和垃圾的迹地恢复，按照水保监理要求，组织编制工程竣工水保施工总结报告。 （10）负责组织收集、整理施工过程资料；配合水保监测做好水保监测工作；配合工程水保自验收单位开展水保基础数据的整理，组织移交水保施工资料。 （11）协助项目经理做好其他施工管理工作
换流站水保管理员	协助项目部经理负责项目施工过程中的水保控制和管理工作。 （1）贯彻执行国家水保法律、法规、规范和国家电网公司水保管理类文件，熟悉有关水保报告及批复、水保设计文件，及时提出水保设计文件存在的问题，协助项目副经理做好设计变更的现场执行及签证闭环管理。 （2）参与编制管理实施规划（水保专篇）和《水土保持专项施工方案》等策划文件，明确施工单位水土保持组织管理、临时施工场地选址、施工现场总平面图、各施工工序的水土保持措施等，施工现场水保设施施工质量的检查和验收，施工过程中施工废水、固废、道路维护、临时堆土、土地整治、临时占地迹地恢复和植被恢复等水保措施的工作计划和具体安排要求等内容。具体负责《水保专项施工实施细则》的编制，确定施工土石方工程量平衡的实施方案，落实站区表土剥离、临时堆放和保管，施工结束后的迹地恢复和植被恢复工作，组织落实换流站水保措施的单位、分部、分项工程划分和工程分工情况，并负责指导实施。 （3）组织对项目全员进行水土保持法律法规、水保目标要求、施工控制措施等培训、交底，留存相关记录。 （4）组织水保施工图预检，参加业主组织的水保施工图设计交底及施工图会检，严格按图施工。具体按照工程水保方案报告及其批复文件，落实现场水保措施，具体编制水保措施的专项计划、实施工作，复核挖填土石方、临时占地、施工道路、余土处理等工程量，处理工程水保设计变更和签证手续工作。 （5）严格落实各项水土保持措施的过程管理工作，在施工过程中随时对水保工作进行检查和提供技术指导，存在水保问题或隐患时，及时提出解决和防范措施。 （6）开展并参加各级水保检查的迎检工作，严格检查水保控制措施的执行情况，填写执行记录表，对存在的水保问题闭环整改，通过现场采集数码照片等管理手段严格落实水保措施，控制水土保持范围。 （7）规范开展施工班组级水保自检和项目部级复检工作，配合各级水保检查、监督、验收等工作。定期统计现场施工水保措施实施工程量，组织或参加业主、监理、施工项目部水保工地例会，督促会议纪要的落实。

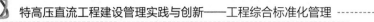

续表

岗位名称	职　责
换流站水保管理员	（8）对水土保持水泥砂浆、砂、石料质量、表土剥离、水土保持土石方工程、基坑开挖、干砌石护坡、浆砌石挡墙、护坡垫层、排（截）水沟、场地整治及修坡、土地恢复（林草）整地、植被恢复、林草播种等单元工程质量进行检查、评定。 （9）参与编制水土流失、泥石流等突发事件应急处置方案，开展应急教育培训和应急演练。参与或配合工程水保事故（件）的调查。 （10）负责项目建设水保信息收集、整理与上报，每月按时上报现场水保信息月报。 （11）负责水保施工档案资料的收集、整理、归档、移交工作，确保资料的真实和准确性。 （12）参与工程水保设施和措施各级验收，编制工程竣工水保施工总结报告。 （13）按有关规定和合同约定做好工程档案资料的管理工作并妥善保管，满足水保专项验收通过和移交规定的要求。参加项目建设管理总结中水保管理部分的编写。 （14）参加对项目参建单位资信和合同执行情况的评价
线路水保管理员	协助项目部经理负责项目施工过程中的水保控制和管理工作。 （1）贯彻执行国家水保法律、法规、规范和国家电网公司水保管理类文件，熟悉有关水保报告及批复、水保设计文件，及时提出水保设计文件存在的问题，协助项目副经理做好设计变更的现场执行及签证闭环管理。 （2）参与编制管理实施规划（水保专篇）和《水土保持专项施工方案》等策划文件，明确施工单位水土保持组织管理、临时施工场地选址、塔基、牵张场、跨越场施工现场总平面图、施工道路实施方案、各施工工序的水土保持措施等，施工现场水保措施施工质量的检查和验收，施工过程中施工废水、固废、临时道路维护、临时堆土、土地整治、临时占地的迹地恢复和植被恢复工作等水保措施的工作计划和具体安排要求等内容。 具体负责《水保专项施工实施细则》的编制，确定线路工程塔基及周边、牵张场、跨越场地等施工临时场地占用平面布置图的占地面积，施工土石方工程量平衡的实施方案，落实塔基周边表土剥离和保管，审核施工便道长度和实施方案，施工后临时占地的植被恢复工作等内容，并负责指导实施。 （3）组织对项目全员进行水土保持法律法规、水保目标要求、施工控制措施等培训、交底，留存相关记录。 （4）组织水保施工图预检，参加业主项目部组织的水保施工图设计交底及施工图会检，严格按图施工。具体按照工程水保报告及其批复文件，落实现场水保措施，具体编制水保措施的专项计划、实施工作，复核设计路径偏移超过 300m 的工程量，复核塔基挖填土石方、临时占地、施工道路、余土处理等工程量以及处理工程水保设计变更和签证手续工作。 （5）严格落实各项水土保持措施的过程管理工作，在施工过程中随时对水保工作进行检查和提供技术指导，存在水保问题或隐患时，及时提出解决和防范措施。 （6）开展并参加各级水保检查的迎检工作，严格检查水保控制措施的执行情况，填写执行记录表，对存在的水保问题闭环整改，通过现场采集数码照片等管理手段严格落实水保措施，控制水土保持范围。 （7）规范开展施工班组级水保自检和项目部级复检工作，配合各级水保检查、监督、验收等工作。定期统计现场施工水保措施实施工程量，组织或参加业主、监理、施工项目部水保工地例会，督促会议纪要的落实。 （8）对水土保持水泥砂浆、砂、石料质量、表土剥离、水土保持土石方工程、基坑开挖、干砌石护坡、浆砌石挡墙、护坡垫层、排（截）水沟、场地整治及修坡、土地恢复（林草）整地、栽植沙障、林草播种等单元工程质量进行检查、评定。 （9）参与编制环境污染事件应急处置方案，开展应急教育培训和应急演练。参与或配合工程水保事故（件）的调查。 （10）负责项目建设水保信息收集、整理与上报，每月按时上报现场水保信息月报。 （11）负责水保施工档案资料的收集、整理、归档、移交工作，确保资料的真实和准确性。 （12）参与工程水保设施和水保措施各级验收，编制工程竣工水保施工总结报告。 （13）按有关规定和合同约定做好工程档案资料的管理工作并妥善保管，满足水保专项验收通过和移交规定的要求。参加项目建设管理总结中水保管理部分的编写。 （14）参加对项目参建单位资信和合同执行情况的评价
资料员	（1）按照水保行业标准、国家电网公司相关水保管理要求整编归档资料。 （2）按照要求向建设单位移交水保资料

4.3 工作内容与方法

水保管理工作内容与方法见表4–2。

表4–2　　水保管理工作内容与方法

管理阶段	工作内容与方法（标准化管理模板编号）	主要成果资料
施工准备阶段	（1）签订施工合同，明确工程水保要求。 （2）建立健全项目水保管理机构，明确工程水土保持目标，落实水土保持管理各项职责分工，工作职责和工作内容。水保施工管理和技术人员数量应满足工程建设需要。其中水保岗位专责应具有每年省级及以上水保专业培训证明。 （3）依据经国家水利部批准的水保方案和水保设计文件，在《项目管理实施规划（施工组织设计）》中编制水保专篇，独立编制《工程水土保持施工方案》，逐项落实业主和监理关于水保管理的策划文件，报监理项目部审查、业主项目部审批后实施（见表B.3）。制定水保相关施工管理制度（见附录A.2）报监理项目部、业主项目部审查备案后实施。 （4）编制水保管理实施策划文件，报监理项目部审查、业主项目部审批后实施。特别是站外施工生产、生活办公区域、土石方处置、固体废弃物处置、临时占地使用应采取的临时措施的落实，应编制专项水保方案报审。 （5）开展水保施工图预检，参加水保施工图设计交底及施工图会检，严格按图施工。 （6）负责施工项目部管理人员及施工人员的水保培训和教育。结合工程实际情况组织开展应急教育培训和应急演练。 （7）施工项目部应严格执行材料进场报验程序，保证工程材料质量符合水保要求。施工项目部对进场材料、苗木、籽种、设备和构配件进行水保检验，检查材质证明和产品合格证，报监理项目部审查（见表B.4）。 （8）开工前，施工项目部应填报预付款申请单（见表B.7），报监理项目部审批。填报额度应准确、预付款比例应以施工合同约定为准。 （9）施工项目部完成工程开工准备后，应向监理项目部提交开工申请（见表B.1）。并落实下列施工准备工作： 1）施工设备、检测仪器设备能满足工程建设需要，检测证明文件已报审。 2）对水保综合治理措施设计与当地条件、可实施条件等进行了核对，苗木、籽种来源已落实。 3）进场的原材料、构配件的质量、规格符合有关技术标准要求，质量证明文件、复试报告已报审，储存量满足工程开工及随后施工的需要。 4）对护坡工程、排水工程、采石场、取土场、弃渣场等的原始地面线、沟道断面等影响工程计量的部位进行了复测或确认。 5）质量保证体系、施工工艺流程、检测内容及采用的标准合理	1. 项目管理实施规划（水保篇章）、施工水保专项实施方案、施工水保措施实施细则、施工水保风险控制方案、质量验收及评定范围划分表等项目策划文件 2. 水保措施费用使用计划、施工临时场地总平面布置、土石方平衡施工方案等计划性文件、 3. 水保施工图预检记录 4. 教育培训记录及交底记录 5. 工程开工报审表、水保设施单位或分部工程开工报审表
施工阶段	（1）认真实施现场水保监理编制的现场管理制度和要求，重点落实现场废水（施工、生活用水）达标排放或综合利用、固体废弃物（建筑和生活垃圾）、道路维护、临时堆土的管理措施，并针对性一一编制落实方案和措施，将相关责任人、相关费用使用条目，相关金额编写完整提交监理项目部审查，每月定期将落实情况以书面形式提交业主项目部和监理项目部，作为安全文明施工费（其中环境费用占用三分之一）支付依据。 （2）施工项目部应严格执行工序报验程序，保证工程施工质量。做好单元工程质量评定表（见表C.1～表C.18）并经监理人员签字认可，在施工记录簿上详细记载施工过程中的试验和观测资料，作为原始记录存档备查。 （3）施工项目部应在施工合同约定的时间内向监理项目部提交施工进度计划。监理项目部及时进行审查并提出明确审批意见，必要时应召集由建设单位、设计单位参加的施工进度计划审查专题会议，对有关问题进行分析研究。施工项目部应严格按照经审批的施工进度计划组织施工。 （4）严格按照工程安全文明施工规定实施，做好土石方处理、临时占地使用、施工便道、表土剥离等临时措施，并配合监理做好数据统计工作，做到合法施工，由于施工原因造成的水土流失，履行水保责任。	1. 会议纪要及相关会议材料、会议记录问题执行反馈单 2. 施工记录、验收评定记录等 3. 施工固有风险识别、评估、预控清册，施工水土流失、泥石流等突发风险动态识别、评估及预控措施台账等 4. 施工水保措施实施方案及有关执行记录 5. 施工水保措施实施方案及有关执行记录

续表

管理阶段	工作内容与方法（标准化管理模板编号）	主要成果资料
施工阶段	（5）配合项目建设外部环境协调，定期召开或参加工程水保工作例会、水保专题协调会，落实上级和业主、监理项目部的水保管理工作要求，协调解决施工过程中出现的水保问题。 （6）负责组织现场水保措施的落实和施工，开展并参加各类水保检查，对存在的问题闭环整改，通过数码照片等管理手段严格控制施工质量和工艺。 （7）对监理项目部提出的施工存在质量问题的，或施工项目部采用不适当的施工工艺，或施工不当，造成工程质量不合格的，签发的监理通知单，施工项目部完成整改后以监理通知回复单（见表 B.5）形式闭环。 （8）发生监理项目部下达暂停施工通知的情况（见附录 A.3）。在具备复工条件后，施工项目部及时向监理项目部提交工程复工报审表（见表 B.2），监理项目部征得业主项目部同意后签发复工通知，明确复工范围，并督促施工项目部执行。 （9）施工项目部按施工合同约定提交工程款支付申请表申请工程价款月（季）付款（见表 B.7），工程价款月（季）支付属施工合同的中间支付，监理项目部应按照施工合同的约定，对中间支付的金额进行修正和调整，并签发付款证书（见表 B.14）。 （10）工程完工及按合同规定保修期满后，施工项目部填写资金报账申请表（见表 B.7），监理项目部审定并签署支付凭证（见表 B.14），报建设单位批准。 （11）施工项目部应加强数码照片管理，数码照片拍摄应符合规定。数码照片重点体现原始地貌、破坏现状、实施后效果等，拍摄方法、质量等还应满足国网公司相关规定。 （12）施工项目部应配合相应水保行政主管部门、国网公司、直流公司结合工程实际情况组织的水保专项巡查工作，施工过程中业主项目部组织的相关水保专家对现场工作进行指导和培训。 （13）施工项目部在施工过程中应按图施工，落实各项水保措施，执行各项管理制度，配合各级检查，落实整改闭环，并留存记录和照片。按照实施细则落实各项专业资料管理工作	6. 水保措施施工过程数码照片及文字资料，工程档案资料等 7. 工程水保设计变更审批单、重大设计变更审批单 8. 工程现场水保措施签证审批单、重大签证审批单
试运行阶段	（1）施工项目部应按要求开展三级自检，验收内容应涵盖水保措施落实情况。施工三级自检完成后，向监理项目部提交水保单元工程、隐蔽工程报验申请表（见表 B.6）、工程竣工验收申请报告（见表 B.10），申请监理初检。 （2）配合监理项目部、业主项目部、建设管理单位及国网公司组织开展的工程水保各级验收工作，并对提出的问题负责整改闭环。 （3）配合国家水保专项验收，并对提出的问题负责整改闭环。 （4）施工单位在完成所有水保工程验评工作后，组织编制工程水保施工总结，对水保工程实施过程中的水保措施数据进行整理，总结水保施工经验，提炼水保施工亮点和水保成效。 （5）工程结束后，按照现场监理项目部要求编制现场临时占地迹地恢复方案，并在 3 个月内完成临时建筑的拆迁工作，配合土地复垦单位 6 个月内完成工程临建土地复垦工作。 （6）负责水保施工档案资料的收集、整理、归档、移交工作，确保真实和准确性	1. 隐蔽验收签证记录、工程验评记录及水保措施问题管理台账、监理初检申请、班组自检记录、项目部复检记录及公司级专检报告 2. 质监汇报材料等 3. 文件审查表、施工水保总结报告 4. 施工水保措施实施方案及有关执行记录 5. 水保汇报材料等
总结评价阶段	依据设计、施工等合同执行情况，接受业主项目部对施工单位开展水保措施落实履约评价	相关评价报告或记录表

4.4 工作流程

施工单位水保管理总体流程见图 4–1，不同阶段单项重点工作业务流程包括水土保持施工策划管理流程、水保现场签证管理流程、施工水保三级自检管理流程分别见图 4–2～图 4–4。

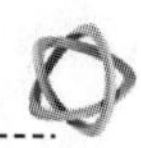

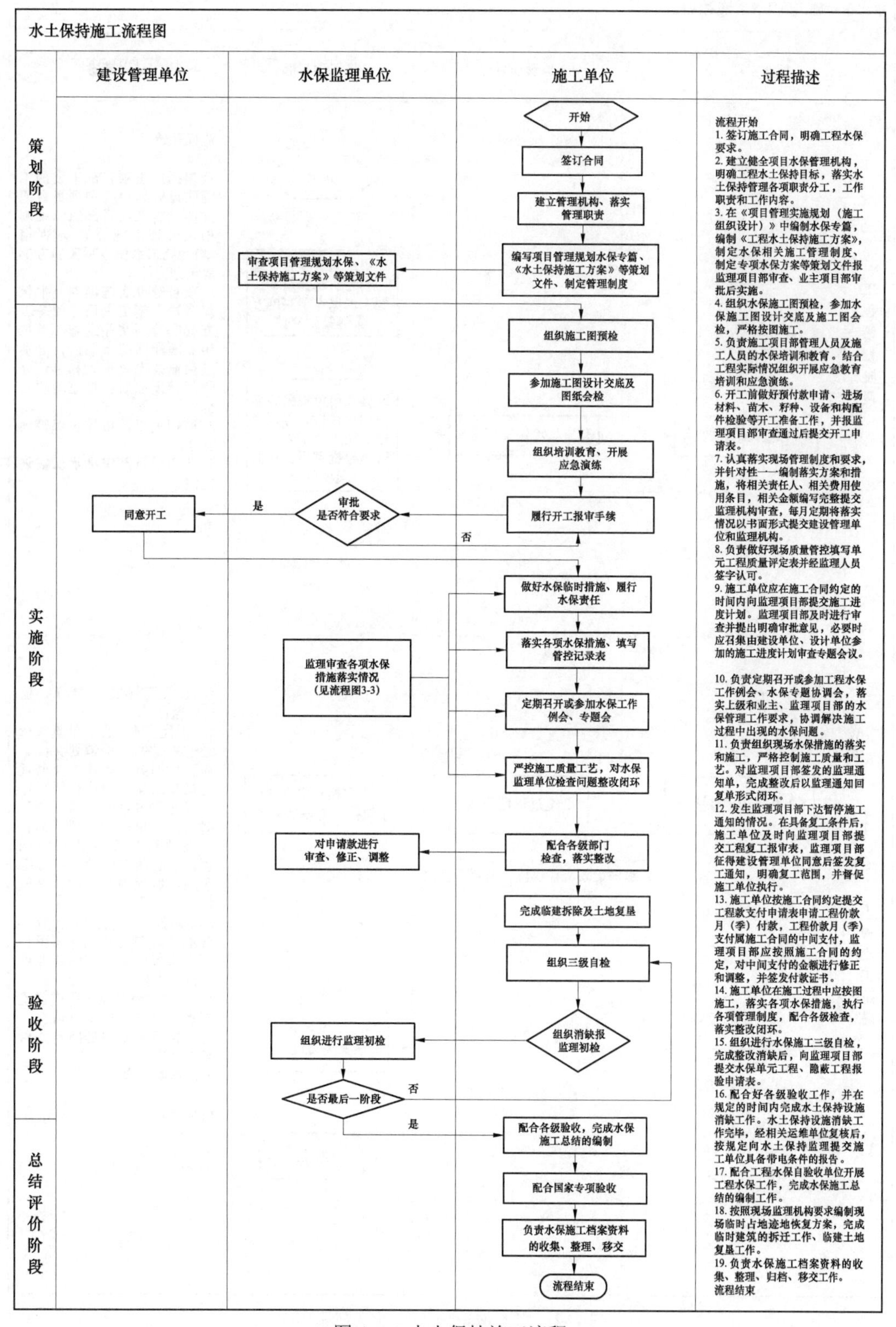

图 4–1　水土保持施工流程

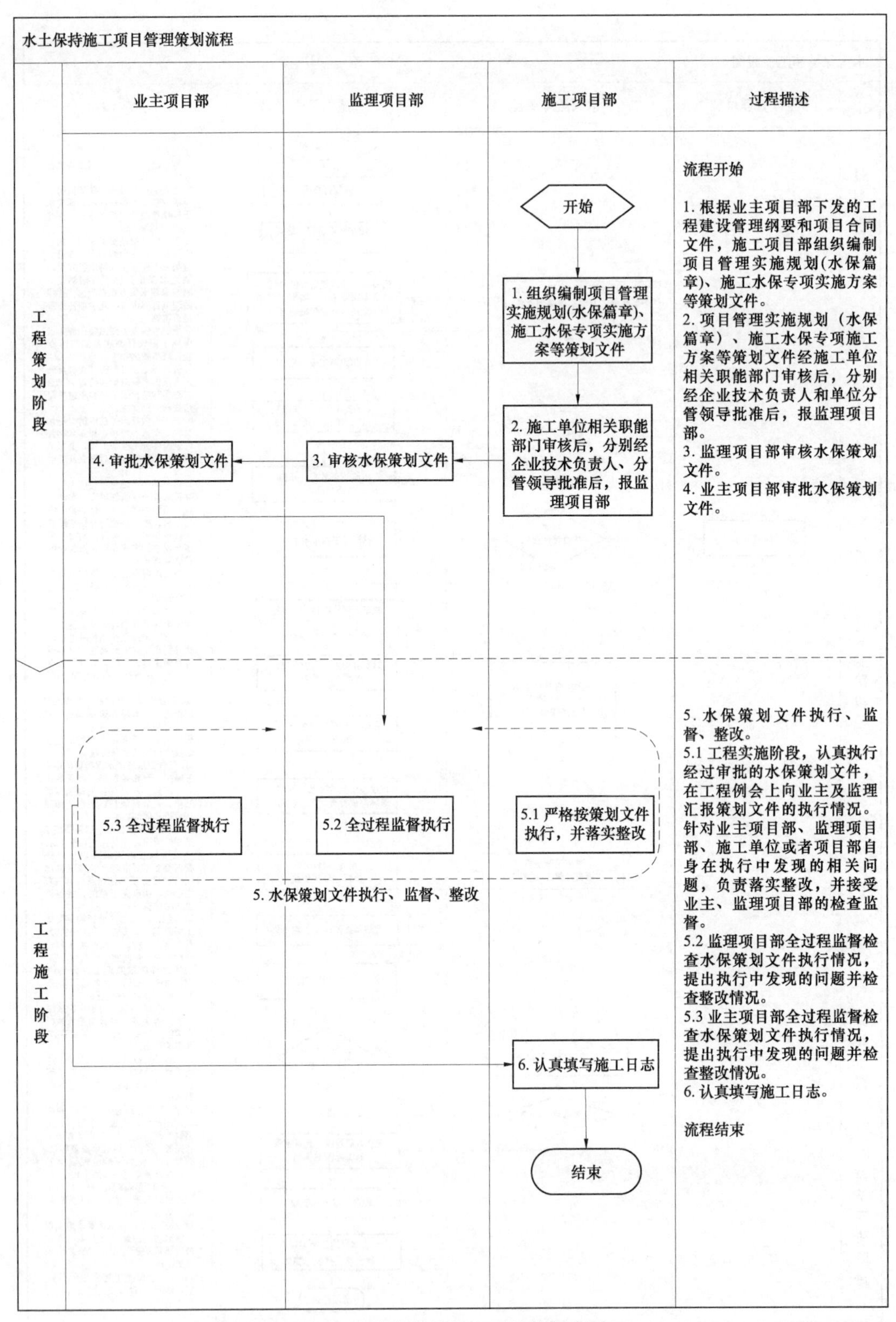

图 4–2　水土保持施工项目策划流程

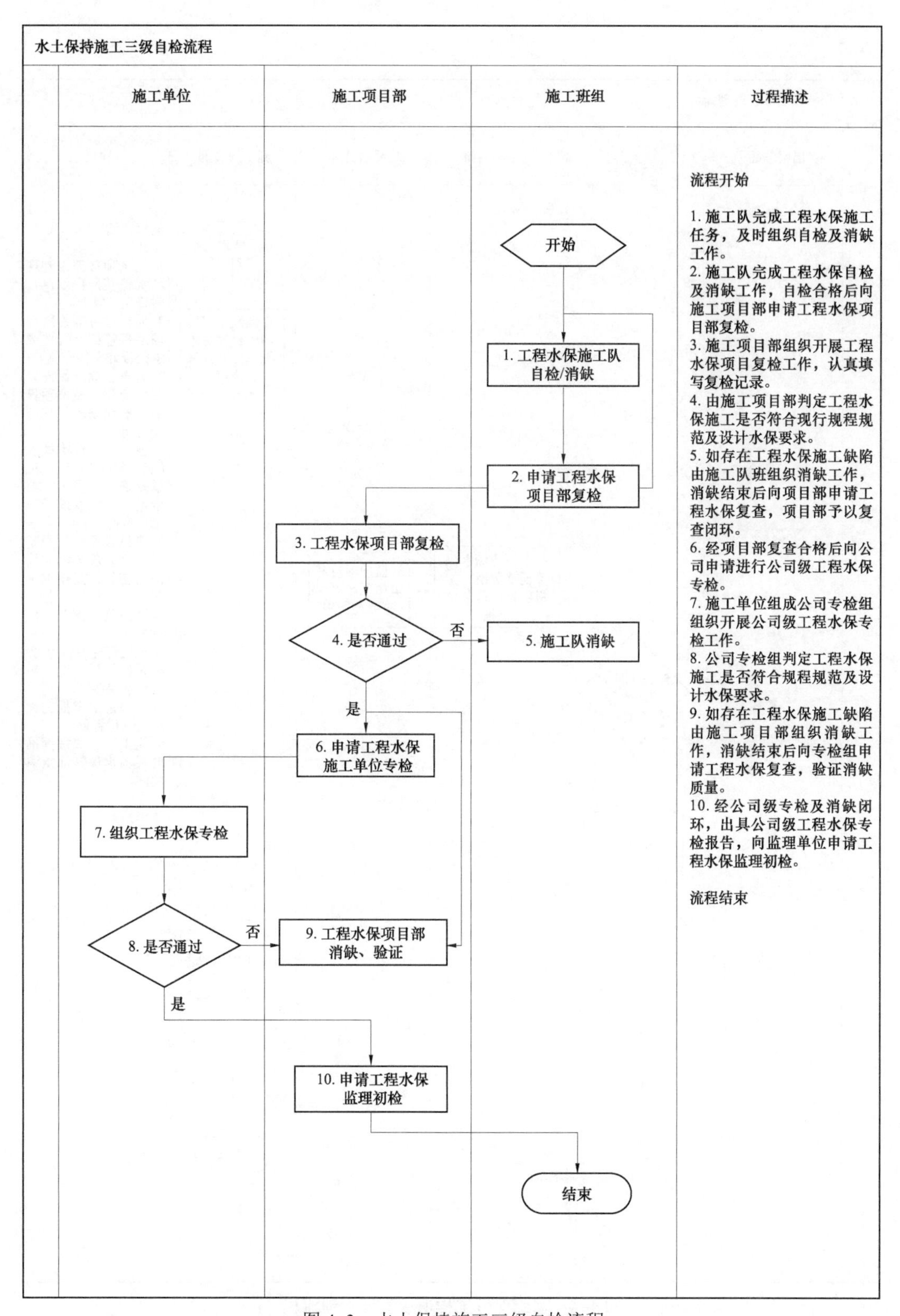

图 4–3　水土保持施工三级自检流程

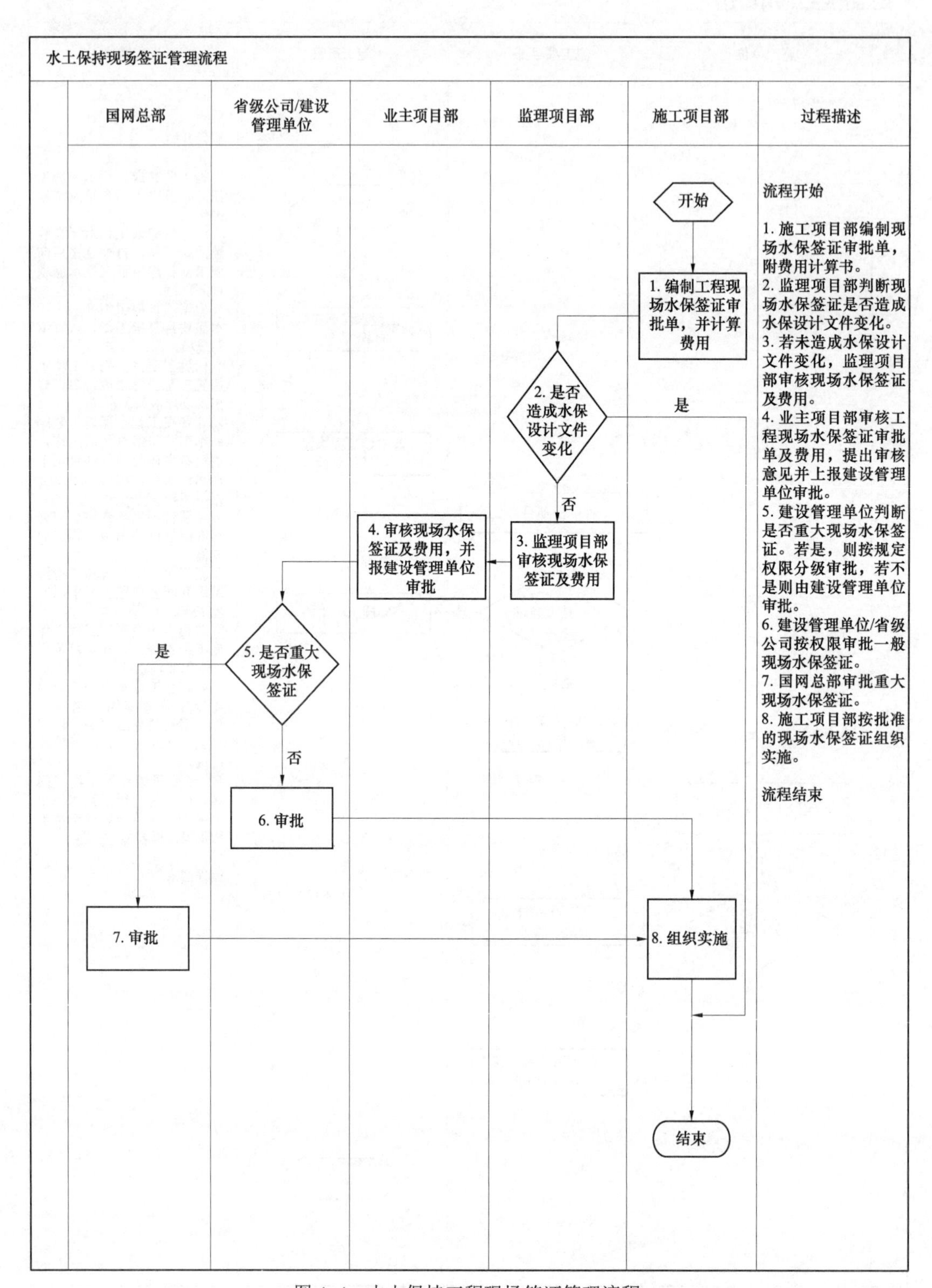

图 4–4　水土保持工程现场签证管理流程

4.5 工作标准

水保管理工作的主要管理依据见表 4–3。

表 4–3　　水保管理工作主要管理依据

工作标准	主 要 管 理 依 据
法律法规	（1）《中华人民共和国水土保持法》（中华人民共和国主席令第 39 号，2010 年 12 月 25 日修订，2011 年 3 月 1 日实施）； （2）《中华人民共和国水土保持法实施条例》（国务院令第 120 号，2011 年 1 月 8 日修订）
技术规范与标准	（1）《开发建设项目水土保持设施验收技术规程》（GB/T 22490—2008）； （2）《开发建设项目水土保持技术规范》（GB 50433—2008）； （3）《水土保持工程施工监理规范》（SL 523—2011）； （4）《水土保持工程质量评定规程》（SL 336—2006）； （5）《水利部办公厅关于印发〈生产建设项目水土保持监测规程（试行）〉的通知》（办水土保持〔2015〕139 号）； （6）《水利部办公厅关于印发〈水利部生产建设项目水土保持方案变更管理规定（试行）的通知〉》（办水土保持〔2016〕65 号）
相关管理文件	（1）《国家电网公司电网建设项目水土保持管理办法》[国网（科/3）643—2017（F）]； （2）《开发建设项目水土保持设施验收管理办法》（水利部〔2002〕第 16 号令，2002 年 12 月 1 日）； （3）国家电网公司其他有关制度、规定； （4）《国家电网公司电网建设项目水土保持管理办法》（国家电科（2017）34 号文） （5）《国家电网公司关于进一步规范电网建设项目水土保持设施验收管理的通知》
相关技术文件	（1）××直流输电工程初步设计、施工图设计资料； （2）《××直流输电工程水土保持方案报告书》； （3）《××直流输电工程水土保持方案报告书的批复》

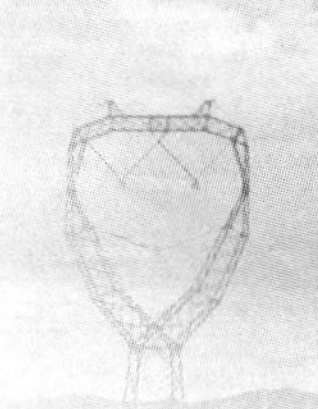
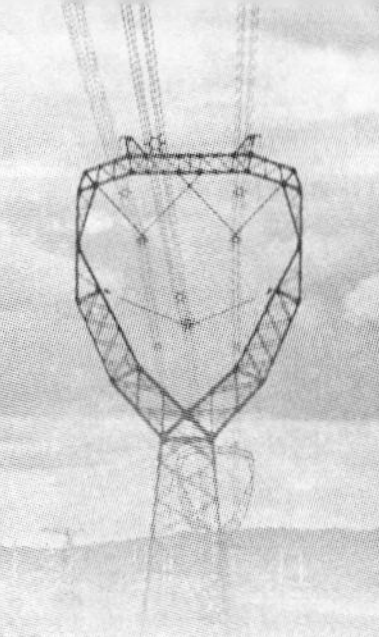

第5章 评 价 机 制

5.1 业主项目部综合评价

5.1.1 评价方法

受国家电网公司委托，国网直流公司负责对特高压直流输变电工程业主项目部水保工作进行业务指导、监督检查和业绩评价考核，并不定期对各单位业主项目部水保工作开展情况进行监督抽查，定期开展评价和相关竞赛评比活动。

在工程竣工投产后30个工作日，按照业主项目部综合评价表的评价指标及考核标准，组织完成业主项目部工作考核评价。在项目建设过程中，建设管理单位业主项目部、省级公司基建部可适时对所属业主项目部水保工作开展情况及其实际效果进行过程评价，过程评价结果作为工程竣工投产后综合评价的基础依据。

5.1.2 评价标准

对业主项目部的综合评价主要包括业主项目部水保总体策划、水保重点工作开展情况、工作成效三个方面。

5.1.3 评价结果应用

各业主项目部过程评价及综合评价结果，作为开展业主项目部标准化建设示范工地竞赛活动、优秀业主项目经理评选等竞赛评选工作的重要参考依据。

5.2 对监理单位及其监理项目部的评价考核

5.2.1 评价方法

业主项目部在工程建成投运后一个月内，按照监理项目部水保评价标准，负责完成对监理项目部水保工作开展情况及其取得的实际效果进行综合评价，并及时将评价结果上报业主项目部。

5.2.2 评价标准

对监理项目部的综合评价主要包括监理项目部标准化建设、重点工作开展情况、工作成效三个方面，具体评价内容及评价标准参见业主项目部综合评价表（见表 5–1）。检查表内的标准分值是该项工作评价的最高得分，同时也是检查扣分的上限。

表 5–1　对监理单位及监理项目部的考核评价表

序号	评价指标	标准分值	考核内容及评分标准	扣分	扣分原因
一	监理项目部标准化建设（30 分）				
1	项目部组建	10	是否建立健全水保监理组织机构		
2	监理项目部制度建设及水保管理体系运行情况	10	是否严格执行国家、行业和国家电网公司水保管理规定，落实各级水保监理岗位职责，确保水保监理组织机构水保管理体系有效运行		
3	策划文件及管理制度编制情况	10	是否按照水保规范、合同、设计文件等依据性文件，编制水保监理规范和实施细则，结合业主项目部编制的水保管理策划文件，落实水保方案及其批复文件中提出的各项水保工程措施、绿化措施、临时用地保护措施、动植物保护措施的具体要求。编制现场水保管理工作制度		
二	重点工作开展情况（60 分）				
1	水保方案落实情况	5	是否按照国家批复后的水保方案，协助建设管理单位组织设计单位落实水保设计文件		
2	水保专项设计管理	5	是否督促设计单位编制水保专篇，对相应工程措施、植物措施、临时用地以及迹地恢复提出明确要求；是否按照建设管理单位要求督促设计单位提供水保施工图		
3	材料设备选择及前期费用缴纳管理	10	是否协助建设单位选择施工单位及设备、工程材料、苗木和籽种供货人；是否按照地方水保主管部门规定，及时提醒建设管理单位缴纳相关补偿费用；对于由于施工单位责任增加的临时占地，督促其做好租用手续、水保补偿费缴纳、基地恢复和移交手续办理工作		
4	施工水保措施落实情况	10	是否督促施工项目部编制专项实施细则，审查项目施工规划（水保专篇）、水保施工方案等施工策划文件，重点督查水保临时措施的落实，督促施工项目部安排专业人员进行落实管理，提出监理意见，报业主项目部审批		
5	施工水保费用管理	10	是否重点落实现场表土剥离及堆放、施工便道维护、临时占地面积、临时堆土、取（弃）土场的管理，表土苫盖、排水、编织袋围挡、植被恢复等措施的落实和统计，并将落实情况以书面形式反馈在施工单位进度款支付申请表中，作为水保工程费用支付依据		
6	外协工作	10	是否在工程开工前，受建设管理单位委托，审查水保监测单位编制的水保监测方案，督促其及时到现场按照国家相关规范和监测合同开展工程监测工作		
7	水保信息资料管理	10	是否审查水保监测单位依法定期（季报，半年报）向建设单位和地方水保管理部门汇报工程简报和现场水保监测图片等方面		

续表

序号	评价指标	标准分值	考核内容及评分标准	扣分	扣分原因
三	工作成效（10 分）				
1	过程管理	5	顺利通过水保中间过程检查		
2	验收管理	5	顺利通过水保竣工验收及专项验收		

5.2.3　评价结果应用

（1）工程结算方面。按照本工程合同相关条款，将评价结果作为工程结算的依据。

（2）资信评价方面。按照《国家电网公司输变电工程设计施工监理承包商资信管理办法》相关规定，监理项目部综合评价得分即为监理承包商本工程指标评价得分，将评价结果与承包商资信评价予以挂钩落实。

5.3　对施工单位及其施工项目部的评价考核

5.3.1　评价方法

业主项目部在工程建设投运后一个月内，按照施工项目部综合评价表的评价内容和评价标准，负责完成对施工项目部水保工作开展情况及其取得的实际效果进行综合评价，并及时将评价结果上报建设管理单位。

5.3.2　评价标准

对施工项目部的综合评价主要包括施工项目部标准化建设、重点工作开展情况、工作成效三个方面，具体评价内容及评价标准参见业主项目部综合评价表（见表 5–2）。检查表内的标准分值是该项工作评价的最高得分，同时也是检查扣分的上限

表 5–2　　　　对施工单位及其施工项目部的考核评价表

序号	评价指标	标准分值	考核内容及评分标准	扣分	扣分原因
一	施工项目部标准化建设（25 分）				
1	项目部组建	5	是否建立健全水保施工管理组织机构		
2	施工项目部制度建设及水保管理体系运行情况	5	是否严格执行国家、行业和国家电网公司水保管理规定，落实各级水保施工岗位职责，确保水保施工组织机构水保管理体系有效运行		
3	策划文件管理制度编制情况	10	是否编制水保管理实施策划文件，报监理项目部审查、业主项目部审批后实施。是否编制专项水保方案并报审，特别是站外施工生产、生活办公区域、土石方处置、固体废弃物处置、临时占地使用应采取的临时措施的落实。是否结合工程实际情况参与编制和执行现场泥石流、洪汛等地质灾害应急处置方案，配置现场应急资源，开展应急教育培训和应急演练，执行应急报告制度		

续表

序号	评价指标	标准分值	考核内容及评分标准	扣分	扣分原因
4	人员培训	5	是否负责施工项目部管理人员及施工人员的水保培训和教育		
二	重点工作开展情况（65分）				
1	水保措施落实情况	10	是否认真实施现场水保监理机构编制的现场管理制度和要求，重点落实现场废水（施工、生活用水）达标排放或综合利用、固体废弃物（建筑和生活垃圾）、道路维护、临时堆土的管理措施，并针对性一一编制落实方案和措施，将相关责任人、相关费用使用条目，相关金额编写完整提交监理项目部审查		
2	施工过程水保措施落实情况	10	是否按照经批复的水保方案和水保施工图纸落实工程水保措施，并接受监理项目部的指导，确保施工质量，并对土石方处理、临时用地等内容进行汇总统计，工程实施过程进行拍照，按照实施细则落实各项专业资料管理工作，工程完成后及时编审工程施工总结		
3	施工过程水保措施落实情况	10	是否开展水保施工图预检，参加水保施工图设计交底及施工图会检，严格按图施工；是否严格按照工程安全文明施工规定实施，做好土石方处理、临时占地使用、施工便道、表土剥离等临时措施，并配合监理做好数据统计工作，做到合法施工，由于施工原因造成的水土流失，履行水保责任		
4	施工过程水保日常管理	5	是否定期召开或参加工程水保工作例会、水保专题协调会，落实上级和业主、监理项目部的水保管理工作要求，协调解决施工过程中出现的水保问题		
5	配合工作	5	是否配合相应水保行政主管部门、国网公司、直流公司结合工程实际情况组织的水保专项巡查工作，施工过程中建设管理单位组织的相关水保专家对现场工作进行指导和培训		
6	水保相关验收及检查工作开展情况	5	是否负责组织现场水保措施的落实和施工，开展并参加各类水保检查，对存在的问题闭环整改，通过数码照片等管理手段严格控制施工质量和工艺；是否规范开展施工班组级自检和项目部级复检工作，配合各级水保质量检查、监督、验收等工作		
7	施工水保费用管理	5	每月定期将落实情况以书面形式提交业主项目部和监理项目部，作为安全文明施工费（其中环境费用占用三分之一）支付依据		
8	配合总结	5	是否配合工程水保自验收单位开展工程水保工作，在试运行结束后2个月之内，完成水保施工总结的编制工作		
9	水保信息资料管理	10	是否配合业主项目部和监理项目部做好水保工作现场检查和水保竣工自验收工作；是否负责水保施工档案资料的、整理、归档、移交工作，确保真实和准确性等方面		
三	工作成效（10分）				
1	过程管理	5	顺利通过水保中间过程检查		
2	验收管理	5	顺利通过水保竣工验收及专项验收		

5.3.3 评价结果应用

（1）工程结算方面。按照本工程合同相关条款，将评价结果作为工程结算的依据。

（2）资信评价方面。按照《国家电网公司输变电工程设计施工监理承包商资信管理办法》相关规定，施工项目部综合评价得分即为施工承包商本工程指标评价得分，将评价结果与承包商资信评价予以挂钩落实。

5.4 对设计单位评价考核

5.4.1 评价方法

按照要求，工程设计水保评价范围主要包括设计依据、水保措施体系、水保措施工程量、主要水保设计、水保工程投资概算、水保措施设计图纸对照表、水保措施典型设计、施工主要水土保持管理要求、施工图纸和水保设计专篇。业主项目部配合建设管理单位完成对设计单位的相应水保设计的评价。

5.4.2 评价标准

输变电工程水保设计管理分别对初步设计、施工图设计、现场服务、设计变更、竣工图设计情况进行评价，具体评价指标及评价依据《国家电网公司输变电工程设计质量管理办法》。考核内容及评分标准见表 5–3，评价表内各评价子项的标准分值是该项工作评价的最高得分，同时也是检查扣分的上限。

表 5–3　　对设计单位的考核评价表

序号	评价指标	标准分值	考核内容及评分标准	扣分	扣分原因
一	策划阶段水保设计管理工作（20 分）				
1	成立设计项目组织机构	5	是否成立项目组织机构，包括针对工程项目设水保专业主设人，配备水保专业人员		
2	资料收集	5	是否收集前期水土保持方案报告书及批复文件		
3	制定水保设计方案	5	是否制定工程水土保持设计方案，参加初步设计评审中对水土保持设计方案的审查		
4	建立设计与水保联络机制	5	是否建立设计与水保联络机制，确保水保工作中发现问题能及时反映到设计方案中，避免出现设计与水保工作脱节		
二	设计阶段水保管理工作（40 分）				
1	落实水土保持方案要求开展水保专项设计	10	是否依据工程前期水土保持方案及批复文件，与主体设计同步开展水保设计专篇，水保工程施工图编制工作，施工图设计深度、质量和交付计划应满足施工需求		
2	明确实现水保目标的相关措施要求	10	是否结合工程水保报告对设计、施工和运行过程中水保设计依据、水土保持设计任务与目标、水保要求及措施等提出详细的要求		

续表

序号	评价指标	标准分值	考核内容及评分标准	扣分	扣分原因
3	按时交付水保施工图纸	5	编制并报审水保施工图供图及水保措施专项设计计划，并按计划交付水保施工图纸和水保设计专篇		
4	设计变更管理	10	是否按照水利部水保方案重大变更管理办法规定，同步核查水保设计与批复的水保方案的差异，按照规定要求提供差异说明和变化依据，涉及重大设计变更应立即向建设管理单位书面汇报，确保程序合法		
5	信息报送	5	是否按照国家水利部批复的水保方案和重大水保方案变更管理要求，核实主体设计施工图的差异，并对差异进行详细说明，并及时向相关建设管理单位和前期水保方案编制报告单位反馈信息		
三	实施阶段水保管理工作（20分）				
1	水保专项设计交底	5	是否按要求对监理单位、施工单位进行水保施工图纸和水保措施专项设计交底		
2	现场工代服务	5	按规定派驻工地代表，提供现场设计服务，及时解决与水保相关的设计问题		
3	水保设计要求落实情况核验及变更管理	10	是否结合现场水保监理和监测单位提供的数据，及时核算水保设计目标的实施情况。若经设计核算，出现重大水土保持变更或无法实现水保目标的情况时，设计单位应立即向建设管理单位和设计监理汇报，结合实际提出设计意见，及时解决存在的问题		
四	验收阶段水保管理工作（20分）				
1	配合工作	5	是否配合或参与现场工程水保检查、水保监督检查、各阶段各级水保验收工作、水土流失事件调查和处理等工作		
2	工程水保符合性说明	5	是否在现场开展水保竣工自验收时，设计单位应结合水保实施情况，提出水保目标实现和工程水保符合性说明文件，确保工程水保设施符合设计要求		
3	水保竣工图	5	是否按时按要求编制水保竣工图		
4	资料档案管理	5	是否按有关规定和合同约定做好工程档案资料的管理工作并妥善保管，满足水保专项验收通过和移交规定的要求		

5.4.3　评价结果应用

（1）工程结算方面。按照《国家电网公司输变电工程设计质量管理办法》及本工程合同相关条款，将评价结果作为工程结算及设计质保金支付的依据。

（2）资信评价方面。按照《国家电网公司输变电工程设计施工监理承包商资信管理办法》相关规定，设计质量综合评价得分即为设计承包商本工程指标评价得分，将评价结果与承包商资信评价予以挂钩落实。

附录A 监理策划报告编制

A.1 监理策划文件编写要求

A.1.1 监理规划的编写依据及主要内容

1. 编写依据

（1）上级主管单位下达的年度计划批复文件。

（2）与工程项目相关的法律、法规和部门规章。

（3）与工程项目有关的标准、规范、设计文件和技术资料。

（4）监理大纲、监理合同文件及与工程项目有关的合同文件。

2. 监理规划内容

（1）工程项目概况，应包括下列内容：

1）项目的基本情况：项目的名称、性质、规模、项目区位置及总投资和年度计划投资。

2）自然条件及社经状况：项目区的地貌、气候、水文、土壤、植被和社会经济等与项目建设有密切关系的因子进行必要的描述。

（2）监理工作范围、内容。

1）监理工作目标：项目的质量、进度和投资目标。

2）监理机构组织：项目的组织形式、人员配备计划及人员岗位职责。

3）监理工作程序、方法、措施、制度及监理设施、设备等。

4）其他根据合同项目需要包括的内容。

A.1.2 监理实施细则的编写依据及主要内容

1. 总则

（1）编制依据。应包括施工合同文件、设计文件与图纸、监理规划、施工组织设计及有关的技术资料。

（2）适用范围。应包括监理实施细则适用的项目和专业。

（3）负责本项目监理工作的人员及职责分工。

（4）适用工程范围内的全部技术标准的名称。

（5）项目法人为该工程开工和正常进展提供的必要条件。

2. 单位工程、分部工程开工审批的程序和申请内容

（略）

3. 质量控制的内容、措施与方法

（1）质量控制的标准与方法。应明确工程质量标准、检验内容及控制措施。

（2）材料、构配件、工程设备质量控制。应明确材料、构配件、工程设备报验收、签认程序，检验内容与标准。

（3）施工质量控制。应明确质量控制重点、方法和程序。

4. 进度控制的措施、内容和方法

（1）进度目标控制体系。应包括工程的开竣工时间、阶段目标及关键工作时间。

（2）进度计划的表达方法。依据合同的要求和进度控制的需要，进度计划的表达可采用横道图、网络图等方式。

（3）施工进度计划的申报与审批。应明确进度计划的申报时间、内容、形式，明确进度计划审批的职责分工与时限。

（4）施工进度的过程控制。应明确进度控制的内容、措施、程序、方法及进度偏差分析和预测的方法和手段。

（5）停工与复工。应明确停工与复工的条件、程序。

（6）工程延期及处理。应明确工程延期及工程延误控制的措施和方法。

5. 投资控制的内容、措施和方法

（1）投资控制的目标体系。应包括投资控制的措施和方法。

（2）计量与支付。应包括计量与支付的依据、范围和方法；计量与支付申请的内容及程序。

（3）费用索赔。应明确防止费用索赔措施和方法。

6. 施工安全、职业卫生和环境保护内容、措施和方法

（1）施工安全卫生监理机构的安全卫生控制体系和施工单位建立的施工安全卫生保证体系。

（2）施工安全及职业卫生因素的分析与预测。

（3）环境保护的内容与措施。

7. 合同管理

应包括工程变更、审批、违约、担保、保险、分包、化石和文物保护、施工合同解除、争议的解决及清场与撤离等，并应明确监理工作内容与程序。

8. 信息管理

（1）信息管理体系。应包括设置管理人员，制定管理制度。

（2）信息的收集和整理。应包括信息收集和整理的内容、措施和方法。

9. 工程验收与移交

应明确各类工程验收程序和监理工作内容。

A.1.3 监理管理制度

监理项目部应制定包括但不限于以下工作制度：

（1）技术文件审核、审批制度。

（2）材料、构配件和工程设备检验制度。

（3）工程质量检验制度。

（4）工程计量与付款签证制度。

（5）工地会议制度。

（6）工程报告制度。

（7）工程验收制度。

A.2 施工管理制度

施工项目部应制定包括但不限于以下工作制度：

（1）质量检查验收制度。

（2）技术管理和交底制度。

（3）隐蔽工程验收签证制度。

（4）施工图预审制度。

（5）工程变更管理制度。

（6）项目物资验收制度。

（7）例会制度。

（8）工程报告制度。

A.3 工程施工暂停情况

（1）在发生下列情况之一时，监理项目部可视情况决定是否下达暂停施工通知：

1）建设单位要求暂停施工。

2）施工单位未经许可进行工程施工。

3）施工单位未按照批准的施工组织设计或施工方法施工，并且可能会出现工程质量问题或造成安全事故隐患。

4）施工单位有违反施工合同的行为。

（2）在发生下列情况之一时，监理项目部应下达暂停施工通知：

1）工程继续施工将会对第三者或社会公共利益造成损害。

2）为了保证工程质量、安全所必要。

3）发生了须暂时停止施工的紧急事件。

4）施工单位拒绝执行监理项目部的指示，从而将对工程质量、进度和投资控制产生严重影响。

5）其他应下达暂停施工通知的情况。

A.4　监理报告编写要求

A.4.1　监理月报（季报、年报）的编写提纲及内容

（1）工程施工综述，应包括下列内容：

1）本月工程施工基本情况。

2）本月工程进展综述（形象进度、图片）。

（2）工程参建各方情况，应包括下列内容：

1）承包方的组织、人员到位情况；施工组织、管理和运行状况。

2）监理机构管理，监理合同执行情况，监理人员到位与技术构成，以及要求项目法人提供的条件和解决的问题。

3）设计方到场情况。

4）建设方人员到场巡查情况，以及解决处理的问题。

（3）工程进度，应包括下列内容：

1）月工程进度及完成情况。包括单元工程、分部工程完成情况及形象进度进展描述。

2）监理进度控制过程。包括监督施工资源投入，施工劳动组织及主要技术工种人员投入等。

3）单位工程总进度计划完成情况。

4）进度分析。实施进度进展与进度计划比较，分析存在的问题，提出下期所采取的预防控制措施等。

（4）工程质量，应包括下列内容：

1）单元、分部工程完成情况。

2）施工试验情况。

3）监理抽检和试验情况。

4）工程质量评价。描述工程质量监理控制过程、工程质量检验成果、工程质量问题及其处理过程。影响工程质量的因素分析以及针对本期工程质量状况下期所采取的预防控制措施等。

（5）工程材料，应主要包括进场报验、贮存管理、监理抽检以及对不合格材料的处理等。

（6）工程支付与合同管理，应包括下列内容：

1）合同工程及分项目工程合同支付情况描述。

2）工程计量和变更情况。

3）监理机构进度控制过程描述。

4）合同支付与资金动态分析，针对本期合同支付、合同管理中存在的问题，提出下期所采取的预防控制措施。

（7）安全生产与文明施工，应包括安全生产与文明施工情况描述，安全生产与管理过程，文明施工与施工环境保护状况与管理过程，本期施工中存在的问题及下期所采取的预防控制措施。

（8）结论，应包括下列内容：

1）本月工程建设综合评价。

2）监理工作小结。

3）存在问题及处理意见、建议。

（9）工程大事记。

（10）图片、报表、建设单位、监理单位指示。

A.4.2 监理专题报告的编写提纲及内容

（1）工程事件描述，应主要包括事件的发生、过程和结果。

（2）事件分析，应包括下列内容：

1）事件发生的原因及责任分析。

2）事件对工程质量与安全影响分析。

3）事件对施工进度影响分析。

4）事件对工程费用影响分析。

（3）事件处理，应包括下列内容：

1）施工单位对事件处理的意见。

2）项目法人对事件处理的意见。

3）设计单位对事件处理的意见。

4）其他单位和部门对事件处理的意见。

5）监理机构对事件处理的意见。

6）事件最后处理方案或结果。

（4）对策与措施，应包括为避免此类事件再次发生或其他影响合同目标实现事件的发生，监理机构的意见和建议。

（5）其他须提交的资料和说明事项等。

A.4.3 监理工作总结的编写提纲

1. 监理依据

应包括下列内容：

（1）监理合同。

（2）有关法律法规技术标准及规范。

（3）已批复的技术施工设计文件。

2. 工程建设概况

应包括下列内容：

（1）基本情况。应主要包括地形地貌、气候、水文、土壤、植被和社会经济情况等。

（2）工程规模。

（3）工程投资。

（4）工程进度安排应包括计划工期；进度安排。

（5）建设目标，应包括工期目标；质量目标；投资目标。

3. 项目监理机构及人员

应包括项目监理机构；人员组成及职责分工情况。

4. 监理过程

应包括下列内容：

（1）质量控制。

（2）进度控制。

（3）投资控制。

（4）合同管理。

（5）信息管理。

（6）组织协调。

（7）健康、安全和环境。

5. 监理效果

应包括下列内容：

（1）工作成效及综合评价，应包括过程完成情况；监理情况；施工存在的问题及处理。

（2）工程质量评价，应包括工程单元划分；分部工程质量评价；工程预验收及竣工验收。

6. 做法经验与问题建议

应包括做法经验、问题、建议。

7. 附件

应包括工程建设监理大事记；图片、图表及其他附件。

A.5　水土保持自验报告示范文本

生产建设项目水土保持设施自验报告示范文本

0　前言

介绍生产建设项目（以下简称项目）背景、立项和建设过程，简要说明水土保持方案审批、水土保持后续设计等。

1　项目及项目区概况

1.1　项目概况

1.1.1　地理位置

说明项目在行政区划中所处的位置。点型项目介绍到乡（镇），线型项目说明起点、走向、途经县（市）、主要控制点和终点。

1.1.2 主要技术指标

简要说明项目建设性质、规模与等级等主要技术指标。

1.1.3 项目投资

说明项目总投资、土建投资、投资方等。

1.1.4 项目组成及布置

简要说明项目组成、工程布置和主要建（构）筑物，以及附属工程布设情况等。

1.1.5 施工组织及工期

说明土建施工标段划分，以及弃渣场、取土场、施工道路、施工生产生活区等辅助设施实际布设情况。说明项目计划及实际工期。

1.1.6 土石方情况

说明项目实际发生的挖方、填方、借方、弃方数量，并说明借方来源、弃方去向及调运情况。建设生产类项目还应说明年排放灰渣（矸石、尾矿等）量及利用情况。

1.1.7 征占地情况

说明项目实际永久占地、临时占地面积及类型。

1.1.8 移民安置和专项设施改（迁）建

简要说明移民安置和专项设施改（迁）建情况。

1.2 项目区概况

1.2.1 自然条件

简要介绍项目涉及区域的地形地貌、气象、水文、土壤、植被等情况。点型工程介绍到县；线型项目跨省的介绍到省，跨市（县）的介绍到市（县）。

1.2.2 水土流失及防治情况

说明项目所涉及区域的水土流失类型、强度、容许土壤流失量等，点型项目介绍到涉及县所属的全国水土保持区划中的三级区，线型项目介绍到全国水土保持区划中的二级区。介绍涉及的水土流失重点预防区和重点治理区，崩塌、滑坡危险区和泥石流易发区。

2 水土保持方案和设计情况

2.1 主体工程设计

简要说明前期工作相关文件取得情况、不同阶段设计文件的审批（审核、审查）情况等。

2.2 水土保持方案

说明项目水土保持方案的编制单位、编制时间，以及水土保持方案的批准机关、时间、文件名称及文号。

2.3 水土保持方案变更

说明项目水土保持方案重大变更的主要内容、原因及审批情况等，简要说明其他变更情况。

2.4　水土保持后续设计

说明水土保持初步设计、施工图设计及其审批（审核、审查）情况，按水土保持分部工程、单位工程说明初步设计或施工图设计情况。

3　水土保持方案实施情况

3.1　水土流失防治责任范围

介绍建设期实际的水土流失防治责任范围，与水土保持方案（含变更，下同）对照，简要说明变化的原因以及扰动控制情况。

3.2　弃渣场设置

说明实际设置的弃渣场情况，包括弃渣场名称（编号）、位置、级别、堆渣容量、堆渣量、最大堆渣高度、渣场类型等特性；对4级及以上的弃渣场，通过项目建设前后遥感影像分析说明弃渣场周边环境和使用前后状况。对弃渣场周边存有敏感因素的应明确处置情况。

对照水土保持方案，说明弃渣场防治措施体系布设情况，以及防治措施体系是否完整、合理。

3.3　取土场设置

说明实际设置的取土场情况，包括取土场名称（编号）、位置、取土量、最大取土深度、边坡坡比等特性。

对照水土保持方案，说明取土场防治措施体系布设情况，以及防治措施体系是否完整、合理。

3.4　水土保持措施总体布局

说明水土保持措施体系及总体布局情况，与水土保持方案对照说明变化的原因，分析实施的水土保持措施体系的完整性、合理性。

3.5　水土保持设施完成情况

总体说明水土保持工程措施、植物措施、临时防护工程完成情况。按照水土流失防治分区列表说明各项措施布设位置、内容、实施时间、完成的主要工程量等。对照水土保持方案，说明各项措施变化原因，分析其与原措施相比水土保持功能是否降低。

3.6　水土保持投资完成情况

说明水土保持实际完成投资，与水土保持方案对照说明投资变化的主要原因。

4　水土保持工程质量

4.1　质量管理体系

建设单位、设计单位、监理单位、质量监督单位、施工单位质量保证体系和管理制度。

4.2 各防治分区水土保持工程质量评价

4.2.1 工程项目划分及结果

按照水土流失防治分区，结合工程特点说明所有单位工程、分部工程、单元工程划分过程及划分结果。

4.2.2 各防治区工程质量评定

按照分部工程列表说明质量评价结果，并附所有分部工程和单位工程验收签证资料。

4.3 弃渣场稳定性评估

说明弃渣场稳定性评估情况及结论（原则上 4 级及以上的弃渣场应开展稳定性评估；其他弃渣场应根据弃渣场选址、堆渣量、最大堆渣高度和周边重要防护设施情况，开展必要的稳定性评估）。

涉及尾矿库、灰场、排矸场、排土场等需要说明其稳定安全问题的，说明其安全评价情况。

4.4 总体质量评估

根据各防治分区质量评定情况，说明总体质量评价结果。

5 项目初期运行及水土保持效果

5.1 初期运行情况

说明各项水土保持设施建成运行后，其安全稳定和度汛情况，工程维修、植物补植情况。

5.2 水土保持效果

根据水土保持监测成果，结合项目建设前后遥感影像或航拍等资料，分析说明扰动土地整治率、水土流失总治理度、拦渣率、土壤流失控制比、林草植被恢复率和林草覆盖率计算过程及结果。

对照水土保持方案，说明水土保持效果达标情况。

5.3 公众满意度调查

说明公众满意度调查情况。

6 水土保持管理

6.1 组织领导

简要说明水土保持工作机构、人员、责任分工及运行情况等。

6.2 规章制度

简要说明水土保持工作制度建立和施行情况。

6.3 建设管理

简要说明水土保持工程招标投标和合同执行情况等。

6.4 水土保持监测

说明水土保持监测工作承担单位，委托及实施时间。对照水土保持方案及监测技术标

准规范，从监测点位布设、方法、频次、季报和年报的报送等方面说明监测工作开展情况。

6.5 水土保持监理

说明水土保持监理工作承担单位，委托及实施时间，以及水土保持监理工作的范围、内容和职责。从质量、进度、投资控制等方面说明监理工作开展情况。

6.6 水行政主管部门监督检查意见落实情况

说明水行政主管部门对项目的监督检查时间、方式和检查意见等，说明检查意见的整改落实情况。

6.7 水土保持补偿费缴纳情况

说明实际缴纳水土保持补偿费情况，对照水土保持方案说明变化情况。

6.8 水土保持设施管理维护

说明水土保持设施管理机构、人员、制度以及运行维护情况等。

7 结论及遗留问题安排

7.1 结论

作出水土保持设施验收的结论，明确是否达到经批准的水土保持方案的要求。

7.2 遗留问题安排

存在遗留问题的，明确对策措施和安排。

8 附件及附图

8.1 附件

（1）项目建设及水土保持大事记；
（2）项目立项（审批、核准、备案）文件；
（3）水土保持方案、重大变更及其批复文件；
（4）水土保持初步设计或施工图设计审批（审查、审核）资料；
（5）水行政主管部门的监督检查意见；
（6）分部工程和单位工程验收签证资料；
（7）重要水土保持单位工程验收照片；
（8）其他有关资料。

8.2 附图

（1）主体工程总平面图；
（2）水土流失防治责任范围及水土保持措施布设竣工验收图；
（3）项目建设前、后遥感影像图；
（4）其他相关图件。

附件 1

生产建设项目水土保持设施

验收鉴定书（式样）

项 目 名 称________________________________

项 目 编 号________________________________

建 设 地 点________________________________

验 收 单 位________________________________

_____年___月___日

一、生产建设项目水土保持设施验收基本情况表

项目名称		行业类别	
主管部门（或主要投资方）		项目性质	
水土保持方案批复机关、文号及时间			
水土保持方案变更批复机关、文号及时间			
水土保持初步设计批复机关、文号及时间			
项目建设起止时间			
水土保持方案编制单位			
水土保持初步设计单位			
水土保持监测单位			
水土保持施工单位			
水土保持监理单位			
水土保持设施验收报告编制单位			

二、验收意见

验收意见提纲：

介绍验收会议基本情况，包括主持单位、时间、地点、参加人员和验收组等。

介绍验收会议工作情况。

（一）项目概况

说明项目建设地点、主要技术指标、建设内容和开完工情况。

（二）水土保持方案批复情况（含变更）

说明水土保持方案批复时间、文号和主要内容等。

（三）水土保持初步设计或施工图设计情况

说明水土保持初步设计（水土保持专章或水土保持部分）的批复时间、机关和文号等，说明水土保持施工图设计审核、审查情况。

（四）水土保持监测情况

说明水土保持监测工作开展情况和监测报告主要结论。

（五）验收报告编制情况和主要结论

说明水土保持设施验收报告编制情况和验收报告主要结论。

（六）验收结论

说明该项目实施过程中是否落实了水土保持方案及批复文件要求，是否完成了水土流失预防和治理任务，水土流失防治指标是否达到水土保持方案确定的目标值，是否符合水土保持设施验收的条件，是否同意该项目水土保持设施通过验收。

（七）后续管护要求

提出水土保持设施后续管护要求。

三、验收组成员签字

<table>
<tr><th>分工</th><th>姓名</th><th>单位</th><th>职务/职称</th><th>签字</th><th>备注</th></tr>
<tr><td>组长</td><td></td><td></td><td></td><td></td><td>建设单位</td></tr>
<tr><td rowspan="11">成员</td><td></td><td></td><td></td><td></td><td rowspan="2">验收报告编制单位</td></tr>
<tr><td>…</td><td>…</td><td>…</td><td>…</td></tr>
<tr><td></td><td></td><td></td><td></td><td rowspan="2">监测单位</td></tr>
<tr><td>…</td><td>…</td><td>…</td><td>…</td></tr>
<tr><td></td><td></td><td></td><td></td><td rowspan="2">监理单位</td></tr>
<tr><td>…</td><td>…</td><td>…</td><td>…</td></tr>
<tr><td></td><td></td><td></td><td></td><td rowspan="2">水土保持方案编制单位</td></tr>
<tr><td>…</td><td>…</td><td>…</td><td>…</td></tr>
<tr><td></td><td></td><td></td><td></td><td rowspan="2">施工单位</td></tr>
<tr><td>…</td><td>…</td><td>…</td><td>…</td></tr>
<tr><td>…</td><td>…</td><td>…</td><td>…</td><td>…</td></tr>
</table>

附录B 施工及监理工作单

B.1 施工单位用表

表 B.1 工程开工报审表

工程名称　　　　　　　　　　　　　　　　　　　　　　　　　　　编号：

<table>
<tr><td>工程地点</td><td colspan="4">省（区）　　　县（旗、市、区）　　　乡（镇）　　　村</td></tr>
<tr><td colspan="5">致：　　　　　　　　　　　　　　（监理机构）
本工程已具备开工条件，施工准备工作已就绪，请贵方审批。</td></tr>
<tr><td colspan="2">申请开工日期</td><td></td><td>计划工期</td><td>年　月　日至
年　月　日至</td></tr>
<tr><td rowspan="9">承建单位施工准备工作自检记录</td><td>序号</td><td colspan="2">检查内容</td><td>检查结果</td></tr>
<tr><td>1</td><td colspan="2">施工图纸、技术标准、施工技术交底情况</td><td></td></tr>
<tr><td>2</td><td colspan="2">主要施工设备到位情况</td><td></td></tr>
<tr><td>3</td><td colspan="2">施工安全和质量保证措施落实情况</td><td></td></tr>
<tr><td>4</td><td colspan="2">材料、构配件质量及检验情况</td><td></td></tr>
<tr><td>5</td><td colspan="2">现场施工人员安排情况</td><td></td></tr>
<tr><td>6</td><td colspan="2">场地平整、交通、临时设施准备情况</td><td></td></tr>
<tr><td>7</td><td colspan="2">测量及试验情况</td><td></td></tr>
<tr><td></td><td colspan="2"></td><td></td></tr>
<tr><td colspan="5">附件：☐施工组织设计
☐证明材料

施工单位（章）
项目负责人
日　　期</td></tr>
<tr><td colspan="5">审查意见：

项目监理机构
总监理工程师
日　　期</td></tr>
</table>

说明：本表一式　份，由施工单位填写，随同审批意见，施工单位、监理机构、建设单位、设代机构各1份。

表 B.2　　　　　　　　　　工 程 复 工 报 审 表

工程名称　　　　　　　　　　　　　　　　　　　　　　　　　　　　　　　　　　编号：

<table>
<tr><td>工程地点</td><td>省（区）　　　　县（旗、市、区）　　　　乡（镇）　　　　村</td></tr>
<tr><td colspan="2">致：　　　　　　　　　　　　　　　（监理机构）
　　　　工程，接到暂停施工通知（第　号），已于　　年　月　日暂停施工。鉴于致使该工程的停工因素已经消除，复工准备工作已就绪，特报请贵方批准于　　年　月　日复工。
附：具备复工条件的情况说明。

施工单位（章）
项目负责人
日　　期</td></tr>
<tr><td colspan="2">审查意见：

项目监理机构
总监理工程师
日　　期</td></tr>
</table>

说明：本表一式　份，由施工单位填写，随同审批意见，施工单位、监理机构、建设单位、设代机构各 1 份。

表 B.3　　　　施工组织设计（方案）报审表

工程名称　　　　　　　　　　　　　　　　　　　　　　　　　　　　　编号：

<table>
<tr><td>工程地点</td><td>省（区）　　　县（旗、市、区）　　　乡（镇）　　　村</td></tr>
<tr><td colspan="2">致：　　　　　　　　　　　　　　　　（监理机构）
我方已根据工程设计和施工合同的有关规定完成了　　　　　　工程施工组织设计（方案）的编制，请予以审查。
附：施工组织设计（方案）

施工单位（章）
项目负责人
日　　期</td></tr>
<tr><td colspan="2">专业监理工程师审查意见：

专业监理工程师
日　　期</td></tr>
<tr><td colspan="2">总监理工程师核审意见：

项目监理机构
总监理工程师
日　　期</td></tr>
</table>

说明：本表一式　份，由施工单位填写，随同审批意见，施工单位、监理机构、建设单位、设代机构各1份。

表 B.4　　材料/苗木、籽种/设备报审表

工程名称　　　　　　　　　　　　　　　　　　编号：

<table>
<tr><td>工程地点</td><td>省（区）　　县（旗、市、区）　　乡（镇）　　村</td></tr>
<tr><td colspan="2">致：　　　　　　　　　　（监理机构）
我方于　　年　月　日进场的材料/苗木、籽种/设备数量如下（见附件）。现将质量证明文件及自检结果报上，请予以审验：

附件：
1. 数量清单
2. 质量证明文件
3. 自检结果

施工单位（章）
项目负责人
日　　期</td></tr>
<tr><td colspan="2">审验意见：

项目监理机构
总/专业监理工程师
日　　期</td></tr>
</table>

说明：本表一式　份，由施工单位填写，监理机构审签后，施工单位2份、监理机构、建设单位各1份。

表 B.5　　**监理通知回复单**

工程名称　　　　编号：

<table>
<tr><td>工程地点</td><td>省（区）　　县（旗、市、区）　　乡（镇）　　村</td></tr>
<tr><td colspan="2">致：　　　　（监理机构）
我方接到监理通知（编号）后，已按要求完成了工作，现报上，请予以复查。
详细内容：

施工单位（章）
项目负责人
日　　期</td></tr>
<tr><td colspan="2">审验意见：

项目监理机构
总/专业监理工程师
日　　期</td></tr>
</table>

说明：本表一式　份，由施工单位填写。监理机构审签后，施工单位、监理机构各 1 份。

表 B.6　　　　　　　　　　　**工程报验申请表**

工程名称　　　　　　　　　　　　　　　　　　　　　　　　　　　　　　　　　编号：

<table>
<tr><td>工程地点</td><td colspan="2">省（区）　　　县（旗、市、区）　　　乡（镇）　　　村</td></tr>
<tr><td colspan="3">致：　　　　　　　　　　　　　　　　　　　（监理机构）
我方已按施工合同要求完成下列工程或部位的施工工作，经自检合格报请贵方验收。</td></tr>
<tr><td rowspan="2">□单元工程验收
□隐蔽工程验收
□分部工程验收</td><td>工程或部分名称</td><td>申请验收时间</td></tr>
<tr><td></td><td></td></tr>
<tr><td colspan="3">附件：
自检资料

施工单位（章）
项目负责人
日　　期</td></tr>
<tr><td colspan="3">监理机构验收意见另行签发

项目监理机构
总/专业监理工程师
日　　期</td></tr>
</table>

说明：本表一式　份，由施工单位填写，随同审批意见，施工单位、监理机构、建设单位、设代机构各1份。

表 B.7　　　　工程款支付申请表

工程名称　　　　　　　　　　　　　　　　　　　　　　　　　　　　　　编号：

工程地点	省（区）　　县（旗、市、区）　　乡（镇）　　村
致：　　　　　　　　　　　（监理机构） 我方已完成了工作，按施工合同的规定，建设单位应在年月日前支付该项工程款共（大写）（小写：），现报上工程附款申请表，请予以审查并开具工程款支付证书。 附件： 第一章　工程量清单 第二章　计算方法 施工单位（章） 项目负责人 日　　期	

说明：本表一式　份，由施工单位填写。监理机构审签后，作为付款证书的附件报送建设单位批准。

表B.8 **费用索赔申请表**

工程名称　　　　　　　　　　　　　　　　　　　　　　　　　　　　　　编号：

<table>
<tr><td>工程地点</td><td>省（区）　　县（旗、市、区）　　乡（镇）　　村</td></tr>
<tr><td colspan="2">致：　　　　　　　　　　　　　　（监理机构）
根据施工合同条款条规定，由于以下附件所列的原因，我方要求索赔金额（大写），请予以批准。

附件：索赔申请报告。主要内容包括
1. 事因简述。
2. 引用合同条款及其他依据。
3. 索赔计算。
4. 索赔事实发生的当时记录。
5. 索赔支持文件。

施工单位（章）
项目负责人
日　　期</td></tr>
<tr><td colspan="2">监理机构将另行签发审批意见：

项目监理机构
总/专业监理工程师
日　　期</td></tr>
</table>

说明：本表一式　份，由施工单位填写。监理机构审签后，随同审批意见，施工单位、监理机构、建设单位各1份。

表 B.9 **变更申请报告**

工程名称　　　　　　　　　　　　　　　　　　　　　　　　　　　　编号：

<table>
<tr><td>工程地点</td><td colspan="2">省（区）　　　县（旗、市、区）　　　乡（镇）　　　村</td></tr>
<tr><td colspan="3">致：　　　　　　　　　　　　　　　　（监理机构）
由于原因，兹提出工程变更（内容见附件），请予以审批。

附件：1. 变更说明。
　　　2. 变更设计文件。

提出单位
代表人
日　期</td></tr>
<tr><td colspan="3">一致意见：</td></tr>
<tr><td>建设单位代表
签字：
日期：</td><td>设计单位代表
签字：
日期：</td><td>项目监理机构
签字：
日期：</td></tr>
</table>

说明：本表一式　份，由施工单位填写。随同审批意见，监理机构、设计单位、建设单位三方审签后，施工单位、监理机构、建设单位、设代机构各 1 份。

表 B.10　　　　　　　　　　工程竣工验收申请报告

工程名称　　　　　　　　　　　　　　　　　　　　　　　　　　　　　　　编号：

<table>
<tr><td>工程地点</td><td>省（区）　　　　县（旗、市、区）　　　　乡（镇）　　　　村</td></tr>
<tr><td colspan="2">致：　　　　　　　　　　（监理机构）
我方已按合同要求完成了工程的全部建设内容，经自检合格，请予以审查验收。
附件：

施工单位（章）
项目负责人
日　　期</td></tr>
<tr><td colspan="2">审查意见：
经初步验收，该工程
1. 符合/不符合我国现行法律、法规要求。
2. 符合/不符合我国现行工程建设标准。
3. 符合/不符合设计文件要求。
4. 符合/不符合施工合同要求。
综上所述，该工程初步验收合格/不合格，可以/不可以组织正式验收。

项目监理机构
总监理工程师
日　　期</td></tr>
</table>

说明：本表一式　份，由施工单位填写。监理机构审签后，随同审批意见，施工单位、监理机构、建设单位、设代机构各 1 份。

B.2 监理单位用表

表 B.11 工 程 开 工 令

工程名称 编号：

<table>
<tr><td>工程地点</td><td>省（区） 县（旗、市、区） 乡（镇） 村</td></tr>
<tr><td colspan="2">致： （施工单位）
你方 年 月 日报送的工程项目开工申请已通过审核。同意于 年 月 日开工，实际开工日期，从即日起算起。

项目监理机构
总监理工程师
日 期</td></tr>
<tr><td colspan="2">今已收到开工令。

施工单位（盖章）
项目经理签名
日 期</td></tr>
</table>

说明：本表一式 份，由监理机构填写。施工单位签收后，施工单位、监理机构、建设单位、设代机构各 1 份。

表 B.12　　　　　　　　　　**监　理　通　知**

工程名称　　　　　　　　　　　　　　　　　　　　　　　　　　　　编号：

<table>
<tr><td>工程地点</td><td>省（区）　　　　县（旗、市、区）　　　　乡（镇）　　　　村</td></tr>
<tr><td colspan="2">致：　　　　　　　　　　　　　　　　（施工单位）

事由：

内容：

项目监理机构
总/专业监理工程师
日　　期</td></tr>
<tr><td colspan="2">今已收到开工令。

施工单位（章）
项目负责人
日　　期</td></tr>
</table>

说明：1. 本通知一式　份，由监理机构填写。施工单位签收后，施工单位、监理机构、建设单位各 1 份。

2. 一般通知由监理工程师签发，重要通知由总监理工程师签发。

3. 本通知可用于对施工单位的指示。

表 B.13　　工程暂停施工通知

工程名称　　编号：

<table>
<tr><td>工程地点</td><td>省（区）　县（旗、市、区）　乡（镇）　村</td></tr>
<tr><td colspan="2">致：　　（施工单位）
由于
原因，现通知你方必须于____年__月__日时起，对______________________工程/部位/工序暂停施工，并按下述要求做好各项工作。
要求：

项目监理机构
总监理工程师
日　期</td></tr>
<tr><td colspan="2">施工单位（章）
项目负责人
日　期</td></tr>
</table>

说明：本表一式　份，由监理机构填写。施工单位签字后，施工单位、监理机构、建设单位、设代机构各 1 份。

表 B.14　　工程款支付证书

工程名称

编号：

工程地点	省（区）	县（旗、市、区）	乡（镇）	村
致：（施工单位） 根据施工合同的约定，经审核施工单位的付款申请（第号）和报表，并扣除有关款项，同意本期支付工程款共（大写）：　　（小写）：　　。 请按合同规定及时付款。 其中： 1. 施工单位申请款为： 2. 审核施工单位应得款为： 3. 本期应扣款为： 4. 本期应付款为： 附件： 1. 施工单位的工程付款申请表及附件； 2. 项目监理机构审查记录。 项目监理机构 总监理工程师 日　　期				

说明：本表一式　份，由监理机构填写。施工单位 2 份、监理机构、建设单位各 1 份。

表 B.15　　**费用索赔审批表**

工程名称　　　　编号：

<table>
<tr><td>工程地点</td><td>省（区）　　县（旗、市、区）　　乡（镇）　　村</td></tr>
<tr><td colspan="2">致：　　　　（施工单位）
根据施工合同条款　　条的规定，你方提出的费用索赔申请（第　号）　　，索赔（大写）　　，经我方审核评估：
□不同意此项索赔。
□同意此项索赔，金额（大写）。

同意/不同意索赔的理由：

索赔金额的计算：

项目监理机构
总监理工程师
日　　期</td></tr>
</table>

说明：本表一式　份，由监理机构填写。施工单位、监理机构、建设单位各 1 份。

表 B.16　　工 程 验 收 单

工程名称　　　　　　　　　　　　　　　　　　　　　　　　　编号：

<table>
<tr><td>工程地点</td><td colspan="4">省（区）　县（旗、市、区）　乡（镇）　村</td></tr>
<tr><td colspan="5">致：
验收意见：</td></tr>
<tr><td colspan="5">验收组人员名单</td></tr>
<tr><td>姓名</td><td>工作单位</td><td>职务</td><td>职称</td><td>签字</td></tr>
<tr><td></td><td></td><td></td><td></td><td></td></tr>
<tr><td></td><td></td><td></td><td></td><td></td></tr>
<tr><td></td><td></td><td></td><td></td><td></td></tr>
<tr><td></td><td></td><td></td><td></td><td></td></tr>
<tr><td></td><td></td><td></td><td></td><td></td></tr>
<tr><td></td><td></td><td></td><td></td><td></td></tr>
<tr><td></td><td></td><td></td><td></td><td></td></tr>
<tr><td></td><td></td><td></td><td></td><td></td></tr>
<tr><td colspan="5">项目监理机构
总监理工程师
日　　期</td></tr>
</table>

说明：本表一式　份，由监理机构填写。施工单位、监理机构、建设单位各 1 份。

表 B.17 监理工作联系单

工程名称 编号：

<table>
<tr><td>工程地点</td><td>省（区） 县（旗、市、区） 乡（镇） 村</td></tr>
<tr><td colspan="2">致：
事由

单　　位
负 责 人
日　　期</td></tr>
</table>

注　本表作为监理机构与建设单位、施工单位联系时使用。

表 B.18　　　　监　理　日　记

工程名称　　　　　　　　　　　　　　　　　　　　　　编号：

<table>
<tr><td>工程地点</td><td>省（区）　　　县（旗、市、区）　　　乡（镇）　　　村</td></tr>
<tr><td colspan="2">

项目监理机构
专业监理工程师
日　　期</td></tr>
</table>

说明：本表一式　份，由监理机构填写，按季或年装订成册。

表 B.19 监理资料移交清单

工程名称　　　　　　　　　　　　　　　　　　　　　　　　　　　　编号：

<table>
<tr><td>工程地点</td><td>省（区）</td><td>县（旗、市、区）</td><td>乡（镇）</td><td>村</td></tr>
<tr><td colspan="5">致：
本工程已完工验收，现将监理资料及贵方提供的有关资料、文件一并移交。资料清单见下表。</td></tr>
</table>

序号	文件名称	文件号	份数	备注
1				
2				
3				
4				
5				
6				
7				
8				
9				
10				

项目监理机构 专业监理工程师 日　　期
建设单位（章） 项目负责人 日　　期

说明：本表一式 4 份，由监理机构填写。施工单位 2 份，监理机构、建设单位各 1 份。

表 B.20　　　　**会　议　纪　要**

工程名称　　　　　　　　　　　　　　　　　　　　　　　　编号：

会议名称			
会议时间		会议地点	
会议主要议题			
组织单位		主持人	
参加单位		主要参加人（签名）	
会议主要内容及结论	监理机构：（盖章） 总监理工程师：（签名） 日　　期：		

说明：本表由监理机构填写，签字后送达与会单位。全文记录可加附页。

附录C 工程质量评定表及鉴定书

C.1 单元工程质量评定表

表 C.1 水土保持土、石方工程单元工程质量评定表

工程名称： 编号：

<table>
<tr><td>单位工程名称</td><td colspan="2"></td><td>分部工程名称</td><td></td></tr>
<tr><td>单元（分项）工程名称</td><td colspan="2"></td><td>施工时段</td><td></td></tr>
<tr><td>序号</td><td>检查、检验项目</td><td>点数</td><td>合格数</td><td></td></tr>
<tr><td>1</td><td>表土剥离</td><td></td><td></td><td></td></tr>
<tr><td>2</td><td>临时堆土表面压实</td><td></td><td></td><td></td></tr>
<tr><td>3</td><td>临时堆土袋土拦挡</td><td></td><td></td><td></td></tr>
<tr><td>4</td><td>临时堆土排水沟</td><td></td><td></td><td></td></tr>
<tr><td>5</td><td>临时堆土苫盖</td><td></td><td></td><td></td></tr>
<tr><td>6</td><td></td><td></td><td></td><td></td></tr>
<tr><td>7</td><td></td><td></td><td></td><td></td></tr>
<tr><td>8</td><td></td><td></td><td></td><td></td></tr>
<tr><td>检查结果</td><td colspan="4"></td></tr>
<tr><td rowspan="3">施工单位质量评定等级</td><td rowspan="3" colspan="2"></td><td colspan="2">质检员：</td></tr>
<tr><td colspan="2">质检部门负责人：</td></tr>
<tr><td colspan="2">日期： 年 月 日</td></tr>
<tr><td rowspan="3">监理单位质量认定等级</td><td rowspan="3" colspan="2"></td><td colspan="2">监理部：</td></tr>
<tr><td colspan="2">认定人：</td></tr>
<tr><td colspan="2">日期： 年 月 日</td></tr>
</table>

表 C.2　　干砌石护坡单元工程质量评定表

<table>
<tr><td colspan="2">单位工程名称</td><td></td><td>单元工程量</td><td colspan="2"></td></tr>
<tr><td colspan="2">分部工程名称</td><td></td><td>施工单位</td><td colspan="2"></td></tr>
<tr><td colspan="2">单元工程名称、部位</td><td></td><td>检验日期</td><td colspan="2">年　月　日</td></tr>
<tr><td>项次</td><td>检查项目</td><td>质　量　标　准</td><td colspan="3">检　查　记　录</td></tr>
<tr><td>1</td><td>面石用料</td><td>质地坚硬无风化，单块重≥25kg，最小边长≥20cm</td><td colspan="3"></td></tr>
<tr><td>2</td><td>腹石砌筑</td><td>排紧填严，无淤泥杂质</td><td colspan="3"></td></tr>
<tr><td>3</td><td>面石砌筑</td><td>禁止使用小块石，不得有通缝、对缝、浮石、空洞</td><td colspan="3"></td></tr>
<tr><td>4</td><td>缝宽</td><td>无宽度在 1.5cm 以上、长度在 0.5m 以上的连续缝</td><td colspan="3"></td></tr>
<tr><td>项次</td><td>检测项目</td><td>质　量　标　准</td><td>总测点数</td><td>合格点数</td><td>合格率</td></tr>
<tr><td>1</td><td>砌石厚度</td><td>允许偏差为设计厚度的±10%</td><td></td><td></td><td></td></tr>
<tr><td>2</td><td>坡面平整度</td><td>2m 靠尺检测凹凸不超过 5cm</td><td></td><td></td><td></td></tr>
<tr><td colspan="4">评　定　意　见</td><td colspan="2">质　量　等　级</td></tr>
<tr><td colspan="4">检查项目全部符合合格标准；检测项目合格率分别为　　　　、　　%</td><td colspan="2"></td></tr>
<tr><td>施工
单位</td><td colspan="2"></td><td>建设
（监理）
单位</td><td colspan="2"></td></tr>
</table>

表 C.3　　浆砌石挡墙单元工程质量评定表

<table>
<tr><td colspan="3">单位工程名称</td><td colspan="3"></td><td colspan="2">单元工程量</td><td colspan="3"></td></tr>
<tr><td colspan="3">分部工程名称</td><td colspan="3"></td><td colspan="2">施工单位</td><td colspan="3"></td></tr>
<tr><td colspan="3">单元工程名称、部位</td><td colspan="3"></td><td colspan="2">检验日期</td><td colspan="3">年　月　日</td></tr>
<tr><td>项次</td><td colspan="2">保证项目</td><td colspan="3">质 量 标 准</td><td colspan="5">检 验 记 录</td></tr>
<tr><td>1</td><td colspan="2">砂浆或混凝土标号、配合比</td><td colspan="3">符合设计及规范要求</td><td colspan="5"></td></tr>
<tr><td>2</td><td colspan="2">石料质量、规格</td><td colspan="3">符合设计要求和施工规范规定</td><td colspan="5"></td></tr>
<tr><td>3</td><td colspan="2">浆砌石墩（墙）的临时间断处</td><td colspan="3">间断处的高低差不大于1m并留有平缓阶台</td><td colspan="5"></td></tr>
<tr><td rowspan="2">项次</td><td colspan="2" rowspan="2">基本项目</td><td colspan="3">质 量 标 准</td><td colspan="3" rowspan="2">检 验 记 录</td><td colspan="2">质量等级</td></tr>
<tr><td colspan="2">合　格</td><td>优　良</td><td>合格</td><td>优良</td></tr>
<tr><td>1</td><td colspan="2">浆砌石墩（墙）的砌筑次序</td><td colspan="2">基本符合：先砌筑角石，再砌筑镶面石，最后砌筑填腹石，镶面石的厚度不小于30cm</td><td>全部符合：先砌筑角石，再砌筑镶面石，最后砌筑填腹石，镶面石的厚度不小于30cm</td><td colspan="3"></td><td></td><td></td></tr>
<tr><td>2</td><td colspan="2">浆砌石墩（墙）的组砌形式</td><td colspan="2">组砌形式基本符合：内外搭砌，上下错缝，丁砌石分布均匀，面积不小于墩（墙）砌体全部面积的1/5，长度大于60cm</td><td>组砌形式全部符合：内外搭砌，上下错缝，丁砌石分布均匀，面积不小于墩（墙）砌体全部面积的1/5，长度大于60cm</td><td colspan="3"></td><td></td><td></td></tr>
<tr><td>项次</td><td colspan="2">允许偏差项　目</td><td>设计值</td><td>允许偏差（cm）</td><td colspan="4">实　测　值</td><td>合格数（点）</td><td>合格率（%）</td></tr>
<tr><td>1</td><td colspan="2">轴线位置偏移</td><td></td><td>1</td><td colspan="4"></td><td></td><td></td></tr>
<tr><td>2</td><td colspan="2">顶面标高</td><td></td><td>±1.5</td><td colspan="4"></td><td></td><td></td></tr>
<tr><td colspan="7">评 定 意 见</td><td colspan="4">质 量 等 级</td></tr>
<tr><td colspan="7">保证项目全部符合质量标准；基本项目全部符合合格标准，其中有　　%项达到优良标准；允许偏差项目各项实测点合格率为　　%</td><td colspan="4"></td></tr>
<tr><td colspan="2">施工单位</td><td colspan="4"></td><td>建设（监理）单位</td><td colspan="4"></td></tr>
</table>

表 C.4　　浆砌石护坡单元工程质量评定表

单位工程名称			单元工程量		
分部工程名称			施工单位		
单元工程名称、部位			检验日期	年 月 日	
项次	保证项目	质量标准	检验记录		
1	石料、水泥、砂	符合SL 260—2014《堤防工程施工规范》要求			
2	砂浆配合比	符合设计要求			
3	浆砌	空隙用小石填塞，不得用砂浆填充，坐浆饱满，无空隙			
项次	检查项目	质量标准	检验记录		
1	勾缝	无裂缝、脱皮现象			
项次	检测项目	质量标准	总测点数	合格点数	合格率
1	砌石厚度	允许偏差为设计厚度的±2cm			
2	坡面平整度	2m靠尺检测凹凸不超过5cm			
评定意见				质量等级	
保证项目全部符合质量标准；检查项目全部符合合格标准；检测项目合格率分别为　、　%					
施工单位			建设（监理）单位		

表 C.5　　护坡垫层单元工程质量评定表

单位工程名称			单元工程量		
分部工程名称			施工单位		
单元工程名称、部位			检验日期	年 月 日	
项次	检查项目	质量标准	检验记录		
1	基面	按规范验收合格			
2	垫层材料	符合设计要求			
3	垫层施工方法和程序	符合施工规范要求			
项次	检测项目	质量标准	总测点数	合格点数	合格率
1	垫层厚度	最小值不大于设计厚度的15%（设计垫层厚度　cm）			
2	复合土工膜	不短于设计最小折压长度0.4m			
评定意见				质量等级	
检查项目全部符合合格标准；检测项目合格率分别为　、　%					
施工单位			建设（监理）单位		

表 C.6　　排（截）水沟单元工程质量评定表

<table>
<tr><td colspan="2">单位工程名称</td><td></td><td>单元工程量</td><td colspan="2"></td></tr>
<tr><td colspan="2">分部工程名称</td><td></td><td>施工单位</td><td colspan="2"></td></tr>
<tr><td colspan="2">单元工程名称、部位</td><td></td><td>检验日期</td><td colspan="2">年　月　日</td></tr>
<tr><td>项次</td><td>保证项目</td><td>质　量　标　准</td><td colspan="3">检　查　记　录</td></tr>
<tr><td>1</td><td>工程布设</td><td>截（排）水沟位置符合设计要求，并按设计配套了消能和防冲设计</td><td colspan="3"></td></tr>
<tr><td>2</td><td>建筑材料</td><td>符合规定要求</td><td colspan="3"></td></tr>
<tr><td>3</td><td>外形尺寸</td><td>宽深符合设计尺寸、误差＜±1cm，口线平直、偏差＜±2.0cm</td><td colspan="3"></td></tr>
<tr><td>4</td><td>表面平整度</td><td>2m 靠尺检测凹凸不超过 5cm</td><td colspan="3"></td></tr>
<tr><td>5</td><td>砌筑质量</td><td>符合施工规范，坚固安全</td><td colspan="3"></td></tr>
<tr><td>项次</td><td>基本项目</td><td>质　量　标　准</td><td colspan="3">检　查　记　录</td></tr>
<tr><td>1</td><td>基础清理</td><td>无杂物、无风化层、土层硬化</td><td colspan="3"></td></tr>
<tr><td>2</td><td>暴雨后完好率</td><td>≥90%</td><td colspan="3"></td></tr>
<tr><td colspan="3">评　定　意　见</td><td colspan="3">质　量　等　级</td></tr>
<tr><td colspan="3">保证项目、基本项目全部符合质量标准</td><td colspan="3"></td></tr>
<tr><td>施工单位</td><td colspan="2"></td><td>建设（监理）单位</td><td colspan="2"></td></tr>
</table>

表 C.7　　　　基础开挖单元工程质量评定表

<table>
<tr><td colspan="3">单位工程名称</td><td colspan="2"></td><td>单元工程量</td><td colspan="2"></td></tr>
<tr><td colspan="3">分部工程名称</td><td colspan="2"></td><td>施工单位</td><td colspan="2"></td></tr>
<tr><td colspan="3">单元工程名称、部位</td><td colspan="2"></td><td>检验日期</td><td colspan="2">年　月　日</td></tr>
<tr><td>项次</td><td colspan="2">检　查　项　目</td><td colspan="2">质　量　标　准</td><td colspan="3">检　验　记　录</td></tr>
<tr><td>1</td><td colspan="2">地基清理和处理</td><td colspan="2">无树根、草皮、乱石、坟墓，水井泉眼已处理，地质符合设计</td><td colspan="3"></td></tr>
<tr><td>2</td><td colspan="2">△取样检验</td><td colspan="2">符合设计要求</td><td colspan="3"></td></tr>
<tr><td>3</td><td colspan="2">岸坡清理和处理</td><td colspan="2">无树根、草皮、乱石。有害裂隙及洞穴已处理</td><td colspan="3"></td></tr>
<tr><td>4</td><td colspan="2">岩石岸坡清理坡度</td><td colspan="2">符合设计要求</td><td colspan="3"></td></tr>
<tr><td>5</td><td colspan="2">△黏土、湿陷性黄土清理坡度</td><td colspan="2">符合设计要求</td><td colspan="3"></td></tr>
<tr><td>6</td><td colspan="2">截水槽地基处理</td><td colspan="2">泉眼、渗水已处理，岩石冲洗洁净，无积水</td><td colspan="3"></td></tr>
<tr><td>7</td><td colspan="2">△截水槽（墙）基岩面坡度</td><td colspan="2">符合设计要求</td><td colspan="3"></td></tr>
<tr><td>项次</td><td colspan="2">检　测　项　目</td><td>设计值</td><td>允许偏差（cm）</td><td>实　测　值</td><td>合格数（点）</td><td>合格率（%）</td></tr>
<tr><td>1</td><td rowspan="4">坑（槽）长或宽</td><td>5m 以内</td><td></td><td>+20，−10</td><td></td><td></td><td></td></tr>
<tr><td>2</td><td>5～10m</td><td></td><td>+30，−20</td><td></td><td></td><td></td></tr>
<tr><td>3</td><td>10～15m</td><td></td><td>+40，−30</td><td></td><td></td><td></td></tr>
<tr><td>4</td><td>15m 以上</td><td></td><td>+50，−30</td><td></td><td></td><td></td></tr>
<tr><td>5</td><td colspan="2">坑（槽）底部标高</td><td></td><td>+20，−10</td><td></td><td></td><td></td></tr>
<tr><td>6</td><td colspan="2">垂直或斜面平整度</td><td></td><td>20</td><td></td><td></td><td></td></tr>
<tr><td colspan="3">检测结果</td><td colspan="5">共检测　　　点，其中合格　　　点，合格率　　　%</td></tr>
<tr><td colspan="6">评　定　意　见</td><td colspan="2">单元工程质量等级</td></tr>
<tr><td colspan="6">主要检测项目全部符合质量标准。一般检查项目_______。
检测项目实测点合格率_______%</td><td colspan="2"></td></tr>
<tr><td colspan="2">施工单位</td><td colspan="3"></td><td>建设（监理）单位</td><td colspan="2"></td></tr>
</table>

注　“+”为超挖，“−”为欠挖。

表 C.8　　　　　　　　　　水土保持工程砂料质量评定表

单位工程名称			数　量	
分部工程名称			生产单位	
产　地			检验日期	年　月　日
项次	保证项目	质　量　标　准	检　查　记　录	
1	天然泥沙团含量	不允许		
2	天然砂中含泥量	砌筑用砂小于 5%，其中黏土小于 2%，防渗体等用砂：小于 3%，其中黏土小于 1%		
3	云母含量	小于 2%		
4	有机质含量	浅于标准色		
项次	基本项目	质　量　标　准	检　查　记　录	
1	人工砂中石粉含量	6%～12%		
2	坚固性	小于 10%		
3	密度	大于 2.5t/m³		
4	轻物质含量	小于 1%		
5	硫化物及硫酸盐含量，折合称 SO_3	小于 1%		
评　定　意　见			质　量　等　级	
保证项目全部符合质量标准，基本项目全部符合质量标准				
施工单位			建设（监理）单位	

表 C.9　　　　水土保持工程石料质量评定表

<table>
<tr><td colspan="3">单位工程名称</td><td colspan="2"></td><td>数　量</td><td colspan="3"></td></tr>
<tr><td colspan="3">分部工程名称</td><td colspan="2"></td><td>生产单位</td><td colspan="3"></td></tr>
<tr><td colspan="3">产　地</td><td colspan="2"></td><td>检验日期</td><td colspan="3">年　月　日</td></tr>
<tr><td>项次</td><td colspan="2">保证项目</td><td colspan="2">质　量　标　准</td><td colspan="4">检　查　记　录</td></tr>
<tr><td>1</td><td colspan="2">天然密度</td><td colspan="2">≥2.4t/m^3</td><td colspan="4"></td></tr>
<tr><td>2</td><td colspan="2">饱和极限抗压强度</td><td colspan="2">符合设计规定的限值</td><td colspan="4"></td></tr>
<tr><td>3</td><td colspan="2">最大吸水率</td><td colspan="2">≤10%</td><td colspan="4"></td></tr>
<tr><td>4</td><td colspan="2">软化系数</td><td colspan="2">一般岩石大于等于 0.7 或符合设计要求</td><td colspan="4"></td></tr>
<tr><td>5</td><td colspan="2">抗冻标号</td><td colspan="2">达到设计标号</td><td colspan="4"></td></tr>
<tr><td rowspan="2">项次</td><td rowspan="2">基本项目</td><td colspan="3">质　量　标　准</td><td colspan="2" rowspan="2">检　验　记　录</td><td colspan="2">质量等级</td></tr>
<tr><td colspan="2">合　格</td><td>优　良</td><td>合格</td><td>优良</td></tr>
<tr><td>1</td><td>块石</td><td colspan="2">上下两面平行，大致平整，无尖角薄边，检测总数中有 70%符合要求，块厚大于 20cm，检测总数中有 70%符合要求</td><td>上下两面平行，大致平整，无尖角薄边，检测总数中有 90%符合标准，块厚大于 20cm，检测总数中有 90%符合要求</td><td colspan="2"></td><td></td><td></td></tr>
<tr><td>2</td><td>毛石</td><td colspan="2">中厚大于 15cm，检测总数中有 70%符合要求</td><td>中厚大于 15cm，检测总数中有 90%符合要求</td><td colspan="2"></td><td></td><td></td></tr>
<tr><td>3</td><td>石料质地</td><td colspan="2">坚硬、新鲜、无剥落层或裂纹，基本符合上述要求</td><td>坚硬、新鲜、无剥落层或裂纹，必须符合上述要求</td><td colspan="2"></td><td></td><td></td></tr>
<tr><td colspan="5">评　定　意　见</td><td colspan="4">质　量　等　级</td></tr>
<tr><td colspan="5">保证项目全部符合质量标准，基本项目全部符合质量标准</td><td colspan="4"></td></tr>
<tr><td colspan="2">施工单位</td><td colspan="3"></td><td>建设（监理）单位</td><td colspan="3"></td></tr>
</table>

表 C.10 水土保持水泥砂浆质量评定表

<table>
<tr><td colspan="3">单位工程名称</td><td colspan="4"></td><td colspan="2">数 量</td><td colspan="3"></td></tr>
<tr><td colspan="3">分部工程名称</td><td colspan="4"></td><td colspan="2">生产单位</td><td colspan="3"></td></tr>
<tr><td colspan="3">产 地</td><td colspan="4"></td><td colspan="2">检验日期</td><td colspan="3">年 月 日</td></tr>
<tr><td>项次</td><td colspan="2">保证项目</td><td colspan="4">质 量 标 准</td><td colspan="5">检 验 记 录</td></tr>
<tr><td>1</td><td colspan="2">水泥、砂料、水及掺和料、外加剂</td><td colspan="4">品种、质量必须符合国家有关标准</td><td colspan="5"></td></tr>
<tr><td>2</td><td colspan="2">标号和相应的配合比、拌和时间</td><td colspan="4">符合设计及规范要求</td><td colspan="5"></td></tr>
<tr><td>3</td><td colspan="2">28 天抗压强度保证率</td><td colspan="4">≥80%</td><td colspan="5"></td></tr>
<tr><td rowspan="2">项次</td><td colspan="2" rowspan="2">基本项目</td><td colspan="4">质 量 标 准</td><td colspan="3" rowspan="2">检 验 记 录</td><td colspan="2">质量等级</td></tr>
<tr><td colspan="2">合 格</td><td colspan="2">优 良</td><td>合格</td><td>优良</td></tr>
<tr><td>1</td><td colspan="2">水泥砂浆强度离差系数</td><td colspan="2">Cv≤0.22</td><td colspan="2">Cv≤0.18</td><td colspan="3"></td><td></td><td></td></tr>
<tr><td>2</td><td colspan="2">砂浆沉入度</td><td colspan="2">检测总数中有大于等于 70%测次符合规定要求</td><td colspan="2">检测总数中有大于等于 80%测次符合规定要求</td><td colspan="3"></td><td></td><td></td></tr>
<tr><td>项次</td><td colspan="3">允许偏差项目</td><td>允许偏差（%）</td><td colspan="5">实 测 值</td><td>合格数（点）</td><td>合格率（%）</td></tr>
<tr><td>1</td><td rowspan="4">砂浆配合比称量</td><td colspan="2">水泥</td><td>±2</td><td colspan="5"></td><td></td><td></td></tr>
<tr><td>2</td><td colspan="2">砂</td><td>±3</td><td colspan="5"></td><td></td><td></td></tr>
<tr><td>3</td><td colspan="2">掺和料</td><td>±2</td><td colspan="5"></td><td></td><td></td></tr>
<tr><td>4</td><td colspan="2">水、外加剂溶液</td><td>±1</td><td colspan="5"></td><td></td><td></td></tr>
<tr><td colspan="8">评 定 意 见</td><td colspan="4">质 量 等 级</td></tr>
<tr><td colspan="8">保证项目全部符合质量标准；基本项目全部符合合格标准，其中有 % 项达到优良标准；允许偏差项目各项实测点合格率为 %</td><td colspan="4"></td></tr>
<tr><td>施工单位</td><td colspan="5"></td><td>建设（监理）单位</td><td colspan="5"></td></tr>
</table>

表 C.11　　栽植沙障单元工程质量评定表

单位工程名称			单元工程量	
分部工程名称			施工单位	
单元工程名称、部位			检验日期	年　月　日
项次	保证项目	质　量　标　准	检　查　记　录	
1	沙障形式及规格	1. 沙障形式符合设计要求 2. 柴草新鲜、植物沙障枝条要求		
2	施工工艺	1. 插入沙体深度符合要求 2. 露出沙体高度符合设计要求 3. 每排沙障间距符合设计要求		
3	当年成活率	符合设计要求		
项次	基本项目	质　量　标　准	检　查　记　录	
1	栽植季节	符合规范设计要求		
2	栽植后的整齐程度	应达到平展整齐的效果		
评　定　意　见			质　量　等　级	
保证项目全部符合质量标准，基本项目符合质量标准				
施工单位			建设（监理）单位	

表 C.12　　土地恢复（林草）整地单元工程质量评定表

单位工程名称			单元工程量	
分部工程名称			施工单位	
单元工程名称、部位			检验日期	年　月　日
项次	保证项目	质　量　标　准	检　查　记　录	
1	定位、定线	符合设计要求、位置准确		
2	整地形式	符合设计要求		
3	土层厚度	农地、林地符合设计要求，草地≥20cm		
项次	基本项目	质　量　标　准	检　查　记　录	
1	地面情况	整齐、精细、无杂物		
合　格　标　准			优　良　标　准	
保证项目符合质量标准，基本项目为合格标准，单元工程质量评定为合格			保证项目符合质量标准，其中土层厚度为优良，基本项目为优良标准，单元工程质量评定为优良	
评　定　意　见			质　量　等　级	
保证项目符合质量标准，其中土层厚度为合格/优良，基本项目为合格/优良标准				
施工单位			建设（监理）单位	

表 C.13　　场地整治及修坡单元工程质量评定表

<table>
<tr><td colspan="2">单位工程名称</td><td></td><td>单元工程量</td><td></td></tr>
<tr><td colspan="2">分部工程名称</td><td></td><td>施工单位</td><td></td></tr>
<tr><td colspan="2">单元工程名称、部位</td><td></td><td>检验日期</td><td>年　月　日</td></tr>
<tr><td>项次</td><td>保证项目</td><td>质 量 标 准</td><td colspan="2">检 查 记 录</td></tr>
<tr><td>1</td><td>修坡平均坡度</td><td>不大于设计坡度</td><td colspan="2"></td></tr>
<tr><td>2</td><td>场地平整情况</td><td>纵横向高差不大于设计</td><td colspan="2"></td></tr>
<tr><td>项次</td><td>基本项目</td><td>质 量 标 准</td><td colspan="2">检 查 记 录</td></tr>
<tr><td>1</td><td>坡面</td><td>稳定，无松动土块</td><td colspan="2"></td></tr>
<tr><td>2</td><td>场地平整度</td><td>符合设计要求。土坡、平地为±10cm</td><td colspan="2"></td></tr>
<tr><td>3</td><td>局部允许超欠挖</td><td>岩石：符合设计要求。土坡、平地为±20cm</td><td colspan="2"></td></tr>
<tr><td colspan="3">合 格 标 准</td><td colspan="2">优 良 标 准</td></tr>
<tr><td colspan="3">保证项目符合质量标准，基本项目为合格标准，单元工程质量评定为合格</td><td colspan="2">保证项目符合质量标准，基本项目为优良标准，单元工程质量评定为优良</td></tr>
<tr><td colspan="3">评 定 意 见</td><td colspan="2">质 量 等 级</td></tr>
<tr><td colspan="3">保证项目符合质量标准，其中土层厚度为合格/优良，基本项目为合格/优良标准</td><td colspan="2"></td></tr>
<tr><td>施工单位</td><td colspan="2"></td><td>建设（监理）单位</td><td></td></tr>
</table>

表 C.14　　　　　　　　　　　植苗单元工程质量评定表

单位工程名称		单元工程量	
分部工程名称		施工单位	
单元工程名称、部位		检验日期	年　月　日

项次	保证项目	质　量　标　准	检　查　记　录
1	苗木规格	1. 苗木等级不低于二级，且同一批苗木中低于其等级的苗木数量不得超过 5%。 2. 符合国家苗木标准：裸根苗（GB 7908—1999）、容器苗（LY/T 1000—2013）、经济苗（GB 6000—1999）	
2	栽植密度	符合设计要求	
3	施工工艺	1. 坑穴直径、深度符合设计要求，坑内无大土块； 2. 栽植时根系舒展不窝根； 3. 覆土踏实浇水及时	
4	当年成活率	符合设计要求	
项次	基本项目	质　量　标　准	检　查　记　录
1	栽后穴面或埂的修整	穴面平整、埂光洁硬实	
项次	允许偏差项目	质　量　标　准	检　查　记　录
1	坑穴深度	设计值的±5%	
2	坑穴宽度及长度	设计值的±5%	

评　定　意　见		质　量　等　级	
保证项目全部符合质量标准，基本项目、允许偏差项目全部符合质量标准			
施工单位		建设（监理）单位	

表 C.15 **植草单元工程质量评定表**

单位工程名称		单元工程量	
分部工程名称		施工单位	
单元工程名称、部位		检验日期	年 月 日
项次	保证项目	质 量 标 准	检 查 记 录
1	草苗规格及品种	1. 品种符合设计要求 2. 草苗整齐、健壮，无杂草或病虫害	
2	施工工艺	1. 底土疏松无大土块、平整密实 2. 栽植平展，接茬规则匀称 3. 浇水及时	
3	排灌设施	符合设计要求	
4	当年成活率	符合设计要求	
项次	基本项目	质 量 标 准	检 查 记 录
1	栽植季节	符合规范设计要求	
2	栽植后的整齐程度	应达到平展整齐的效果	
评 定 意 见		质 量 等 级	
保证项目全部符合质量标准，基本项目符合质量标准			
施工单位		建设（监理）单位	

表 C.16 **林草播种单元工程质量评定表**

单位工程名称		单元工程量	
分部工程名称		施工单位	
单元工程名称、部位		检验日期	年 月 日
项次	保证项目	质 量 标 准	检 查 记 录
1	种子质量	草种符合 GB 6141—2008、GB 6142—2008； 林木种子符合 GB 7908—1999	
2	覆土	符合规范及设计要求	
3	出苗率	符合设计要求	
项次	基本项目	质 量 标 准	检 查 记 录
1	出苗情况	均匀整齐，高低相差不大	
2	播种质量	出苗均匀整齐；撒播的无秃斑沟播的无断垄	
3	播种季节	符合规范及设计要求	
项次	允许偏差项目	质 量 标 准	检 查 记 录
1	播种量	设计播种量的±10%	
评 定 意 见		质 量 等 级	
保证项目全部符合质量标准，基本项目符合质量标准，允许偏差项目符合要求			
施工单位		建设（监理）单位	

表 C.17　林草管理管护质量评定表

单位工程名称			施工单位	
分部工程名称			检验日期	年　月　日
项次	保证项目	质量标准	检查记录	
1	设置标志	管理管护区域设立标志		
2	抚育措施	灌溉、追肥、修剪、除虫防病，符合规范及设计要求		
3	保存率（覆盖率）	符合设计要求		
项次	基本项目	质量标准	检查记录	
1	补植补种	符合设计要求		
2	设施维修	运转正常，能保证灌溉需要		
评定意见			质量等级	
保证项目全部符合质量标准，基本项目符合质量标准				
施工单位			建设（监理）单位	

表 C.18　灌溉管网安装单元工程质量评定表

单位工程名称			单元工程量	
分部工程名称			施工单位	
单元工程名称部位			检验日期	年　月　日
项次	保证项目	质量标准	检验记录	
1	管材、配件	符合规定要求		
2	施工工艺及流程	符合相关施工和设计规范		
3	施工质量	性能检验指标符合规定要求		
项次	基本项目	质量标准	检查记录	
1	工期	保证植物灌溉需求		
单元工程质量评定等级				
施工单位		年　月　日	建设（监理）单位	年　月　日

C.2 分部工程施工质量评定表

表 C.19 ××直流工程水土保持工程

分部工程施工质量评定表

<table>
<tr><td colspan="2">单位工程名称</td><td></td><td>施工单位</td><td colspan="2"></td></tr>
<tr><td colspan="2">分部工程名称</td><td></td><td>施工日期</td><td colspan="2"></td></tr>
<tr><td colspan="2">分部工程量</td><td></td><td>验收日期</td><td colspan="2"></td></tr>
<tr><td>项次</td><td>单元工程类别</td><td>单元工程量</td><td>单元工程个数</td><td>合格率</td><td>备注</td></tr>
<tr><td>1</td><td></td><td></td><td></td><td></td><td></td></tr>
<tr><td>2</td><td></td><td></td><td></td><td></td><td></td></tr>
<tr><td>3</td><td></td><td></td><td></td><td></td><td></td></tr>
<tr><td>4</td><td></td><td></td><td></td><td></td><td></td></tr>
<tr><td>5</td><td></td><td></td><td></td><td></td><td></td></tr>
<tr><td colspan="2">合计</td><td></td><td></td><td></td><td></td></tr>
<tr><td colspan="2">重要隐蔽单元工程</td><td colspan="4"></td></tr>
<tr><td colspan="2">关键部位单元工程</td><td colspan="4"></td></tr>
<tr><td colspan="2">施工单位自评意见</td><td colspan="2">监理单位复核意见</td><td colspan="2">项目法人评定意见</td></tr>
<tr><td colspan="2">本分部工程的单元工程质量全部合格，优良率 %，土建工程原材料质量 ，中间产品质量 ，绿化成活率 %，植被覆盖率 %。
分部工程质量等级：</td><td colspan="2">分部工程质量等级：</td><td colspan="2">分部工程质量等级：</td></tr>
<tr><td colspan="2">评定人：
日期： 年 月 日
项目负责人：

盖章：

日期： 年 月 日</td><td colspan="2">监理工程师：
日期： 年 月 日
总监理工程师：

盖章：</td><td colspan="2">现场代表：
日期： 年 月 日
技术负责人：

盖章：

日期： 年 月 日</td></tr>
</table>

C.3　单位工程质量鉴定书

××直流工程水土保持设施
单位工程质量鉴定书

建设单位：

设计单位：

施工单位：

监理单位：

运行管理单位：

验收日期：　　　年　月　日至　　　年　月　日

验收地点：

单位工程鉴定书

前言（简述验收主持单位、参加单位、时间、地点等）

一、工程概况

（一）工程位置（部位）及任务

（二）工程主要建设内容

包括工程等级、标准、主要规模、效益、主要工程量的设计值及合同投资。

（三）工程建设有关单位

包括项目法人、设计、施工、监理、监测、质量监督和运行管理等单位。

（四）工程建设过程

包括施工准备、开工日期、完工日期、验收时工程面貌、实际完成工作量（与设计、合同量对比）、工程建设中采用的主要措施及其效果、主要经验教训等。

二、合同执行情况

包括合同管理、计量、支付与结算等。

三、工程质量评定

（一）分部工程质量评定

（二）监测成果分析

（三）外观评价

（四）质量监督单位的工程质量等级核定意见

四、存在的主要问题及处理意见

包括处理方案、措施、责任单位、完成时间以及复验责任单位等。

五、验收结论及对工程管理的建议

包括对工期、质量、投资控制、工程是否达到设计标准并发挥益、工程资料建档以及是否同意交工等，均应有明确定语。对工程管理和运行管护提出建议。

六、验收组成员及参验单位代表签字表

七、附件

（一）提供资料目录

（二）备查资料目录

（三）分部工程验收签证目录

（四）保留意见（应有本人签字）

第3部分

创优标准化管理

目 次

第 1 章 管理模式及职责 …… 161
1.1 管理模式 …… 161
1.2 建设管理单位职责 …… 161
1.3 设计单位职责 …… 161
1.4 监理单位职责 …… 161
1.5 施工单位职责 …… 162
第 2 章 管理流程 …… 163
2.1 创优策划 …… 163
2.2 地基、结构评价 …… 165
2.3 绿色施工评价 …… 166
2.4 新技术应用评价 …… 167
2.5 质量评价 …… 167
2.6 申报 …… 168
第 3 章 管理制度 …… 171
附录 A 地基结构、绿色施工、新技术应用评价备案表（全过程质量控制备案表） …… 172
附录 B 电力建设工程地基结构专项评价报告 …… 174
附录 C 电力建设工程地基结构专项评价申请表 …… 194
附录 D 电力建设绿色施工专项评价申请表 …… 197
附录 E 电力建设绿色施工专项初评报告 …… 200
附录 F 电力建设新技术应用专项评价申请表 …… 217
附录 G 电力建设新技术应用专项初评报告 …… 221
附录 H 质量评价备案表 …… 229
附录 I 中国电力优质工程奖申报表 …… 231

第1章 管理模式及职责

1.1 管理模式

特高压直流工程创优专项工作，由国网直流公司牵头统一组织，各建设管理单位按照国网直流公司安排及要求，配合开展创优策划、全过程质量管控、质量评价、优质工程申报等工作。

1.2 建设管理单位职责

1.2.1 确定全过程质量控制咨询以及地基结构、绿色施工、新技术应用等专项评价和质量评价的受理单位。

1.2.2 按受理单位要求完成全过程质量控制咨询备案，组织完成相关合同签订工作。

1.2.3 组织相关参建单位开展各类创优策划文件的编制。

1.2.4 组织工程中间验收、竣工预验收工作。

1.2.5 负责工程项目档案管理的日常检查、指导，组织工程项目档案的移交工作。

1.2.6 组织或协助上级单位完成工程合规手续的办理。

1.3 设计单位职责

1.3.1 按要求提供创优所需的设计参数或其他资料。

1.3.2 按规定派驻工地代表，提供现场设计服务，及时解决与质量相关的设计问题。

1.3.3 配合或参与工程质量检查、质量监督检查、各阶段验收、质量事件调查和处理等工作。

1.3.4 根据创优目标，参加设计竞赛、评优等活动，参与工程全面全过程创建优质工程工作。

1.4 监理单位职责

1.4.1 建立健全监理质量控制保证体系，按合同要求组建监理项目部，配备专业齐全、合格的监理工程师。

1.4.2　参与工程优质工程建设活动，接受上级组织的工程质量检查，接受质量监督检查，配合各阶段验收。

1.4.3　组织工程项目监理档案的移交工作。

1.5 施工单位职责

1.5.1　建立健全施工质量管理体系，制定并落实质量保证措施；按照合同约定，组建施工项目部，确定工程项目的主要管理人员，提供满足工程质量目标的人、财、物等资源保障。

1.5.2　依据国家法律、公司有关规定及合同进行工程分包，并对分包工程的质量负责。

1.5.3　监督、检查、指导施工项目部的施工质量管理工作，组织开展公司级质量专检。

1.5.4　参与优质工程建设活动，接受上级组织的工程质量检查，接受质量监督检查，配合各阶段验收工作。

1.5.5　组织工程项目施工档案的移交工作。

第2章 管 理 流 程

除常规的项目质量管控之外，专项评价工作是优质工程评选的必备条件，此类工作完成的及时性和规范性对工程创优影响很大，按照过程创优、一次成优理念，在工程开工前、工程实施过程中以及投产后均有对应的工作要及时完成，由国网直流公司统一组织，各参建单位配合完成。工程创优总体计划安排见图 2–1。全过程质量管控流程见图 2–2。

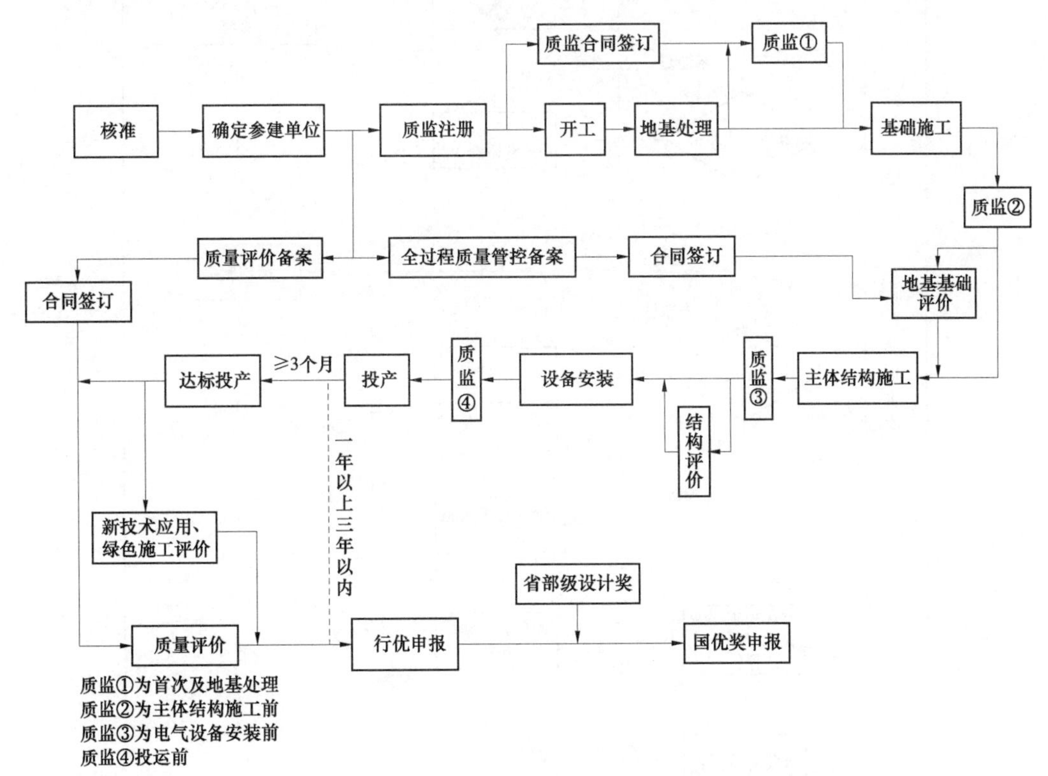

图 2–1 工程创优总体计划安排

2.1 创优策划

业主项目部按照相关制度要求，结合创优目标，编制《工程创优规划》，经建设管理单位相关部门审核后，由建设管理单位主管领导批准发布；监理、施工单位根据业主发布的创优规划，完善各自的创优实施细则，经单位相关部门审核后，由单位主管领导批准发布。

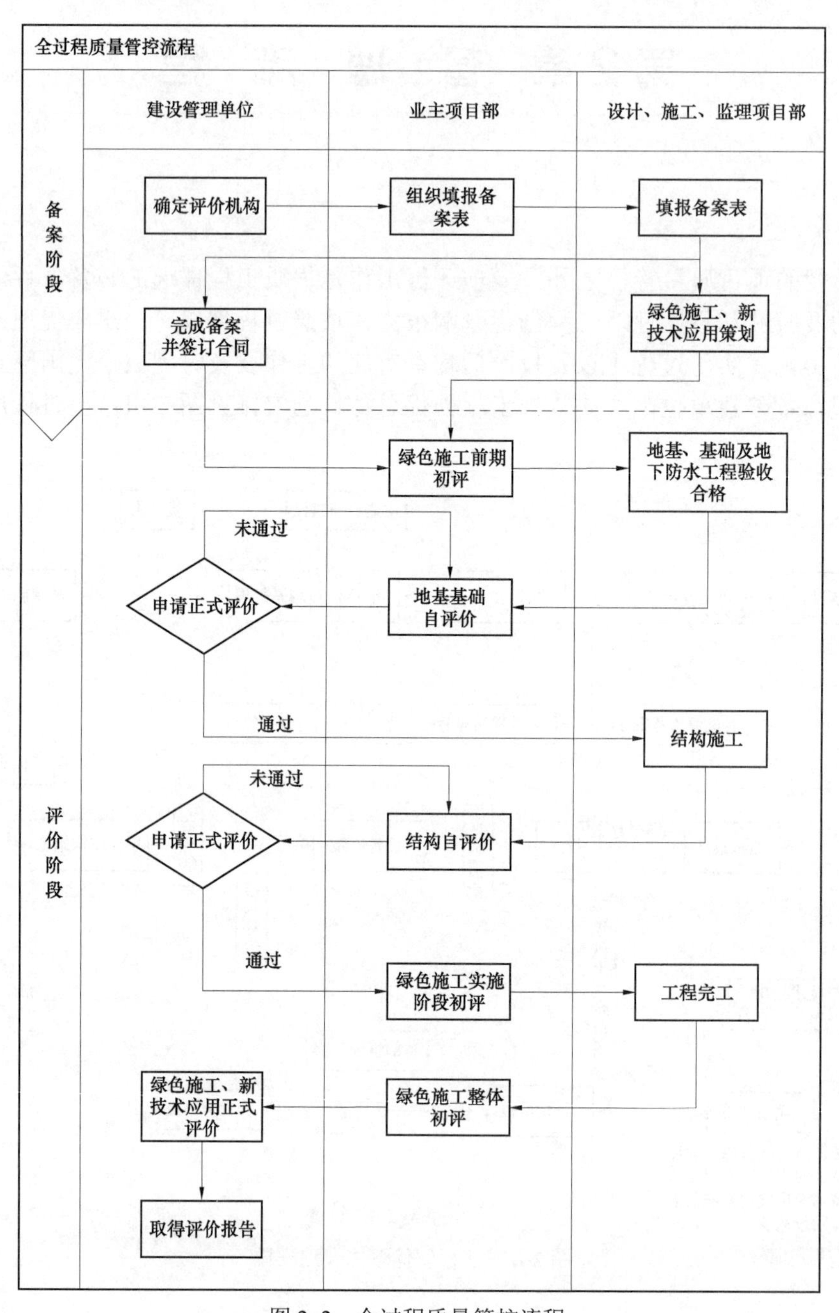

图 2–2　全过程质量管控流程

按照电力工程建设标准强制性条文、标准工艺和防治质量通病的要求，业主项目部组织监理单位、施工单位严格进行施工图纸会审，深化施工图设计，进行创优策划，确保施工方案满足工程创优目标。

2.2 地基、结构评价

2.2.1　国网直流公司组织各建设单位向中国电力建设企业协会或其他具备资格的受理单位申请备案并提交备案表（附录A），备案通过后组织相关单位与之签订咨询合同。

2.2.2　地基、基础及地下防水工程验收合格且桩基检验报告齐全后，建设管理单位组织进行第一阶段地基基础工程初评，填写《电力建设工程地基结构专项评价报告》（附录B）中地基基础工程初评的相关内容。初评通过后，由国网直流公司组织向受理单位申请正式评价。

2.2.3　申请应提交的资料（全部申请资料只需提供电子版文件）：

（1）电力建设工程地基结构专项评价申请表（附录C）（word格式及盖章后的pdf格式扫描件）；

（2）地基基础、主体结构工程施工专项措施（word格式）；

（3）地基基础质量监督监检意见书及整改明细表（pdf格式扫描件）；

（4）电力建设工程地基结构专项评价报告（第一阶段地基基础工程初评相关部分，word格式）。

2.2.4　主体结构工程验收合格且取得沉降观测报告（阶段性）后，由建设管理单位进行第二阶段主体结构工程初评，并填写《电力建设工程地基结构专项评价报告》中主体结构工程初评的相关内容。初评通过后，国网直流公司代表各建设管理单位向受理单位申请正式评价。

2.2.5　受理单位根据申请，组织3～5名土建专业专家，组成现场评价组，分别进行第一阶段地基基础工程和第二阶段主体结构工程的现场评价，并编制“电力建设工程地基结构专项评价报告”的相关内容。

2.2.6　现场评价时，采用工程实体质量检查、工程项目文件核查的方式，从施工现场质量保证条件、试验检验、质量记录、限值偏差、观感质量等五个方面，对工程整体质量水平进行量化评分和综合评价。

2.2.7　现场评价组编制由两个阶段评价内容组合成的“电力建设工程地基结构专项评价报告”，并提交受理单位。受理单位组织召开地基结构专项评价审查会议，对现场评价组编制的“电力建设工程地基结构专项评价报告”及相关资料进行核查、审定。

2.2.8　电力建设工程地基结构专项评价审查会议前，申请单位应提交的资料：

（1）地基基础、主体工程质量监督监检意见书及整改明细表（pdf格式扫描件）；

（2）工程主体结构第三方检测机构建筑沉降观测（最近三次）报告（pdf格式扫描件）；

（3）反映地基基础、主体结构等重要部位、主要工序和隐蔽工程施工质量的图片5～8张，包括地基基础结构成型图片、结构一层（或标准层、屋面层）的钢筋绑扎、柱（剪力墙）竖向构件、梁板结构、砌体砌筑成型图片各1张（照片应有题名、JPEG格式、3M及以上）；

（4）电力建设工程地基结构总结报告（简述工程概况、措施执行情况、主要试验检验项目检测情况、验收情况、质量监督部门提出的不符合项及整改情况等。图文并茂，采用PPT格式，时间10～15分钟）。

2.2.9　电力建设工程地基结构专项评价得分应达到85分及以上。

2.3 绿色施工评价

2.3.1　国网直流公司组织各建设单位向中国电力建设企业协会或其他具备资格的受理单位申请备案并提交备案表（附录A），备案通过后组织相关单位与之签订咨询合同。

2.3.2　业主项目部制定绿色施工总体策划并提出量化的实施计划，工程各参建单位制定绿色施工实施细则、专项方案及管理制度，将绿色施工纳入施工组织设计、专业技术方案及措施等相关技术文件中。

2.3.3　绿色施工专项评价的初评由建设管理单位组织主要参建单位完成，初评分为三个阶段：

（1）前期阶段初评（主体工程开工前）；

（2）实施阶段初评（主体工程开工后至整套启动前）；

（3）整体工程初评（工程投产至申请专项评价前）。

2.3.4　各阶段初评结束后，建设管理单位组织填写“电力建设绿色施工专项评价报告”中本阶段初评的相关内容。整体工程初评结束后，形成由三个阶段评价内容组合成的“电力建设绿色施工专项初评报告”。

2.3.5　专项评价申请应在工程通过达标投产且完成整体工程初评后，由直流公司组织各建设管理单位提出申请。

2.3.6　申请单位应向受理单位提交的资料（全部申请资料只需提供电子版文件）：

（1）电力建设绿色施工专项评价申请表（附录D）（word格式及盖章后的pdf格式扫描件）；

（2）绿色施工总体策划（word格式）；

（3）绿色施工专项方案（word格式）；

（4）电力建设绿色施工专项初评报告（附录E）（由三个阶段组合成，word格式）；

（5）涉及绿色施工的主要检测、试验报告（第三方试验单位出具，pdf格式扫描件）；

（6）绿色施工技术应用成果证明文件（涉及绿色施工的获奖文件等，pdf格式扫描件）；

（7）绿色施工总结报告（简述工程概况、绿色施工总体策划及专项方案的执行情况、绿色施工对保证和提升整体工程质量及主要技术经济指标、节能减排指标的成效等。采用PPT格式，10～15分钟）。

2.3.7　受理单位按有关规定对申请资料进行初审。通过初审后进入现场评价阶段。

2.3.8　受理单位组织4～7名覆盖本工程各专业的专家，组成现场评价组，进行现场评价。

2.3.9　现场评价通过检查工程实体质量、核查工程项目文件，重点从工程绿色施工管控水平、资源节约效果、环境保护效果和量化限额控制指标等四个方面，对工程绿色施工的整体水平进行量化评分和综合评价并编制“电力建设绿色施工专项评价报告”。

2.3.10 电力建设绿色施工专项评价得分应达到85分及以上。

2.4 新技术应用评价

2.4.1 直流公司组织各建设管理单位向中国电力建设企业协会或其他具备资格的受理单位申请备案并提交备案表（附录A），备案通过后组织有关单位与之签订咨询合同。

2.4.2 工程各参建单位提出量化的实施计划并编制实施细则，将新技术应用纳入到施工图设计、设备技术协议、施工组织设计、专业技术措施等相关技术文件中。

2.4.3 专项评价由工程建设单位、工程管理单位或工程总承包单位，在工程通过达标投产且由工程建设单位组织主要参建单位完成工程新技术应用专项初评后提出申请。

2.4.4 申请时要提交以下资料（只需提供电子版文件）：

（1）电力建设新技术应用专项评价申请表（附录F）（word格式及盖章后的pdf格式扫描件）；

（2）实施计划与专项措施（word格式）；

（3）过程检查记录（pdf格式扫描件）；

（4）电力建设新技术应用专项初评报告（附录G）（word格式）；

（5）应用成果证明文件（获奖文件、专利及查新报告等，pdf格式扫描件）；

（6）新技术应用总结报告（简述工程概况、新技术成果应用计划及执行情况、主要单项新技术成果应用效果、新技术应用对提升整体工程质量及主要技术经济指标、节能减排指标的成效等。采用PPT格式，10～15分钟）。

2.4.5 受理单位按有关规定对申请资料进行初审。通过初审后进入现场评价阶段。

2.4.6 受理单位组织4～7名覆盖本工程各专业的专家，组成现场评价组，进行现场评价。

2.4.7 现场评价从新技术应用效果和研发成果两个方面，对工程应用与研发新技术的整体水平进行量化评分和综合评价，编制“电力建设新技术应用专项评价报告”。

2.4.8 新技术应用效果评价，通过检查工程实体质量、核查工程项目文件，评价新技术应用对工程实体质量、性能指标、节能减排提升的效果程度；新技术研发成果评价，通过核查获奖文件、专利及工法证书等，评价成果对提升工程质量的作用、推广应用前景、经济及社会效益。

2.4.9 电力建设新技术应用专项评价得分应达到85分及以上。

2.5 质量评价

2.5.1 国网直流公司组织各建设管理单位向中国电力建设企业协会或其他具备资格的受理单位申请备案并提交备案表（附录H），备案通过后组织相关单位与之签订咨询合同。

2.5.2 各施工单位开展本施工项目、部位的自检和评定。

2.5.3　施工单位自检、评定完成后，由现场监理做质量预评价。

2.5.4　工程全部单项工程质量评价、性能试验质量评价、工程综合管理与档案质量评价及工程获奖评价完成后，质量监督通过且获得报告后，由国网直流公司代表各建设管理单位向受理单位提出评价申请。

2.5.5　质量评价总得分85分及以上可以申报中国电力优质工程，总得分92分及以上，可参加国优奖或鲁班奖评选。

质量评价流程见图2–3。

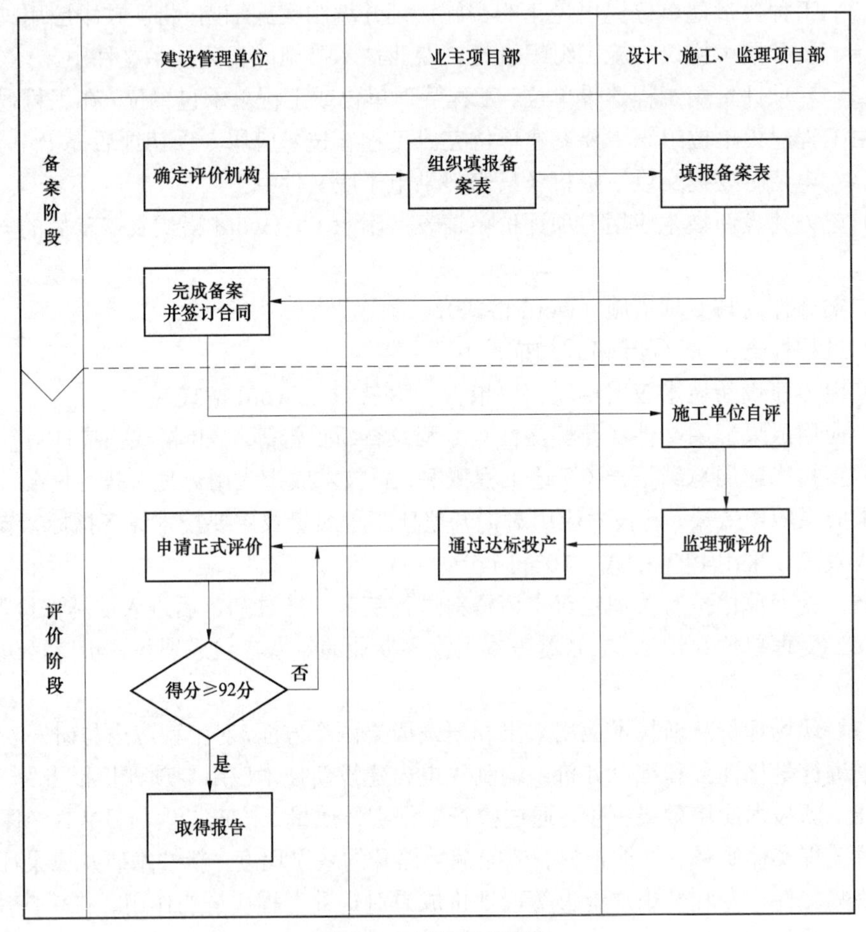

图2–3　质量评价流程

2.6 申报

2.6.1　工程投产并使用一年且不超过三年的，可由建设单位、工程总承包单位或主体施工单位向中国电力建设企业协会申报中国电力优质工程奖。主体工程由两个及以上单位共同承建的，可明确一个主申报单位牵头申报。申报单位应是电力建设企业或中电建协会员单位。

2.6.2　申报单位登录"中国电力优质工程奖网络申报评审系统"，自主注册申报用户，进行工程申报。

2.6.3　申报时要提交下列资料：

（1）中国电力优质工程奖申报表（附录I）。

（2）工程创优简介（1500字以内），内容包括：

1）工程概况；

2）工程建设的合规性；

3）工程质量管理的有效性；

4）建筑、安装工程质量优良的符合性；

5）主要技术经济指标及节能减排的先进性；

6）工程独具的质量特色；

7）工程获奖情况（含专利及省部级以上工法、科技进步、QC成果奖）；

8）经济效益和社会责任。

（3）工程建设合规性证明文件：

1）项目核准文件（建设管理单位协调总部相关部门向发改委获取）；

2）土地使用证（属地省公司向国土行政部门获取），至少应提供土地部门，对申办材料受理并通过审定的报批证明（属地省公司向县级及以上土地行政部门获取）；

3）环境保护验收文件（国网直流公司向环保行政部门获取），至少应提供环境监测报告（国网直流公司向环保行政部门委托的省环境监测中心获取）；

4）水土保持验收文件（国网直流公司向水利行政部门获取），至少应提供水土保持评估报告（国网直流公司向有资质的生态建设评估机构获取）；

5）档案验收文件（建设管理单位向国网公司获取）；

6）消防验收文件（建设管理单位向地方消防部门获取）；

7）竣工财务决算报告（建设管理单位向项目法人单位获取）；

8）工程投产后质量监督评价意见（建设管理单位向电力工程质量监督机构获取）；

9）建设期无一般及以上安全事故证明（建设管理单位向地方安全生产监管部门获取）。

（4）其他相关证明文件：

1）工程移交生产签证书（建设管理单位向启动验收委员会获取）；

2）工程达标投产验收文件（建设单位向国网公司获取）；

3）工程质量评价报告；

4）工程新技术应用专项评价报告；

5）工程绿色施工专项评价报告；

6）工程地基及结构专项评价报告；

7）工程获奖证书（含省部级及以上科技进步奖、QC成果奖等）。

（5）工程照片15张，照片应有题名，JPEG格式，3M及以上。其中工程全貌3张，与工程结构和隐蔽工程相关的3张，主体设备安装工程4张，质量特色部位5张。

（6）反映工程质量特色的专题汇报片，应附配音，播放时长5分钟，MPG格式，300M

及以上。

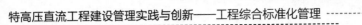

2.6.4　获得中国电力优质工程奖后，由中国电力建设企业协会推荐具有代表性的工程，申报国家级优质工程奖。

2.6.5　根据中国电力建协企业协会推荐意见，申报国家级优质工程奖。

第3章 管 理 制 度

以下管理制度或文件如有更新或替代，以最新版本为准。

（1）国家优质工程评选办法（2016）

（2）中国建设工程鲁班奖（国家优质工程）评选办法（2017年修订）

（3）中国电力优质工程评选办法（2017版）

（4）电力建设工程地基结构专项评价办法（2017试行版）

（5）电力建设绿色施工专项评价办法（2017试行版）

（6）电力建设新技术应用专项评价办法（2017试行版）

（7）输变电工程质量评价标准（2012试行版）

（8）电力建设工法评审办法（2017）

（9）电力建设科学技术进步奖评审办法（2017）

（10）电力建设优秀质量管理QC成果奖评审办法（2017）

（11）电力建设关键技术评审办法（2017）

附录A 地基结构、绿色施工、新技术应用评价备案表（全过程质量控制备案表）

电力建设全过程质量控制示范工程申请备案表

<table>
<tr><td>工程名称</td><td colspan="5"></td></tr>
<tr><td>申请单位</td><td colspan="5"></td></tr>
<tr><td>规模容量</td><td colspan="3"></td><td>批准概算</td><td>（万元）</td></tr>
<tr><td>工程核准批文</td><td colspan="3">（核准部门文号）</td><td>工程所属集团</td><td></td></tr>
<tr><td>工程开工时间</td><td colspan="3"></td><td>计划竣工时间</td><td></td></tr>
<tr><td>目前工程进度</td><td colspan="5">（形象进度简要描述）</td></tr>
<tr><td>创优目标
（可多选）</td><td colspan="5">电力行优□安装之星□鲁班奖□国优奖□国优金奖□</td></tr>
<tr><td rowspan="3">备案工作内容</td><td colspan="5">1. 工程质量管理及标准宣贯培训　2. 工程质量管理、技术文件咨询指导
3. 工程实体质量咨询检查指导　4. 工程档案（项目文件）咨询检查指导
5. 工程达标投产咨询指导　6. 工程质量评价咨询指导
7. 新技术应用示范工程咨询验收　8. 绿色施工示范工程咨询验收
9. 地基结构中间咨询检查评价　10. 其他</td></tr>
<tr><td colspan="5">单项（单次）内容（仅单项、单次填写此项）</td></tr>
<tr><td colspan="5">预计进行现场咨询（培训）次</td></tr>
<tr><td rowspan="5">工程地点</td><td colspan="2">项目地址</td><td colspan="3"></td></tr>
<tr><td colspan="2">最近机场</td><td colspan="3"></td></tr>
<tr><td colspan="2">距离（km）</td><td></td><td>车程（h）</td><td></td></tr>
<tr><td colspan="2">最近高铁站</td><td colspan="3"></td></tr>
<tr><td colspan="2">距离（km）</td><td></td><td>车程（h）</td><td></td></tr>
<tr><td rowspan="7">申请单位
联系方式</td><td rowspan="3">第一联
系人</td><td>姓名</td><td></td><td>职务</td><td></td></tr>
<tr><td>座机</td><td></td><td>传真</td><td></td></tr>
<tr><td>手机</td><td></td><td>邮箱</td><td></td></tr>
<tr><td rowspan="3">第二联
系人</td><td>姓名</td><td></td><td>职务</td><td></td></tr>
<tr><td>座机</td><td></td><td>传真</td><td></td></tr>
<tr><td>手机</td><td></td><td>邮箱</td><td></td></tr>
<tr><td colspan="2">通信地址</td><td></td><td>邮编</td><td></td></tr>
</table>

续表

<table>
<tr><td rowspan="5">主要设备信息（根据工程类别填写）</td><td>设备名称</td><td>生产厂家</td><td>产品型号</td><td>技术特色</td></tr>
<tr><td></td><td></td><td></td><td></td></tr>
<tr><td></td><td></td><td></td><td></td></tr>
<tr><td></td><td></td><td></td><td></td></tr>
<tr><td></td><td></td><td></td><td></td></tr>
<tr><td rowspan="9">主要参建单位</td><td>单位类别</td><td>单位名称</td><td>合同范围</td><td>合同金额（万元）</td></tr>
<tr><td>建设单位</td><td></td><td></td><td></td></tr>
<tr><td>监理单位</td><td></td><td></td><td></td></tr>
<tr><td>总承包单位</td><td></td><td></td><td></td></tr>
<tr><td>设计单位</td><td></td><td></td><td></td></tr>
<tr><td rowspan="3">施工单位</td><td></td><td></td><td></td></tr>
<tr><td></td><td></td><td></td></tr>
<tr><td></td><td></td><td></td></tr>
<tr><td>调试单位</td><td></td><td></td><td></td></tr>
<tr><td colspan="5">工程简介（1000字以内）：</td></tr>
<tr><td colspan="5">申请单位意见：

申请单位（盖章）

年　月　日</td></tr>
<tr><td colspan="5">审核评审意见：

（盖章）

年　月　日</td></tr>
</table>

附录B 电力建设工程地基结构专项评价报告

电力建设工程地基结构专项评价报告

工程名称

申请单位

评价单位

地基基础工程评价时间

主体结构工程评价时间

中国电力建设企业协会制

编　制　说　明

一、本报告为电力建设工程地基结构专项评价初评及受理单位（机构）现场评价时共用，评价按地基基础工程、主体结构工程两个阶段分别进行。

二、本工程不涉及的评价内容，不纳入评价统计；根据工程实际情况，可增加续编评价内容条目，并纳入评价统计。

三、地基基础及主体结构专项评价检查要点

1. 施工项目管理

（1）主要核查项目的组织机构及其编制的管理文件、措施，对于实现项目质量目标的指导与控制作用；

（2）结合结构专业特点核查项目组织机构对其生产要素管理、现场管理等的组织协调情况；

（3）重点核查施工组织设计、施工方案、技术交底措施和质量体系在结构施工过程中，对质量管理的运行程序及管理行为、水平、成果的有效性。

2. 项目的组织机构

（1）主要核查组织机构、质量体系、人员资格等与项目的规模、结构专业特点是否相适应，管理规划、内容、程序是否满足项目管理要求。

（2）主要核查部门职责分工是否明确，制度、措施是否可行。

（3）核查质量控制、材料、技术、现场管理和人力资源管理是否到位，岗位责任是否落实。

3. 施工组织设计

（1）重点核查是否符合国家能源政策导向、国家现行法规及标准规定和设计要求。

（2）直接涉及结构工程的内容是否符合工程实际，对地基基础、主体结构工程施工是否具有合理的指导性。

（3）核查施工组织设计中工程概况、施工部署、主要施工方法、进度、资源配置、施工技术组织措施、技术经济指标、施工现场平面图等内容与工程性质、规模、特点和施工条件是否具有针对性。

（4）核查需经外部专家论证高危作业专项方案编制清单。

4. 施工方案

（1）主要核查是否符合施工组织设计、现行标准规定和设计要求。

（2）核查施工方案中，分部、分项重点工程、关键施工工艺或季节性施工等的具体方案和技术措施。

（3）核查施工方案中工程范围、施工部署、施工组织、施工方法、工艺流程和材料、质量要求等是否具有较强的针对性和实用性。

（4）对于超过一定规模的危险性较大的分部分项工程，核查专项方案编、审、批是否符合要求。

5. 技术交底

（1）技术交底应是施工组织设计和施工方案的具体化，应按项目施工阶段进行前期交底或过程交底。

（2）应有设计交底、施工组织设计交底、分部、分项工程施工技术交底等。

6. 地基及基础

（1）核查灌注桩验收检测数量及方法是否满足现行标准规定（包括桩身的完整性和单桩地基承载力），按施工图桩数和有资质的检测单位出具的报告中的检测数填写并注明出具单位和报告编号。

（2）核查单桩承载力、桩身的完整性、单桩抗拔力检验报告是否满足设计及标准的要求，按有资质的检测单位出具的报告内容填写并注明出具单位和报告编号。抗拔力主要是针对烟囱、变电构架、风机基础和输电铁塔基础。

（3）核查复合地基验收检测数量及方法是否满足现行标准规定；在设计有要求时是否进行了进行竖向增强体及周边土的质量检验。

（4）核查复合地基承载力检测结论是否符合设计要求；按有资质的检测单位出具的报告内容填写并注明出具单位和报告编号。

（5）核查目前沉降观测记录值，主要是针对主厂房（主控楼）、钢筋混凝土烟囱、汽轮发电机基座、双曲线冷却塔、主变压器及GIS基础、风机基础和输电铁塔基础等主要建筑施工过程沉降有无突变及是否满足设计要求及标准规定。

（6）核查目前位移观测记录值，主要是针对码头、沉井等水工构筑物在施工期间位移值有无突变和是否满足设计要求及标准规定。

7. 钢筋工程

（1）主要是核查钢筋原材料、半成品加工和安装绑扎质量。重点核查钢筋的品种、规格、形状、尺寸、位置、间距、数量、节点构造，接头连接方式，连接质量、接头位置、数量及其占同截面的百分率、保护层厚度等。

（2）主要核查钢筋原材料（含钢筋、钢丝、预应力筋、钢绞线、钢板、型钢及焊条、焊剂等）的质量证明文件和抽样检验报告是否符合设计要求及标准规定。

（3）焊接接头（电弧焊、闪光对焊、电渣压力焊等）质量应符合《钢筋焊接及验收规程》（JGJ 18）的规定，核查焊接工艺试验及抽检报告。焊工必须经过培训考试合格且持有焊接资格证书。

（4）机械连接接头质量应符合《钢筋机械连接技术规程》（JGJ l07）的规定，核查钢筋机械连接工艺检验及抽检报告。钢筋机械连接操作人员应经过技术培训考试合格，具有岗位资格证书。

（5）预埋铁件加工质量应符合设计要求，埋件所用的钢板与锚筋电弧焊接牢固，焊口质量合格，并核查焊接工艺试验及抽检报告。

8. 混凝土工程

（1）重点核查的内容从混凝土原材料、搅拌、运输、浇注、振捣至结构工程脱模养护的全过程质量，核查施工项目管理及施工资料。

（2）核查混凝土的强度等级、功能性（抗渗、抗冻，大体积混凝土）、耐久性（氯离子、碱含量）、工作度（稠度、泵送、早强、缓凝）等均应符合设计要求和标准规定，并应满足施工操作需要。

（3）核查预拌混凝土生产供应单位的企业资质等级及营业范围、预拌混凝土的技术合同、混凝土配合比、订货单、出厂合格证、发货单、交货检验计划、跟踪台账，应符合《预拌混凝土》（GB/T 14902）规定。混凝土质量应符合《混凝土质量控制标准》（GB 50164）。

（4）混凝土拌合物的原材料（水泥、砂、石、水）、外加剂、掺合料的质量必须符合标准规定，并有产品出厂合格证明和进场复验报告。

（5）预制装配混凝土结构构件的生产单位应具备相应企业资质等级。

（6）核查混凝土同条件养护试件的养护记录、强度及强度评定记录。

（7）核查结构钢筋保护层厚度是否满足设计要求及规范规定，悬臂构件的检测比例是否达到50%。

（8）核查现场预制混凝土构件是否进行结构实体的性能试验并合格。

9. 钢结构

（1）钢结构材料质量核查范围包括：钢材，钢铸件，焊接材料，连接紧固标准件，焊接球、螺栓球、封板、锥头、套筒，压型板和防腐、防火涂装材料等。

（2）核查钢结构原材料、半成品或成品的质量证明文件及进场抽样检验报告。

（3）建筑结构安全等级为一级和大跨度钢结构主要受力构件的材料或进口钢材，均应依据标准规定核查其复验报告。

（4）核查焊接材料、连接紧固标准件等材料的质量证明文件、标志及检验报告。

（5）核查承包或分包的加工制作单位，是否具备与钢结构工程技术特点、规模相适应的企业资质。核查首次采用的钢材、焊接材料及其焊接方法，应按标准要求进行焊接工艺评定。焊工必须经培训考试合格、持证施焊。

（6）一、二级焊缝和焊接球节点焊缝或螺栓球节点网架焊缝等应按设计要求及标准规定采用超声探伤或射线探伤。

（7）核查钢结构件采用高强度螺栓连接的摩擦面是否按标准进行抗滑移系数试验，并有试验和复验报告；各型高强度螺栓连接副的施拧方法和螺栓外露丝扣等应符合标准规定。核查所用扭矩扳手是否经计量检定。

（8）建筑结构安全等级为一级，跨度在 40m 及其以上的网架，采用焊接球节点或螺栓球节点的网架结构，应按标准规定进行节点承载力试验且合格。

（9）核查网架结构总拼装及屋面工程完成后所测挠度值，是否在设计相应值的 1.15 倍以内。

（10）核查钢结构安装后的防腐涂装、防火涂料的粘结强度、涂层厚度等是否符合设计要求和标准规定。

10. 砌体结构

（1）重点核查砖和小砌块的规格尺寸、强度等级、生产龄期、棱角、色泽状况以及材料质量证明文件及抽样检验报告。

（2）核查砌筑砂浆是否按配合比进行计量搅拌，并有砂浆强度试验报告。

（3）核查砌体的水平灰缝、竖缝砂浆饱满度是否满足标准的规定。

（4）砌体挡墙是否按设计或标准的要求留置泄水孔和反滤层。

11. 主体结构变形观测

（1）沉降观测记录值与地基检查内容中沉降速率主要核查有无沉降突变；如该阶段全部荷载尚未到位此内容仅作参考。

（2）重点核查总沉降量是否已超过设计的最大沉降量。

（3）重点核查烟囱、风机、汽机基座、冷却塔、风塔、GIS 基础等重要结构的沉降差是否在设计范围内。

（4）核查沉降观测单位资质、施测人员的资格、测量器具、测量记录及报告是否符合相关规定。

四、“质量、技术管理项目文件”质量管理制度、方案、措施应适宜、有效，实施效果显著，评档评分规定为：

（1）评价优良的，取一档 100%～85%（含 85%）；

（2）评价合格的，取二档 85%～70%（含 70%）；

（3）未达到二档的，取三档 70%以下。

五、“地基与桩基、基础混凝土结构、基础砌体结构、地下防水结构、混凝土结构、钢结构、砌体结构、防水结构”评档评分规定为：

（1）符合标准规定，试验检验规范，优于标准值或设计值 5%及以上的，取一档 100%～85%（含 85%）；

（2）符合标准规定，满足标准值或设计值要求的，取二档 85%～70%（含 70%）；

（3）未达到二档的，取三档 70%以下。

六、评档评分其他规定：

（1）评价项目中所含的任一评价内容的评价得分为三档，该评价项目的上限得分不得评价为一档。

（2）主厂房为混凝土结构时，主体结构工程评价应得分值：混凝土结构 40 分，钢结构 30 分；主厂房为钢结构时，主体结构工程评价应得分值：钢结构 40 分，混凝土结构 30 分。

七、本报告的支持性资料，见《电力建设工程地基结构专项评价办法（2017 试行版）》“第十二条申请应提交的资料”及“第二十四条电力建设工程地基结构专项评价审查会议前，申请单位应提交的资料”。

工程名称				
建设地点				
建筑类型	工业建筑		建筑面积	m^2
	构筑物			
主体结构类型			层数（高度）	
申请单位				
建设单位				
总承包单位				
运营单位				
主要参建单位			承包范围	
设计单位				
监理单位				
施工单位				
调试单位				
工程核准批文	（核准部门文号）			
批准动态概算或执行概算	（万元）		竣工决算	（万元）
工程总建安工作量	（万元）		工程所属集团	
工程开工时间	年　月　日		最后一台机组移交生产时间	年　月　日
地基与基础（含桩基）完工时间	年　月　日		主体结构封顶时间	年　月　日
主要设备情况	设备名称	生产厂家	产品型号	技术特色
以下内容，根据工程类型选择填写				
火电工程	装机总容量	（MW）	单机容量	（MW）
	台数	（台）	主厂房垫层首次浇灌时间	
	批准每千瓦造价	（万元/kW）	实际每千瓦造价	（万元/kW）

续表

<table>
<tr><td colspan="2" rowspan="4">水电水利工程
（含抽水蓄能）</td><td>装机总容量</td><td colspan="3">（MW）</td></tr>
<tr><td>单机容量</td><td>（MW）</td><td>台数</td><td>（台）</td></tr>
<tr><td>工程截流日期</td><td>年　月　日</td><td>主体开工日期</td><td>年　月　日</td></tr>
<tr><td>工程蓄水日期</td><td>年　月　日</td><td>第一台机组投产
移交日期</td><td>年　月　日</td></tr>
<tr><td rowspan="11">输变电工程</td><td colspan="2">电压等级</td><td colspan="3">（kV）</td></tr>
<tr><td rowspan="6">变电站、
换流站
工程</td><td>变电站</td><td colspan="3">（座）</td></tr>
<tr><td>主变压器容量</td><td>（kVA）</td><td>主变压器台数</td><td>（台）</td></tr>
<tr><td>高抗容量</td><td></td><td>本期无功补偿
容量</td><td></td></tr>
<tr><td>工程占地总面积</td><td></td><td>围墙内占地面积</td><td></td></tr>
<tr><td>站内建筑物
建筑面积</td><td></td><td>主控楼
建筑面积</td><td></td></tr>
<tr><td rowspan="4">线路工程</td><td>线路总长度</td><td>（km）</td><td>线路起止地点</td><td></td></tr>
<tr><td>线路</td><td>（段）</td><td>每段线路长度</td><td>（km）</td></tr>
<tr><td>同塔回路数</td><td>（回）</td><td>杆塔总数</td><td>（基）</td></tr>
<tr><td>大跨越个数</td><td>（个）</td><td>大跨越长度</td><td>（km）</td></tr>
<tr><td colspan="2" rowspan="4">风电工程</td><td>总容量</td><td colspan="3">（MW）</td></tr>
<tr><td>单机容量</td><td>（MW）</td><td>台数</td><td>（台）</td></tr>
<tr><td>工程占地总面积</td><td></td><td>第一台风机
投运时间</td><td>年　月　日</td></tr>
<tr><td>批准单位造价</td><td></td><td>实际单位造价</td><td></td></tr>
<tr><td colspan="2" rowspan="4">光伏工程
（含光热）</td><td>总容量</td><td colspan="3">（MW）</td></tr>
<tr><td>组件容量</td><td>（MW）</td><td>台数</td><td>（台）</td></tr>
<tr><td>工程占地总面积</td><td></td><td>第一个光伏
方阵投运时间</td><td>年　月　日</td></tr>
<tr><td>批准单位造价</td><td></td><td>实际单位造价</td><td></td></tr>
<tr><td colspan="2" rowspan="2">储能等其他新能
源工程（含分布式
能源）</td><td>总容量</td><td>（MW）</td><td>类型</td><td></td></tr>
<tr><td>说明</td><td colspan="3"></td></tr>
<tr><td colspan="6">以上内容，评审时通过系统自动生成，与申请表相关内容一致。</td></tr>
</table>

地基基础工程评价											
序号	评价内容	核查情况				质量程度（%）			应得分（本标准给定的分数）	实得分（应得分×质量程度%）	备注
		具体部位/系统名称	档案号/项目文件号	标准值/设计值	实测值或结论	一档 100～85（含85）	二档 85～70（含70）	三档 70以下			
一	质量、技术管理项目文件								100		
1	质量管理								50		
（1）	创优策划、质量目标及预控措施								5		
（2）	组织机构，质量体系及过程控制措施								5		
（3）	管理文件措施贯彻实施的严肃性								5		
（4）	管理工作对地基基础质量的成效								5		
（5）	是否使用国家明令禁止的技术、材料及半成品								5		
（6）	施工资料整理及时性、审签手续完备性								5		
（7）	施工资料内容齐全，真实性及准确性								5		
（8）	施工资料管理水平								5		
（9）	质量监督专家意见的整改情况								10		
2	技术管理								50		
（1）	施工组织设计、专业施工组织设计及指导性								10		
（2）	施工方案的针对性								5		
（3）	技术交底的可行性								5		
（4）	施工管理文件资料								5		
（5）	施工现场技术准备资料								5		

续表

地基基础工程评价											
序号	评价内容	核查情况				质量程度（%）			应得分（本标准给定的分数）	实得分（应得分×质量程度%）	备注
		具体部位/系统名称	档案号/项目文件号	标准值/设计值	实测值或结论	一档 100～85（含85）	二档 85～70（含70）	三档 70以下			
（6）	施工现场5m以上深基坑的施工方案是否进行外部专家论证								10		
（7）	重大设计变更记录								10		
二	地基与桩基								100		
1	灌注桩地基检测								15		
（1）	灌注桩验收检测数量及方法是否满足现行标准规定（包括桩身的完整性和单桩地基承载力）			完整性检测方法： 总桩数：根 检测数：根 占总桩数比例：% 承载力检测方法： 检测数：根 占总桩数比例：%					4		
（2）	桩身的完整性 检验桩身的密实度是否满足设计要求（是否有桩身完整性检测报告、记录Ⅰ类桩、Ⅱ类桩各是多少、有无Ⅲ类以上桩）			Ⅰ类桩数量：根占 % Ⅱ类桩数量：根占 % Ⅲ类以上桩：根占 %					4		
（3）	单桩地基承载力检查静载荷试验报告，记录单桩承载力是否符合设计要求								4		
（4）	单桩抗拔力检查单桩抗拔力（烟囱、构架、风塔桩基）是否符合设计要求								3		
2	打入桩地基检测								15		

续表

地基基础工程评价												
序号	评价内容	核查情况				质量程度（%）			应得分（本标准给定的分数）	实得分（应得分×质量程度%）	备注
		具体部位/系统名称	档案号/项目文件号	标准值/设计值	实测值或结论	一档 100～85（含85）	二档 85～70（含70）	三档 70以下			
（1）	打入桩验收检测数量及方法是否满足现行标准规定（包括桩身的完整性和单桩地基承载力）			完整性检测方法： 总桩数：根 检测数：根 占总桩数比例： % 承载力检测方法： 检测数：根 占总桩数比例： %					4		
（2）	桩身的完整性 是否有桩身完整性检测报告、记录Ⅰ类桩、Ⅱ类桩各是多少、有无Ⅲ类以上桩			Ⅰ类桩数量：根占 % Ⅱ类桩数量：根占 % Ⅲ类以上桩：根占 %					4		
（3）	单桩地基承载力检查静载荷试验报告或高应变检验报告，记录单桩承载力是否符合设计要求								4		
（4）	单桩抗拔力 检查单桩抗拔力（烟囱、构架、风塔桩基）是否符合设计要求								3		
3	复合地基								15		
（1）	验收检测数量及方法是否满足现行标准规定								7		
（2）	承载力检测是否符合设计要求								8		
4	湿陷性黄土试验检测是否符合设计要求								5		
5	目前沉降、位移观测记录值								20		
（1）	主厂房（主控楼）			最大值： mm 最小值： mm 相对沉降差： mm					4		

续表

地基基础工程评价												
序号	评价内容	核查情况				质量程度（%）			应得分（本标准给定的分数）	实得分（应得分×质量程度%）	备注
		具体部位/系统名称	档案号/项目文件号	标准值/设计值	实测值或结论	一档 100～85（含85）	二档 85～70（含70）	三档 70以下			
（2）	钢筋混凝土烟囱			最大值： mm 最小值： mm 相对沉降差： mm					4		
（3）	汽轮发电机基座			最大值： mm 最小值： mm 相对沉降差： mm					3		
（4）	双曲线冷却塔			最大值： mm 最小值： mm 相对沉降差： mm					4		
（5）	主变及 GIS 基础			最大值： mm 最小值： mm 相对沉降差： mm					2		
（6）	码头、沉井等构筑物								3		
6	重要报告								30		
（1）	工程地质勘测报告								5		
（2）	试桩报告								4		
（3）	测量记录								3		
（4）	回填土击实试验及密实度的检测报告								2		
（5）	使用的材料质量证明和进场复验报告								2		
（6）	混凝土强度检测报告								3		
（7）	地基处理记录、桩基施工记录								2		
（8）	钢筋连接检测记录、钢筋接头工艺检验报告								2		
（9）	打（压）桩电弧焊接头检测记录								2		
（10）	隐蔽工程记录								3		

续表

地基基础工程评价											
序号	评价内容	核查情况				质量程度（%）			应得分（本标准给定的分数）	实得分（应得分×质量程度%）	备注
		具体部位/系统名称	档案号/项目文件号	标准值/设计值	实测值或结论	一档 100～85（含85）	二档 85～70（含70）	三档 70以下			
（11）	分项、分部工程质量验收记录								2		
三	基础混凝土结构								100		
1	各种原材料出厂合格证、进场复验报告，构件出厂合格证、进场验收								15		
2	预应力筋锚夹具、连接器合格证进场验收及复验报告								10		
3	钢筋连接检测记录，钢筋接头工艺检验报告								10		
4	隐蔽工程记录								10		
5	工程测量记录								10		
6	混凝土强度检测记录（包括抗渗、抗冻检测记录）								10		
7	工程质量验收记录（含分项、分部、检验批的验收）								10		
8	大体积混凝土								15		
（1）	水泥水化热检测报告								8		
（2）	测温记录								7		
9	后浇带施工								10		
（1）	间隔时间应符合设计要求								5		
（2）	强度高于两侧混凝土强度一级（查阅报告）								5		
四	基础砌体结构								100		
1	原材料出厂合格证、进场验收及复试报告（包括水泥、砂、外加剂、砌块）								20		

续表

地基基础工程评价											
序号	评价内容	核查情况				质量程度（%）			应得分（本标准给定的分数）	实得分（应得分×质量程度%）	备注
		具体部位/系统名称	档案号/项目文件号	标准值/设计值	实测值或结论	一档 100～85（含85）	二档 85～70（含70）	三档 70以下			
2	砂浆配比和强度检验报告								20		
3	水平灰缝砂浆饱满度检测记录								20		
4	隐蔽工程验收记录								20		
5	检验批、分项、分部质量验收记录								20		
五	地下防水结构								100		
1	混凝土结构抗渗检验报告								20		
2	防水材料合格证、进场验收及复试报告								20		
3	防水层施工及质量验收记录								20		
4	防水层保护情况，有无破损								20		
5	蓄水构筑物满水试验记录								20		

第一阶段地基基础工程评价	评价项目	质量、技术管理项目文件	地基与桩基	基础混凝土结构	基础砌体结构	地下防水结构
	实得分					
	应得分	100	100	100	100	100
	权重	20	50	20	5	5

第一阶段（地基基础工程）评价实得分＝Σ各评价项目实得分/应得分×各评价项目权重=　　　分
工程现场评价结论（200字以内）：
地基基础工程现场评价组成员（3～5人）：
地基基础工程现场评价组组长（签字）：
年　月　日

续表

主体结构工程评价											
序号	评价内容	核查情况				质量程度（%）			应得分（本标准给定的分数）	实得分（应得分×质量程度%）	备注
		具体部位/系统名称	档案号/项目文件号	标准值/设计值	实测值或结论	一档100～85（含85）	二档85～70（含70）	三档70以下			
一	质量、技术管理项目文件								100		
1	质量管理								50		
（1）	创优策划、质量目标和预控措施								5		
（2）	组织机构，质量体系过程控制措施								5		
（3）	管理文件措施贯彻实施的严肃性								5		
（4）	管理工作对主体结构质量的成效								5		
（5）	是否使用国家明令禁止的技术、材料及半成品								5		
（6）	施工资料整理及时性、审签手续完备性								5		
（7）	施工资料内容齐全，真实性、准确性								5		
（8）	施工资料管理水平								5		
（9）	质量监督专家意见的整改情况								10		
2	技术管理								50		
（1）	施工组织设计、专业施工组织设计的指导性								10		
（2）	施工方案的针对性								5		
（3）	技术交底的可行性								5		
（4）	施工管理文件资料								5		
（5）	施工现场准备技术资料								5		

续表

主体结构工程评价											
序号	评价内容	核查情况				质量程度（%）			应得分（本标准给定的分数）	实得分（应得分×质量程度%）	备注
		具体部位/系统名称	档案号/项目文件号	标准值/设计值	实测值或结论	一档 100～85（含85）	二档 85～70（含70）	三档 70以下			
（6）	危险性较大的分部、分项工程施工方案是否进行外部专家论证（上部结构）								10		
（7）	重大设计变更记录								10		
二	混凝土结构								100		
1	目前沉降、位移观测记录值（最大值、最小值、相对沉降差和沉降速率）								15		
（1）	主厂房（主控楼）			最大值： mm 最小值： mm 相对沉降差： mm 沉降速率： mm/d					4		
（2）	钢筋混凝土烟囱			最大值： mm 最小值： mm 相对沉降差： mm 沉降速率： mm/d					4		
（3）	汽轮发电机基座			最大值： mm 最小值： mm 相对沉降差： mm 沉降速率： mm/d					3		
（4）	双曲线冷却塔			最大值： mm 最小值： mm 相对沉降差： mm 沉降速率： mm/d					3		
（5）	主变压器及GIS基座			最大值： mm 最小值： mm 相对沉降差： mm 沉降速率： mm/d					1		
2	工程测量记录								10		
（1）	主体结构垂直度偏差（mm）								5		
（2）	烟囱垂直度偏差（mm）								5		

续表

主体结构工程评价											
序号	评价内容	核查情况				质量程度（%）			应得分（本标准给定的分数）	实得分（应得分×质量程度%）	备注
		具体部位/系统名称	档案号/项目文件号	标准值/设计值	实测值或结论	一档 100～85（含85）	二档 85～70（含70）	三档 70以下			
3	主体结构实体检验								20		
（1）	混凝土同条件试件强度检测记录、温度记录、非破损检测记录								4		
（2）	结构实体钢筋保护层厚度检验记录								4		
（3）	现场预制构件的实体检验记录								4		
（4）	确定重要梁、板结构部位的技术文件								4		
（5）	结构位置与尺寸偏差的检验记录								4		
4	大体积混凝土								10		
（1）	水泥水化热检测报告								5		
（2）	测温记录								5		
5	钢筋连接检测记录								16		
（1）	焊接连接工艺检验								4		
（2）	焊接连接抽检								4		
（3）	机械连接工艺检验								4		
（4）	机械连接抽检								4		
6	后浇带施工								9		
（1）	间隔时间应符合设计要求								4		
（2）	强度高于两侧混凝土强度一级（查阅报告）								5		
7	重要报告、施工记录								20		
（1）	各种原材料出厂合格证、进场复验报告，构件出厂合格证、进场验收								3		

续表

主体结构工程评价											
序号	评价内容	核查情况				质量程度（%）			应得分（本标准给定的分数）	实得分（应得分×质量程度%）	备注
		具体部位/系统名称	档案号/项目文件号	标准值/设计值	实测值或结论	一档 100～85（含85）	二档 85～70（含70）	三档 70以下			
（2）	预应力筋锚夹具、连接器合格证、进场验收及复验报告								3		
（3）	回填土击实试验及密实度的检测报告								4		
（4）	混凝土强度检测报告（包括抗渗、抗冻检测报告）								4		
（5）	隐蔽工程记录								4		
（6）	分项、分部工程质量验收记录								2		
三	钢结构								100		
1	钢结构安装工艺、安装尺寸偏差（轴线、标高、垂直偏差、变形）								10		
2	现场焊接及焊缝无损检测								20		
（1）	Ⅰ焊缝探伤比例100%								10		
（2）	Ⅱ焊缝探伤比例20%								10		
3	高强螺栓连接副紧固质量检测								15		
（1）	扭矩法紧固			终拧扭矩偏差 $\Delta T \leqslant 5\%T$，占　　% 终拧扭矩偏差 $5\%T < \Delta T \leqslant 10\%$ T，占　　%					5		
（2）	转角法紧固			终拧角度偏差 $\Delta\theta \leqslant 5°$，占　　% 终拧扭矩偏差 $5° < \Delta\theta \leqslant 10°$，占　　%					5		
（3）	扭剪型高强度螺栓施工扭矩			尾部梅花头未拧掉比例，$\Delta \leqslant 2\%$，占　　% 尾部梅花头未拧掉比例，$2\% < \Delta \leqslant 5\%$，占　　%					5		

续表

主体结构工程评价											
序号	评价内容	核查情况				质量程度（%）			应得分（本标准给定的分数）	实得分（应得分×质量程度%）	备注
		具体部位/系统名称	档案号/项目文件号	标准值/设计值	实测值或结论	一档 100～85（含 85）	二档 85～70（含 70）	三档 70 以下			
4	空间网格结构								15		
（1）	结构的挠度测量记录								6		
（2）	结构的现场拼装记录								3		
（3）	高强螺栓硬度试验报告								3		
（4）	连接节点的承载力试验现场复验报告								3		
5	防火、防腐涂料								10		
（1）	涂刷遍数记录								5		
（2）	厚度检测报告								5		
6	彩钢围护结构								5		
（1）	彩钢板及镀锌檩条进场合格证								2		
（2）	镀锌檩条的连接方式是否符合设计要求								3		
7	重要报告、施工记录								25		
（1）	钢结构原材料出厂报告、进场复验报告								2		
（2）	焊接材料出厂合格证、进场复试报告								2		
（3）	防腐、防火涂料合格证、进场复试报告								2		
（4）	加工构件合格证及现场验收记录								2		
（5）	钢结构制作质量验收记录								3		

续表

主体结构工程评价											
序号	评价内容	核查情况				质量程度（%）			应得分（本标准给定的分数）	实得分（应得分×质量程度%）	备注
		具体部位/系统名称	档案号/项目文件号	标准值/设计值	实测值或结论	一档 100～85（含85）	二档 85～70（含70）	三档 70以下			
(6)	钢结构组合质量验收记录								3		
(7)	高强螺栓检测报告								3		
(8)	连接副扭矩系数检测报告								2		
(9)	连接面抗滑移系数检测报告								2		
(10)	高强度螺栓施工记录								2		
(11)	分项、分部工程质量验收记录								2		
四	砌体结构								100		
1	原材料出厂合格证、进场验收及复试报告（包括水泥、砂、外加剂、砌块）								20		
2	砂浆配比和强度检验报告								20		
3	水平灰缝砂浆饱满度检测记录								20		
4	隐蔽工程验收记录								20		
5	检验批、分项、分部质量验收记录								20		
五	防水结构								100		
1	混凝土结构抗渗试验报告								20		
2	防水材料合格证、进场验收及复试报告								15		

续表

主体结构工程评价											
序号	评价内容	核查情况				质量程度（%）			应得分（本标准给定的分数）	实得分（应得分×质量程度%）	备注
		具体部位/系统名称	档案号/项目文件号	标准值/设计值	实测值或结论	一档 100～85（含85）	二档 85～70（含70）	三档 70以下			
3	防水层施工及质量验收记录								15		
4	防水层保护有无破损								10		
5	蓄水构筑物满水试验记录								20		
6	冷却塔上部有无渗漏水现象								20		

第二阶段主体结构工程评价	评价项目	质量、技术管理项目文件	混凝土结构	钢结构	砌体结构	防水结构
	实得分					
	应得分	100	100	100	100	100
	权重	10	40（30）	30（40）	10	10

第二阶段（主体结构工程）评价实得分＝Σ各评价项目实得分/应得分×各评价项目权重=　　分

工程现场评价结论（200字以内）：

主体结构工程现场评价组成员（3～5人）：

主体结构工程现场评价组组长（签字）：

年　月　日

工程地基结构专项评价

工程地基结构专项评价总得分=地基基础工程评价实得分×50%＋主体结构工程评价实得分×50%＝　分

会议评审结论意见（200字以内）：

申请受理单位（机构）（公章）：

年　月　日

附录C　电力建设工程地基结构专项评价申请表

电力建设工程地基结构专项评价申请表

工程名称

申请单位（公章）

地基基础主要施工单位（公章）

主体结构主要施工单位（公章）

申请时间

中国电力建设企业协会制

<table>
<tr><td>工程名称</td><td colspan="4"></td></tr>
<tr><td>建设地点</td><td colspan="4"></td></tr>
<tr><td rowspan="2">建筑类型</td><td>工业建筑</td><td></td><td>建筑面积</td><td>m^2</td></tr>
<tr><td>构筑物</td><td></td><td>垂直高度</td><td>m</td></tr>
<tr><td>主体结构类型</td><td colspan="2"></td><td>层数（高度）</td><td></td></tr>
<tr><td>申请单位</td><td colspan="4"></td></tr>
<tr><td>建设单位</td><td colspan="4"></td></tr>
<tr><td>总承包单位</td><td colspan="4"></td></tr>
<tr><td>运营单位</td><td colspan="4"></td></tr>
<tr><td colspan="4">主要参建单位</td><td>承包范围</td></tr>
<tr><td>设计单位</td><td colspan="3"></td><td></td></tr>
<tr><td>监理单位</td><td colspan="3"></td><td></td></tr>
<tr><td rowspan="2">施工单位</td><td colspan="3"></td><td></td></tr>
<tr><td colspan="3"></td><td></td></tr>
<tr><td>调试单位</td><td colspan="3"></td><td></td></tr>
<tr><td>工程核准批文</td><td colspan="4">（核准部门文号）</td></tr>
<tr><td>批准动态概算或执行概算</td><td colspan="2">（万元）</td><td>竣工决算</td><td>（万元）</td></tr>
<tr><td>工程总建安工作量</td><td colspan="2">（万元）</td><td>工程所属集团</td><td></td></tr>
<tr><td>工程开工时间</td><td colspan="2">年　月　日</td><td>最后一台机组移交生产时间</td><td>年　月　日</td></tr>
<tr><td>地基与基础（含桩基）完工时间</td><td colspan="2">年　月　日</td><td>主体结构计划完工时间</td><td>年　月　日</td></tr>
<tr><td colspan="5">以下内容，根据工程类型选择填写</td></tr>
<tr><td rowspan="3">火电工程</td><td>装机总容量</td><td>（MW）</td><td>单机容量</td><td>（MW）</td></tr>
<tr><td>台数</td><td>（台）</td><td>主厂房垫层首次浇灌时间</td><td></td></tr>
<tr><td>批准每千瓦造价</td><td>（万元/kW）</td><td>实际每千瓦造价</td><td>（万元/kW）</td></tr>
<tr><td rowspan="4">水电水利工程（含抽水蓄能）</td><td>装机总容量</td><td colspan="3">（MW）</td></tr>
<tr><td>单机容量</td><td>（MW）</td><td>台数</td><td>（台）</td></tr>
<tr><td>工程截流日期</td><td>年　月　日</td><td>主体开工日期</td><td>年　月　日</td></tr>
<tr><td>工程蓄水日期</td><td>年　月　日</td><td>第一台机组投产移交日期</td><td>年　月　日</td></tr>
</table>

续表

<table>
<tr><td rowspan="10">输变电工程</td><td colspan="2">电压等级</td><td colspan="3">（kV）</td></tr>
<tr><td rowspan="5">变电站、换流站工程</td><td>变电站</td><td colspan="3">（座）</td></tr>
<tr><td>主变压器容量</td><td>（kVA）</td><td>主变压器台数</td><td>（台）</td></tr>
<tr><td>高抗容量</td><td></td><td>本期无功补偿容量</td><td></td></tr>
<tr><td>工程占地总面积</td><td></td><td>围墙内占地面积</td><td></td></tr>
<tr><td>站内建筑物建筑面积</td><td></td><td>主控楼建筑面积</td><td></td></tr>
<tr><td rowspan="4">线路工程</td><td>线路总长度</td><td>（km）</td><td>线路起止地点</td><td></td></tr>
<tr><td>线路</td><td>（段）</td><td>每段线路长度</td><td>（km）</td></tr>
<tr><td>同塔回路数</td><td>（回）</td><td>杆塔总数</td><td>（基）</td></tr>
<tr><td>大跨越个数</td><td>（个）</td><td>大跨越长度</td><td>（km）</td></tr>
<tr><td colspan="2" rowspan="4">风电工程</td><td>总容量</td><td colspan="3">（MW）</td></tr>
<tr><td>单机容量</td><td>（MW）</td><td>台数</td><td>（台）</td></tr>
<tr><td>工程占地总面积</td><td></td><td>第一台风机投运时间</td><td>年 月 日</td></tr>
<tr><td>批准单位造价</td><td></td><td>实际单位造价</td><td></td></tr>
<tr><td colspan="2" rowspan="4">光伏工程（含光热）</td><td>总容量</td><td colspan="3">（MW）</td></tr>
<tr><td>组件容量</td><td>（MW）</td><td>台数</td><td>（台）</td></tr>
<tr><td>工程占地总面积</td><td></td><td>第一个光伏方阵投运时间</td><td>年 月 日</td></tr>
<tr><td>批准单位造价</td><td></td><td>实际单位造价</td><td></td></tr>
<tr><td colspan="2" rowspan="2">储能等其他新能源工程（含分布式能源）</td><td>总容量</td><td>（MW）</td><td>类型</td><td></td></tr>
<tr><td>说明</td><td colspan="3"></td></tr>
<tr><td colspan="6">工程结构特点简述（200 字以内）：</td></tr>
<tr><td colspan="6">工程施工进度简述（200 字以内）：</td></tr>
<tr><td colspan="6">申报单位意见：
（公章）
年 月 日</td></tr>
</table>

附录D 电力建设绿色施工专项评价申请表

电力建设绿色施工专项评价申请表

工程名称

申请单位（公章）

申请时间

中国电力建设企业协会制

<table>
<tr><td>工程名称</td><td colspan="4"></td></tr>
<tr><td>建设地点</td><td colspan="4"></td></tr>
<tr><td>申请单位</td><td colspan="4"></td></tr>
<tr><td>建设单位</td><td colspan="4"></td></tr>
<tr><td>总承包单位</td><td colspan="4"></td></tr>
<tr><td>运营单位</td><td colspan="4"></td></tr>
<tr><td colspan="3">主要参建单位</td><td colspan="2">承包范围</td></tr>
<tr><td>设计单位</td><td colspan="2"></td><td colspan="2"></td></tr>
<tr><td>监理单位</td><td colspan="2"></td><td colspan="2"></td></tr>
<tr><td rowspan="2">施工单位</td><td colspan="2"></td><td colspan="2"></td></tr>
<tr><td colspan="2"></td><td colspan="2"></td></tr>
<tr><td>调试单位</td><td colspan="2"></td><td colspan="2"></td></tr>
<tr><td>工程核准批文</td><td colspan="4">（核准部门文号）</td></tr>
<tr><td>批准动态概算或
执行概算</td><td colspan="2">（万元）</td><td>竣工决算</td><td>（万元）</td></tr>
<tr><td>工程总建安
工作量</td><td colspan="2">（万元）</td><td>工程所属集团</td><td></td></tr>
<tr><td>工程开工时间</td><td colspan="2"></td><td>最后一台机组
移交生产时间</td><td></td></tr>
<tr><td rowspan="4">主要设备情况</td><td>设备名称</td><td>生产厂家</td><td>产品型号</td><td>技术特色</td></tr>
<tr><td></td><td></td><td></td><td></td></tr>
<tr><td></td><td></td><td></td><td></td></tr>
<tr><td></td><td></td><td></td><td></td></tr>
<tr><td colspan="5">以下内容，根据工程类型选择填写</td></tr>
<tr><td rowspan="3">火电工程</td><td>装机总容量</td><td>（MW）</td><td>单机容量</td><td>（MW）</td></tr>
<tr><td>台数</td><td>（台）</td><td>主厂房垫层首次
浇灌时间</td><td></td></tr>
<tr><td>批准每千瓦造价</td><td>（万元/kW）</td><td>实际每千瓦造价</td><td>（万元/kW）</td></tr>
<tr><td rowspan="4">水电水利工程
（含抽水蓄能）</td><td>装机总容量</td><td colspan="3">（MW）</td></tr>
<tr><td>单机容量</td><td>（MW）</td><td>台数</td><td>（台）</td></tr>
<tr><td>工程截流日期</td><td>年 月 日</td><td>主体开工日期</td><td>年 月 日</td></tr>
<tr><td>工程蓄水日期</td><td>年 月 日</td><td>第一台机组投产
移交日期</td><td>年 月 日</td></tr>
</table>

续表

<table>
<tr><td rowspan="10">输变电工程</td><td colspan="2">电压等级</td><td colspan="3">（kV）</td></tr>
<tr><td rowspan="5">变电站、换流站工程</td><td>变电站</td><td colspan="3">（座）</td></tr>
<tr><td>主变压器容量</td><td>（kVA）</td><td>主变压器台数</td><td>（台）</td></tr>
<tr><td>高抗容量</td><td></td><td>本期无功补偿容量</td><td></td></tr>
<tr><td>工程占地总面积</td><td></td><td>围墙内占地面积</td><td></td></tr>
<tr><td>站内建筑物建筑面积</td><td></td><td>主控楼建筑面积</td><td></td></tr>
<tr><td rowspan="4">线路工程</td><td>线路总长度</td><td>（km）</td><td>线路起止地点</td><td></td></tr>
<tr><td>线路</td><td>（段）</td><td>每段线路长度</td><td>（km）</td></tr>
<tr><td>同塔回路数</td><td>（回）</td><td>杆塔总数</td><td>（基）</td></tr>
<tr><td>大跨越个数</td><td>（个）</td><td>大跨越长度</td><td>（km）</td></tr>
<tr><td colspan="2" rowspan="4">风电工程</td><td>总容量</td><td colspan="3">（MW）</td></tr>
<tr><td>单机容量</td><td>（MW）</td><td>台数</td><td>（台）</td></tr>
<tr><td>工程占地总面积</td><td></td><td>第一台风机投运时间</td><td>年　月　日</td></tr>
<tr><td>批准单位造价</td><td></td><td>实际单位造价</td><td></td></tr>
<tr><td colspan="2" rowspan="4">光伏工程（含光热）</td><td>总容量</td><td colspan="3">（MW）</td></tr>
<tr><td>组件容量</td><td>（MW）</td><td>台数</td><td>（台）</td></tr>
<tr><td>工程占地总面积</td><td></td><td>第一个光伏方阵投运时间</td><td>年　月　日</td></tr>
<tr><td>批准单位造价</td><td></td><td>实际单位造价</td><td></td></tr>
<tr><td colspan="2" rowspan="2">储能等其他新能源工程（含分布式能源）</td><td>总容量</td><td>（MW）</td><td>类型</td><td></td></tr>
<tr><td>说明</td><td colspan="3"></td></tr>
<tr><td colspan="6">绿色施工管控情况简述（200字以内）：</td></tr>
<tr><td colspan="6">工程资源节约效果简述（200字以内）：</td></tr>
<tr><td colspan="6">工程环境保护效果简述（200字以内）：</td></tr>
<tr><td colspan="6">量化限额控制指标完成情况简述（200字以内）：</td></tr>
<tr><td colspan="6">申报单位意见：
（公章）
年　月　日</td></tr>
</table>

附录E 电力建设绿色施工专项初评报告

电力建设绿色施工专项评价报告

工程名称

申请单位

评价单位

评价时间

中国电力建设企业协会制

编 制 说 明

一、本报告为电力建设绿色施工专项评价初评及受理单位（机构）现场评价时共用。

二、初评报告编制要求

（1）应分别填写三个阶段具备初评条件的相关内容（格式见评价内容第一项第 1 条）；

（2）“具体部位/系统名称”、“档案号/项目文件号”及“标准值/设计值/保证值”可根据实际情况填写，无此项可不填写。

（3）评价内容中包括多项子内容的，填写“核查情况”时，选择有代表性（最优或最差的）或“重要部位、关键工序、主要试验检验项目”内容填写。

（4）整体工程初评后，形成由三个阶段评价内容组合成的完整的“电力建设绿色施工专项初评报告”。

三、受理单位（机构）现场评价报告编制要求

（1）现场评价时，对本报告中所列的“评价内容”进行全面核查，参考“电力建设绿色施工专项初评报告”，进行量化评分和综合评价。

（2）“评价内容”可根据工程实际情况续增或删减，评价得分计算时，应得分、实得分同步增减。

四、“绿色施工管控水平”应质量目标明确，管理制度适宜、有效，实施效果显著，评档评分规定为：

（1）评价优良的，取一档 100%～85%（含 85%）；

（2）评价合格的，取二档 85%～70%（含 70%）；

（3）未达到二档的，取三档 70%以下。

五、“资源节约效果、环境保护效果”应效果显著，评档评分规定为：

（1）评价优良的，取一档 100%～85%（含 85%）；

（2）评价合格的，取二档 85%～70%（含 70%）；

（3）未达到二档的，取三档 70%以下。

六、“量化限额控制指标”评档评分规定为：

（1）优于标准值、设计值或保证值 10%及以上的，取一档 100%～85%（含 85%）；

（2）符合标准值、设计值或保证值的，取二档 85%～70%（含 70%）；

（3）未达到二档的，取三档 70%以下。

七、本报告的支持性资料，见《电力建设绿色施工专项评价办法（2017 试行版）》“第十二条申请应提交的资料”。

<table>
<tr><td>工程名称</td><td colspan="4"></td></tr>
<tr><td>建设地点</td><td colspan="4"></td></tr>
<tr><td>申请单位</td><td colspan="4"></td></tr>
<tr><td>建设单位</td><td colspan="4"></td></tr>
<tr><td>总承包单位</td><td colspan="4"></td></tr>
<tr><td>运营单位</td><td colspan="4"></td></tr>
<tr><td colspan="3">主要参建单位</td><td colspan="2">承包范围</td></tr>
<tr><td>设计单位</td><td colspan="2"></td><td colspan="2"></td></tr>
<tr><td>监理单位</td><td colspan="2"></td><td colspan="2"></td></tr>
<tr><td rowspan="2">施工单位</td><td colspan="2"></td><td colspan="2"></td></tr>
<tr><td colspan="2"></td><td colspan="2"></td></tr>
<tr><td>调试单位</td><td colspan="2"></td><td colspan="2"></td></tr>
<tr><td>工程核准批文</td><td colspan="4">（核准部门文号）</td></tr>
<tr><td>批准动态概算或执行概算</td><td colspan="2">（万元）</td><td>竣工决算</td><td>（万元）</td></tr>
<tr><td>工程总建安工作量</td><td colspan="2">（万元）</td><td>工程所属集团</td><td></td></tr>
<tr><td>工程开工时间</td><td colspan="2"></td><td>最后一台机组移交生产时间</td><td></td></tr>
<tr><td rowspan="4">主要设备情况</td><td>设备名称</td><td>生产厂家</td><td>产品型号</td><td>技术特色</td></tr>
<tr><td></td><td></td><td></td><td></td></tr>
<tr><td></td><td></td><td></td><td></td></tr>
<tr><td></td><td></td><td></td><td></td></tr>
<tr><td rowspan="3">火电工程</td><td>装机总容量</td><td>（MW）</td><td>单机容量</td><td>（MW）</td></tr>
<tr><td>台数</td><td>（台）</td><td>主厂房垫层首次浇灌时间</td><td></td></tr>
<tr><td>批准每千瓦造价</td><td>（万元/kW）</td><td>实际每千瓦造价</td><td>（万元/kW）</td></tr>
<tr><td rowspan="4">水电水利工程（含抽水蓄能）</td><td>装机总容量</td><td colspan="3">（MW）</td></tr>
<tr><td>单机容量</td><td>（MW）</td><td>台数</td><td>（台）</td></tr>
<tr><td>工程截流日期</td><td>年　月　日</td><td>主体开工日期</td><td>年　月　日</td></tr>
<tr><td>工程蓄水日期</td><td>年　月　日</td><td>第一台机组投产移交日期</td><td>年　月　日</td></tr>
</table>

续表

工程类别	子类	项目	内容	项目	内容
输变电工程	电压等级		（kV）		
	变电站、换流站工程	变电站	（座）		
		主变压器容量	（kVA）	主变压器台数	（台）
		高抗容量		本期无功补偿容量	
		工程占地总面积		围墙内占地面积	
		站内建筑物建筑面积		主控楼建筑面积	
	线路工程	线路总长度	（km）	线路起止地点	
		线路	（段）	每段线路长度	（km）
		出线回路数	（回）	杆塔总数	（基）
		大跨越个数	（个）	大跨越长度	（km）
风电工程		总容量	（MW）		
		单机容量	（MW）	台数	（台）
		工程占地总面积		第一台风机投运时间	年 月 日
		批准单位造价		实际单位造价	
光伏工程（含光热）		总容量	（MW）		
		组件容量	（MW）	台数	（台）
		工程占地总面积		第一个光伏方阵投运时间	年 月 日
		批准单位造价		实际单位造价	
储能等其他新能源工程（含分布式能源）		总容量	（MW）	类型	
		说明			
注：以上内容，评审时通过系统自动生成，与申请表相关内容一致。					

序号	评价内容	核查情况					质量程度（%）			应得分（本标准给定的分数）	实得分（应得分×质量程度%）	备注
		初评阶段（初评时填写）	具体部位/系统名称	档案号/项目文件号	标准值/设计值/保证值	实测值或结论	一档 100～85（含85）	二档 85～70（含70）	三档 70以下			
一	管控水平									100		
1	绿色施工组织与管理符合《建筑工程绿色施工规范》（GB/T 50905—2014）规定	第一阶段								5		
		第二阶段										
		第三阶段										
2	建设、设计、监理、施工单位各方履行的绿色施工职责应符合《建筑工程绿色施工规范》（GB/T 50905—2014）规定									5		
3	建设单位应组织制订建设项目"绿色施工总体策划"。其中的"限额控制指标清单"，应符合《建筑工程绿色施工评价标准》（GB/T 50640—2010）规定的基础上，补充完善电力行业各专业规范和规范性文件规定									6		
4	设计单位除按国家现行有关标准和建设单位的要求进行工程的绿色设计外，还应协助、支持、配合施工单位做好建筑工程绿色施工的有关设计工作									4		
5	施工单位应建立以项目经理为第一责任人的绿色施工管理体系，制订绿色施工管理制度，负责绿色施工的组织实施，进行绿色施工的教育培训，定期开展自检、联检和评价工作，并有实施记录									5		

续表

序号	评价内容	核查情况					质量程度（%）			应得分（本标准给定的分数）	实得分（应得分×质量程度%）	备注
		初评阶段（初评时填写）	具体部位/系统名称	档案号/项目文件号	标准值/设计值/保证值	实测值或结论	一档 100～85（含85）	二档 85～70（含70）	三档 70以下			
6	绿色施工组织设计、绿色施工方案或绿色施工专项方案编制前，应进行绿色施工影响因数分析，并据此制定实施对策和绿色施工评价方案									6		
7	施工单位应强化技术管理，施工组织设计、施工方案、专项技术措施、技术交底中应有专门的绿色施工章节，内容充实，涵盖“四节一环保”措施，可操作性强									5		
8	绿色施工过程技术资料应收集和归档									4		
9	积极采用电力建设“五新”技术中涉及绿色施工的新技术									5		
10	积极采用“建筑业10 项新技术”中涉及绿色施工的新技术									5		
11	施工单位应积极开展绿色施工创新									3		
12	施工单位应建立不符合绿色施工要求的施工工艺、设备和材料的限制、淘汰等制度。不得使用国家、行业、地方政府明令淘汰的高耗能机电设备（产品）和禁止使用技术及建筑材料									3		
13	施工单位应建立建筑材料数据库，应采用绿色性能相对优良的建筑材料									5		

续表

序号	评价内容	核查情况					质量程度（%）			应得分（本标准给定的分数）	实得分（应得分×质量程度%）	备注
		初评阶段（初评时填写）	具体部位/系统名称	档案号/项目文件号	标准值/设计值/保证值	实测值或结论	一档 100～85（含85）	二档 85～70（含70）	三档 70以下			
14	施工单位应建立施工机械设备数据库。应根据现场和周边环境情况，对施工机械和设备进行节能、减排和降耗指标分析和比较，采用高性能、低噪声和低能耗的机械设备									6		
15	工程应有保护江、河、湖、海生态环境的具体措施									5		
16	工程项目环境保护“三同时”，配套环保设施全部正常运行									7		
17	水电水利工程绿色施工策划尚应符合《水电水利工程施工环境保护技术规程》（DL/T 5260—2010）规定									5		
18	水电水利工程生态保护、水土保持、人群健康保护的施工方案和措施，应落实项目环境评价书和生态环境保护设计，符合《水电水利工程施工环境保护技术规程》（DL/T 5260—2010）规定									5		
19	水电水利工程环境保护监测点位的设置应符合（DL/T 5260—2010）中14.3.1条规定									5		
20	按现行国家标准《建筑工程绿色施工评价标准》（GB/T 50640—2010）及本办法的规定对施工现场绿色施工实施情况进行评价，并根据绿色施工评价情况，采取改进措施									6		

续表

序号	评价内容	核查情况					质量程度（%）			应得分（本标准给定的分数）	实得分（应得分×质量程度%）	备注
		初评阶段（初评时填写）	具体部位/系统名称	档案号/项目文件号	标准值/设计值/保证值	实测值或结论	一档 100～85（含85）	二档 85～70（含70）	三档 70以下			
二	资源节约效果									100		
1	节能与能源利用									30		
（1）	施工现场用电规划合理，建筑室内外采用节能照明器材									3		
（2）	施工、生活用电、采暖计量表完备									2		
（3）	推广应用高效、变频等节电设备									3		
（4）	充分利用有效资源合理安排临建设施，通风、采暖、综合节能效果显著									3		
（5）	施工力能管线布置简洁合理，热力管道、制冷管道采取保温措施									3		
（6）	推广应用减烟节油设备									2		
（7）	金属切割采用焊接切割用燃气代替乙炔气									2		
（8）	推广应用10kV施工电源和节能变压器									4		
（9）	按无功补偿技术配置无功补偿设备									2		
（10）	主要耗能施工设备有定期耗能统计分析									4		
（11）	充分利用当地气候和自然资源条件，尽量减少夜间作业和冬期施工									2		
2	节地与土地资源利用									20		

续表

序号	评价内容	核查情况					质量程度（%）			应得分（本标准给定的分数）	实得分（应得分×质量程度%）	备注
		初评阶段（初评时填写）	具体部位/系统名称	档案号/项目文件号	标准值/设计值/保证值	实测值或结论	一档 100～85（含85）	二档 85～70（含70）	三档 70以下			
（1）	施工总平面布置应紧凑，减少占地，面积符合《火力发电工程施工组织设计导则》（DL/T 5706—2014）规定									3		
（2）	施工场地应有设备、材料定位布置图，实施动态管理									2		
（3）	合理安排材料堆放场地，加快场地的周转使用，减少占用周期									3		
（4）	大型临时设施应利用荒地、荒坡、滩涂布置									2		
（5）	土方工程调配方案和施工方案合理，有效利用现场及周围自然条件，减少工作量和土方购置量									3		
（6）	厂区临建设施、道路永临结合，节约占地									3		
（7）	采用预拌混凝土，节省现场搅拌站用地									2		
（8）	挡墙、护坡等符合设计要求，制定有效的防治水土流失措施									2		
3	节水与水资源利用									25		
（1）	施工现场供、排水系统合理适用，办公区、生活区的生活用水采用节水器具									3		
（2）	施工、生活用水计量表完备									2		
（3）	采用雨水回收、基坑降水储存再利用等节水措施									4		

续表

序号	评价内容	核查情况					质量程度（%）			应得分（本标准给定的分数）	实得分（应得分×质量程度%）	备注
		初评阶段（初评时填写）	具体部位/系统名称	档案号/项目文件号	标准值/设计值/保证值	实测值或结论	一档 100～85（含85）	二档 85～70（含70）	三档 70以下			
（4）	有条件的现场，充分利用中水或矿井疏干水，减少地表水、地下水用量									4		
（5）	现场机具、设备、车辆冲洗水处理后排放或循环再用									3		
（6）	有效节约墙体湿润、材料湿润和材料浸泡用水									3		
（7）	安装和生产试验性用水应有计划，试验后应回收综合利用									2		
（8）	采用高效设备、管道吹扫技术，节约吹扫蒸汽、水用量									4		
4	节材与材料资源利用									25		
（1）	积极采用符合设计要求的绿色环保新型材料									3		
（2）	材料计划准确、供应及时、储量适中、使用合理									1		
（3）	安装主材用量符合施工图设计值									2		
（4）	计划备料、限额领料，合理下料、减少废料，有效减少材料损耗和浪费									2		
（5）	模板、脚手架等周转性材料及时回收、管理有序，提高周转次数									2		
（6）	设备材料零库存措施合理，效果明显									2		
（7）	临时维护材料及时回收，降低损坏率									2		

续表

序号	评价内容	核查情况					质量程度（%）			应得分（本标准给定的分数）	实得分（应得分×质量程度%）	备注
		初评阶段（初评时填写）	具体部位/系统名称	档案号/项目文件号	标准值/设计值/保证值	实测值或结论	一档 100～85（含85）	二档 85～70（含70）	三档 70以下			
（8）	推广应用高性能混凝土									3		
（9）	采用高强钢筋，减小用钢量									3		
（10）	通过掺加外加剂、掺合料技术优化混凝土配合比性能									2		
（11）	骨料和混凝土拌合物输送采用降温防晒措施									1		
（12）	模板和支撑尽量采取以钢代木，减少木材用量									1		
（13）	废材回收制度健全，现场实现无焊条头、无废弃防腐保温材料、无废弃填料和油料、无废弃电缆和成型桥架，实现边角余料回收									1		
三	环境保护效果									100		
1	现场施工标牌应包括环境保护内容，并应在醒目位置设环境保护标志									2		
2	施工现场的文物古迹和古树名木应采取有效保护措施									2		
3	现场应建立洒水清扫制度，配备洒水设备，并应有专人负责									5		
4	易产生扬尘的施工作业应采取有效防尘、抑尘措施，实施效果不得超出限额控制指标									5		
5	对爆破工程、拆除工程和土方工程应有有效的防尘、抑尘措施，实施效果不得超出限额控制指标									5		

续表

序号	评价内容	核查情况					质量程度（%）			应得分（本标准给定的分数）	实得分（应得分×质量程度%）	备注
		初评阶段（初评时填写）	具体部位/系统名称	档案号/项目文件号	标准值/设计值/保证值	实测值或结论	一档 100～85（含85）	二档 85～70（含70）	三档 70以下			
6	有毒有害固体废弃物应合法处置									5		
7	高空垃圾清运应采用封闭式管道或垂直运输机械完成									4		
8	输煤皮带冲洗水、吸尘系统与输煤系统同步投运									4		
9	现场施工机械、设备噪声、冲管、喷砂、喷涂施工等强噪声源，应采取降噪隔音措施，应符合《建筑施工场界环境噪声排放标准》（GB 12523—2011）规定									5		
10	废水、污水、废油经无害化处理后，循环利用									4		
11	各种水处理、废水处理的废液排放应符合国家和地方的污染物排放标准；禁止采用溢流、渗井、渗坑或稀释等手段排放									5		
12	强光源控制及光污染应采取有效防范措施									4		
13	现场危险品、化学品、有毒物品存放应采取隔离措施，并设置安全警示标志；施工中应采取有效防毒、防污、防尘、防潮、通风等措施，保护人员健康									4		
14	现场放射源的保管、领用、回收应符合国务院安全使用和防护措施（国务院449号令），防射线伤害措施正确，射源保管安全可靠									3		

续表

序号	评价内容	核查情况					质量程度（%）			应得分（本标准给定的分数）	实得分（应得分×质量程度%）	备注
		初评阶段（初评时填写）	具体部位/系统名称	档案号/项目文件号	标准值/设计值/保证值	实测值或结论	一档 100～85（含85）	二档 85～70（含70）	三档 70以下			
15	建筑物室内采用的天然石材和带有放射性材料，其放射性指标应符合《民用建筑工程室内环境污染控制规范》（GB 50325—2014）									3		
16	禁止在现场燃烧废弃物									4		
17	汽、水、油、烟、粉、灰等设备、管道无内漏及外渗漏									4		
18	保温防腐施工应采取有效措施，减少对环境的污染									4		
19	装饰装修产生的有害气体及时排放；正式投入使用前，室内环境污染检测完毕，并符合国家现行标准限值									4		
20	实施成品保护应采取有效措施，防止对已完工的建筑工程、已进入或已安装的设备盘柜等造成损坏、污染									4		
21	饮用水管道应消毒处理，水质应检测合格									4		
22	现场食堂应有卫生许可证，炊事员应持有效健康证明；厕所和生活污水按指定地点有序排放									4		
23	临地复耕及植被恢复符合国家水土保持有关规定和设计要求									4		
24	锅炉排烟温度符合设计要求									4		

续表

序号	评价内容	核查情况					质量程度（%）			应得分（本标准给定的分数）	实得分（应得分×质量程度%）	备注
		初评阶段（初评时填写）	具体部位/系统名称	档案号/项目文件号	标准值/设计值/保证值	实测值或结论	一档100～85（含85）	二档85～70（含70）	三档70以下			
25	灰渣综合利用率符合设计要求									4		
四	量化限额控制指标									100		
1	节能与能源利用									15		
（1）	用电指标									3		
（2）	节电设备（设施）配置率（%）				≥80%					3		
（3）	首次吹管至完成168h满负荷试运耗燃油量（火电工程）									3		
（4）	锅炉断油（气）最低稳燃出力试验测试值达到保证值（火电工程）									2		
（5）	168h满负荷试运启动次数（火电工程）				≤3次					2		
（6）	点火吹管至完成168h满负荷试运天数（火电工程）				≤90天					2		
2	节地与土地资源利用									3		
	临时设施占地面积有效利用率				≥90%					3		
3	节水与水资源利用									10		
（1）	桩基或基础施工阶段（主体水工建筑物施工阶段）用水量				≤m^3					3		
（2）	办公、生活区、生产作业区用水量				≤m^3					2		
（3）	节水设备（设施）配置率				≥%					3		
（4）	循环水排污回收率				≥%					2		

续表

序号	评价内容	核查情况					质量程度（%）			应得分（本标准给定的分数）	实得分（应得分×质量程度%）	备注
		初评阶段（初评时填写）	具体部位/系统名称	档案号/项目文件号	标准值/设计值/保证值	实测值或结论	一档 100～85（含85）	二档 85～70（含70）	三档 70以下			
4	节材与材料资源利用									17		
（1）	钢材材料损耗率				比定额损耗率降低（万t）					3		
（2）	木材材料损耗率				比定额损耗率降低（m^3）					2		
（3）	模板平均周转次数				35次					3		
（4）	临时围挡等周转设备（料）重复使用率				70%					3		
（5）	就地取材				≤500km以内的占建筑材料总量的95%					2		
（6）	施工废弃物回收利用				＞85%					2		
（7）	施工垃圾再利用率和回收率				＞30%					2		
5	环境保护									55		
（1）	建筑垃圾				产生量＜3000t，再利用率和回收率达到30%					3		
（2）	噪声控制				昼间≤70dB 夜间≤55dB					3		
（3）	水污染控制				pH值达到6～9					3		
（4）	抑尘措施				结构施工扬尘高度≤0.5m 基础施工扬尘高度≤1.5m					2		
（5）	光源控制				达到环保部门规定					2		
（6）	施工废气污染				＜kg/t					2		
（7）	工程弃渣				＜万m^3					2		

续表

序号	评价内容	核查情况					质量程度（%）			应得分（本标准给定的分数）	实得分（应得分×质量程度%）	备注
		初评阶段（初评时填写）	具体部位/系统名称	档案号/项目文件号	标准值/设计值/保证值	实测值或结论	一档 100～85（含85）	二档 85～70（含70）	三档 70以下			
（8）	废水处理率				不允许向水域中排放废水，废水处理率100%，回用率100%					2		
（9）	基坑废水				悬浮物（SS）＜500mg/L					2		
（10）	砂石料加工废水				悬浮物（SS）＜800mg/L					2		
（11）	水泥灌浆废水				悬浮物（SS）＜2000mg/L					2		
（12）	基础造孔泥浆				悬浮物（SS）＜—mg/L					2		
（13）	混凝土拌和冲洗废水				悬浮物（SS）＜800mg/L					2		
（14）	机械修配与停车场洗车废水				悬浮物（SS）＜800mg/L 石油类＜10mg/L					2		
（15）	工频电场强度（kV/m）（交流输电线路、变电站、换流站、升压站）				kV/m					3		
（16）	工频磁感应强度（μT）（交流输电线路、变电站、换流站、升压站）				mT					3		
（17）	合成电场强度（kV/m）（直流输电线路、换流站）				kV/m					3		
（18）	等效连续A声级［dB（A）］（输电线路、变电站、换流站、升压站）				测试值不大于设计值 dB（A）					3		
（19）	烟尘排放浓度（火电工程）				mg/m^3					3		
（20）	二氧化硫排放浓度（火电工程）				mg/m^3					3		
（21）	氮氧化物排放浓度（火电工程）				mg/m^3					3		
（22）	汞及其他化合物排放浓度（火电工程）				mg/m^3					3		

续表

<table>
<tr><td rowspan="6">工程绿色施工专项评价</td><td>评价项目</td><td>管控水平</td><td>资源节约效果</td><td>环境保护效果</td><td>量化限额控制指标</td></tr>
<tr><td>实得分</td><td></td><td></td><td></td><td></td></tr>
<tr><td>应得分</td><td>100</td><td>100</td><td>100</td><td>100</td></tr>
<tr><td>权重</td><td>15</td><td>30</td><td>30</td><td>25</td></tr>
<tr><td colspan="5">工程绿色施工专项评价总得分＝Σ各评价项目实得分/应得分×各评价项目权重=　　分

现场评价结论（200字以内）：

现场评价组成员（签字）：

现场评价组组长（签字）：

年　月　日</td></tr>
<tr><td colspan="5">申请受理单位（机构）会议评审结论：

申请受理单位（机构）（公章）：

年　月　日</td></tr>
</table>

附录F 电力建设新技术应用专项评价申请表

电力建设新技术应用专项评价申请表

工程名称

申请单位（公章）

申请时间

中国电力建设企业协会制

<table>
<tr><td>工程名称</td><td colspan="4"></td></tr>
<tr><td>建设地点</td><td colspan="4"></td></tr>
<tr><td>申请单位</td><td colspan="4"></td></tr>
<tr><td>建设单位</td><td colspan="4"></td></tr>
<tr><td>总承包单位</td><td colspan="4"></td></tr>
<tr><td>运营单位</td><td colspan="4"></td></tr>
<tr><td colspan="3">主要参建单位</td><td colspan="2">承包范围</td></tr>
<tr><td>设计单位</td><td colspan="2"></td><td colspan="2"></td></tr>
<tr><td>监理单位</td><td colspan="2"></td><td colspan="2"></td></tr>
<tr><td rowspan="2">施工单位</td><td colspan="2"></td><td colspan="2"></td></tr>
<tr><td colspan="2"></td><td colspan="2"></td></tr>
<tr><td>调试单位</td><td colspan="2"></td><td colspan="2"></td></tr>
<tr><td>工程核准批文</td><td colspan="4">（核准部门文号）</td></tr>
<tr><td>批准动态概算或执行概算</td><td colspan="2">（万元）</td><td>竣工决算</td><td>（万元）</td></tr>
<tr><td>工程总建安工作量</td><td colspan="2">（万元）</td><td>工程所属集团</td><td></td></tr>
<tr><td>工程开工时间</td><td colspan="2"></td><td>最后一台机组移交生产时间</td><td></td></tr>
<tr><td rowspan="4">主要设备情况</td><td>设备名称</td><td>生产厂家</td><td>产品型号</td><td>技术特色</td></tr>
<tr><td></td><td></td><td></td><td></td></tr>
<tr><td></td><td></td><td></td><td></td></tr>
<tr><td></td><td></td><td></td><td></td></tr>
<tr><td colspan="5">以下内容，根据工程类型选择填写</td></tr>
<tr><td rowspan="3">火电工程</td><td>装机总容量</td><td>（MW）</td><td>单机容量</td><td>（MW）</td></tr>
<tr><td>台数</td><td>（台）</td><td>主厂房垫层首次浇灌时间</td><td></td></tr>
<tr><td>批准每千瓦造价</td><td>（万元/kW）</td><td>实际每千瓦造价</td><td>（万元/kW）</td></tr>
<tr><td rowspan="4">水电水利工程（含抽水蓄能）</td><td>装机总容量</td><td colspan="3">（MW）</td></tr>
<tr><td>单机容量</td><td>（MW）</td><td>台数</td><td>（台）</td></tr>
<tr><td>工程截流日期</td><td>年　月　日</td><td>主体开工日期</td><td>年　月　日</td></tr>
<tr><td>工程蓄水日期</td><td>年　月　日</td><td>第一台机组投产移交日期</td><td>年　月　日</td></tr>
</table>

续表

<table>
<tr><td rowspan="10">输变电工程</td><td colspan="2">电压等级</td><td colspan="3">（kV）</td></tr>
<tr><td rowspan="5">变电站、换流站工程</td><td>变电站</td><td colspan="3">（座）</td></tr>
<tr><td>主变压器容量</td><td>（kVA）</td><td>主变压器台数</td><td>（台）</td></tr>
<tr><td>高抗容量</td><td></td><td>本期无功补偿容量</td><td></td></tr>
<tr><td>工程占地总面积</td><td></td><td>围墙内占地面积</td><td></td></tr>
<tr><td>站内建筑物建筑面积</td><td></td><td>主控楼建筑面积</td><td></td></tr>
<tr><td rowspan="4">线路工程</td><td>线路总长度</td><td>（km）</td><td>线路起止地点</td><td></td></tr>
<tr><td>线路</td><td>（段）</td><td>每段线路长度</td><td>（km）</td></tr>
<tr><td>同塔回路数</td><td>（回）</td><td>杆塔总数</td><td>（基）</td></tr>
<tr><td>大跨越个数</td><td>（个）</td><td>大跨越长度</td><td>（km）</td></tr>
<tr><td colspan="2" rowspan="4">风电工程</td><td>总容量</td><td colspan="3">（MW）</td></tr>
<tr><td>单机容量</td><td>（MW）</td><td>台数</td><td>（台）</td></tr>
<tr><td>工程占地总面积</td><td></td><td>第一台风机投运时间</td><td>年　月　日</td></tr>
<tr><td>批准单位造价</td><td></td><td>实际单位造价</td><td></td></tr>
<tr><td colspan="2" rowspan="4">光伏工程（含光热）</td><td>总容量</td><td colspan="3">（MW）</td></tr>
<tr><td>组件容量</td><td>（MW）</td><td>台数</td><td>（台）</td></tr>
<tr><td>工程占地总面积</td><td></td><td>第一个光伏方阵投运时间</td><td>年　月　日</td></tr>
<tr><td>批准单位造价</td><td></td><td>实际单位造价</td><td></td></tr>
<tr><td colspan="2" rowspan="2">储能等其他新能源工程（含分布式能源）</td><td>总容量</td><td>（MW）</td><td>类型</td><td></td></tr>
<tr><td>说明</td><td colspan="3"></td></tr>
</table>

<table>
<tr><td colspan="4">本工程推广应用新技术项目清单</td></tr>
<tr><td>序号</td><td>项目名称</td><td>应用部位</td><td>形成成果</td></tr>
<tr><td>一</td><td colspan="3">“国家重点节能低碳技术推广目录（2015版）”应用项目（序号为原序号）</td></tr>
<tr><td></td><td></td><td></td><td></td></tr>
<tr><td></td><td></td><td></td><td></td></tr>
</table>

续表

二	"建筑业10项新技术（2010年版）"应用项目（序号为原子项编号）		
三	"电力建设五新推广应用信息目录（试行）"应用项目（序号为原序号）		
四	其他自主创新及研发项目		

"形成成果栏"填写内容包括：

1. 获得省部（行业）级及以上科技进步奖、工法、QC成果奖及其他专项奖（成果名称、颁奖单位、获奖等级、完成单位、完成人）；
2. 取得发明专利、实用新型专利（专利名称、专利号）；
3. 发表专著、软著及论文（名称、刊号、期号、页号、完成单位、完成人）；
4. 主、参编国际/国家/行业/团体标准（标准名称、标准号、主要起草单位、主要起草人）。

经济效益和社会效益（200字以内）：

申请单位自评价意见：

（公章）

年　月　日

附录G　电力建设新技术应用专项初评报告

电力建设新技术应用专项评价报告

工程名称

申请单位

评价单位

评价时间

中国电力建设企业协会制

编 制 说 明

一、本报告为电力建设新技术应用专项评价初评及受理单位（机构）现场评价时共用。

二、新技术应用效果评档评分规定

1. 评档规定

经核查“实体质量提升效果、性能指标提升效果、节能减排提升效果”三项内容，均优于“标准值/设计值/保证值”：

（1）5 项及以上为一档；

（2）4～3 项为二档；

（3）2 项及以下为三档。

2. 评分规定

（1）根据各档分值区间规定，从技术水平、质量程度和应用效果等进行评分。

（2）“新技术应用效果”评价时，“国家重点节能低碳技术（2015 版）应用项目、建筑业 10 项新技术（2010 年版）应用项目、电力建设五新技术应用项目、其他自主创新技术应用项目”四项评价内容，如该项无应用项目，取三档，评分为 0 分。

三、新技术研发成果评档评分规定

1.“科技进步奖”和“QC 成果奖”评价档次规定：

（1）国家级 1 项或省部级 4 项及以上为一档；

（2）省部级 3～2 项为二档；

（3）省部级 1 项及以下为三档。

2.“专利”评价档次规定：

（1）发明专利 1 项及以上或实用新型专利 3 项及以上为一档；

（2）实用新型专利 2 项为二档；

（3）实用新型专利 1 项及以下为三档。

3.“工法”评价档次规定：

（1）国家级工法 1 项及以上或省部级工法 3 项及以上为一档；

（2）省部级工法 2 项为二档；

（3）省部级工法 1 项及以下为三档。

4.“参编标准”评价档次规定：

（1）参编国际标准 1 项或主编国家标准 1 项或主编行业、团体标准 2 项或参编行业、团体标准 3 项及以上为一档；

（2）主编行业标准 1 项或参编行业、团体标准 2 项及以上为二档；

（3）参编行业、团体标准 1 项及以下为三档。

5.“其他省部级及以上奖励”评价档次规定：

（1）获得国家级奖励 1 项或省部级奖励 3 项及以上为一档；

（2）获得省部级奖励 2 项及以上为二档；

（3）获得省部级奖励 1 项及以下为三档。

6. 评分规定：

（1）依据成果科技含量，及其对提升工程质量的作用、推广应用前景、经济及社会效益的程度进行评分。

（2）“新技术研发成果”评价时，“科技进步奖、QC成果奖、专利、工法、参编标准、其他省部级及以上奖励”六项评价内容，如该项未形成成果，取三档，评分为0分。

四、本报告的支持性资料，见《电力建设新技术应用专项评价办法（2017试行版）》“第十一条申请应提交的资料”。

<table>
<tr><td>工程名称</td><td colspan="6"></td></tr>
<tr><td>建设地点</td><td colspan="6"></td></tr>
<tr><td>申请单位</td><td colspan="6"></td></tr>
<tr><td>建设单位</td><td colspan="6"></td></tr>
<tr><td>总承包单位</td><td colspan="6"></td></tr>
<tr><td>运营单位</td><td colspan="6"></td></tr>
<tr><td colspan="5">主要参建单位</td><td colspan="2">承包范围</td></tr>
<tr><td>设计单位</td><td colspan="4"></td><td colspan="2"></td></tr>
<tr><td>监理单位</td><td colspan="4"></td><td colspan="2"></td></tr>
<tr><td rowspan="2">施工单位</td><td colspan="4"></td><td colspan="2"></td></tr>
<tr><td colspan="4"></td><td colspan="2"></td></tr>
<tr><td>调试单位</td><td colspan="4"></td><td colspan="2"></td></tr>
<tr><td>工程核准批文</td><td colspan="6">（核准部门文号）</td></tr>
<tr><td>批准动态概算或
执行概算</td><td colspan="2">（万元）</td><td colspan="2">竣工决算</td><td colspan="2">（万元）</td></tr>
<tr><td>工程总建安工作量</td><td colspan="2">（万元）</td><td colspan="2">工程所属集团</td><td colspan="2"></td></tr>
<tr><td>工程开工时间</td><td colspan="2"></td><td colspan="2">最后一台机组
移交生产时间</td><td colspan="2"></td></tr>
<tr><td rowspan="4">主要设备情况</td><td>设备名称</td><td colspan="2">生产厂家</td><td colspan="2">产品型号</td><td>技术特色</td></tr>
<tr><td></td><td colspan="2"></td><td colspan="2"></td><td></td></tr>
<tr><td></td><td colspan="2"></td><td colspan="2"></td><td></td></tr>
<tr><td></td><td colspan="2"></td><td colspan="2"></td><td></td></tr>
<tr><td rowspan="3">火电工程</td><td>装机总容量</td><td colspan="2">（MW）</td><td colspan="2">单机容量</td><td>（MW）</td></tr>
<tr><td>台数</td><td colspan="2">（台）</td><td colspan="2">主厂房垫层首次
浇灌时间</td><td></td></tr>
<tr><td>批准每千瓦造价</td><td colspan="2">（万元/kW）</td><td colspan="2">实际每千瓦造价</td><td>（万元/kW）</td></tr>
</table>

续表

<table>
<tr><td colspan="2" rowspan="4">水电水利工程（含抽水蓄能）</td><td>装机总容量</td><td colspan="3">（MW）</td></tr>
<tr><td>单机容量</td><td>（MW）</td><td>台数</td><td>（台）</td></tr>
<tr><td>工程截流日期</td><td>年 月 日</td><td>主体开工日期</td><td>年 月 日</td></tr>
<tr><td>工程蓄水日期</td><td>年 月 日</td><td>第一台机组投产移交日期</td><td>年 月 日</td></tr>
<tr><td rowspan="10">输变电工程</td><td colspan="2">电压等级</td><td colspan="3">（kV）</td></tr>
<tr><td rowspan="5">变电站、换流站工程</td><td>变电站</td><td colspan="3">（座）</td></tr>
<tr><td>主变压器容量</td><td>（kVA）</td><td>主变压器台数</td><td>（台）</td></tr>
<tr><td>高抗容量</td><td></td><td>本期无功补偿容量</td><td></td></tr>
<tr><td>工程占地总面积</td><td></td><td>围墙内占地面积</td><td></td></tr>
<tr><td>站内建筑物建筑面积</td><td></td><td>主控楼建筑面积</td><td></td></tr>
<tr><td rowspan="4">线路工程</td><td>线路总长度</td><td>（km）</td><td>线路起止地点</td><td></td></tr>
<tr><td>线路</td><td>（段）</td><td>每段线路长度</td><td>（km）</td></tr>
<tr><td>出线回路数</td><td>（回）</td><td>杆塔总数</td><td>（基）</td></tr>
<tr><td>大跨越个数</td><td>（个）</td><td>大跨越长度</td><td>（km）</td></tr>
<tr><td colspan="2" rowspan="4">风电工程</td><td>总容量</td><td colspan="3">（MW）</td></tr>
<tr><td>单机容量</td><td>（MW）</td><td>台数</td><td>（台）</td></tr>
<tr><td>工程占地总面积</td><td></td><td>第一台风机投运时间</td><td>年 月 日</td></tr>
<tr><td>批准单位造价</td><td></td><td>实际单位造价</td><td></td></tr>
<tr><td colspan="2" rowspan="4">光伏工程（含光热）</td><td>总容量</td><td colspan="3">（MW）</td></tr>
<tr><td>组件容量</td><td>（MW）</td><td>台数</td><td>（台）</td></tr>
<tr><td>工程占地总面积</td><td></td><td>第一个光伏方阵投运时间</td><td>年 月 日</td></tr>
<tr><td>批准单位造价</td><td></td><td>实际单位造价</td><td></td></tr>
<tr><td colspan="2" rowspan="2">储能等其他新能源工程（含分布式能源）</td><td>总容量</td><td>（MW）</td><td>类型</td><td></td></tr>
<tr><td>说明</td><td colspan="3"></td></tr>
<tr><td colspan="6">注：以上内容，评审时通过系统自动生成，与申请表相关内容一致。</td></tr>
</table>

<table>
<tr><th colspan="17">新技术应用效果评价</th></tr>
<tr><th rowspan="3">序号</th><th rowspan="3">评价内容</th><th rowspan="3">应用项目名称</th><th colspan="8">核查情况</th><th colspan="3">质量程度（%）</th><th rowspan="3">应得分（本标准给定的分数）</th><th rowspan="3">实得分（应得分×质量程度%）</th><th rowspan="3">备注</th></tr>
<tr><th rowspan="2">具体部位/系统名称</th><th rowspan="2">档案号/项目文件号</th><th colspan="2">实体质量提升效果</th><th colspan="2">性能指标提升效果</th><th colspan="2">节能减排提升效果</th><th rowspan="2">一档100～85（含85）</th><th rowspan="2">二档85～70（含70）</th><th rowspan="2">三档70以下</th></tr>
<tr><th>标准值/设计值/保证值</th><th>实测值或结论</th><th>标准值/设计值/保证值</th><th>实测值或结论</th><th>标准值/设计值/保证值</th><th>实测值或结论</th></tr>
<tr><td rowspan="2">一</td><td rowspan="2">“国家重点节能低碳技术（2015版）”应用项目</td><td>1.</td><td></td><td></td><td></td><td></td><td></td><td></td><td></td><td></td><td rowspan="2"></td><td rowspan="2"></td><td rowspan="2"></td><td rowspan="2">15</td><td rowspan="2"></td><td rowspan="2"></td></tr>
<tr><td>2.</td><td></td><td></td><td></td><td></td><td></td><td></td><td></td><td></td></tr>
<tr><td rowspan="2">二</td><td rowspan="2">“建筑业10项新技术（2010年版）”应用项目</td><td>1.</td><td></td><td></td><td></td><td></td><td></td><td></td><td></td><td></td><td rowspan="2"></td><td rowspan="2"></td><td rowspan="2"></td><td rowspan="2">10</td><td rowspan="2"></td><td rowspan="2"></td></tr>
<tr><td>2.</td><td></td><td></td><td></td><td></td><td></td><td></td><td></td><td></td></tr>
<tr><td rowspan="2">三</td><td rowspan="2">“电力建设五新技术”应用项目</td><td>1.</td><td></td><td></td><td></td><td></td><td></td><td></td><td></td><td></td><td rowspan="2"></td><td rowspan="2"></td><td rowspan="2"></td><td rowspan="2">20</td><td rowspan="2"></td><td rowspan="2"></td></tr>
<tr><td>2.</td><td></td><td></td><td></td><td></td><td></td><td></td><td></td><td></td></tr>
<tr><td rowspan="2">四</td><td rowspan="2">其他自主创新技术应用项目</td><td>1.</td><td></td><td></td><td></td><td></td><td></td><td></td><td></td><td></td><td rowspan="2"></td><td rowspan="2"></td><td rowspan="2"></td><td rowspan="2">15</td><td rowspan="2"></td><td rowspan="2"></td></tr>
<tr><td>2.</td><td></td><td></td><td></td><td></td><td></td><td></td><td></td><td></td></tr>
</table>

<table>
<tr><th colspan="15">新技术研发成果评价</th></tr>
<tr><th rowspan="2">序号</th><th rowspan="2">评价内容</th><th colspan="7">核查情况</th><th colspan="3">质量程度（%）</th><th rowspan="2">应得分（本标准给定的分数）</th><th rowspan="2">实得分（应得分×质量程度%）</th><th rowspan="2">备注</th></tr>
<tr><th>成果级别</th><th>成果名称</th><th>证书颁发/批准发布单位</th><th>证书颁发/批准发布时间</th><th>应用工程</th><th>主要完成单位</th><th>主要完成人</th><th>一档100～85（含85）</th><th>二档85～70（含70）</th><th>三档70以下</th></tr>
<tr><td rowspan="4">五</td><td rowspan="4">科技进步奖</td><td rowspan="2">国家级</td><td>1.</td><td></td><td></td><td></td><td></td><td></td><td rowspan="4"></td><td rowspan="4"></td><td rowspan="4"></td><td rowspan="4">15</td><td rowspan="4"></td><td rowspan="4"></td></tr>
<tr><td>2.</td><td></td><td></td><td></td><td></td><td></td></tr>
<tr><td rowspan="2">省部级</td><td>1.</td><td></td><td></td><td></td><td></td><td></td></tr>
<tr><td>2.</td><td></td><td></td><td></td><td></td><td></td></tr>
<tr><td rowspan="4">六</td><td rowspan="4">QC成果奖</td><td rowspan="2">国家级</td><td>1.</td><td></td><td></td><td></td><td></td><td></td><td rowspan="4"></td><td rowspan="4"></td><td rowspan="4"></td><td rowspan="4">5</td><td rowspan="4"></td><td rowspan="4"></td></tr>
<tr><td>2.</td><td></td><td></td><td></td><td></td><td></td></tr>
<tr><td rowspan="2">省部级</td><td>1.</td><td></td><td></td><td></td><td></td><td></td></tr>
<tr><td>2.</td><td></td><td></td><td></td><td></td><td></td></tr>
</table>

续表

新技术研发成果评价														
序号	评价内容	核查情况							质量程度（%）			应得分（本标准给定的分数）	实得分（应得分×质量程度%）	备注
		成果级别	成果名称	证书颁发/批准发布单位	证书颁发/批准发布时间	应用工程	主要完成单位	主要完成人	一档 100～85（含85）	二档 85～70（含70）	三档 70以下			
七	专利	发明专利	1.									5		
			2.											
		实用新型专利	1.											
			2.											
八	工法	国家级	1.									5		
			2.											
		省部级	1.											
			2.											
九	参编标准	国际标准	1.									5		
			2.											
		国家标准	1.											
			2.											
		行业标准	1.											
			2.											
		团体标准	1.											
			2.											
十	其他省部级及以上奖励	国家级	1.									5		
			2.											
		省部级	1.											
			2.											

续表

<table>
<tr><td rowspan="6">工程新技术应用专项评价</td><td>评价项目</td><td>采用“国家重点节能低碳技术推广目录（2015版）”应用项目</td><td>应用“建筑业10项新技术（2010年版）”应用项目</td><td>应用“电力建设五新”应用项目</td><td>其他自主创新及研发项目</td><td>科技进步奖</td><td>QC成果奖</td><td>专利</td><td>工法</td><td>参编标准</td><td>其他省部级及以上奖励</td></tr>
<tr><td>应得分</td><td>15</td><td>10</td><td>20</td><td>15</td><td>15</td><td>10</td><td>3</td><td>5</td><td>2</td><td>5</td></tr>
<tr><td>实得分</td><td></td><td></td><td></td><td></td><td></td><td></td><td></td><td></td><td></td><td></td></tr>
<tr><td colspan="11">工程新技术应用专项评价总得分＝Σ各评价项目实得分=　　分</td></tr>
<tr><td colspan="11">现场评价结论（200字以内）：

现场评价组成员（签字）：

现场评价组组长（签字）：

年　月　日</td></tr>
<tr><td colspan="11">申请受理单位（机构）会议评审结论：

申请受理单位（机构）（公章）：

年　月　日</td></tr>
</table>

附录H 质量评价备案表

电力建设工程质量评价申请备案表

工程名称			
申请单位			
规模容量		批准概算	（万元）
工程核准批文	（核准部门文号）	工程所属集团	
工程开工时间		计划竣工时间	
目前工程进度	（形象进度简要描述）		
质量目标 （可多选）	电力行优□安装之星□鲁班奖□国优奖□国优金奖□		
备案工作内容 （可多选）	工　作　内　容		选择项目在□内划√ 需求次数在上填写
	1. 工程质量管理及标准宣贯培训		□次
	2. 工程质量管理、技术文件咨询指导		□次
	3. 工程实体质量咨询检查指导		□次
	4. 工程档案（项目文件）咨询检查指导		□次
	5. 科技进步奖咨询指导		□次
	6. 工法咨询指导		□次
	7. QC咨询指导		□次
	8. 工程达标投产咨询指导		□次
	9. 工程达标投产复验		□
	10. 工程质量评价咨询指导		□次
	11. 工程质量评价		□
	12. 新技术应用示范工程咨询		□次
	13. 新技术应用示范工程验收		□
	14. 绿色施工示范工程咨询		□次
	15. 绿色施工示范工程验收		□
	16. 地基结构中间检查咨询		□次
	17. 地基结构两次中间检查评价		□
	18. 安全标准化达标咨询指导		□次
	19. 安全标准化达标评审		□
	20. 工程质量DVD汇报片咨询指导		□
	21. 其他		

续表

<table>
<tr><td rowspan="5">工程地点</td><td colspan="2">项目地址</td><td colspan="4"></td></tr>
<tr><td colspan="2">最近机场</td><td colspan="4"></td></tr>
<tr><td colspan="2">距离（km）</td><td></td><td>车程（h）</td><td colspan="2"></td></tr>
<tr><td colspan="2">最近高铁站</td><td colspan="4"></td></tr>
<tr><td colspan="2">距离（km）</td><td></td><td>车程（h）</td><td colspan="2"></td></tr>
<tr><td rowspan="7">申请单位联系方式</td><td rowspan="3">第一联系人</td><td>姓名</td><td></td><td>职务</td><td colspan="2"></td></tr>
<tr><td>座机</td><td></td><td>传真</td><td colspan="2"></td></tr>
<tr><td>手机</td><td></td><td>邮箱</td><td colspan="2"></td></tr>
<tr><td rowspan="3">第二联系人</td><td>姓名</td><td></td><td>职务</td><td colspan="2"></td></tr>
<tr><td>座机</td><td></td><td>传真</td><td colspan="2"></td></tr>
<tr><td>手机</td><td></td><td>邮箱</td><td colspan="2"></td></tr>
<tr><td colspan="2">通信地址</td><td colspan="2"></td><td>邮编</td><td></td></tr>
<tr><td rowspan="5">主要设备信息（根据工程类别填写）</td><td colspan="2">设备名称</td><td>生产厂家</td><td>产品型号</td><td colspan="2">技术特色</td></tr>
<tr><td colspan="2"></td><td></td><td></td><td colspan="2"></td></tr>
<tr><td colspan="2"></td><td></td><td></td><td colspan="2"></td></tr>
<tr><td colspan="2"></td><td></td><td></td><td colspan="2"></td></tr>
<tr><td colspan="2"></td><td></td><td></td><td colspan="2"></td></tr>
<tr><td rowspan="9">主要参建单位</td><td colspan="2">单位类别</td><td>单位名称</td><td>合同范围</td><td colspan="2">合同金额（万元）</td></tr>
<tr><td colspan="2">建设单位</td><td></td><td></td><td colspan="2"></td></tr>
<tr><td colspan="2">监理单位</td><td></td><td></td><td colspan="2"></td></tr>
<tr><td colspan="2">总承包单位</td><td></td><td></td><td colspan="2"></td></tr>
<tr><td colspan="2">设计单位</td><td></td><td></td><td colspan="2"></td></tr>
<tr><td colspan="2" rowspan="3">施工单位</td><td></td><td></td><td colspan="2"></td></tr>
<tr><td></td><td></td><td colspan="2"></td></tr>
<tr><td></td><td></td><td colspan="2"></td></tr>
<tr><td colspan="2">调试单位</td><td></td><td></td><td colspan="2"></td></tr>
<tr><td colspan="7">工程简介（1000字以内）：
必填内容包括：1. 火电、水电工程装机总容量、单机容量及台数；
2. 风电、光伏工程分几期建设、装机总容量、单机容量及台数；
3. 分布式能源工程的类型及单机容量、台数和装机总容量；
4. 输变电工程电压等级，工程包括几站几线及每段线路长度。
申请单位（盖章）
年　月　日</td></tr>
<tr><td colspan="7">审核评审意见：
（盖章）
年　月　日</td></tr>
</table>

附录I 中国电力优质工程奖申报表

中国电力优质工程奖申报表

（　　　年度）

申报工程名称

申报单位（公章）

申报时间

中国电力建设企业协会制

填 表 说 明

1. 表中内容逐栏填写，各栏目填写完整、清晰。
2. 表中内容及数据应真实、准确。
3. 单位名称均应填写全称，联系方式应填写详细。
4. 存在安全质量问题：简述施工中发生的安全质量事故及结论。
5. 本申报表可扩展填写。
6. 申报内容将作为评审及获奖证书编制依据，请认真核查、填写，提交后不得变更。

一、工程概况

工程名称				
申报单位				
申报奖项	□中国电力优质工程奖□中国电力优质工程奖（中小型、单项） □中国电力优质工程奖（境外工程）			
工程核准批文	（核准部门文号）			
批准动态概算或执行概算	（万元）		竣工决算	（万元）
工程总建安工作量	（万元）		工程所属集团	
工程开工时间			最后一台机组移交生产时间	
主要设备情况	设备名称	生产厂家	产品型号	技术特色
工程地点	建设地点			
	最近机场			
	距离（km）		车程（h）	
	最近高铁站			
	距离（km）		车程（h）	
存在安全质量问题及结论				

续表

<table>
<tr><td colspan="6">以下内容，根据工程类型选择填写</td></tr>
<tr><td colspan="2" rowspan="3">火电工程</td><td>装机总容量</td><td>（MW）</td><td>单机容量</td><td>（MW）</td></tr>
<tr><td>台数</td><td>（台）</td><td>主厂房垫层首次浇灌时间</td><td></td></tr>
<tr><td>批准每千瓦造价</td><td>（万元/kW）</td><td>实际每千瓦造价</td><td>（万元/kW）</td></tr>
<tr><td colspan="2" rowspan="4">水电水利工程（含抽水蓄能）</td><td>装机总容量</td><td colspan="3">（MW）</td></tr>
<tr><td>单机容量</td><td>（MW）</td><td>台数</td><td>（台）</td></tr>
<tr><td>工程截流日期</td><td>年 月 日</td><td>主体开工日期</td><td>年 月 日</td></tr>
<tr><td>工程蓄水日期</td><td>年 月 日</td><td>第一台机组投产移交日期</td><td>年 月 日</td></tr>
<tr><td rowspan="11">输变电工程</td><td colspan="2">电压等级</td><td colspan="3">（kV）</td></tr>
<tr><td rowspan="6">变电站、换流站工程</td><td>变电站</td><td colspan="3">（座）</td></tr>
<tr><td>主变压器容量</td><td>（kVA）</td><td>主变压器台数</td><td>（台）</td></tr>
<tr><td>高抗容量</td><td></td><td>本期无功补偿容量</td><td></td></tr>
<tr><td>工程占地总面积</td><td></td><td>围墙内占地面积</td><td></td></tr>
<tr><td>站内建筑物建筑面积</td><td></td><td>主控楼建筑面积</td><td></td></tr>
<tr><td></td><td></td><td></td><td></td></tr>
<tr><td rowspan="4">线路工程</td><td>线路总长度</td><td>（km）</td><td>线路起止地点</td><td></td></tr>
<tr><td>线路</td><td>（段）</td><td>每段线路长度</td><td>（km）</td></tr>
<tr><td>同塔回路数</td><td>（回）</td><td>杆塔总数</td><td>（基）</td></tr>
<tr><td>大跨越个数</td><td>（个）</td><td>大跨越长度</td><td>（km）</td></tr>
<tr><td colspan="2" rowspan="4">风电工程</td><td>总容量</td><td colspan="3">（MW）</td></tr>
<tr><td>单机容量</td><td>（MW）</td><td>台数</td><td>（台）</td></tr>
<tr><td>工程占地总面积</td><td></td><td>第一台风机投运时间</td><td>年 月 日</td></tr>
<tr><td>批准单位造价</td><td></td><td>实际单位造价</td><td></td></tr>
<tr><td colspan="2" rowspan="4">光伏工程（含光热）</td><td>总容量</td><td colspan="3">（MW）</td></tr>
<tr><td>组件容量</td><td>（MW）</td><td>台数</td><td>（台）</td></tr>
<tr><td>工程占地总面积</td><td></td><td>第一个光伏方阵投运时间</td><td>年 月 日</td></tr>
<tr><td>批准单位造价</td><td></td><td>实际单位造价</td><td></td></tr>
<tr><td colspan="2" rowspan="2">储能等其他新能源工程（含分布式能源）</td><td>总容量</td><td>（MW）</td><td>类型</td><td></td></tr>
<tr><td>说明</td><td colspan="3"></td></tr>
</table>

二、主要承建单位及联系方式

申报单位	名 称		全称	上级单位	
	地 址			邮 编	
	第一联系人	姓名		电话	
		职务		传真	
		手机		邮箱	
	第二联系人	姓名		电话	
		职务		传真	
		手机		邮箱	
建设单位	名 称		全称	上级单位	
	地 址			邮 编	
	联系人	姓名		电话	
		职务		传真	
		手机		邮箱	
总承包单位	名称		全称	上级单位	
	地 址			邮 编	
	联系人	姓名		电话	
		职务		传真	
		手机		邮箱	
监理单位	名 称		全称		
	地 址			邮 编	
	联系人	姓名		电话	
		职务		传真	
		手机		邮箱	
设计单位	名 称		全称		
	地 址			邮 编	
	联系人	姓名		电话	
		职务		传真	
		手机		邮箱	
主体施工单位	名 称		全称		
	地 址			邮 编	
	联系人	姓名		电话	
		职务		传真	
		手机		邮箱	
	名 称		全称		
	地 址			邮 编	
	联系人	姓名		电话	
		职务		传真	
		手机		邮箱	

续表

<table>
<tr><td rowspan="3">调试单位</td><td colspan="2">名　称</td><td colspan="3">全称</td></tr>
<tr><td colspan="2">地　址</td><td></td><td>邮　编</td><td></td></tr>
<tr><td>联系人</td><td>姓名
职务
手机</td><td></td><td>电话
传真
邮箱</td><td></td></tr>
<tr><td rowspan="3">运营单位</td><td colspan="2">名　称</td><td colspan="3">全称</td></tr>
<tr><td colspan="2">地　址</td><td></td><td>邮　编</td><td></td></tr>
<tr><td>联系人</td><td>姓名
职务
手机</td><td></td><td>电话
传真
邮箱</td><td></td></tr>
</table>

三、主要承建单位合同（决算）一览表

本期工程批准动态概算：万元竣工决算：万元其中总建安工作量万元

合同归档号	承建单位（全称）	合同主要承包范围	合同价万元	决算价万元	占总建安工作量　%

建设单位：（公章）

年　月　日

注：1. 主体施工单位按其承包范围的建安工作量填写。

2. 设计、监理、调试等单位按合同额填写，不填写占总建安工作量的百分比。

3.“合同主要承包范围”应缩写至20字以内，供获奖证书打印时使用。

四、推荐意见

<table>
<tr><td>电力工程质量监督站对工程投产后质量监督评价意见：

（公章）
年　月　日</td></tr>
<tr><td>工程建设单位意见：

（公章）
年　月　日</td></tr>
</table>

第4部分

安全监督标准化管理

目　次

第 1 章　安全监督的模式和职责 …… 241
1.1　安全监督的模式 …… 241
1.2　安全监督机构 …… 241
1.3　工作职责 …… 242
1.4　各级安全监督体系的权利和义务 …… 243
第 2 章　安全监督的工作流程 …… 245
2.1　全过程监督工作流程 …… 245
2.2　项目安委会活动流程 …… 245
2.3　安全检查的流程 …… 246
第 3 章　安全监督工作制度 …… 248
3.1　例行活动 …… 248
3.2　公司安全监督活动 …… 248
第 4 章　工作依据 …… 253
附录 A　安全管理台账 …… 254
附录 B　会议纪要格式 …… 255
附录 C　公司检查通知及回复格式 …… 256
附录 D　业主项目部现场检查记录 …… 258
附录 E　换流站工程安全检查表 …… 260
附录 F　送电线路检查表 …… 278

第1章　安全监督的模式和职责

安全监督体系是为执行安全管理标准，加强工程项目的安全管理，监督各项规章、各级人员责任制的落实的机构和人员。安全生产监督管理工作的职能部门是安全生产工作的综合管理部门，对其他职能部门的安全生产管理工作进行综合协调和监督。各级安全监督体系受相应的安全委员会领导。

1.1 安全监督的模式

公司特高压直流工程采用两级管理模式，即由公司职能部门、业主项目部两级对工程项目进行管理。公司安全监督体系包括安全质量部、工程建设部安全质量处、业主项目部安全专责，工程建设部安质处只作为项目管理两级联系纽带，不单独对项目进行直接管理。

1.2 安全监督机构

1.2.1　公司安委会

公司安全生产委员会（以下简称公司安委会）是公司安全管理的领导机构，由公司负责组建，公司董事长担任安委会主任，公司总经理、副总经理担任副主任，安委会其他成员由公司各部门负责人组成。安委会在公司安质部设置办公室，由相关专业人员组成，负责安委会日常事务。

1.2.2　公司安全质量部

公司设立安全质量部（以下简称安质部），设立正副主任，配置安全监督管理专责。

1.2.3　工程建设部安质处

工程建设部设立安全质量处（以下简称安质处），设立处长（副处长），配置安全监督管理专责。

1.2.4 项目安委会

单项特高压工程项目设置项目安委会（以下简称项目安委会），是项目安全工作的领导机构，由公司负责组建，公司主管该项目的副总经理担任安委会主任，业主项目经理担任常务副主任，业主项目部副经理、各参建单位分管领导担任副主任，项目安委会其他成员由业主项目部安全专责、各参建单位（监理、设计、施工）项目负责人、技术负责人、安全负责人组成。

1.3 工作职责

1.3.1 公司安委会

（1）接受国家电网公司安委会领导，负责指导各部门、工程建设部贯彻落实国家有关安全生产的法律、法规、标准，以及上级有关安全管理规定，决定公司安全管理重大事项；

（2）协调解决公司安全管理问题；

（3）定期组织召开安委会会议，保存记录并编发会议纪要；

（4）必要时聘请安全管理专家开展相关工作。

1.3.2 公司安质部

（1）负责安全管理工作，负责监督、管理各工程建设部、工程项目安全工作，监督公司各级人员安全生产责任制的落实。

（2）贯彻落实国家以及国家电网公司关于工程建设安全方面的方针、政策以及有关规定和制度，监督各项安全生产规章制度、反事故措施和上级有关安全工作指示的贯彻执行。

（3）监督涉及设备和设施的安全技术状况、涉及人身安全的防护状况，对监督中发现的重大问题和隐患，及时整改，并向主管领导报告。

（4）组织公司开展安全教育培训工作，监督项目安全培训计划的落实。

（5）制定公司工程项目年度安全目标计划，编制公司年度基建安全管理策划，定期组织召开公司安全生产委员会会议、安全生产分析会议，监督工程建设部、工程项目安委会的组建以及开展活动情况。

（6）在工程建设项目中统一推广先进的安全管理经验，制定工程建设项目安全通病的预防措施。

（7）组织对施工、监理进行安全性评价。

（8）监督对事故处理“四不放过”（即事故原因不清楚不放过、事故责任者未受到处理不放过、应受教育者没有受到教育不放过、没有采取防范措施不放过）原则的贯彻落实，负责事故调查、分定性、统计、上报工作。

（9）对安全生产做出贡献者提出表扬和奖励的建议或意见，对事故负有责任人员，提出批评和处罚的建议和意见。

（10）负责基建工程月报、基建安全月报、隐患排查信息等各类安全信息、安全月报的上报工作。

1.3.3　工程建设部安质处

工程建设部安质处是工程建设部安全监督专业人员的归口管理部门，在项目管理方面主要是协助公司与工程项目之间进行相关信息传递。

1.3.4　项目安委会

（1）接受国家电网公司（项目法人单位）和国网直流公司安委会领导，项目安委会负责指导各参建单位项目部贯彻落实上级有关安全工作的规定，决定工程项目安全管理的重大事项；

（2）协调解决工程建设过程中涉及多个单位的安全管理问题；

（3）定期组织召开安委会会议。

1.3.5　业主项目部安全专责

（1）协助开展项目建设全过程的安全管理工作，参加项目安委会，落实安委会会议决定。

（2）参与审核业主项目部编制的安全管理总体策划，由公司工程管理部门负责人批准，审核项目监理、设计、施工项目部编制的安全策划文件，并监督执行。

（3）审查分包队伍资质和业绩，监督施工分包安全管理，考核评价施工、监理承包商及分包队伍安全管理工作。

（4）协助开展项目施工安全风险管理，检查项目风险控制措施的落实。

（5）定期组织安全例行检查，督促问题整改。

（6）协助开展现场应急管理。

（7）参加项目安全管理评价，督促问题整改。

（8）参加对项目监理、设计、施工企业的安全资信评价。

（9）配合项目安全事件的调查和处理工作。

（10）负责项目安全信息日常管理工作。

1.4　各级安全监督体系的权利和义务

1.4.1　安全监督体系的主要职权

（1）有权检查、了解项目部的安全情况。

（2）有权制止违章作业、违章指挥、违反施工现场劳动纪律的行为。

（3）有权要求保护事故现场，有权向任何人员调查了解事故有关情况，提取、查阅有关资料，有权对事故现场进行拍照、录音、录像等。

1.4.2 安全监督体系的主要义务

（1）有维护正常生产秩序的义务。

（2）有制止违章作业、违章指挥和违反施工现场劳动纪律的行为时有解释理由的义务。

（3）因事故调查需要向有关人员了解情况时，有为当事人保密的义务。

第2章　安全监督的工作流程

安全监督体系要从工程开工准备至工程竣工全过程对工程实施过程进行监督，开展相关安全检查及与安全管理活动。相关检查及活动流程如下：

2.1 全过程监督工作流程

（1）开工准备阶段：成立项目安委会，完成项目安全总体策划编制，在第一次工地会上提出相关工作要求；

（2）基础施工阶段：进行阶段的安全监督检查（公司层面每三个月至少一次），全面开工后宜开展一次以标准化开工的重点的检查，根据需要开展分包、运输等相关专项检查；

（3）建筑施工（线路铁塔组立）：进行阶段的安全监督检查，全面开工后宜开展一次以标准化开工的重点的检查，根据需要开展分包、运输等相关专项检查；

（4）电器安装施工（线路架线施工）：进行阶段的安全监督检查，全面开工后宜开展一次以标准化开工的重点的检查，根据需要开展分包、运输等相关专项检查；

（5）春、秋季等季节安全检查活动根据工程时序开展。

2.2 项目安委会活动流程（见图2–1）

（1）印发会议通知（明确参加相关人员及主要的工作要求）。

（2）按期召开安委会会议。

1）业主项目部代表汇报。施工单位汇报前期施工及安全管理工作情况及下一步施工安全管控重点。

2）设计单位汇报涉及施工安全的工作及配合情况。

3）物资供应单位汇报物资供应相关安全工作。

4）监理单位汇报近期安全监理情况及下一步工作。

5）涉及工程安全其他单位汇报。

6）相关安全专题通报（如重大安全事故及安全相关文件宣贯）。

7）公司职能部门相关工作安排。

8）会议讨论。

9）安委会主任总结。

（3）印发会议纪要（业主项目部起草、安委会主任审批）。

（4）由业主项目部安全专责督办相关事项落实。

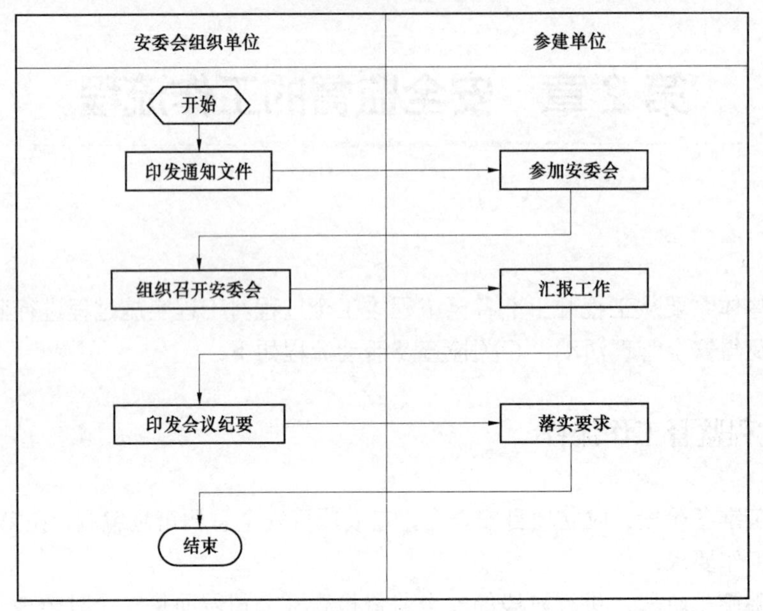

图 2–1　项目安委会活动流程图

2.3 安全检查的流程（见图 2–2）

（1）组建检查组（成员覆盖相关的专业，具备相应的水平）。

（2）发出书面通知（“四不两直”检查不提前发通知）。

（3）召开检查组内部会议（介绍检查安排、检查大纲、工作及廉政注意事项）。

（4）召开汇报会（组织单位介绍检查安排，参建单位汇报工作情况，“四不两直”不开汇报会）。

（5）专业组核查。

（6）检查组应召开内部会议（沟通确认检查情况）。

（7）召开总结会（通报检查情况，填写检查记录，明确整改时间）。

（8）按时间要求对整改情况进行复核。

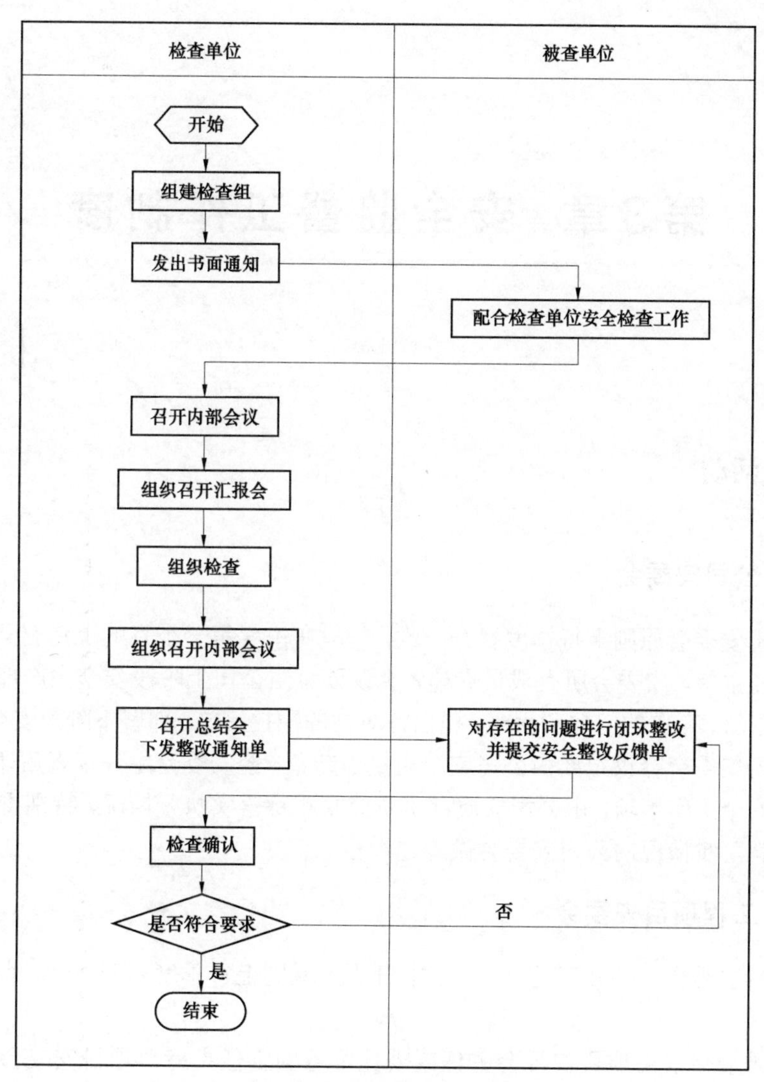

检查单位
被查单位
开始
组建检查组
发出书面通知
配合检查单位安全检查工作
召开内部会议
组织召开汇报会
组织检查
组织召开内部会议
召开总结会
下发整改通知单
对存在的问题进行闭环整改
并提交安全整改反馈单
检查确认
是否符合要求
否
是
结束

图2–2　安全检查流程图

第3章 安全监督工作制度

3.1 例行活动

3.1.1 公司安委会

（1）公司安委会原则上每季度召开一次，一般在季度第一个月的上旬召开，会议由公司安委会主任主持，安委会所有成员参建，会议要总结公司上阶段安全生产情况，分析当前安全生产形势、存在的问题和困难，提出针对性的预控措施，部署下阶段安全生产工作。

（2）公司安委会会议纪要由公司安全质量部起草，经安委会主任审查后印发，会议中决定的重大安全工作事项，由公司安质部负责监督跟踪落实执行情况，特别重大的事项公司安质部要就落实情况向公司安委会做专题汇报。

3.1.2 工程项目安委会

（1）项目安委会活动开工前召开一次，开工后原则上每季度召开一次，有特殊事宜单独召开。

（2）安委会会议由项目安委会主任或委托常务副主任主持，项目安委会所有成员参加，会议传达上级单位、公司安全管理的有关工作要求，安全相关工作通报，总结上阶段安全生产情况，分析当前项目安全工作情况，提出针对性的预控措施，部署下阶段安全生产工作。

（3）项目安委会会议纪要由安委会主任签发，会议中决定的重大安全工作事项，由业主安全管理专责负责监督跟踪各参建单位项目部落实执行，特别重大的事项业主安全管理专责向项目安委会做专题汇报。

3.2 公司安全监督活动

3.2.1 安全管理策划监督

（1）公司安质部根据公司安排参与工程管理部门编写的《工程现场建设管理（大纲）纲要》审查，就安全管理方面的内容提出意见和建议。

（2）公司安质部参加工程项目第一次工地例会，向各参建单位主要领导及管理人员直流公司安全管理的有关要求进行交底。

（3）工程项目专职安全专责

1）由技术管理人员编制，安全人员参与《项目安全文明施工总体策划》审查，《项目安全文明施工总体策划》，原则上每半年修订一次；

2）建立业主项目部安全管理制度与安全管理台账；

3）开工前，审批监理项目部编制的安全监理工作方案；

4）开工前，审批施工项目部编制的输变电工程施工安全管理及风险控制方案；

5）开工前，配合审批施工项目部编制的工程施工安全强制性条文执行计划；

6）开工前组织第一次项目安委会会议；工程建设过程中，参加或组织每季度的项目安委会会议，负责落实安委会会议纪要提出的相关要求。

3.2.2　施工过程例行安全监督

1. 季度安全监督检查

公司根据工程项目进展情况，每季度至少进行一次安全检查，检查组由安质部组织，由公司相关专业人员并根据需要适当邀请外部专家组。检查形成检查通报，由安质部印发，并在安委会或其他相关会议上通报。

2. 例行春、秋季安全检查

公司每年组织春、秋季安全检查。检查由公司安全质量部组织，按照安全检查评价大纲（见附件），春秋季安全检查要结合季节特点及各工程项目地域特征、气候特征等组织开展。检查结束，公司安质部负责印发检查情况通报，在公司安委会或者安全工作例会上通报检查结果。

3. 月度安全检查

负责每月组织现场各参建单位开展安全检查。业主项目部安全专责负责每月组织召开安全例会，所有参建单位负责人及安全管理人员参加，就上月安全例会部署的安全工作及问题开展情况进行汇报，要未能整改或者解决的问题要做特殊说明，安全例会要点评本月安全情况，现场违章及检查情况，部署下月安全重点工作及下月风险控制重点措施，会后由业主部印发会议纪要，格式见附件。

3.2.3　施工过程专项检查

1. 工程重要阶段检查

针对工程项目的重大分部工程实施情况进行检查，可结合季度安全检查综合开展。

2. 专项检查

公司根据上级有关要求及工程项目实际情况开展特殊及重要项的专项检查活动，主要开展的专项检查如下：

（1）分包管理；

（2）施工机械管理；

（3）脚手架搭拆；

（4）施工用电；

（5）防汛；

（6）货运索道。

3.2.4 工程风险管控督查

（1）公司安质部监督工程项目4级及以上安全风险的措施执行情况。

（2）业主项目部负责对三级以上风险作业的控制工作进行现场监督检查，并对四级及以上风险作业输变电工程安全施工作业票（B票）进行签字确认。

（3）由施工项目部组织开展二级及以下施工安全风险等级工序作业风险控制。

（4）工程开工前，业主项目部安全专责负责组织项目设计单位对施工、监理单位进行项目作业风险交底，组织开展风险点的初勘工作。

（5）针对三级及以上安全风险，工程项目专职安全员要汇总各参建单位上报的辨识的结果，统计归纳整理出现场三级及以上安全风险清册，对安全风险进行动态管控。

（6）针对四级级及以上安全风险，工程项目专职安全员负责在作业前7～15日发布风险预警工作，填写风险预警通知单，及时下发给监理及施工单位，监理及施工单位按照通知单要求完成风险管控作业后，及时填写风险反馈单，经监理签字后报业主备案。

3.2.5 安全文明施工监督管理

业主项目部安全专责重点做好项目安全文明工作管理：

（1）负责工程项目安全文明施工的监督实施工作，核查现场安全文明施工开工条件，重点做好参建单位相关人员的安全资格审查、安全管理人员到岗到位情况检查。

（2）全过程监督检查输变电工程安全文明施工总体策划、安全监理工作方案和输变电工程施工安全管理及风险控制方案执行情况。

（3）分阶段审批施工项目部编制的安全标准化设施报审计划，对进场的安全标准化设施的审查验收进行确认。

（4）审批施工项目部安全生产费用使用计划。

（5）工程建设过程中，通过专项整治、隐患曝光、奖励处罚等手段，促进参建单位做好现场安全文明施工管理，作为对工程各参建单位考核评价的依据。

3.2.6 安全应急工作监督

（1）开工前，公司组织成立工程项目现场应急工作组，业主项目部经理担任组长，并指导施工项目部组建现场应急救援队伍。

（2）业主项目部安全专责组织施工单位编制现场应急处置方案，并组织监理、施工项目部有关人员开展方案评审，经监理、业主项目部审核后，报公司工程管理部门批准后发布实施。

（3）现场应急工作组及其组成人员应报公司工程管理部门备案（包括通信方式）；项目建立现场应急值班制度，并在其管理范围内公布值班人员及通信方式，并确保通信畅通；地处地质灾害频发区的项目，必要时，可将项目应急联系人及联系方式向当地应急管理部门备案；

（4）现场应急工作组在工程开工后或每年至少要组织一次应急救援知识培训和应急演练，制订并落实经费保障、医疗保障、交通运输保障、物资保障、治安保障和后勤保障等措施，并针对演练情况进行评审，必要时组织修订。

（5）现场应急工作组接到应急信息后，立即按规定启动现场应急处置方案，组织救援工作，同时上报建设管理单位应急管理机构。

3.2.7　监督检查的总体要求

（1）各级安全检查以查制度、查管理、查隐患为主要内容，同时应将环境保护、职业健康、生活卫生和文明施工纳入检查范围。

（2）各类安全检查工作应尽量采取不预先通知和直接检查工程现场的随机检查方式，确保真实反映项目安全管理情况。

（3）各类检查应制定检查方案、大纲和检查报告大纲，明确工作要求，落实安全检查责任制，实行谁检查、谁签字谁负责。

（4）检查点评最好采用PPT图文并茂进行点评讲解，对检查效果进行总结评价。

（5）各类安全检查中发现的安全隐患和安全文明施工、环境管理等问题，均下发整改通知，限期整改，责任单位应认真按照要求整改，填写整改回复单，将整改前后照片和图片配齐，并及时将整改回复单发送给检查单位，检查单位对整改结果进行确认，实行闭环管理；对因故不能立即整改的问题，责任单位应采取临时措施，并制定整改措施计划报检查单位批准，分阶段实施。对于构成安全隐患的问题，整改要求和程序要严格执行公司关于隐患排查治理的要求。

3.2.8　安全性评价

（1）业主项目部安全专责负责在换流站工程土建阶段及安装阶段各组织一次安全评价工作。

（2）安全评价工作应在土建及构架安装初期，电气安装中期各开展一次。

（3）安全评价工作由工程项目专职安全员组织有关专家、各参建单位安全管理人员共同参加。

（4）安全评价应采用《输变电工程项目安全管理评价表》进行打分评价。

（5）安全评价工作结束，程项目专职安全员应及时公布评价结果，提出问题清单和整改要求，工作完成一周内按《输变电工程安全安全管理评价报告》将整改情况报公司安质部。

（6）对安全管理评价为“较差”的施工项目部，业主项目部要责令其限期整改，给予责任单位通报批评，评价结果纳入对监理及施工项目部的综合评价，在工程结算时给予一定的经济处罚。

（7）公司安质部对工程项目进行做好安全标准化管理评价的抽查工作。

3.2.9 安全检查内容

安全检查的重点内容：

（1）换流站：日常安全检查（月度、专项）重点检查防灾避险、季节、施工机具、临时用电安全通病脚手架搭设与拆除等内容。施工机械重点检查大中型起重机械、整体提升脚手架或整体提升工作平台、模板自升式架设设施等内容，重点检查各类专项方案（措施）的落实执行情况，安全生产管理人员及特殊工种、特种作业人员履职及持证情况，重点检查安全强条执行落实情况，重点检查三级及以上重点安全风险的管控情况、分包管理、施工用电、脚手架搭拆、施工机械、施工工器具、深基坑开挖、构支架及钢结构吊装、换流变及平波电抗器、高抗吊装、各类实验（耐压、局放、注流等）、调试、防汛、应急管理、安全防护、安全设施配置情况（具体内容见附录 E）。

（2）线路：送电线路重点检查分包管理、施工用电、施工机械、施工工器具、深基坑开挖、爆破作业、基础浇制、组塔作业、放紧线作业、附件安装作业、索道、恶劣天气（泥石流、塌方、山体滑坡）、防汛、应急管理、安全防护、安全设施等安全措施管控落实情况（具体内容见附录 F）。

3.2.10 安全监督总结

（1）项目竣工投产后，业主项目部将项目安全文明施工总体策划的实施情况纳入工程建设管理总结。

（2）项目竣工时，业主项目部检查环保、水保措施落实情况，按照档案管理要求，组织收集、归档施工过程安全及环境等方面的相关资料。

第4章 工 作 依 据

安全监督主要依据见表4–1。

表4–1 安全管理主要管理依据

管理内容	主要管理依据
项目安全策划管理	《建设工程项目管理规范》（GB/T 50326—2006） 国家电网公司基建管理通则［国网（基建/1）92—2015］ 国家电网公司基建安全管理规定［国网（基建/2）173—2015］ 国家电网公司业主项目部标准化手册（2014年版）
项目安全风险管理	国家电网公司输变电工程施工安全风险识别评估及预控措施管理办法［国网（基建/3）176］
项目安全文明施工管理	国家电网公司输变电工程安全文明施工标准化管理办法［国网（基建/3）187］ 《国家电网公司安全工作奖惩规定》 《输变电工程安全质量过程控制数码照片管理工作要求》［基建安质〔2016〕56号］
项目安全评价管理	《国家电网公司输变电工程安全标准化管理办法》
项目分包安全管理	国家电网公司输变电工程施工分包管理办法［国网（基建/3）181］ 《关于印发〈国家电网公司电力建设工程分包安全协议范本〉的通知》（国家电网安监〔2008〕1057号）
项目安全应急管理	《国家电网公司应急工作管理规定》 《国家电网公司应急预案编制规范》
项目安全检查管理	《国家电网公司输变电工程安全文明施工管理办法》 《关于开展输变电工程施工现场安全通病防治工作的通知》（基建安全〔2010〕270号） 《国家电网公司电力建设起重机械安全管理重点措施（试行）》（国家电网基建〔2008〕696号） 《电力建设安全工作规程（变电所部分）》（DL 5009.3—2013） 《电力建设安全工作规程第2部分：架空电力线路》（DL 5009.2—2013） 国家电网公司电力安全工作规程（电网建设部分）（试行）（国家电网安质〔2016〕212号） 《变电工程落地式钢管脚手架施工安全技术规范》（国家电网企管〔2016〕987号） 《国家电网公司安全事故调查规程》

附录A 安全管理台账

一、直流公司安全管理台账

（1）安全法律、法规、标准、制度等有效文件清单；
（2）基建安全教育培训记录；
（3）基建安全例会会议纪要（记录）；
（4）合格分包商名册及分包商资质审查记录；
（5）基建安全检查通报；
（6）安全管理文件；
（7）安全考核评价记录；
（8）事故统计、报告记录。

二、业主项目部安全管理台账

（1）安全法律、法规、标准、制度等有效文件清单；
（2）管理人员安全培训证书；
（3）安全文明施工总体策划；
（4）项目应急处置方案；
（5）安全例会、安委会会议纪要（记录）；
（6）监理、施工报审文件及审查记录；
（7）项目安全检查及整改情况记录；
（8）安全管理文件收发、学习记录；
（9）项目安全管理评价记录；
（10）参建项目部安全考核评价记录；
（11）事故统计、报告记录。

附录B　会 议 纪 要 格 式

会 议 纪 要

编号：

工程名称：　　　　　　　　签发：

<table>
<tr><td>会议地点</td><td></td><td>会议时间</td><td></td></tr>
<tr><td>会议主持人</td><td colspan="3"></td></tr>
<tr><td colspan="4">会议主题：</td></tr>
<tr><td colspan="4">上次会议问题落实情况：</td></tr>
<tr><td colspan="4">本次会议内容：</td></tr>
<tr><td>主送单位</td><td colspan="3"></td></tr>
<tr><td>抄送单位</td><td colspan="3"></td></tr>
<tr><td>发文单位</td><td></td><td>发文时间</td><td></td></tr>
</table>

附录C　公司检查通知及回复格式

表 C.1　　　　**电网工程建设安全检查整改通知单**

检查组织单位：　　　　　　　　　　　　　　　　　　编号：

<table>
<tr><td>被查项目</td><td></td><td>业主项目部</td><td></td></tr>
<tr><td>被查地点</td><td></td><td>施工项目部</td><td></td></tr>
<tr><td>检查时间</td><td></td><td>监理项目部</td><td></td></tr>
<tr><td>检查范围和内容</td><td colspan="3"></td></tr>
<tr><td>序号</td><td>发现问题（照片另附）</td><td>整改要求</td><td>整改期限</td></tr>
<tr><td>1</td><td></td><td>按要求整改完善</td><td></td></tr>
<tr><td>2</td><td></td><td>按要求整改完善</td><td></td></tr>
<tr><td>3</td><td></td><td>按要求整改完善</td><td></td></tr>
<tr><td>4</td><td></td><td>按要求整改完善</td><td></td></tr>
<tr><td>全部整改时间</td><td colspan="3">自　年　月　日至　年　月　日</td></tr>
<tr><td colspan="2">检查人员签名</td><td colspan="2">被查单位负责人签名</td></tr>
<tr><td>组长</td><td></td><td>业主项目部</td><td></td></tr>
<tr><td rowspan="2">成员</td><td></td><td>施工项目部</td><td></td></tr>
<tr><td></td><td>监理项目部</td><td></td></tr>
<tr><td>检查组织单位</td><td>电话：
传真：</td><td>业主项目部</td><td>电话：
传真：</td></tr>
</table>

表 C.2　　电网工程建设安全检查整改回复单

检查组织单位：　　　　　　　　　　　　　　　　　　　　　　　　编号：

<table>
<tr><td colspan="4">整改完成情况（不够可另附页，整改后照片请附后）：</td></tr>
<tr><td colspan="4">整改单位负责人签名</td></tr>
<tr><td>业主项目部</td><td></td><td>时间</td><td>年　月　日</td></tr>
<tr><td>施工项目部</td><td></td><td>时间</td><td>年　月　日</td></tr>
<tr><td>监理项目部</td><td></td><td>时间</td><td>年　月　日</td></tr>
<tr><td colspan="4">检查组长审核意见：</td></tr>
<tr><td>签名</td><td></td><td>时间</td><td>年　月　日</td></tr>
</table>

附录D　业主项目部现场检查记录

表 D.1　　安全检查问题整改通知单

工程名称				检查编号	
检查类型				检查日期	
问题编号	问题描述	问题归类	严重级别	整改责任单位	整改期限
1					
2					
3					
⋮					
检查组长					
检查成员					

注　1. 本检查表由业主项目部安全专责填写，适用业主项目部各类安全检查。其中检查类型、问题归类、严重级别等信息应按提供的格式填写，便于分类分析。若今后要求在基建管理信息系统中填报，则依据最新要求填报。

2. 检查类型：选择填写“日检查、周检查、月度检查、随机抽查、专项检查、春秋季大检查、流动红旗检查、优质工程检查”等内容，没有的类型可不填写。

3. 问题归类：安全管理问题选择填写“业主项目部安全管理、监理项目部安全管理、施工项目部安全管理”类别，变电工程现场问题选择填写“现场安全文明施工管理、施工用电、脚手架、高处及起重作业、建筑工程、构架安装工程、电气安装工程、改扩建工程、其他”类别，线路工程现场问题选择填写“现场安全文明施工管理、施工用电、材料管理、起重机械、工器具、基础工程、杆塔工程、跨越架、架线工程、其他”类别。

4. 严重级别：选择填写“重大隐患、一般隐患、一般问题”。问题严重级别由业主项目部根据有关规定进行判别，其中重大隐患是指可能造成人身死亡事故、重大及以上电网和设备事故的隐患，一般隐患是指可能造成人身重伤事故、一般电网和设备事故的隐患，非重大隐患和一般隐患的列为一般问题。

表 D.2　　安全检查问题整改反馈单

<table>
<tr><td colspan="2">工程名称</td><td colspan="2"></td><td>整改单位</td><td></td></tr>
<tr><td colspan="6">按照业主项目部下发的安全检查问题整改通知单（编号：　　　）所提问题，我们认真进行了整改，整改情况如下：</td></tr>
<tr><td>问题编号</td><td>问题描述</td><td>要求整改期限</td><td>整改结果</td><td>整改完成时间</td><td>责任人</td></tr>
<tr><td>1</td><td></td><td></td><td></td><td></td><td></td></tr>
<tr><td>2</td><td></td><td></td><td></td><td></td><td></td></tr>
<tr><td>3</td><td></td><td></td><td></td><td></td><td></td></tr>
<tr><td>⋮</td><td></td><td></td><td></td><td></td><td></td></tr>
<tr><td></td><td></td><td></td><td></td><td></td><td></td></tr>
<tr><td></td><td></td><td></td><td></td><td></td><td></td></tr>
<tr><td></td><td></td><td></td><td></td><td></td><td></td></tr>
<tr><td></td><td></td><td></td><td></td><td></td><td></td></tr>
<tr><td></td><td></td><td></td><td></td><td></td><td></td></tr>
<tr><td colspan="6">监理项目部复查意见：</td></tr>
<tr><td colspan="2">复查人（或委托人）签字</td><td colspan="2"></td><td>复查日期</td><td></td></tr>
<tr><td colspan="6">业主项目部复查意见：</td></tr>
<tr><td colspan="2">复查人（或委托人）签字</td><td colspan="2"></td><td>复查日期</td><td></td></tr>
</table>

注　1. 若需施工单位完成的整改问题，则监理项目部对其整改结果进行复核，复核通过后，业主项目部对复核结果进行二次复核。

2. 若需监理单位完成的整改问题，则通过业主项目部进行复核，监理项目部在“监理项目部复查意见”一栏可不填写。

3. 若今后要求在基建管理信息系统中填报，则依据最新要求填报。

附录E 换流站工程安全检查表

表 E.1　　输变电工程业主项目部安全文明施工标准化管理评价表

序号	评分项目	标准分	评分标准	重要度	扣分原因及扣分分值
1	组织机构和人员	10分	未按要求成立项目安全委员会，扣10分	★	
			项目安委会主任不是由建设单位主要负责人担任，扣3分；常务副主任不是由业主项目部经理担任，扣2分；安委会成员未包括监理、设计、施工单位和项目部人员，扣2分；因人员变动，未及时调整安委会成员，扣2分		
			业主项目部人员配备不符合要求、未设安全管理专责，扣5分	★	
			业主项目部经理、安全管理专责未每两年至少接受一次公司或网省公司组织的基建安全培训，每人扣3分		
2	项目安全策划管理	10分	开工前，未编制《项目安全文明施工总体策划》或《建设管理纲要（安全部分）》，扣5分；策划或纲要未经审批，扣2分；策划或纲要未结合本工程建设的实际特点编制，扣2分	★	
			未按规定时间召开安委会会议，每次扣2分；安委会主任（常务副主任）未主持安委会会议，每次扣1分；安委会会议签到不齐全，每人次扣0.5分。安委会会议未形成会议纪要，并分发至各参建单位，每次扣1分	★	
			开工前，未审批施工项目部输变电工程施工安全管理及风险控制方案、审查施工项目部编制的工程施工安全强制性条文执行计划、审批安全监理工作方案（安全监理实施细则），每项扣2分	★	
			安全管理制度、台账不齐全，每缺一项扣2分；安全管理制度针对性不强，每项扣1分；制度引用的规范、标准失效，每款扣1分		
			工程开工前，未向施工单位提供作业环境范围内可能影响施工安全地下管线、设施等相关资料，并提出保护措施要求，扣5分	★	
			未对深基坑、高大模板及脚手架、重要的拆除爆破等超过一定规模的危险性较大的分部分项工程的专项施工方案（含安全技术措施）进行签字认可，扣3分	★	
			未对重要临时设施、重要施工工序、特殊作业、危险作业项目专项安全技术措施进行备案，扣1分	★	
3	项目安全风险管理	20	工程开工前，未组织项目设计单位对施工、监理单位进行项目作业风险交底及风险点的初勘工作，扣3分	★	
			未审查施工项目部编制的《三级及以上施工安全风险识别、评估、预控清册》及动态风险计算结果，扣3分		
			未对三级以上风险作业的控制工作进行现场监督检查，并对四级及以上风险作业《电网工程安全施工作业票B》进行签字确认，扣3分		
			在建设过程中，未通过日常安全巡查、每月例行安全检查、专项安全检查等活动，检查项目风险控制措施落实情况，扣3分		
			未按要求组织进行项目安全文明施工标准化管理评价工作，每次扣10分（该评分项目适应于网、省公司和直属单位抽查和督查）	★	
			安全文明施工标准化管理评价无整改反馈记录，扣5分（该评分项目适应于网、省公司和直属单位抽查和督查）	★	

续表

序号	评分项目	标准分	评分标准	重要度	扣分原因及扣分分值
4	项目安全文明施工管理	20	未对各监理、施工单位安全资质、相关人员的安全资格、安全管理人员到位情况进行监督检查，满足安全管理需要，每项扣3分	★	
			未分阶段审批施工项目部编制的安全文明施工装备设施报审计划，对进场的安全文明施工设施进行审查验收，缺一项扣2分	★	
			未按规定向施工项目部支付现场安全生产费用，扣3分		
			未采用隐患曝光、专项整治、奖励处罚等手段，促进参建单位做好现场安全文明施工管理，扣2分	★	
5	项目分包安全管理	15分	未审批和备案施工单位申报的项目分包计划申请，扣3分；未监督检查分包安全协议的签订，分包安全协议未签订，扣2分	★	
			未组织开展工程项目分包管理检查，扣5分	★	
			对不满足要求的分包队伍，未实行停工整顿或清退措施，扣5分	★	
			未定期分析上报工程分包管理信息，扣2分		
6	项目安全应急管理	10分	未组建工程项目现场应急工作组，扣5分	★	
			现场应急工作组值班人员及通信方式未在施工现场公布，扣2分	★	
			开工前，未能督促施工项目部制定和完善应急处置方案，每项扣1分	★	
			未组织监理、施工项目部有关人员开展方案评审，每项扣1分		
			未组织监理、施工项目部开展应急救援知识培训和应急演练，扣3分	★	
7	项目安全检查管理	15分	未按要求组织项目季度、月度、季节性安全检查，每次扣3分	★	
			未按要求组织开展专项安全检查，每次扣3分	★	
			各类安全检查无整改通知、无整改反馈，每次扣3分	★	
			未定期召开月度工地安全例会，每次扣2分		
			未利用数码照片资料进行安全过程控制，扣3分；数码照片不符合要求的，扣1分	★	
			未配合上级单位开展各类安全检查，按要求组织自查，编制自查报告（包括检查问题及整改结果反馈），监督责任单位对检查提出问题的整改落实，每次扣3分	★	
标准分		100			

注　本检查表“重要度”内容中，标“★”号的为必查内容。

表E.2　　　　输变电工程监理项目部安全文明施工标准化管理评价表

序号	评分项目	标准分	评分标准	重要度	扣分原因及扣分分值
1	组织机构及资源配置	10分	未建立以总监理工程师为第一责任人的安全监理工作体系，扣5分	★	
			总监理工程师未经建设单位同意承担多项工程监理工作，扣2分		
			监理工程师无有效资格证，扣2分		
			未配备安全监理工程师，扣5分	★	
			安全监理工程师未按规定经过安全教育培训，扣2分	★	

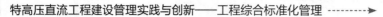

续表

序号	评分项目	标准分	评分标准	重要度	扣分原因及扣分分值
1	组织机构及资源配置	10分	项目监理部人员配置不能满足要求，扣2分		
			总监和安全监理工程人员调整未征得建设单位同意，并书面报建设单位和承包单位，扣2分		
			未明确各级监理人员的安全监理工作职责，扣2分	★	
			未配备必要的办公、交通、通信、检测、个人安全防护用品等设备（工具），扣5分		
			未配备齐全有效的安全法律、法规、技术标准、规范和操作规程等安全监理依据性资料，每缺一项扣0.5分	★	
2	安全监理工作策划	10分	《监理规划》中未编制针对性安全监理工作内容，扣2分；未编制《安全监理工作方案》（安全监理实施细则），扣5分；未报业主项目部审批、未抄送施工单位，扣3分；细则针对性不强，扣2分；监理项目安全文明施工目标不明确，与业主项目部目标不一致，扣3分	★	
			未建立健全安全监理工作制度，缺一项扣2分；制度针对性、操作性不强，每项扣1分	★	
			引用基建安全规程、规范、标准失效，每款扣2分	★	
3	文件审查	20分	未审查施工单位资质和安全生产许可证是否合法有效，扣2分	★	
			未审查施工单位项目经理和专职安全生产管理人员是否具备合法资格，是否与投标文件相一致，扣2分	★	
			未审查施工项目部施工安全管理人员，特种作业、特种设备作业人员资格证明文件，扣2分	★	
			未审查施工单位《输变电工程施工安全管理及风险控制方案》及其《安全文明施工设施配置申报单》，扣2分	★	
			未审查施工安全管理制度、施工组织是否满足工程建设安全文明施工管理的需要，扣2分		
			未审查施工组织设计中的安全技术措施或者危险性较大的分部分项工程专项施工方案，每项扣5分	★	
			未审查施工单位《输变电工程施工安全强制性条文执行计划表》，扣5分	★	
			未审核《输变电工程施工强制行条文执行记录表》，扣2分	★	
			未审核施工项目部报送的《安全文明施工设施进场验收单》，每项扣1分	★	
			未审查施工承包商大、中型起重机械等特种设备的安全检验合格证、安装（拆除）资质证明文件，扣2分	★	
			未审查进场设备、工器具、安全防护用品（用具）的安全性能证明文件，扣5分	★	
			未审查《现场应急处置方案》、关键项目或关键工序、危险、特殊作业安全施工措施/作业指导书及危险源辨识评价和预控措施，每项扣2分	★	
			经审查的单位资质、人员资格证书或经审查的文件、措施方案仍存在明显疏漏或缺陷的，每项扣1分	★	
4	安全检查签证	10分	大中型起重机械、重要脚手架、施工用电、水等力能设施，交通运输道路和危险品库房等重要设施未在使用前进行检查签证，每项扣2分	★	
			未对工程项目开工、土建交付安装、安装交付调试以及整套启动等重大工序转接进行检查签证，每项扣2分	★	

续表

序号	评分项目	标准分	评　分　标　准	重要度	扣分原因及扣分分值
5	安全检查管理	20 分	未定期组织开展安全检查，每次扣 2 分	★	
			对各项安全检查未监督整改闭环，每次扣 2 分	★	
			未利用数码照片资料进行安全过程控制，扣 5 分；数码照片采集不符合要求，扣 3 分	★	
			未按规定填写工程施工安全强制性条文执行检查表，扣 5 分	★	
			未对工程重要及危险的作业工序及部位实施旁站监理，每项扣 2 分	★	
6	分包安全管理	10 分	未审核工程项目分包计划申请，并报业主项目部审批，扣 2 分		
			未审查分包资质、业绩并进行入场验证，扣 2 分	★	
			未审查分包合同、安全协议，扣 2 分	★	
			未动态核查进场分包商的人员配备、施工机具配备、技术管理等施工能力，扣 2 分	★	
			未审批专业分包队伍的施工组织设计、安全施工方案等，每项扣 2 分	★	
			监理例行安全检查中，发现施工分包管理中存在的问题未及时提出整改要求实施闭环管理的，每项扣 2 分	★	
			未督促检查施工项目部对分包商人员的安全教育培训和考试情况，扣 2 分		
			每月末将分包管理情况报建设单位，扣 2 分		
7	安全风险与应急管理	10 分	未审核施工项目部编制的《三级及以上施工安全固有风险识别、评估、预控清册》《作业风险现场复测单》及动态风险计算结果，扣 2 分		
			未对三级及以上风险作业实施监理旁站，并确认《输变电工程安全施工作业票 B》中的风险控制项目，扣 2 分		
			未会同施工项目部开展现场应急处置预案演练，每项扣 2 分	★	
			未定期开展监理项目部安全文明施工标准化管理评价，对存在问题进行闭环整改，每次扣 2 分（该评分项目适应于网、省公司和直属单位抽查和督查）	★	
			未参加业主项目部组织的项目安全文明施工标准化管理评价，督促施工项目部对存在问题进行闭环整改，每次扣 2 分（该评分项目适应于网、省公司和直属单位抽查和督查）	★	
8	监理记录及总结	10 分	安全监理记录缺漏、不能反映安全监理工作实施情况，扣 2 分		
			监理月报未反映当月安全健康环境状况和存在的隐患及整改措施，扣 2 分	★	
			未按规定定期召开安全例会或记录不全，扣 2 分	★	
			未及时传达、贯彻上级有关安全生产的法律、法规、文件精神和要求，扣 2 分	★	
			《监理工作总结》中未对监理项目部安全管理工作进行总结评价，扣 2 分	★	
标准分		100 分			

注　本评价标准表“重要度”内容中，标“★”号的为必查内容。

表 E.3　　输变电工程施工项目部安全文明施工标准化管理评价表

序号	评分项目	标准分	评分标准	重要度	扣分原因及扣分分值
1	项目安全组织机构	10	项目经理未取得工程建设类相应专业注册建造师资格证书，未持有省市政府主管部门颁发的安全管理资格证书，未持有网省公司颁发的安全培训合格证，每项扣 2 分	★	
			项目副经理未取得工程建设类相应专业资格证书，未持有省市政府主管部门颁发的安全管理资格证书，未持有网省公司颁发的安全培训合格证，每项扣 2 分		
			项目总工未取得网省公司安全培训合格证，扣 2 分		
			项目部未配备专职安全员的，扣 4 分	★	
			项目部安全员未持有省市政府主管部门颁发的安全管理资格证书，未持有网省公司颁发的安全培训合格证，每项扣 2 分		
			项目部未明确项目经理、项目副经理、项目总工、专（兼）职安全员、施工队（班组）长、施工人员等各级安全职责，缺一项扣 3 分		
			项目部制定的安全目标不正确，扣 3 分	★	
2	项目安全策划管理	20	未制定适合本工程的制度，缺一项扣 1 分	★	
			未留存相关法规、规范、标准和技术文件，缺一项扣 1 分	★	
			未建立施工项目部安全管理台账，每缺一项扣 1 分	★	
			项目总工未组织编制项目《输变电工程施工安全管理及风险控制方案》，扣 5 分；审批程序不符合要求的，扣 2 分	★	
			编制的项目《输变电工程施工安全管理及风险控制方案》不符合国家电网公司编制纲要要求，扣 2 分		
			未向监理部报审施工机械、工器具、安全用具报审表、进场/出场报审表等，每缺一项扣 1 分	★	
			开工前，未向监理项目部填报“安全文明施工设施配置申报单”“安全文明施工措施实施申报单”的，缺一项扣 1 分		
			安全文明施工设施进场时，未向监理报审“安全文明施工设施进场验收单”“安全文明施工措施实施验收单”，缺一项扣 1 分	★	
			未向监理部报审“输电线路工程施工安全强制性条文执行计划表”或“变电站工程施工安全强制性条文执行计划表”，扣 3 分	★	
			未按规定开展新员工三级安全教育培训工作，缺一人扣 2 分	★	
			施工项目部未对达到一定规模的危险性较大的分部分项工程，编制专项施工方案，每项扣 5 分；编审批、交底不规范，每项扣 2 分	★	
			施工项目部未对深基坑、高大模板及脚手架、重要的拆除爆破等超过一定规模的危险性较大的分部分项工程编制专项施工方案，每项扣 5 分；编审批、交底不规范，每项扣 2 分	★	
			重要临时设施、重要施工工序、特殊作业、危险作业项目未编制专项安全技术措施，每项扣 5 分；编审批、交底不规范，每项扣 2 分	★	
			未按规定组织员工健康体检的，缺少一人扣 1 分	★	
			安全生产费用挪作他用，未专款专用，扣 3 分		
			施工机械和工器具无安全检验记录，每台件扣 1 分	★	
			未编制施工作业指导书，每项扣 3 分；编审批、交底不规范，每项扣 1 分	★	

续表

序号	评分项目	标准分	评 分 标 准	重要度	扣分原因及扣分分值
2	项目安全策划管理	20	安全施工作业票填写、审查、签发、执行不符合要求，每份扣1分	★	
			项目部未按规定每月召开一次项目部安全工作例会，缺一次扣3分	★	
			项目部未按规定每月组织一次安全检查，缺一次扣3分	★	
			未学习贯彻上级规定、文件精神，缺一次扣2分	★	
			特种作业人员、特种设备作业人员未取得特种作业操作资格证书、特种设备作业人员证即上岗的，每人扣2分	★	
			工程开工前，未结合工程特征组织开展风险识别、评价，未制订相应的预控措施扣3分	★	
3	项目安全风险管理	15	未对工程项目存在的主要安全风险及采取的预控措施向施工人员交底，缺一次扣3分	★	
			涉及停带电施工（含改造施工）、近电施工、进入运行变电站工作的作业项目未严格履行作业票制度，每项扣3分；工作票的填写与签发中，工作负责人、工作票签发人不具备资格，每人次扣3分	★	
			未设置施工现场危险点控制标牌，缺一处扣2分；危险点控制标牌针对性不强，每处扣1～2分		
			施工中运用新技术、使用新设备、采用新材料、推行新工艺、职工调换工种时，未进行相应培训考试的，缺一项扣3分	★	
			未开展安全管理标准化管理评价工作，扣3分（该评分项目适应于网、省公司和直属单位抽查和督查）	★	
			对安全文明施工标准化管理评价中发现的问题没有进行整改反馈，每项扣1分（该评分项目适应于网、省公司和直属单位抽查和督查）	★	
4	项目安全文明施工管理	15	未利用数码照片资料开展工程安全过程控制工作，扣4分；数码照片采集、整理不符合要求，每项扣1分	★	
			项目部对分包商的安全文明施工管理不到位，或没有纳入自身管理体系实施动态管理，扣4分		
			未向施工人员提供合格的安全防护用品，扣2分；未给从事高处作业、爆破等危险作业的人员（包括分包人员）办理意外伤害保险的，缺一人扣1分	★	
			安全技术交底程序不符合规定、签字不齐全，每项扣2分	★	
			班组未开展每周一次的安全活动，缺一次扣2分	★	
			班组活动记录不齐全，缺一次扣2分	★	
			工程开工前，施工项目部未向监理报审分包计划申请表，扣2分		
5	项目分包安全管理	20	分包安全协议不符合范本要求，扣3分	★	
			对工程项目进行转包或违规分包的，扣20分	★	
			施工分包商资质未经审核或不符合要求而录用的，扣5分	★	
			工程项目部越权自行招用分包单位的，扣5分	★	
			分包合同中未明确分包性质（专业分包或劳务分包）的，扣2分	★	
			分包合同、安全协议中，未盖法人单位印章，扣2分；签字人非法人本人或未经法人授权，扣2分	★	
			分包商未签订分包合同、安全协议就进场施工的，每次扣5分	★	

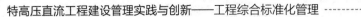

续表

序号	评分项目	标准分	评分标准	重要度	扣分原因及扣分分值
5	项目分包安全管理	20	专业分包商对部分作业再次进行劳务分包，但没有在专业分包合同中注明，每次扣2分	★	
			劳务分包商对承包任务进行二次分包的，每次扣3分	★	
			项目部未明确专门的分包管理人员，扣2分；未建立专业分包商人员名册，扣3分；专业分包商人员与现场实际人员不符，扣2分	★	
			施工分包人员未进行体检的，缺少一人扣1分；现场录用未成年者，每人扣2分		
			开工前未对专业分包队伍人员资质、施工机械、工器具进行检验、报监理审核，缺一项扣2分	★	
			项目部未督促专业分包商新进场人员进行三级安全教育，扣2分；项目部未向培训考试合格的分包人员配置“胸卡证”而直接上岗的，每人次扣1分	★	
			施工承包商未对危险性较大的专业分包施工作业进行安全技术交底，每次扣5分；未组织（督促）专业分包施工人员进行施工组织设计、作业指导书、安全施工方案或安全施工措施等技术文件全员安全技术交底，未传达安全管理文件，每次扣3分	★	
			作业前未对劳务分包队伍进行安全技术交底，扣5分；未进行全员安全技术交底，缺一人扣1分	★	
			未审查专业分包商施工组织设计、安全施工方案，缺1项扣1分；专业分包商无施工组织设计、无安全施工方案的，缺一项扣5分	★	
			项目部未派人员对专业分包的关键工序、隐蔽工程、危险性大施工作业进行全过程监督，每项扣2分	★	
			在参与危险性大、专业性强的劳务作业时，施工承包商未指派本单位人员担任现场施工班组负责人、技术员、安全员等关键岗位职务，每缺1岗扣3分	★	
			专业分包商项目负责人更换未经施工承包商同意并报监理审批，每人次扣2分；劳务分包商主要负责人、特殊工种和特种作业人员的更换未经施工承包商、监理审批同意，每人次扣2分	★	
6	项目安全应急管理	10	项目部未按照要求组建现场应急救援队伍，缺一项扣1分	★	
			项目部在工程开工后未组织应急救援知识培训，扣3分	★	
			未组织应急演练，扣3分		
			未在施工项目部办公区、施工区、生活区、材料站（仓库）等场所的醒目处，公布应急联络方式，每处扣3分		
7	项目安全检查管理	10	项目部未组织月度安全检查的，每次扣5分	★	
			未在安全工作例会上，对安全检查中发现的问题进行分析总结的，扣2分	★	
			安全检查中发现的各类安全隐患、文明施工、环境管理等问题，未闭环整改，一项未整改扣2分	★	
标准分		100			

注　本评价标准表“重要度”内容中，标“★”号的为必查内容。

表 E.4　　变电工程施工现场安全文明施工标准化管理评价表

表　号	评 分 子 项	实得分 （满分 100 分）
表 E.5	现场安全文明施工标准化管理评价表	
表 E.6	施工用电安全文明施工标准化评价表	
表 E.7	脚手架安全文明施工标准化评价表	
表 E.8	高处及起重作业安全文明施工标准化评价表	
表 E.9	建筑工程安全文明施工标准化评价表	
表 E.10	构架安装工程安全文明施工标准化评价表	
表 E.11	电气安装工程安全文明施工标准化评价表	
表 E.12	改、扩建工程安全文明施工标准化评价表	
平均得分（各评分子项实得分算术平均值）		

表 E.5　　现场安全文明施工标准化管理评价表

序号	评分项目	标准分	评 分 标 准	重要度	扣分原因及扣分分值
1	办公区	15	项目部办公区、生活区设置不符合标准要求，扣 2 分	★	
			办公设施、项目部铭牌、旗台、“四牌一图”不符合标准，每处扣 1 分		
			办公区内存放易燃、易爆物品，扣 5 分	★	
			办公区、生活区未设置消防器材、常用药品，扣 1 分		
2	生活区	10	食堂不干净整洁，不符合卫生防疫要求，扣 1 分		
			宿舍布置、卫生不符合规定，扣 1 分		
			洗浴、盥洗条件不符合规定，扣 1 分		
			未提供必要的文化娱乐设施，扣 1 分		
			生活区未设置垃圾箱，垃圾未及时清运，扣 1 分		
			生活区内存放易燃、易爆物品，扣 5 分	★	
			生活区、宿舍用电不符合要求，扣 3 分	★	
3	变电站整体布局	15	施工现场未对作业场地进行围护、隔离、封闭，并未设置安全警示标志、标识，未明确安全责任人及责任，每一处扣 2 分	★	
			施工现场无施工平面定置图，每处扣 2 分		
			工程正式开工后，变电站无围墙或未进行封闭式管理，扣 2 分		
4	施工场地及道路	20	施工场地不平整，明显积水，每处扣 1 分		
			基坑、沟道开挖出的土方未及时清运、整理，每处扣 1 分		
			运输车辆未做到车轮不带泥上公路，运输途中漏洒，扣 1 分		
			场地不平整，地面有积水，每处扣 1 分		
			未设置两级废水沉淀池，扣 2 分	★	
			材料设备未分类、定置堆放，标示不清晰，每处扣 1 分		

续表

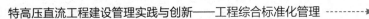

序号	评分项目	标准分	评分标准	重要度	扣分原因及扣分分值
4	施工场地及道路	20	道路未硬化、成环，扣 1 分		
			道路混凝土成品面层未进行有效成品保护，扣 2 分		
			道路标志及排水管沟不符合规定，每处扣 1 分	★	
			站内临时建筑物、工棚用禁用材料搭建，每处扣 2 分	★	
5	安全防护措施	30	施工人员未正确佩戴安全帽、使用安全防护用品，每人扣 2 分	★	
			分区隔离，基坑、孔洞、高处安全防护、警示不符合要求，每处扣 1 分	★	
			孔洞、沟道盖板设置、制作、警示不符合要求，每处扣 1 分	★	
			220kV 及以上变电工程未采用安全视频监控系统，扣 1 分		
			施工区域未设置危险点控制标牌，每处扣 1 分	★	
			消防设施不符合要求、失效，每处扣 2 分	★	
			气瓶、存放、搬运不符合要求，每处扣 2 分		
6	其他	10	现场人员、临时人员、检查人员未正确佩戴胸卡、临时出入证，胸卡、临时出入证不符合标准样式要求，每人次扣 1 分	★	
			施工现场未设置饮水点和固定吸烟点，夏季未做好防暑降温工作的，扣 2 分	★	
			施工现场未设置吸烟室，扣 2 分；发现流动吸烟，每人次扣 1 分；在非吸烟区发现烟头，每个扣 0.5 分		
			未设垃圾回收点或垃圾回收点设立不符合规范要求的，扣 2 分		
标准分		100			

注　本评价标准表“重要度”内容中，标“★”号的为必查内容。

表 E.6　　施工用电设施标准化评价表

序号	评价项目	标准分	评分标准	重要度	扣分原因及扣分分值
1	管理与使用	20	临时用电系统的专责管理人员，未做到持证上岗，扣 2 分	★	
			配电箱、开关箱、漏电保护器等未做到定期检查，扣 2 分	★	
			配电箱未加锁并设警告标志的，扣 2 分		
			施工用电未严格按国家标准采用三相五线制的，扣 5 分；未实施三级配电、两级保护的，扣 5 分	★	
2	施工用电设施	30	施工用的变压器安装高度不符合规程的，扣 2 分		
			施工用的变压器栅栏高度、安全净距、警告标志设置不符合规程的，扣 2 分		
			接地不牢固可靠的，每处扣 3 分	★	
			直埋电缆埋设深度不够，并未在地面设置明显标志的，扣 2 分	★	
			电缆通过道路时未采用保护套管的，每处扣 1 分	★	
			低压架空线路架设高度不符合规程的，每处扣 2 分	★	
			配电箱设置地点不符合规程的，扣 2 分		

续表

序号	评价项目	标准分	评分标准	重要度	扣分原因及扣分分值
2	施工用电设施	30	配电箱不具备防雨防火功能的，扣 2 分	★	
			箱内的配线不符合规程的，扣 2 分		
			开关箱未装设漏电保护器的，每处扣 3 分；漏电动作电流大于 30mA，动作时间大于 0.1s 的，每处扣 2 分	★	
			用电设备的电源引线长度不符合规程的，每处扣 2 分		
			电气设备附近未配备消防器材的，扣 1 分		
3	施工用电及照明	25	开关与熔断器电源侧与负荷侧倒接的，扣 2 分	★	
			未标明负荷名称，未标明电压等级的，扣 2 分		
			用单相三孔插座代替三相插座的，扣 2 分	★	
			将电线直接钩挂在闸刀上或直接插入插座内使用的，每处扣 2 分	★	
			闸刀开关熔丝缺保护罩，每处扣 1 分		
			用其他金属丝代替熔丝的，每处扣 2 分	★	
			连接电动机械或电动工具的开关箱内，未设开关或插座或未设保护装置的，每处扣 2 分		
			一个开关接两台及以上电动设备的，每处扣 2 分	★	
			现场 110V 以上照明灯具的悬挂高度不符合规程的，每处扣 2 分		
			照明灯采用金属支架时，支架未采取接零保护的，每处扣 2 分		
			电源线路敷设时，绝缘不符合规程的，每处扣 2 分	★	
			金属容器内、潮湿作业区内行灯未使用安全电压的，扣 2 分	★	
			工作场所、主要通道上照明不能满足工作要求的，每处扣 2 分		
4	接零保护	25	对地电压在 127V 及以上的电气设备及设施，未装设接零保护的，每处扣 1 分	★	
			零线连接不可靠的，扣 2 分	★	
			同一系统中的电气设备接地、接零保护同时使用的，扣 2 分	★	
			防雷接地装置设置不符合规程要求的，每项扣 2 分	★	
			在有爆炸危险场所的电气设备，金属部分未可靠接地或接零的，扣 2 分		
			在有爆炸危险的场所，利用金属管道、构筑物的金属构架及电气线路的工作零线作为接地线或接零线用的，扣 2 分		
标准分		100			

注　本评价标准表“重要度”内容中，标“★”号的为必查内容。

表 E.7　　脚手架安全文明施工标准化评价表

序号	评价项目	标准分	评分标准	重要度	扣分原因及扣分分值
1	管理与使用	20	搭拆前未组织搭拆人员进行安全技术措施交底，未进行全员签字的，扣 2 分	★	
			搭拆人员未持证上岗的，每人扣 1 分	★	

续表

序号	评价项目	标准分	评分标准	重要度	扣分原因及扣分分值
1	管理与使用	20	架体上未安全警示标牌的，扣2分		
			未按规定搭设安全通道的，扣2分	★	
			临边防护设置不规范的，每处脚扣2分	★	
			脚手架未设置两点以上接地的，扣2分		
			脚手架搭设完毕，未验收挂牌就使用的，扣2分	★	
			脚手架未配备灭火器材，每处扣2分	★	
			无检查维护记录，日常维修加固不到位的，扣2分	★	
			架体没有供人员上下的垂直爬梯、阶梯或斜道，扣2分	★	
			脚手架、跳板和走道等，未及时清除积水、积霜、积雪、未采取防滑措施的，扣2分		
2	构配件及脚手板	25	钢管规格不符合规程的，扣5分		
			钢管弯曲、有裂纹或严重锈蚀的，每处扣2分	★	
			扣件变形或有裂纹 每处扣2分	★	
			钢管搭接长度不符合规程的，每处扣2分（加依据）	★	
			脚手板规格、质量不符合规程的，扣2分		
3	脚手架搭设及拆除	40	脚手架基础不符合要求、排水不畅，扣4分	★	
			脚手架垫板不符合要求，每处扣2分	★	
			立杆搭设不符合规程的，每处扣2分	★	
			剪刀撑搭设不符合规程的，每处扣2分	★	
			脚手架、斜道、平台的水平防护栏杆和挡脚板、安全立网设置不符合规程的，每处扣2分	★	
			脚手板的铺设不符合规程的，每处扣2分	★	
			斜道铺设不符合规程的，每处扣2分	★	
			门式脚手架搭设不符合规程的，每处扣2分	★	
			搭、拆脚手架无专人监护，扣4分		
			拆除脚手架不符合规程，上下同时作业或将脚手架整体推倒的，扣5分		
4	特殊型式的脚手架	15	挑式脚手架的搭设不符合规程要求的，每项扣2分	★	
			移动式脚手架的使用不符合规程要求的，扣2分	★	
			悬吊式脚手架的搭设不符合规程要求的，每项扣2分	★	
标准分		100			

注 本评价标准表“重要度”内容中，标“★”号的为必查内容。

表 E.8　　高处及起重作业安全文明施工标准化评价表

序号	评价项目	标准分	评 分 标 准	重要度	扣分原因及扣分分值
1	高处作业	50	高处作业的平台、临边、走道、斜道等安全防护不到位的，每处扣5分	★	
			高处作业区周围的孔洞、沟道等安全防护不到位的，每处扣5分	★	
			高处作业施工光线不充足的，扣3分	★	
			高处作业人员个人防护用品不规范的，每人扣3分	★	
			高处作业人员作业行为不规范的，每人扣3分	★	
			在构架及电杆上作业时，地面无专人监护、联络的，扣5分	★	
			高处作业地点、各层平台、通道及脚手架上物品堆放超标的，每处扣5分	★	
			作业人员上下脚手架不走通道的，扣5分	★	
2	施工机具、起重机械及使用要求	50	起重机操作人员安全防护不到位的，操作行为不规范的，每人次扣5分	★	
			钢丝绳使用中与带电体的安全距离不符合要求的，扣5分	★	
			钢丝绳存在断丝、磨损、锈蚀超标，存在断股、绳芯损坏或绳股挤出、笼状畸形、严重扭结或弯折，达到报废标准的，每处扣3分	★	
			钢丝绳绳卡的使用不符合规程的，每处扣3分	★	
			编结钢丝绳编结长度不符合规程的，每处扣3分	★	
			卷扬机卷筒上钢丝绳不符合规程的，每项扣3分	★	
			卷扬机防护设施、电气绝缘、离合器、制动装置、保险棘轮、导向滑轮、索具等不合格，每项扣3分	★	
			起重机械制动、限位、连锁以及保护等安全装置，有失灵情况的，每项扣2分	★	
			高架起重机无可靠避雷装置的，扣5分	★	
			起重机上未配备灭火装置的，扣3分	★	
			起重工作时，起吊物绑扎不牢、吊点选择不当、偏拉斜吊的，每项扣5分	★	
			起重臂及吊物下方有人通过或逗留的，或起重吊物从有人停留场所上空越过的，每项扣3分	★	
			吊物吊离地面10cm，未进行悬停检查的，扣5分		
			吊物在空中长时间停留的，或在空中短时间停留，操作人员和指挥人员离开工作岗位的，每项扣5分	★	
			遇有恶劣气候，或夜间照明不足时，仍在进行起重作业的，扣5分	★	
			运料井架、门架未验收合格，井架、门架缆风绳设置不符合规程的，地锚设置不符合规程的，无安全保险装置和过卷扬限制器的，运料井架、门架乘人的，每项扣5分	★	
			起重机工作时，臂架、吊具、辅具、钢丝绳及重物等与带电体的最小安全距离不符合规程的，扣5分	★	
标准分		100			

注　本评价标准表“重要度”内容中，标“★”号的为必查内容。

表 E.9　　　　建筑工程安全文明施工标准化评价表

序号	评价项目	标准分	评分标准	重要度	扣分原因及扣分分值
1	土石方工程	20	在有电缆、管道等地下设施的地方进行土石方开挖时，用冲击工具或机械挖掘的，扣2分	★	
			在施工区域内挖掘沟道或坑井时，未设置安全围栏及警告标志的，每处扣2分	★	
			上下基坑未设置跳板或靠梯的，每处扣2分	★	
			坑槽开挖未按施工技术措施的规定进行的，每处扣3分		
			发现基坑有流砂时，或基坑地槽遇水、降雪浸湿时未采取防坍塌措施的，扣5分		
			堆土位置和高度不符合规程的，每处扣3分		
			机械开挖时，存在不符合规程要求的，每项扣2分		
			打桩工作区域无隔离围栏和警示标志的，扣2分		
			爆破施工不符合规程要求的，扣5分		
2	模板工程	20	工作人员行走，不遵守规程的，每人次扣2分	★	
			支撑未用横杆和剪刀撑固定，支撑处地基不坚实，无防支撑下沉、倾倒措施，每处扣2分	★	
			采用钢管脚手架兼作模板支撑时，立柱未设水平拉杆及剪刀撑，每处扣2分	★	
			拆除模板未按顺序分段进行，猛撬、硬砸及大面积撬落或拉倒的，每处扣3分	★	
			拆下的模板未及时清运，随意堆放在脚手架或临时搭设的工作台上的，每处扣2分		
			在木模板加工场地，未设置相应的灭火器材的，每处扣2分	★	
3	钢筋工程	15	短钢筋切割直接用手把持的，扣2分		
			冷拉钢筋的夹钳无防滑脱装置。操作人员在正面工作。冷拉钢筋周围未设置防止钢筋断裂飞出的安全装置的，扣2分		
			绑扎4m以上独立柱的钢筋时，未搭设临时脚手架的，扣2分		
			施工人员依附立筋绑扎或攀登上下的，扣2分	★	
			柱筋未用临时支撑或缆风绳固定的，扣2分		
4	混凝土工程	15	搅拌机运行中用铁铲伸入滚筒内扒料，或将异物伸入传动部分的，扣3分	★	
			在送料斗提升过程中，在斗下敲击斗身或从斗下通过，扣3分		
			从运行中的皮带上跨越或从其下方通过，扣3分		
			卸料时罐底离浇制面高度超过1.2m，扣2分		
			浇灌框架、梁、柱混凝土，未设操作台，直接站在模板或支撑上操作的，扣3分	★	
			将震动着的震动器放在模板、脚手架或已捣固但尚未凝固混凝土上的，扣2分	★	

续表

序号	评价项目	标准分	评 分 标 准	重要度	扣分原因及扣分分值
5	砖石砌体及粉刷工程	20	进行砌墙、勾缝、检查大角垂直度及清扫墙面等工作未搭设临时脚手架的，扣 2 分	★	
			采用里脚手架砌砖时，未安设外侧防护墙板或安全网的，扣 2 分	★	
			脚手板上堆放的砖、石材料离墙身距离及重量不符合规程的，扣 2 分	★	
			站在窗台上粉刷窗口四周线脚的，扣 2 分		
			粉刷时，脚手板跨度大于 2m，架上堆放材料过于集中，在同一跨度内超过两人，扣 2 分	★	
6	其他	10	沥青、油漆施工作业时，施工场所通风不好，未做到禁止烟火，未佩戴个人防护用品的，每项扣 2 分	★	
			消防设施无防雨、防冻措施的，扣 1 分；消防器材未定期检验确保有效的，扣 2 分；消防器材未放置在明显、易取位置的，扣 1 分；消防设施挪作他用的，扣 2 分	★	
			玻璃施工时，存在不符合规程的，每项扣 1 分	★	
标准分		100			

注　本评价标准表“重要度”内容中，标“★”号的为必查内容。

表 E.10　　**构架安装工程安全文明施工标准化评价表**

序号	评价项目	标准分	评 分 标 准	重要度	扣分原因及扣分分值
1	排焊杆及喷涂作业	40	混凝土电杆在现场堆放时，超过三层，杆段下面无支垫，两侧未掩牢的，各扣 4 分	★	
			利用铁撬棍插入预留孔转动杆身的，扣 4 分	★	
			组焊平台钢板、工字钢等未可靠接地，组焊所用的电气设备未采用接零保护并作重复接地的，扣 5 分	★	
			露天装设的电焊机无防雨措施的，每处扣 2 分	★	
			电焊机的外壳未可靠接零的，每处扣 5 分	★	
			喷涂作业操作前未将防护用品配戴齐全。袖口没绑扎，未戴防护面罩的，每人次扣 4 分	★	
			喷涂时，站在砂枪、喷枪前方的，扣 10 分		
2	构架吊装	60	用白棕绳作为临时拉线的，扣 5 分	★	
			500kV 单 A 型构架拉线少于四根的，扣 5 分	★	
			固定在同一个临时地锚上的拉线超过两根的，扣 10 分	★	
			起吊过程中，各个临时拉线无专人松紧的，扣 5 分	★	
			起吊过程中，各个受力地锚无专人看护的，扣 5 分	★	
			地锚的埋设不符合规程的，每处扣 5 分	★	
			吊物吊离地面未悬停检查就直接起吊的，扣 5 分		
			杆根部及临时拉线未固定好，就登杆作业的，扣 10 分		
			横梁就位时，构架上的施工人员站在节点顶上的，扣 10 分	★	

续表

序号	评价项目	标准分	评分标准	重要度	扣分原因及扣分分值
2	构架吊装	60	横梁就位后，不及时固定的，扣 5 分	★	
			在杆根没有固定好之前及二次浇灌混凝土未达到规定的强度时，就拆除临时拉线的，扣 10 分	★	
			高处作业人员个人防护用品不规范的，每人扣 5 分	★	
			组立起的构架未及时接地的，扣 5 分	★	
标准分		100			

注　本评价标准表“重要度”内容中，标“★”号的为必查内容。

表 E.11　　电气安装工程安全文明施工标准化评价表

序号	评价项目	标准分	评分标准	重要度	扣分原因及扣分分值
1	变压器安装	20	充氮变压器注油时，有人在排气孔处停留，扣 5 分	★	
			大型油浸变压器、电抗器在放油及滤油过程中，外壳及各侧绕组未可靠接地的，扣 2 分	★	
			吊罩时四周无专人监护的，扣 2 分		
			进入变压器、电抗器内部检查时工作人员穿着有纽扣、有口袋的工作服的，扣 5 分	★	
			进入变压器、电抗器内部检查时带入的工具未登记、清点的，扣 2 分	★	
			储油和油处理现场未配备足够可靠的消防器材的，扣 2 分	★	
			干燥变压器现场未配备足够有效的消防器材的，扣 2 分		
2	断路器隔离开关及组合电器安装	20	在调整、检修开关设备及传动装置时，无防止开关意外脱扣伤人的可靠措施的，扣 2 分		
			有压力或弹簧储能的状态下进行拆装或检修工作的，扣 5 分		
			就地操作分合空气断路器时，工作人员未戴耳塞，未事先通知附近工作人员的，扣 2 分		
			在调整断路器、隔离开关及安装引线时，攀登套管绝缘子的，扣 5 分	★	
			断路器、隔离开关安装时，在隔离刀刃及动触头横梁范围内有人工作，扣 2 分		
			对六氟化硫断路器、组合电器进行充气时，工作人员不戴手套和口罩的，扣 2 分	★	
			六氟化硫气瓶与其他气瓶混放，扣 2 分	★	
3	盘柜安装	10	在盘、柜安装地点拆箱后，未将箱板等杂物清理干净的，扣 1 分		
			在带电盘柜上无明显隔断措施、带电标志和警告标识的，扣 3 分	★	
			在部分带电的盘上工作时，个人防护用品穿戴不规范的，每人次扣 1 分；工具手柄不绝缘的，每件扣 2 分；未设监护人的，扣 2 分	★	

续表

序号	评价项目	标准分	评 分 标 准	重要度	扣分原因及扣分分值
4	其他电气设备及母线电缆安装	25	电力电容器试验完毕未经过放电就安装的，扣 3 分	★	
			在带电设备周围使用钢卷尺或皮卷尺进行测量，扣 3 分	★	
			母线挂线时导线下方有人站立或行走，扣 3 分	★	
			软母线引下线与设备连接前未临时固定，扣 2 分		
			压接用的钢模发现有裂纹，仍继续使用的，扣 2 分	★	
			施工时将绝缘子或母线作为吊装承重的支持点，扣 2 分		
			进行爆炸压接作业时，作业人员吸烟，扣 5 分		
			爆破作业不符合规范要求，扣 5 分		
			电缆通过孔洞、管子或楼板时，未在两侧同时设监护人，扣 3 分		
			在电缆上攀吊或行走，扣 3 分	★	
			露天装设的电焊机无防雨措施的，扣 2 分	★	
			电焊机的外壳未可靠接零的，扣 2 分	★	
5	电气调试	25	通电试验过程中，试验人员中途离开的，扣 3 分	★	
			高压试验设备的外壳接地不符合规范，扣 5 分	★	
			被试设备的金属外壳未可靠接地的，每处扣 1 分	★	
			现场高压试验区域、被试系统的危险部位或端头安全围栏、警示标示不齐全的，每处扣 2 分	★	
			高压试验无监护人监视操作的，扣 1 分	★	
			高压试验操作人员未穿绝缘靴或站在绝缘台上，未戴绝缘手套的，每人次扣 1 分	★	
			试验后被试设备未放电的，每台扣 2 分	★	
			遇有雷雨和六级以上大风时仍进行高压试验，扣 2 分		
			对电压互感器二次回路作通电试验时，高压侧隔离开关未断开，二次回路未与电压互感器断开，电压互感器二次侧短路的，扣 5 分	★	
			电流互感器一次侧进行通电试验时，电流互感器二次回路开路的，扣 5 分	★	
标准分		100			

注　本评价标准表“重要度”内容中，标“★”号的为必查内容。

表 E.12　　改、扩建工程安全文明施工标准化评价表

序号	评价项目	标准分	评 分 标 准	重要度	扣分原因及扣分分值
1	安全管理	25	在已投入运行的变电站和配电站中，以及正在试运的已带电的电气设备上进行工作或停电作业时，其安全施工措施未按电力安全工作规程编制和执行的，扣 5 分	★	
			在生产单位管理的电气设备上进行工作或停电作业时，未遵守生产单位有关规定的，扣 3 分	★	
			邻近带电体作业时，施工全过程无监护人，扣 2 分	★	

续表

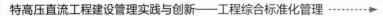

序号	评价项目	标准分	评 分 标 准	重要度	扣分原因及扣分分值
1	安全管理	25	在 220kV 及以上电压等级运行区进行特殊作业时，未采取防静电、防电击措施的，扣 2 分	★	
			在 330kV 及以上电压等级的正在运行的变电站构架上作业，未采取防静电、防电击措施的，扣 2 分	★	
			吊车与带电体距离不够，又未办理安全施工作业票，强行施工的，扣 5 分	★	
2	停电作业	25	需停电进行工作的电气设备，未把各方面的电源完全断开的，扣 5 分		
			在靠近带电部分工作时，工作人员的正常活动范围与带电设备的安全距离不符合安规要求的，扣 5 分	★	
3	标示牌和遮栏	25	在一经合闸即可送电到工作地点的开关和刀闸的操作把手上未悬挂“禁止合闸，有人工作”标示牌的，扣 2 分	★	
			在室内高压设备上或配电装置中的某一间隔内工作时，在工作地点两旁及对面的间隔上均未设安全隔离网隔离，并悬挂标示牌的，扣 5 分	★	
			在室外高压设备上工作时，未在工作地点的四周设安全隔离网，并悬挂标示牌的，扣 5 分	★	
			在工作地点未悬挂“在此工作!”的标示牌的，扣 2 分	★	
			在室外构架上工作时，未在工作地点邻近带电部分的横梁上悬挂“止步，高压危险!”的标示牌。未在邻近可能误登的构架上悬挂“禁止攀登，高压危险!”的标示牌的，每处扣 2 分	★	
			警戒区的安全隔离网、接地线、标示牌及其他安全防护设施未经许可随意移动或拆除的，扣 5 分	★	
			未验电直接挂接地线的，扣 10 分	★	
			接地线未挂好就开始工作的，扣 10 分	★	
			验电和挂接地无安全监护人的，扣 5 分	★	
			高压验电未戴绝缘手套扣 5 分；未穿绝缘鞋的，扣 5 分	★	
			裸铜接地线截面积小于 25mm^2 的，扣 2 分	★	
			挂、拆接地线时顺序错误的，扣 10 分	★	
			停电设备恢复送电前，未将工器具、材料清理干净，未拆除全部地线，未收回全部工作票，未撤离全部工作人员，未向运行值班人员交办工作票等手续的，每项扣 5 分	★	
			接地线一经拆除，设备即应视为有电，仍有人去接触或进行工作的，扣 5 分	★	
			采用预约停送电方式在线路或设备上进行工作的，扣 2 分	★	
4	电气装置安装	25	在盘柜上开孔无防盘柜震动措施，扣 2 分	★	
			电缆穿入带电的盘内时，盘上无专人接引，扣 5 分	★	
			电力电容器检修前、试验完毕，未对电容器进行放电操作的，扣 2 分	★	
			已就位的设备及母线未接地或屏蔽接地的，扣 2 分	★	
			在运行的变电站及高压配电室搬动梯子、线材等长物时，未放倒搬运，并未与带电部分保持安全距离的，扣 2 分	★	
			在带电设备周围使用钢卷尺或皮卷尺进行测量工作的，扣 3 分	★	
			拆除电气设备及电气设施时，存在不符合规程要求的行为的，每项扣 2 分	★	

续表

序号	评价项目	标准分	评 分 标 准	重要度	扣分原因及扣分分值
4	电气装置安装	25	在运行区内进行爆炸压接的，扣 5 分	★	
			在开挖直埋电缆沟时，在未取得有关地下管线等资料的情况下强行施工的，扣 5 分	★	
			进入带电区域内敷设电缆时，未办理工作票的，扣 5 分	★	
			与运行系统有联系的继电保护或自动装置调试时，未办理工作票，未采取隔离措施扣 5 分	★	
			在部分带电的盘上工作时，不了解盘内带电系统的情况，扣 2 分；未正确着装的，扣 2 分；工具手柄绝缘不良好的，扣 2 分	★	
			吊车在带电区内工作时，车体无接地的，扣 2 分	★	
			未在吊件上拴以牢固溜绳的，扣 2 分	★	
			在带电区作业，使用铝合金升降梯的，扣 2 分	★	
标准分		100			

注　本评价标准表“重要度”内容中，标“★”号的为必查内容。

附录F 送电线路检查表

表 F.1 现场安全文明施工标准化管理评价表

序号	评分项目	标准分	评分标准	重要度	扣分原因及扣分分值
1	办公区	15	项目部办公区设置不符合标准要求，扣2分		
			办公设施、项目部铭牌、旗台不符合标准要求，每处扣1分；项目经理部未设置线路工程路径及总体布置示意图，扣3分		
			办公区未按要求设置消防器材、常用药品箱，扣1分		
2	生活区	15	食堂不干净整洁，不符合卫生防疫要求，扣1分；宿舍布置、卫生不符合规定，扣1分；洗浴、盥洗条件不符合规定，扣1分；未提供必要的文化娱乐设施，扣1分；生活区未设置垃圾箱，垃圾未及时清运，扣1分		
			宿舍内存放爆破器材，扣5分	★	
			生活区、宿舍用电不符合要求，扣3分	★	
3	现场整体布局	20	施工现场未对作业场地进行围护、隔离、封闭，扣3分	★	
			施工区域未按要求设置标牌、标志、标识，缺一项扣1分	★	
			设备材料堆放场地不符合规定的，每项扣2分；标识不清楚、不规范的，每项扣2分；电缆、导线未按定置化要求集中放置的，扣2分	★	
			工程砂石、水泥等施工材料没有铺垫，每处扣2分；未及时清理施工遗留物，扣2分	★	
			牵张场未按定置图布置装配式或帐篷式休息室，设置临时厕所、工棚式工具房和指挥台，扣2分	★	
			工棚搭设材料不符合要求的，每处扣2分		
			灌注桩施工未设置泥浆沉淀池，扣2分	★	
			未采用生熟土分离方式开挖土方，扣2分		
			未分类设置设垃圾回收点，扣2分		
			林区、农牧区作业未配置一定数量的消防器材，扣2分；现场未配备急救药品，扣2分	★	
4	施工现场安全管理	30	未编制作业指导书（安全技术措施），扣5分；未对安全技术措施进行交底，扣5分；未按安全技术措施施工，扣5分；现场无安全监护人，扣3分	★	
			未按要求办理安全施工作业票，每处扣5分	★	
			安全施工作业票填写、审查、签发不规范，每项扣2分；安全施工作业票未做到全员交底，缺一人扣2分	★	
			在恶劣天气，仍在进行高处作业、水上运输、露天吊装、杆塔组立、放紧线、爆破等作业，每项扣2分		
			未针对不同季节做好防台风、防雨、防泥石流、防滑、防寒、防冻、防暑降温等措施，每项扣2分	★	
			不同作业地点、不同类型作业内容共用一张安全施工作业票，每项扣2分	★	

续表

序号	评分项目	标准分	评分标准	重要度	扣分原因及扣分分值
5	人员行为	20	特种作业及特种设备作业人员未持证上岗，每人扣 2 分	★	
			现场人员、临时人员、检查人员未制作佩戴胸卡、临时出入证，胸卡、临时出入证不符合标准要求，每项扣 0.5 分	★	
			施工人员酒后作业，每人扣 3 分；进入施工区未正确佩戴安全帽、配用个人劳动保护用品，每人扣 1 分	★	
			施工队（班组）长、施工人员、现场负责人、监护人、作业人员不熟知作业过程中的危险因素及控制措施，每人扣 3 分	★	
标准分		100			

注　本评价标准表“重要度”内容中，标“★”号的为必查内容。

表 F.2　施工用电、材料管理、起重机械、工器具安全文明施工标准化评价表

序号	评分项目	标准分	评分标准	重要度	扣分原因及扣分分值
1	施工用电管理	30	施工用电未按输变电工程施工安全管理及风险控制方案或施工技术措施布置的，扣 3 分	★	
			施工用电设施的安装维护人员无电工证，扣 2 分	★	
			机电装置不完整、绝缘性能差、接地不可靠的，每处扣 2 分	★	
			低压架空施工用电线路的架设高度低于要求高度的，扣 3 分	★	
			开关箱未装设漏电保护器的，每处扣 3 分；漏电动作电流大于 30mA，动作时间大于 0.1s 的，每处扣 2 分	★	
			熔丝用其他金属丝代替的，每处扣 3 分	★	
			电动工具超铭牌使用的，扣 3 分	★	
			电动工具外壳未接零保护的，每处扣 3 分	★	
			将电线直接钩挂在闸刀上或直接插入插座内使用的，每处扣 3 分	★	
			一个开关或一个插座接两台及以上电气设备或电动工具的，每处扣 2 分	★	
			移动式电气设备或电动工具未使用软橡胶电缆或电缆有破损、漏电的，每处扣 2 分	★	
			用软橡胶电缆电源线拖拉或移动电动工具的，扣 2 分	★	
2	材料管理	20	器材堆放不整齐稳固；长、大件器材的堆放无防倾倒措施的，每处扣 1 分		
			器材距铁路中心线小于 3m 的，每处扣 2 分	★	
			钢筋混凝土电杆堆放两侧未用木楔掩牢，且堆放高度超过 3 层的，每处扣 1 分		
			钢管堆放的两侧未设立柱，且堆放高度超过 lm 的，每处扣 1 分		
			水泥堆放高度超过 12 包的，每处扣 1 分		
			线盘放置的地面不平整、不坚实，滚动方向前后未掩牢的，每处扣 1 分		
			圆木和毛竹堆放的两侧未设立桩，堆放高度超过 2m，并没有防止滚落的措施，每处扣 1 分		

续表

序号	评分项目	标准分	评分标准	重要度	扣分原因及扣分分值
2	材料管理	20	氧气瓶与乙炔气瓶混放在一起的，每处扣 2 分； 氧气瓶靠近热源或在烈日下曝晒的，每处扣 2 分； 氧气瓶、乙炔瓶无防震圈，无防倾倒措施，每处扣 2 分； 乙炔气瓶存放间与明火或散发火花点距离小于 10m 的，每处扣 2 分； 乙炔气瓶卧放的，每处扣 2 分	★	
			有毒有害物品的存放容器未密封的，醒目处未设置“有毒有害”标志的，每处扣 1 分		
			库房空气不流通，无专人管理的，扣 1 分		
			汽油、柴油等挥发性物品靠近火源或在烈日下曝晒，扣 1 分；未设专用库房，容器未密封的，扣 1 分	★	
			汽油、柴油等挥发性物品附近有易燃易爆物品，扣 1 分；醒目处未设置“严禁烟火”的标志，扣 1 分	★	
3	施工机械及工器具管理	35	施工机具和安全工器具未按要求使用、保管、检查的，扣 2 分		
			机具未设专人保养维护的，扣 2 分		
			自制或改装的机具，未按规定进行试验，未经鉴定合格后使用，每项扣 2 分	★	
			施工机械、机具无管理台账的扣 2 分		
			起重机械（含租赁机械）未取得安全检验合格证的，每台套扣 2 分	★	
			小型机具、工器具未按规定试验，每项扣 2 分	★	
			机具有毛病仍在使用，每处扣 2 分	★	
			主要受力工器具超载使用，每处扣 2 分	★	
			抱杆等主要起重工具未经检验合格，扣 3 分	★	
			抱杆存在变形、焊缝开裂、严重锈蚀、部件弯曲等缺陷仍在使用的，每处扣 2 分	★	
			起重滑车存在缺陷的，每项扣 1 分	★	
			钢丝绳绳套插接长度不够的，每件扣 2 分	★	
			钢丝绳（套）达到报废标准，仍在使用的，扣 2 分	★	
			组立铁塔时，地脚螺栓未及时加垫片，螺帽未拧紧，并未及时连上接地线的，扣 2 分	★	
			杆塔组立的加固绳和临时拉线未使用钢丝绳的，扣 2 分	★	
			钢丝绳与铁件绑扎未衬垫软物，扣 2 分	★	
			绳卡损坏或使用不规范的，每项扣 2 分	★	
			卸扣损坏或使用不规范的，每项扣 2 分	★	
			绞磨和卷扬机放置不平稳锚固不可靠的，扣 2 分	★	
			施工机具和安全工器具未按要求使用、保管、检查的，每项扣 1 分		
			地锚埋设不符合规程要求，扣 2 分	★	

续表

序号	评分项目	标准分	评　分　标　准	重要度	扣分原因及扣分分值
4	安全防护用品用具管理	15	没有给从业人员配备安全防护用品的每人扣 1 分，安全防护用品不合格的每人扣 1 分	★	
			安全防护用品、用具无合格证和检验、试验证明，扣 2 分	★	
			安全防护用品、用具未按规定的周期检验，每项扣 2 分	★	
标准分		100			

注　本评价标准表“重要度”内容中，标“★”号的为必查内容。

表 F.3　　基础工程安全文明施工标准化评价表

序号	评价项目	标准分	评　分　标　准	重要度	扣分原因及扣分分值
1	土石方开挖	40	在有电缆、光缆及管道等地下设施的地方开挖时，用冲击工具或机械挖掘，扣 5 分	★	
			基础坑壁没有按方案措施放坡的，扣 5 分	★	
			人工清理、撬挖土石方作业，存在上下坡同时撬挖、土石滚落下方有人等情况的，每项扣 3 分	★	
			人工开挖基础坑时，坑口浮石未清理、存在土石回落危险的，每处扣 3 分	★	
			站在挡土板支撑上传递土方或在支撑上搁置传土工具，每处扣 3 分	★	
			堆土位置和高度不符合规程的，每处扣 3 分	★	
			坑底作业人员行为不规范的，每人扣 3 分	★	
			掏挖基础挖掘和在基坑内点火时坑上无监护人，扣 5 分	★	
			泥水坑、流砂坑未采取安全技术措施，每处扣 5 分	★	
			挖掘机开挖时作业行为不符合要求的，每项扣 3 分		
			基坑深度超过 2m，未设置安全围栏，每处扣 3 分	★	
			爆破作业不符合规程要求，每处扣 5 分	★	
2	混凝土基础施工	40	模板的支撑强度不够，支撑不牢固的，每处扣 3 分	★	
			搅拌机设置位置及运转时，存在不符合规程要求的，每处扣 3 分		
			混凝土倒料平台搭设不牢固，临边无围栏，倒料平台口无挡车措施，每处扣 3 分	★	
			基础养护人员在模板支撑上或在易塌落的坑边走动，每人扣 2 分	★	
			模板拆除作业行为不规范的，每处扣 3 分	★	
3	其他形式基础施工	20	使用暖棚养护时，未采取防火及防止废气窒息、中毒等措施的，扣 3 分		
			灌注桩作业人员进入没有护筒或其他防护设施的钻孔中工作，每人扣 5 分	★	
			吊装预制构件，作业人员行为不规范的，每人扣 2 分	★	
标准分		100			

注　本评价标准表“重要度”内容中，标“★”号的为必查内容。

表 F.4　　　　杆塔工程安全文明施工标准化评价表

序号	评分项目	标准分	评分标准	重要度	扣分原因及扣分分值
1	运输	10	在泥泞的坡道或冰雪路面上运输车辆未装防滑链，扣2分		
			机动车载人不符合规程要求，扣2分	★	
			易滚动的物件未做到顺其滚动方向用木楔掩牢并捆绑牢固，扣2分	★	
			超长物体运输，物体伸出车厢的尾部未挂设警示标志或未绑牢，扣2分	★	
2	排、焊杆	15	杆段滚动时前方站人，扣2分		
			用铁撬棍插入预埋孔转动杆段，扣2分		
			焊接作业时，不穿戴专用劳动防护用品，扣2分	★	
			电焊机外壳未可靠接零，扣5分	★	
			氧气瓶与乙炔气瓶混放在一起的，每处扣2分；氧气瓶靠近热源或在烈日下曝晒的，每处扣2分；氧气瓶、乙炔瓶无防震圈，无防倾倒措施，每处扣2分；乙炔气瓶存放间与明火或散发火花点距离小于10m的，每处扣2分	★	
			乙炔气瓶卧放使用的，扣3分	★	
			焊接时氧气瓶与乙炔瓶距离小于5m的，扣3分	★	
3	地面组装	15	存在直接用肩膀扛运重大物件现象的，扣2分		
			选料存在强行抬拉现象，扣3分		
			组装时将手指插入螺孔找正或强行组装，扣3分	★	
			抛掷传递小型工具或材料的，扣3分	★	
			单件组装或分片组装时带铁的自由端未与塔片绑扎牢固，扣3分	★	
			组装地形复杂，无防塔片滑动措施的，扣3分	★	
4	杆塔组立	35	吊装方案和现场布置不符合要求，扣5分	★	
			杆塔临时拉线设置不符合规程要求的，每处扣3分	★	
			杆塔组立时，未设安全监护人的，扣3分	★	
			外拉线抱杆组塔时，违反规程要求的，每处扣3分	★	
			用悬浮内（外）拉线抱杆组立铁塔时，违反规程要求的，每处扣3分	★	
			用座地式摇臂抱杆组立铁塔，违反规程要求的，每处扣3分	★	
			杆塔整体组立时，违反规程要求的，每处扣3分	★	
			用人字倒落式抱杆立杆时，不符合规程要求的，每处扣3分	★	
			拆除旧杆塔时，随意整体拉倒的，扣5分		
			杆塔倒装组立，违反规程要求的，每处扣3分	★	
			起重机工作位置地基不牢固，附近障碍物未清除，扣5分	★	
			起重机组塔，地面未设安全监护人的，扣3分	★	
			在电力线附近吊塔时，起重机的接地和与带电体的距离不符合规程要求的，每项扣3分	★	

续表

序号	评分项目	标准分	评 分 标 准	重要度	扣分原因及扣分分值
5	高处作业	25	人员不系安全带，每人扣 5 分；安全带低挂高用，每人扣 3 分	★	
			高处作业未使用速差自控器或二道防护绳，每人扣 3 分	★	
			无防止工具和材料坠落的措施，扣 2 分	★	
			个人着装防护用品不齐全不规范的，每人扣 1 分		
			到位的塔材未及时安装，浮搁在铁塔结构上，每处扣 3 分	★	
			在未连接完毕的主材或大斜材上作业，每处扣 3 分	★	
			永久拉线未安装完毕，拆除临时拉线的，扣 5 分	★	
			吊件垂直下方有人逗留，每人扣 2 分	★	
标准分		100			

注　本评价标准表“重要度”内容中，标“★”号的为必查内容。

表 F.5　　跨越架安全评价标准表

序号	评分项目	标准分	评 分 标 准	重要度	扣分原因及扣分分值
1	跨越架搭设	40	跨越架搭设方案未按审批程序审批，扣 5 分	★	
			搭设或拆除跨越架未设安全监护人，扣 3 分	★	
			跨越架搭设的宽度、羊角及与铁路、公路及通信线的最小安全距离不符合规程规定的，每处扣 3 分	★	
			跨越架与带电体的最小安全距离不符合规定的，每项扣 5 分	★	
			跨越架剪刀撑、支杆或拉线的设置不符合安规要求的，每处扣 2 分	★	
			各种材质跨越架的立杆、大横杆及小横杆的间距不符合安规要求的，每处扣 2 分	★	
			使用金属格构式跨越架时，跨越架架顶未设置挂胶滚筒的扣 2 分	★	
			使用木质、毛竹搭设跨越架不符合安规要求的，每处扣 1 分	★	
			使用钢管搭设跨越架不符合安规要求的，每处扣 1 分	★	
			跨越架上未悬挂醒目安全警示标志牌、警示标志，每缺一项扣 1 分；未经使用单位验收，每次扣 2 分	★	
			恶劣天气过后未对跨越架进行检查，未确认合格并进行标识就使用的，扣 3 分	★	
2	特殊跨越	20	特殊跨越未编制施工技术方案或施工作业指导书的，扣 5 分	★	
			特殊跨越施工技术方案或施工作业指导书，未履行审批手续，每项扣 3 分	★	
3	搭设电力线路跨越架	30	不停电跨越时，未向运行部门申请办理第二种工作票的，扣 5 分	★	
			跨越架的宽度不符合规定的，扣 5 分；未用绝缘材料封顶，扣 5 分	★	
			不停电搭设时，未向运行单位申请带电线路“退出重合闸”的，扣 5 分	★	
			不停电搭设时，上下传递物品溜绳等未用绝缘绳的，扣 5 分	★	
			跨越不停电线路时，作业人员违规攀爬跨越架的，扣 5 分	★	

续表

序号	评分项目	标准分	评分标准	重要度	扣分原因及扣分分值
3	搭设电力线路跨越架	30	不停电跨越搭设承力索时，承力索绝缘性能达不到规定要求的，扣 5 分	★	
			不停电跨越搭设承力索时，未做好绝缘绳、网防水措施的，扣 5 分	★	
			停电作业未办理第一种工作票的，扣 5 分	★	
			停电跨越时，停电、送电工作无专人负责，口头约时停送电的，扣 5 分	★	
			停电跨越时，接到停电通知后未用验电器验电的，扣 5 分	★	
			停电跨越时，验明无电后未在作业范围的两端挂工作接地线的，扣 5 分	★	
			挂、拆接地时，未按安规要求的顺序进行作业的，扣 5 分	★	
			停电线路接地线拆除后，仍有人继续在停电线路杆塔上作业的，扣 5 分	★	
4	拆除	10	拆除跨越架未按规程要求进行的，扣 5 分	★	
			跨越施工完毕，未及时拆除封顶网、绳的，扣 5 分	★	
标准分		100			

注　本评价标准表“重要度”内容中，标“★”号的为必查内容。

表 F.6　　架线工程安全文明施工标准化评价表

序号	评分项目	标准分	评分标准	重要度	扣分原因及扣分分值
1	绝缘子串及放线滑车吊装	10	人员在吊物下方走动和逗留的，扣 2 分	★	
			塔上人员安全带低挂高用的，扣 2 分	★	
			钢丝绳与角钢接触处无软垫物的，扣 1 分	★	
			吊钩式滑车无封口保险措施的，扣 1 分	★	
			吊绝缘子串前弹簧销不全的，扣 1 分	★	
2	牵张场布设	15	牵引机、张力机进出口与邻塔悬挂点的高差角及与线路中心线的夹角不满足牵引机、张力机的铭牌要求，扣 3 分		
			使用前未对设备的布置、锚固、接地装置以及机械系统进行全面的检查，未做空载运转试验，每项扣 3 分	★	
			牵引机、张力机超速、超载、超温、超压以及带故障运行，扣 5 分		
			牵张设备锚固不可靠、无保护接地的，每处扣 5 分	★	
			在邻近带电体或同杆塔架设线路时，未采取防感应电措施，每处扣 3 分	★	
			接地体未按安规要求装设的，每处扣 3 分	★	
			对无接地体引下线的杆塔，未采取临时接地体的，每处扣 3 分	★	
			牵张场无线联络通信未覆盖整个放线区段的，扣 5 分	★	
3	人工展放导引绳	5	通过河流或沟渠时贸然涉水引渡的，扣 2 分	★	
			在有蛇、兽、蜂地区未携带保卫器械、防护用具及药品的，扣 1 分	★	
			领线人未由技工担任，前后信号不畅，拉线人员不在同一直线上的，扣 2 分	★	

续表

序号	评分项目	标准分	评 分 标 准	重要度	扣分原因及扣分分值
4	张力放线	20	跨越不停电线路架线施工时，天气条件恶劣仍继续施工的，扣 3 分	★	
			重要危险部位无专职监护人的，扣 2 分	★	
			牵张机操作人员未站在绝缘垫上的，扣 3 分	★	
			牵引场转向布设时，转向滑车围成的区域内侧有人员进入的，扣 5 分	★	
			从带电线路下方展放导引绳，扣 5 分	★	
			旋转连接器直接通过牵引机卷筒的，扣 3 分	★	
			牵张设备出线端未装接地滑车的，扣 3 分	★	
			放线时接到任何信号点的停车信号未立即停止牵引导线的，扣 3 分	★	
			线盘上的尾线在线盘的盘绕圈数少于 6 圈的，扣 5 分	★	
			导线或牵引绳带张力过夜未可靠锚固的，扣 5 分	★	
			发生导引绳、牵引绳或导线跳槽，走板翻转或平衡锤搭在导线上等情况时不及时停机处理的，扣 5 分	★	
5	人力和机械牵引放线	20	通信联络不畅时，仍继续放线，扣 3 分		
			带有开门装置的放线滑车，没有关门保险，扣 5 分		
			人力放线时，领线人不是技工担任的，扣 3 分；拉线人员不在同一直线上，扣 2 分		
			拖拉机放线时，拖拉机爬坡时后方有人，扣 3 分		
6	紧线及平衡挂线	20	紧线的准备工作不符合安规要求的，每项扣 2 分	★	
			紧线档内信号不畅通的，扣 2 分	★	
			高处作业未使用速差自控器或二防绳，扣 3 分	★	
			人员站在悬空导线的垂直下方的，每人扣 2 分	★	
			卡线器与导线不匹配，有代用现象的，每处扣 5 分	★	
			断线时人员站在放线滑车上操作的，扣 5 分	★	
			开断后的导线高处临锚过夜的，扣 5 分	★	
			分裂导线的锚线不符合要求，扣 3 分	★	
			交叉作业无防范措施的，扣 3 分		
			平衡挂线时，在塔两侧同相导线上进行其他作业的，扣 3 分	★	
7	附件安装	10	安装间隔棒时，安全带未拴在一根子导线上，每人扣 2 分	★	
			附件安装时未按安规要求接地的，每项扣 3 分	★	
			高处作业未使用速差自控器或二防绳，每人扣 3 分	★	
			使用飞车不符合安规要求，扣 2 分	★	
标准分		100			

注　本评价标准表“重要度”内容中，标“★”号的为必查内容。

第5部分

质量监督标准化管理

目 次

第 1 章 管理模式及职责 …… 289
1.1 管理模式 …… 289
1.2 省公司或省公司级建设管理单位职责 …… 289
1.3 设计单位职责 …… 289
1.4 监理单位职责 …… 290
1.5 施工单位职责 …… 290
第 2 章 管理流程 …… 291
2.1 公司内部监督 …… 292
2.2 政府监督 …… 292
第 3 章 管理制度 …… 294
附录 A 电力工程质量监督注册申报书 …… 295
附录 B 电力工程质量监督检查申请书 …… 300
附录 C 电力工程质量监督检查整改回复单 …… 301

第1章 管理模式及职责

1.1 管理模式

1.1.1 质量监督工作分为国家电网公司内部监督和政府监督两个方面。

1.1.2 公司内部质量监督工作依据有关法律法规、规章制度、技术标准，对电网建设的质量管理工作开展监督检查、指标评价和考核，重点对影响电网安全稳定运行的质量问题进行监督，对质量事件进行调查，督促整改措施有效落实，促进各项质量管理工作协调开展和互相促进。

1.1.3 政府质量监督是政府部门实施行业管理的重要手段，电力工程质量监督工作由国家能源局委托专业机构开展实施工作。电力工程依法接受国家建设工程质量监督机构的质量监督，未通过电力工程质量监督机构监督检查的，不得投入运行。

1.1.4 工程建设有关单位切实履行各自职责，确保电力工程建设质量。

1.2 省公司或省公司级建设管理单位职责

1.2.1 贯彻执行上级质量监督工作有关法律法规、规章制度、技术标准。

1.2.2 组织建立本单位质量监督工作体系。

1.2.3 组织或参与质量事件的调查、分析和处理，上报相关信息，监督质量事件整改措施的落实。

1.2.4 组织开展本单位质量监督检查，通报监督检查情况并督促整改。

1.2.5 负责政府质量监督的注册及协议签订工作。

1.2.6 负责组织现场单位开展质量监督检查迎检准备工作。

1.2.7 向质监机构取得转序通知书、并网通知书、质量监督报告及质量监督总体评价意见。

1.3 设计单位职责

1.3.1 按要求参加质量监督检查活动。

1.3.2 负责完成设计问题的整改闭环。

1.3.3 提供质量监督所需的设计参数及相关文件。

1.4 监理单位职责

1.4.1 按要求参加质量监督检查活动。

1.4.2 负责完成监理问题的整改闭环。

1.4.3 督促施工单位完成问题整改并验收。

1.5 施工单位职责

1.5.1 按要求参加质量监督检查活动。

1.5.2 负责完成施工问题的整改闭环。

第2章 管 理 流 程

管理流程（见图2–1）。

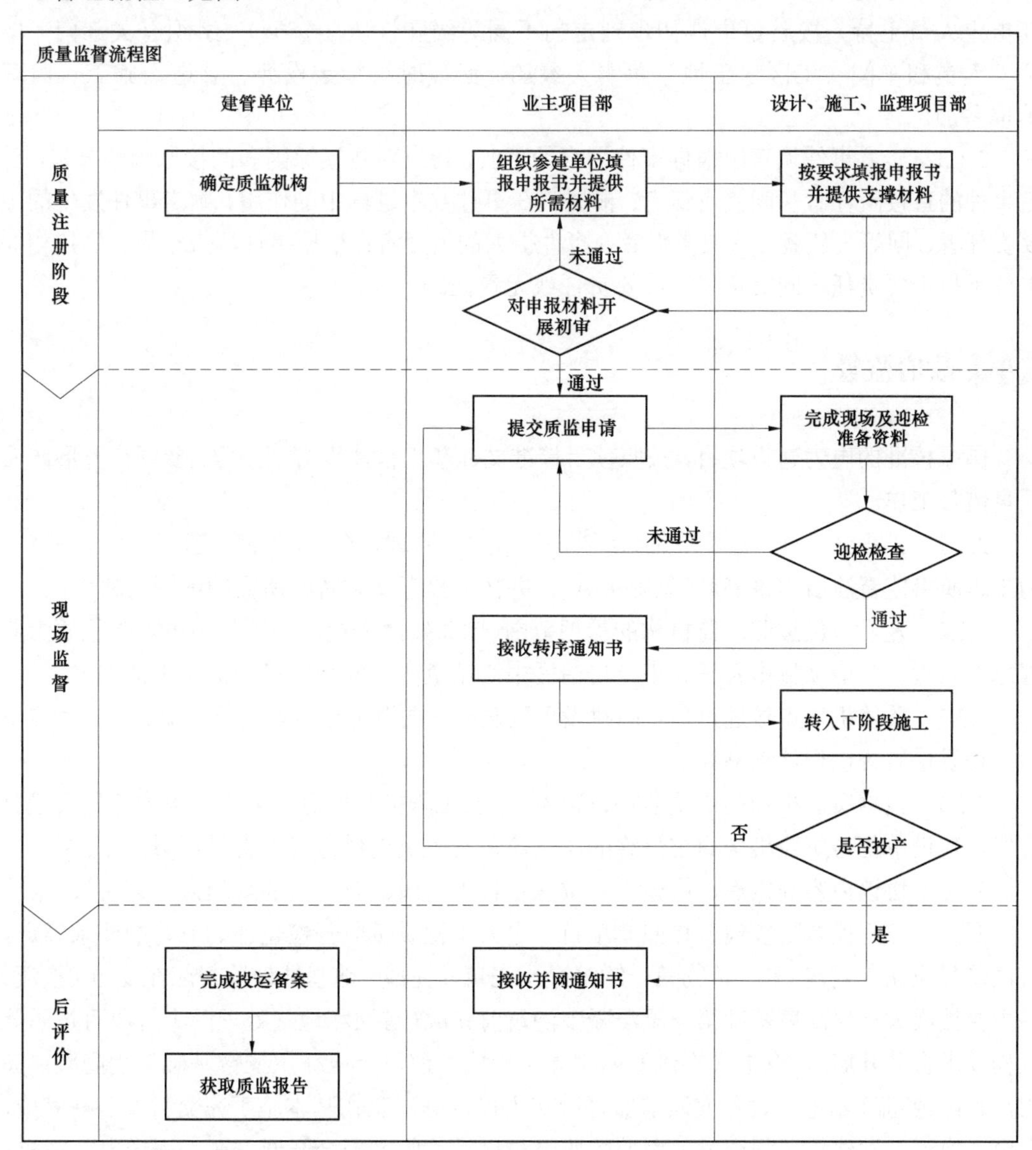

图2–1 质量监督流程

2.1 公司内部监督

建设管理单位的监督部门组织对电网建设质量工作的制度执行、指标完成、管控措施落实等情况进行监督检查，监督检查工程项目策划实施落地效果，监督各参建单位管理责任履行情况、各单位质量验收开展情况。按规定组织开展质量事件调查处理。

2.1.1 根据上级部署和年度重点工作安排，制定检查计划并组织实施，包括日常检查、专项督查和质量管理评价。

2.1.2 可根据国家电网公司授权，开展五、六级质量事件的调查。由单位领导或其指定人员主持，按质量事件初步判定的不同等级和性质（分类），组织有关部门（单位）人员和车间（工区、工地）负责人参加，必要时可指定设计、制造、施工、监理单位参加。

2.1.3 质量事件调查组根据事件调查的事实，通过对直接原因和间接原因的分析，确定事件的直接责任者和间接责任者；根据其在事件发生过程中的作用，确定事件发生的主要责任者、同等责任者、次要责任者、事件扩大的责任者；根据事件调查结果，确定相关单位承担主要责任、同等责任、次要责任或无责任。

2.2 政府监督

国家核准的电力建设项目，按照项目核准文件和工程建设管理规定，要同步开展政府质量监督工作。

2.2.1 工程开工前，建设单位组织勘察、设计、监理、施工、检测、运行单位填写《电力工程质量监督注册申报书》（见附录 A），并按申报书要求备好所需的证明材料。

2.2.2 建设单位按照质监机构的受理范围（国家发改委核准的项目由电力工程质量监督总站负责，其他项目由各省、市、自治区中心站负责）向相应机构提交申请书。

2.2.3 质监机构审核通过后，向建设单位发放《电力工程质量监督注册证书》和《电力工程质量监督检查计划书》。

2.2.4 根据质监机构提供质监协议范本，以及工程批复概算中列支的电力工程质量监督费，建设单位与质监机构商定最终的质量监督费用及支付方式、支付期限。

2.2.5 协议内容商定后，由建设单位法定代表人或具有授权的代理人签订协议。

2.2.6 工程检查阶段检查按照本项目《电力工程质量监督检查计划书》的要求确定。首次监督应在主要建（构）筑物第一罐混凝土浇筑前完成，地基处理监督应在变电（换流）站主控楼或大跨越高塔基础第一罐混凝土浇筑前完成（首次和地基处理两个阶段可按质监机构要求合并开展），变电（换流）站主体结构施工前监督应在主控楼基础工程隐蔽前完成，变电（换流）站电气设备安装前监督应在主控楼等建筑物基本施工完交付安装前完成，变电（换流）站建筑工程交付使用前的监督与投运前监督配合开展，在工程送电前完成；

线路组塔前监督应在线路基础完成 70%及以上、首基杆塔组立前完成，导地线架设前监督应在杆塔组立完成 70%及以上、首个耐张段导地线架设前完成，投运前监督应在线路送电前完成。

2.2.7　在工程进度接近阶段检查要求的工程转序节点时，建设单位提前 10 个工作日，以书面形式（电子邮件）向质监机构提出申请，填报《电力工程质量监督检查申请书》（见附录 B），并提供本阶段工程质量验收汇总表。（进行启动前监督检查时，还需另附启动验收委员会验收组验收报告。）

2.2.8　建设单位接到质监机构检查通知后，及时通知勘察、设计、施工、调试、监理、检测、运行等单位相关单位及人员。

2.2.9　参加监督检查的各相关单位提供盖章的书面汇报材料，并根据检查组分工，明确各自配合人员。

2.2.10　各单位按照检查组要求参加汇报会及总结会。

2.2.11　各单位及人员配合检查组的询问。

2.2.12　现场、资料检查完毕后，检查组对检查情况进行反馈，并签发专家意见书。

2.2.13　各责任单位对专家意见书的内容逐条进行整改闭环。

2.2.14　建设单位在规定时间内组织完成整改，经内部验收合格后，填写《电力工程质量监督检查整改回复单》（见附录 C），报请质监机构复查核实。

2.2.15　质监机构对《电力工程质量监督检查整改回复单》核查无误后，核发该阶段《工程质量监督检查转序通知书》。

2.2.16　建设单位收到《工程质量监督检查转序通知书》后，方可转入下阶段工序施工。

2.2.17　项目投运并网前，各阶段监督检查、专项检查和定期巡视检查提出的整改意见，全部完成整改闭环，经复核无误后，由质监机构签发《电力工程质量监督检查并网通知书》。

2.2.18　工程投入运行移交生产后十五个工作日内，建设单位将该工程的投运移交生产签证书等文件报送质监机构备案。

2.2.19　质监机构在完成投运备案后七个工作日内，正式出具《电力工程质量监督投运备案证书》。

2.2.20　质监机构在完成各阶段监督检查工作，出具《电力工程质量监督投运备案证书》后七个工作日内，完成《电力工程质量监督检查报告》，并发建设单位。

2.2.21　各阶段监督检查和各次监督检查工作过程中形成的电子文档、数码照片和纸质文件，由建设单位存档。

第3章 管 理 制 度

以下管理制度或文件如有更新或替代，以最新版本为准。

（1）国家电网公司质量监督工作规定［国网（安监/2）290—2014］；

（2）电力工程质量监督实施管理程序（试行）（中电联质监〔2012〕437号）；

（3）电力工程质量监督检查组工作细则（质监〔2013〕46号）；

（4）电力工程质量监督档案管理办法（质监〔2013〕139号）；

（5）输变电工程质量监督检查大纲（国能综安全〔2014〕45号）。

附录 A　电力工程质量监督注册申报书

注册登记号：

电力工程质量监督注册
申报书

工程名称：

申报单位：（盖章）

年　　月　　日

填 写 说 明

一、本申报书一式叁份，封面应加盖申报单位公章；

二、参建各单位信息应如实填写，如标段（施工单位等）较多时，可续行填写；

三、审查意见应由建设单位法人代表签字确认；

四、应报验的资料清单：

1. 项目核准或批准建设文件复印件；

2. 勘察、设计、施工、监理、调试、运行等单位的资质证书（或证明）复印件；

3. 检测单位资质证明复印件；

4. 勘察、设计、施工、监理、调试、运行等单位主要管理人员的执业资格证书（或证明）复印件。

<table>
<tr><td colspan="2">工程名称</td><td colspan="4"></td><td>项目核准（审批）文号</td><td></td></tr>
<tr><td colspan="2">工程地址</td><td colspan="6">省（自治区、直辖市）市（县）</td></tr>
<tr><td colspan="2">申报单位</td><td colspan="6"></td></tr>
<tr><td colspan="2">通讯地址</td><td colspan="4"></td><td>邮　编</td><td></td></tr>
<tr><td colspan="2">法人代表</td><td></td><td>电话</td><td colspan="2"></td><td>手　机</td><td></td></tr>
<tr><td colspan="2">联系人</td><td></td><td>职务</td><td colspan="2"></td><td>手　机</td><td></td></tr>
<tr><td colspan="2">电子邮箱</td><td></td><td>电话</td><td colspan="2"></td><td>传　真</td><td></td></tr>
<tr><td colspan="2">投资主体及比例</td><td colspan="6"></td></tr>
<tr><td colspan="2">建设规模</td><td colspan="6"></td></tr>
<tr><td rowspan="9">主设备概况</td><td>设备概况</td><td colspan="3">生产厂商</td><td colspan="3">设备型号</td></tr>
<tr><td>锅炉</td><td colspan="3"></td><td colspan="3"></td></tr>
<tr><td>燃、汽轮机</td><td colspan="3"></td><td colspan="3"></td></tr>
<tr><td>发电机</td><td colspan="3"></td><td colspan="3"></td></tr>
<tr><td>主变压器</td><td colspan="3"></td><td colspan="3"></td></tr>
<tr><td>电抗器</td><td colspan="3"></td><td colspan="3"></td></tr>
<tr><td>断路器（GIS）</td><td colspan="3"></td><td colspan="3"></td></tr>
<tr><td>线路杆塔</td><td colspan="3"></td><td colspan="3"></td></tr>
<tr><td>导线</td><td colspan="3"></td><td colspan="3"></td></tr>
<tr><td colspan="2">关键节点工期</td><td colspan="6">时　间</td></tr>
<tr><td colspan="2">开工</td><td colspan="6">年　月　日</td></tr>
<tr><td colspan="2"></td><td colspan="6"></td></tr>
<tr><td colspan="2"></td><td colspan="6"></td></tr>
<tr><td colspan="2"></td><td colspan="6"></td></tr>
</table>

<table>
<tr><td rowspan="19">项目责任主体</td><td colspan="2">建设单位</td><td colspan="5"></td></tr>
<tr><td colspan="2">项目负责人</td><td></td><td>电话</td><td></td><td>手　机</td><td></td></tr>
<tr><td colspan="2">项目管理公司</td><td colspan="3"></td><td>资质证书编　号</td><td></td></tr>
<tr><td colspan="2">项目经理</td><td></td><td>手机</td><td></td><td>资格证书编　号</td><td></td></tr>
<tr><td rowspan="5">监理单位</td><td>施工监理</td><td colspan="3"></td><td>资质证书编　号</td><td></td></tr>
<tr><td>监理范围</td><td colspan="5"></td></tr>
<tr><td>总监</td><td></td><td>手机</td><td></td><td>资格证书编　号</td><td></td></tr>
<tr><td>设计监理</td><td colspan="3"></td><td>资质证书编　号</td><td></td></tr>
<tr><td>总监</td><td></td><td>手机</td><td></td><td>资格证书编　号</td><td></td></tr>
<tr><td colspan="2">总承包单位</td><td colspan="3"></td><td>资质证书编　号</td><td></td></tr>
<tr><td colspan="2">项目经理</td><td></td><td>手机</td><td></td><td>资格证书编　号</td><td></td></tr>
<tr><td colspan="2">勘察单位</td><td colspan="3"></td><td>资质证书编　号</td><td></td></tr>
<tr><td colspan="2">项目经理</td><td></td><td>手机</td><td></td><td>资格证书编　号</td><td></td></tr>
<tr><td colspan="2">设计单位</td><td colspan="3"></td><td>资质证书编　号</td><td></td></tr>
<tr><td colspan="2">项目经理</td><td></td><td>手机</td><td></td><td>资格证书编　号</td><td></td></tr>
<tr><td rowspan="4">施工单位</td><td>地基处理</td><td colspan="3"></td><td>资质证书编　号</td><td></td></tr>
<tr><td>项目经理</td><td></td><td>手机</td><td></td><td>资格证书编　号</td><td></td></tr>
<tr><td>A标</td><td colspan="3"></td><td>资质证书编　号</td><td></td></tr>
<tr><td>施工范围</td><td colspan="5"></td></tr>
</table>

续表

<table>
<tr><td rowspan="17">项目责任主体</td><td rowspan="7">施工单位</td><td>项目经理</td><td></td><td>手机</td><td></td><td>资格证书编　　号</td><td></td></tr>
<tr><td>B 标</td><td colspan="3"></td><td>资质证书编　　号</td><td></td></tr>
<tr><td>施工范围</td><td colspan="5"></td></tr>
<tr><td>项目经理</td><td></td><td>手机</td><td></td><td>资格证书编　　号</td><td></td></tr>
<tr><td>C 标</td><td colspan="3"></td><td>资质证书编　　号</td><td></td></tr>
<tr><td>施工范围</td><td colspan="5"></td></tr>
<tr><td>项目经理</td><td></td><td>手机</td><td></td><td>资格证书编　　号</td><td></td></tr>
<tr><td colspan="2">调试单位</td><td colspan="3"></td><td>资质证书编　　号</td><td></td></tr>
<tr><td colspan="2">项目经理</td><td></td><td>手机</td><td></td><td>资格证书编　　号</td><td></td></tr>
<tr><td rowspan="6">试验检测单位</td><td>金属</td><td colspan="3"></td><td>资质证书编　　号</td><td></td></tr>
<tr><td>负责人</td><td></td><td>手机</td><td></td><td>资格证书编　　号</td><td></td></tr>
<tr><td>土建</td><td colspan="3"></td><td>资质证书编　　号</td><td></td></tr>
<tr><td>负责人</td><td></td><td>手机</td><td></td><td>资格证书编　　号</td><td></td></tr>
<tr><td>电气</td><td colspan="3"></td><td>资质证书编　　号</td><td></td></tr>
<tr><td>负责人</td><td></td><td>手机</td><td></td><td>资格证书编　　号</td><td></td></tr>
<tr><td colspan="2">运行单位</td><td colspan="5"></td></tr>
<tr><td colspan="2">负责人</td><td></td><td>手机</td><td></td><td></td><td></td></tr>
<tr><td colspan="3">审查意见</td><td colspan="5">建设单位法人代表（签字）：
年　　月　　日</td></tr>
</table>

附录B 电力工程质量监督检查申请书

<table>
<tr><td>工程名称</td><td colspan="3"></td><td>注册登记号</td><td></td></tr>
<tr><td>监检阶段</td><td colspan="3"></td><td>是否已验收</td><td></td></tr>
<tr><td>申请单位</td><td colspan="3"></td><td>申请时间</td><td></td></tr>
<tr><td>联系人</td><td></td><td>职　务</td><td></td><td>手　机</td><td></td></tr>
<tr><td>电子邮箱</td><td></td><td>电　话</td><td></td><td>传　真</td><td></td></tr>
<tr><td>本阶段待检
情况简介</td><td colspan="5"></td></tr>
</table>

附录C　电力工程质量监督检查整改回复单

<table>
<tr><td colspan="2">工程名称</td><td colspan="3"></td><td>注册登记号</td><td></td></tr>
<tr><td colspan="2">监检阶段</td><td colspan="3"></td><td>监检日期</td><td></td></tr>
<tr><td colspan="4">整改项目</td><td>整改情况</td><td>整改人员</td><td>检查人员</td></tr>
<tr><td>1</td><td colspan="3"></td><td></td><td></td><td></td></tr>
<tr><td>2</td><td colspan="3"></td><td></td><td></td><td></td></tr>
<tr><td>3</td><td colspan="3"></td><td></td><td></td><td></td></tr>
<tr><td>4</td><td colspan="3"></td><td></td><td></td><td></td></tr>
<tr><td>5</td><td colspan="3"></td><td></td><td></td><td></td></tr>
<tr><td>6</td><td colspan="3"></td><td></td><td></td><td></td></tr>
<tr><td>7</td><td colspan="3"></td><td></td><td></td><td></td></tr>
<tr><td>8</td><td colspan="3"></td><td></td><td></td><td></td></tr>
<tr><td colspan="3">建设单位
项目负责人：

年　月　日</td><td colspan="2">监理单位
总监：

年　月　日</td><td colspan="2">勘察、设计单位
项目经理：

年　月　日</td></tr>
<tr><td colspan="3">施工单位
项目经理：

年　月　日</td><td colspan="2">调试单位
项目经理：

年　月　日</td><td colspan="2">运行单位
负责人：

年　月　日</td></tr>
</table>

第6部分

协同监督典型经验

目　次

第 1 章　概述 …… 305
1.1　目的意义 …… 305
1.2　工作机制 …… 305
1.3　职责分工 …… 305
1.4　主要内容 …… 306
1.5　总部协同监督实施要求 …… 306
第 2 章　协同监督工作的组织实施 …… 307
2.1　协同监督工作流程 …… 307
2.2　协同监督工作主要做法 …… 308
2.3　协同监督检查组织实施 …… 309
第 3 章　协同监督工作的典型经验介绍 …… 313
3.1　换流站协同监督检查管理经验介绍 …… 313
3.2　特高压直流线路工程协同监督检查典型经验 …… 315
附录 A　特高压换流站工程协同监督检查大纲 …… 317
附录 B　特高压直流输电线路工程标准化开工检查大纲 …… 350
附录 C　特高压直流输电线路工程协同监督检查大纲 …… 358
附录 D　电网工程建设安全检查整改通知单 …… 364

第1章　概　　述

灵绍工程投运后，酒湖、晋江、锡泰、上山工程陆续开展，特高压直流工程项目建设任务繁重，为做好安全、质量全过程管控，确保特高压又好又快发展至关重要，保障特高压工程项目安全优质建设，国网安质部、基建部、交流部、直流部经过统筹协商，决定协同开展特高压工程项目建设安全监督工作（以下简称总部协同监督）。

1.1 目的意义

为了加强国网安质部、基建部、交流部、直流部横向协调，充分发挥国网交流公司、直流公司专业化公司技术支撑作用，统筹公司资源，协同履行监督职责，减轻基层迎检负担，合力开展特高压工程项目建设安全监督，督促指导项目建设各方落实主体责任、管控施工现场风险，防范安全事故。

1.2 工作机制

总部协同监督工作成立总部协同监督工作组，成员由国网安质部、基建部、交流部、直流部以及国网交流公司、国网直流公司有关处（部门）负责人及专责构成；组长实行轮值制，由以上处（部门）负责人轮流担任，每季度依次轮换。总部协同监督工作组每季度由轮值组长主持召开会商会，总结上一轮值期协同监督工作情况，协商审定本轮值期协同监督工作计划，研究解决存在的问题。定期编发总部协同监督工作通报。总部协同监督工作组每两月分别编制一期特高压交流、直流工程项目总部协同安全监督工作通报，印发各参建单位，抄报公司有关领导。

1.3 职责分工

国网安质部、基建部、交流部、直流部按照部门职能和公司工作安排，负责提出协同监督内容、时间安排、重点监督对象等计划；带队或派员参加总部协同监督工作；督促参建单位（建管单位、施工单位、监理单位）整改总部协同监督发现的问题和隐患。国网交流公司、国网直流公司是总部协调监督的实施主体，负责根据总部相关部门提出的协同监督计划及特高压工程项目建设进度，分别编制特高压交、直流工程项目建设总部协同监督年度工作方案及季度工作计划；具体组织实施总部协同监督计划；督促指导参建单位（建管单位、施工单位、监理单位）整改总部协同监督发现的问题和隐患。特高压交、直流工程项目参建单位（建管单位、施工单位、监理单位）按照公司有关规定，分别是特高压建设项目建设管理、建设施工、监理方面的安全责任主体，负责落实国家、行业和公司各项安全要求和措施，接受总部协同监督，组织闭环整改总部协同监督发现的问题和隐患。

1.4 主要内容

（1）重大安全风险分析与督导。根据公司安全风险管理要求，在项目开工前，组织各参建单位全面系统分析建设过程中的安全风险，针对性制定管控措施，编制安全风险分析及管控策划方案；在建设过程中，督促各参建单位抓好策划方案的培训和管控措施的落实；建设投运后，组织进行后评估。

（2）施工现场监督检查与指导。根据项目建设实际进度，对线路基础、组塔、放线施工，以及变电土建、设备安装、试验调试等关键工序，以及跨越施工、落地抱杆、脚手架搭设拆除等四级高风险作业，开展现场监督，对存在的问题和隐患进行督导整改。

（3）安全专项工作的督导。根据公司安全质量工作的总体安排以及专业管理需求，组织开展分包管理、大件运输、施工方案编审批执行以及标准工艺应用等方面工作开展专项监督，督促落实公司安全质量管理措施要求。

1.5 总部协同监督实施要求

（1）加强统筹。总部协同监督工作组成员部门及时提出需求，国网交流公司、直流公司在此基础上，结合工程实际，统筹制定年度工作方案和双月工作计划，确保针对性和有效性。

（2）统一标准。依据公司通用制度、标准以及《电网工程建设安全监督检查工作规范（试行）》等，结合特高压工程建设管理特点，制定监督检查标准，统一总部协同监督评判尺度。

（3）方式灵活。综合采取“四不两直”、计划检查等多种方式，运用专家查看、询问以及3G视频、无人机航拍等手段，提高总部协同监督质量和效率。

（4）闭环管理。统一应用电网工程建设安全检查整改通知单和回复单，督促各参建单位切实整改总部协同监督发现的问题和隐患，确保总部协同监督效果。

第 2 章　协同监督工作的组织实施

特高压直流工程的协同监督工作在国网公司的统一组织和带领下，国网直流公司找准工作定位，完善工作机制，创新支撑服务方式方法，突出技术支撑重点，强化业务协同配合，集中资源力量，体现技术支撑专业化、标准化、针对性，提高技术支撑工作质量、效率、水平及各方面对支撑工作满意度，做到“规定动作有成效、自选动作有亮点、到位不越位”，而协同监督检查是技术支撑的重要内容。

国网直流公司是特高压直流工程总部协调监督的实施主体，负责根据总部相关部门提出的协同监督计划及特高压工程项目建设进度，分别编制特高压直流工程项目建设总部协同监督年度工作方案及季度工作计划；具体组织实施总部协同监督计划；督促指导参建单位（建管单位、施工单位、监理单位）整改总部协同监督发现的问题和隐患。

特高压直流工程项目参建单位（建管单位、施工单位、监理单位）按照公司有关规定，分别是特高压建设项目建设管理、建设施工、监理方面的安全责任主体，负责落实国家、行业和公司各项安全要求和措施，接受总部协同监督，组织闭环整改总部协同监督发现的问题和隐患。

作为特高压直流工程总部协同监督的实施主体，国网直流公司具体组织实施总部协同监督计划，督促指导参建单位（建设单位、设计单位、施工单位、监理单位）整改总部协同监督发现的问题和隐患。根据公司“两级管控、一体化运作”模式管理规定，特高压直流线路工程协同监督公司各部门、工程建设部及检查组。

2.1 协同监督工作流程

（1）根据直流建设工程总体安排，开展季度协同监督检查工作。

（2）制订协同监督检查工作计划，具体明确检查的时间、检查方式和检查对象等内容，并制定检查大纲，统一检查要求和重点。

（3）组建专家检查组，确定检查任务和时间要求。

（4）检查上报伦值组长单位批准后下发检查通知至所查工程的沿线各建管单位。

（5）根据检查通知，采取突击抽查的方式，一般不提前通知，确定检查当天电话通知被检查业主项目部开始检查。

（6）检查组现场与被检单位（业主、监理、施工）沟通反馈，形成检查记录。

（7）汇总检查报告上报国网，采用 PPT 方式对安全质量管控情况进行点评。

2.2 协同监督工作主要做法

2.2.1 主要内容

成立协同监督检查组，依据检查大纲，对参建单位内业资料和现场施工进行互补性检查。

原则上每个换流站（线路一个施工标段）检查 1 天（涵盖业主、监理、施工），其中现场检查换流站检查主要作业项目，线路检查 3 基（注重安全风险大的作业现场，同时兼顾施工全面，如组塔、架线现场必查，新开工程应将项目部、材料站纳入检查范围），资料检查同步配合进行。

2.2.2 解决问题的基本思路

根据“总部统筹协调、属地省公司建设管理、专业公司技术支撑”的新模式与以前模式的根本区别在于将过去单一的建设管理主体转变为多元建设管理主体。从新管理模式的构成和现实条件来看，直流公司专业管理是新管理模式下的核心，省公司业主项目部属地管理是新模式下所要培育的重点。在制度框架和科学管理体系下如何使二者充分发挥各自的优势，形成最大合力，而协同监督检查也是新模式下一个重要的管理手段。而检查标准的统一性，检查组人员的优化及检查后的整改闭环是协同监督检查能取得最大效果的重要组成部分。

2.2.3 主要方法

随着大规模特高压建设高峰到来，在现有资源条件下，为了有效推进特高压工程协同监督工作，进行了多种方式方法探索，总体思路是换流站按工程区域综合安排，线路工程由按照单个工程设置检查组，调整为以省为单位开展的交叉互查，打破工程界限。检查组成员主要由直流公司及各省参建单位提供，组长由直流公司人员担任。检查组成员基本相对固定，一般由组长、副组长各 1 人，成员 4 人（业主、监理、施工）组成。检查大纲根据工程在建情况，分为标准化开工检查大纲和阶段性检查大纲两类，根据每次检查侧重点不同，动态调整检查大纲内容。

2.2.4 协同监督检查的保证措施

（1）严格检查尺度标准的统一性。每次检查之前，公司组织召开启动动员会，针对检查方案、检查大纲、检查程序、行程安排、工作纪律等方面进行培训动员，明确检查统一尺度标准。

（2）提高检查重要性。公司成立督导组，根据检查总体行程随机到各组进行督导，各组总结会时公司领导、直流部、安质部随机参加，并由业主项目部邀请相关省公司领导参

会，提高省公司领导重视程度，促进业主项目部对整改问题的闭环落实到位。

（3）提高检查组专家能力水平。采取由各省公司推荐专家加入协同监督检查组，重点来源是建管、监理、施工项目部成员。通过检查组不断实践，为工程培养一批懂管理，懂技术、懂安全的复合人才。即解决了检查专家紧缺的问题，又能提高参建单位现场的安全质量管控能力。

2.3 协同监督检查组织实施

2.3.1　检查组织

在特高压直流工程大规模建设环境条件下，需要协同监督检查方式方法、专家队伍构成、检查针对性等不断变化调整。

检查组组建换流站工程检查由安质部组织，线路工程检查由线路部具体负责，工程建设部协调配合。检查组组建根据检查内容、检查方式等确定组建方式。

属地省公司推荐专家成员进入检查组，直流公司人员担任检查组组长，检查成员一般为3～5人。专家成员重点来源是参与过特高压直流线路工程一线管理人员，包括建管、监理、施工单位成员；也可以是直流公司认可的业内专家。省公司推荐成员应经工程建设部技术支撑代表根据上报的人员信息进行把关，审核通过后提交公司部门把关。

飞行检查采用谁检查、谁负责的方式组建检查组。安质部、线路部、工程建设部均可根据上级工作安排、建设管理支撑需求或重大安全风险督导节点等组建检查组，适时开展飞行检查工作。检查组组长由直流公司人员担任，检查组成员一般为2～3人，且应至少包括一名业内知名技术专家。

2.3.2　检查方式

1. 计划检查

标准化开工检查、季度在开展协同监督检查及春节复工检查时，由直流公司起草检查通知发至各受检单位。检查通知应包括检查时间、检查内容、检查方式、检查分组情况、检查成果、相关工作安排、联系人等相关内容。

2.“四不两直”检查

结合工程不同建设阶段的重点安全管控要点，或根据直流部、公司主管领导现场视察工作安排，定期或不定期组织开展“四不两直”检查工作。

3. 专项督查

工程建设过程中，凡涉及四级及以上重大安全风险作业时，工程建设部应组织现场督导检查。如同一时间多个现场涉及重大风险点时，应保证按月重点项目（线路工程对每一省公司）至少开展一次现场督导检查。

2.3.3 检查手段

1. 听取汇报及座谈

检查组在听取汇报时，应对参会人员、汇报内容进行检查和点评，检查参加人员到位和职务级别是否符合通知要求、汇报内容是否真实准确，点评汇报范围是否与检查要求一致。听取汇报只在计划检查和专项督查时使用，“四不两直”不需听取汇报。

2. 现场查看

（1）标准化开工现场检查主要为项目部、材料站建设及管理体系运转情况。

（2）季度协同监督现场线路检查应不少于 3 个检查点，检查地点由检查组根据现场作业内容、特点进行抽查。

（3）“四不两直”现场检查由检查组根据工程周报的施工计划随机选取，直插施工现场进行检查。

（4）专项督查现场主要针对四级及以上安全风险作业点进行检查。

3. 资料检查

协同监督资料检查与档案专项检查重点不同，主要针对安全质量体系运转的符合性进行检查。

4. 无人机辅助检查

无人机辅助检查主要针对高处作业、陡峭山地施工、环保水保措施等进行细节拍摄或航拍，加大检查覆盖面、提高检查效率。

5. 3G 视频检查

（1）利用国网视频监控终端，适时开展后台实时管控工作，尤其是重大风险作业点较多无法进行检查督导时，充分利用 3G 视频进行后台监控。

（2）对现场信号差，无法正常使用的，施工现场应利用摄像功能，拍摄并存储重要施工作业情况短片。

2.3.4 检查内容和方法

依据特高压直流工程建设特点、现场管控风险点，找准工作定位，突出工作重点，完善工作机制，创新工作方式方法，加强业务协同，充分调动参建单位资源力量，不断完善协同监督检查内容和方法。结合工程建设规模和特点，针对协同监督开展的主要检查活动，分别制定具体检查内容、检查方法及检查大纲。

1. 标准化开工检查

（1）检查内容。业主、设计、监理、施工项目部标准化开工准备情况，项目部机构组建、人员配置、管理策划、技术资料报批手续办理、标准化开工准备、“五方签证”签订情况及设计遗留问题处理情况等。

（2）检查方法。原则按照单个工程设置检查组，线路施工标段在 10 家以上时可增加

1 个检查组。检查方式主要为听取汇报、资料查阅、项目部和材料站检查等。

在时间允许的情况下与季度协同监督检查同步进行，检查行程安排与协同检查组交叉进行。

（3）检查大纲。标准化开工检查大应包括开工必备条件、工程招标特殊要求、设计单位相关工作完成情况以及三个项目部（业主、监理、施工）的建设、组织机构、前期策划文件、教育培训、材料站建设和材料准备等相关开工准备是否完善。

2. 季度协同监督检查

（1）检查内容。季度协同监督检查重点为业主、监理、施工项目部日常管理情况，基础、组塔、架线施工现场，且应重点对现场重大风险施工现场做到必查。原则上每个换流站（线路施工标段）检查 1 天（涵盖业主、监理、施工），其中线路现场检查 3 基（注重安全风险大的作业现场，同时兼顾施工全面，如组塔、架线现场必查，新开工程应将项目部、材料站纳入检查范围），资料检查同步配合进行。

春节复工检查与一季度协同监督检查同步开展，重点检查工程节后复工必须满足的"五项基本条件"：

1）业主、监理、施工项目部主要负责人，安全管理、技术管理人员，施工负责人、专兼职安全员作业现场到位。

2）业主项目部主持召开复工前"收心"会，全面掌握复工作业内容，保证施工作业力能配置完备，完成施工作业安全风险动态评估、落实各项安全保障措施后，下达"复工令"。

3）施工机械和安全防护设施经检查完好，组织并记录作业环境踏勘结果，与停工前存在较大变化的已完成专项措施制定。

4）完成新入场人员安全教育培训，剔除培训考试不合格人员，再培训情况有记录，入场考试未通过人员流向清晰。

5）作业人员熟悉施工方案和作业指导书，完成复工前的全员安全技术交底和签字。

（2）检查方法。在特高压直流工程大规模建设期间，重点以省（打破工程界限）为单位开展检查，采用同一检查组检查 1～2 家属地省公司建管段内的在建特高压直流工程。检查行程安排由公司确定检查组检查范围，属地省公司业主项目部负责合理安排检查顺序、提高检查效率。检查方式至少应包括听取汇报、现场查看、资料检查，需要时可采取无人机辅助检查、3G 视频监督进行检查。

为进一步提高检查时效，特提出创新检查方式在后续季度协同监督检查施工实行。

1）根据同期在建特高压直流工程现场施工进展、工程所在地域分布等情况，组建检查组、确定检查组组长。对每一检查组只明确检查范围、检查重点及检查时间段。

2）各检查组组长在熟悉检查任务的前提下，依据现场施工进展情况，自主确定检查行程，在规定的时间内完成现场检查任务。

（3）检查大纲。季度协同监督检查主要检查内容应包括安全质量体系运行、分包管理、档案管理、数码照片管理、环水保管理、"十项基建安全管理通病"专项整治、质量通病防治控制措施、施工机械和工器具管理、风险管控及安全质量通病防治、人员同进同出等落实情况。

（4）整改闭环要求：

1）检查组应针对施工标段各相关责任单位提出检查意见，及时反馈相关受检单位。检查结果应形成电网工程建设安全检查整改通知单、协同监督检查报告。

2）各建设管理负责现场检查问题的组织整改和复检工作，检查组在后续协同监督检查中核查整改闭环是否及时、真实、规范。

（5）通报与考核评价：

1）检查通报。在每季度协同监督检查完成后，针对工程检查结果形成检查通报；依据现场安全质量检查情况，对业主、监理、施工项目部按照考评标准进行总体考核评价，形成考评建议，一并报国网有关职能部门。

2）考核评价：

（a）直流公司受国网委托，每季度协同监督检查完成后，对各项目的建管、监理、施工单位提出扣分建议，作为履约评价依据。

（b）考核工作按得分率（%）进行评价。得分率≥90，评价为优良；80≤得分率＜90，评价为良好；60≤得分率＜80，评价为合格；得分率＜60，评价为不合格。

（c）根据各检查组的履约评价分数，对业主、监理、施工项目部的履约能力进行阶段性总体评价考核，阶段性考核将作为工程总体考核评价的重要依据。

（d）工程建设过程中阶段性考核和总体考核的成绩，作为公司对工程有关表彰和评优的重要依据。同时，监理、施工等单位的考核评价结果（考核评价结果占比 60%）、现场协同监督检查结果占比 40%）。

第 3 章　协同监督工作的典型经验介绍

3.1 换流站协同监督检查管理经验介绍

3.1.1　组织形式与方式

换流站工程的协同监督分两组开展，一组为直流公司建管工程，二组为属地省公司建管工程。两组工作顺序开展，通常为先一组、后二组，检查组最低配置按组长 1 名，联络员 1 名，土建、电气专家各 1 名设置，根据工程实际进展及现场实际情况，酌情增加检查专家。

一组专家的选取以直流公司内部为主，通常是相关部门各出 1 名专家，如有特殊的专项检查如钢管脚手架检查，公司会在全行业内邀请知名专家协助开展工作，同时特别注意专家搭配比例，新老专家基本按 50%∶50%配置，既保证检查水平的连续性，又锻炼新人，同时增强各部门间交叉检查、互相学习的力度，从而从整体上促进工程建设水平的提升。

二组专家的选取以直流公司各工程建设部为主，尤其是负有技术支撑责任的建设部必须派人参加，以属地公司专家为辅，通常会采取回避原则，由不同的省公司派专家互相监督检查。

在检查组开展工作时，要求各工程参建单位安全质量监督管理部门领导及专家同步开展检查，并对各自施工的内容进行点评，以此促进各参建单位职能部门认真履行职责，充分发挥本单位内部技术力量及优势，提升工程安全质量水平。

3.1.2　监督实施与闭环

监督检查组按照两会一查的模式开展具体工作，首先召开首次会，听取工程汇报并进行询问，掌握工程具体情况后，分组进入现场开展实地查看，然后对工程资料进行检查，检查过程中要求参建单位相关人员陪同以便随时交流、质询，确保专家检查的精准性和有效性。

检查完成后，专家组制作反馈 PPT，结合实拍照片对检查情况进行点评，并按照统一格式，对每一家责任单位开具整改通知单，由业主、监理、施工单位相关人员签字确认，由业主项目部督促各单位在规定期限内将闭环情况发至指定邮箱。公司结合不定期检查或下次协同监督，对上次整改情况进行现场核对，确保问题闭环的有效性。

3.1.3 换流站工程协同监督检查经验介绍

1. 安全教育培训

严格落实安全教育、培训制度，针对劳务分包人员、供货厂家安装人员流动性大的特点，制定针对性、操作性更加符合实际的培训内容，增强作业人员的风险意识和个人防范保护意识，达到严格自律，自觉遵守规章制度的目的。施工项目部根据分包人员进场的批次、人员，建立安全教育、培训管理台账，安全教育需全员覆盖，安全教育培训记录真实，具有可追索性，严禁培训记录造假、培训人员代签现象，根治分包管理的顽疾。

2. 安全文明施工

按照业主项目部总体策划、监理项目部二次细化、施工项目部分部强化的工作模式，落实安全文明施工标准化的各项要求。换流站施工现场划分诺干各模块分区，明确业主、监理、施工分区管理人员的责任，实现分工协作。施工现场突出文明施工“六化”要求，分区围护、四牌一图布置到位。业主项目部、监理部严格监管安全生产费用使用计划，施工项目部分批报验的文明施工设施、安全防护措施等，监理部需监督到位，换流站各分区丰富文明施工氛围，争创“安全文明标准化配置示范工地”。

3. 现场安全管理

严格执行基建安全工作规程，在设备吊装、高空作业、临时用电、临近带电体作业现场中，严格特种设备、特殊工种上岗资格，杜绝违章行为的发生。

（1）加强对现场施工机械的管理，监理部负责对施工机械进出场签证、对其中设备、工器具定期检查。作业现场操作范围，按照规定设置警戒线，现场指挥应由有专业工作经验、熟悉现场作业环境和流程、工作范围的人员担任，监护人由具有相关专业工作经验，熟悉现场作业情况和安全规程的人员担任。

（2）凡从事高处作业的人员，每年体检一次，对患有不宜从事高处作业病症的人员，不得参加高处作业。高处作业人员衣着灵便，防滑措施到位，正确佩戴个人防护用具。高处作业下方危险区内禁止人员停留或穿行，上下通道应沿脚钉或爬梯攀登，垂直攀登时应使用速差自控器或安全自锁器等保护，水平转移时使用水平绳或临时设置扶手保护，如遇六级以上大风或暴雨、雷电、冰雹、大雪、大雾、沙尘暴等恶劣气候时，停止高处作业。

（3）施工现场临时用电方案编制特殊（专项）施工方案，临时用电设备、电缆敷设布设符合国家行业有关规定，竣工后经验收合格方可投入使用。施工临时用电采用 TN-S 接零保护系统，实现三级配电、二级保护功能，用电设备防护满足文明施工标准化要求，用电设施的运行、维护由专业电工负责，并建立运维记录台账。施工用电定期检查，对安全隐患应及时处理，并履行复查验收手续。

（4）针对换流站工程“交运直建”“低运高建”的特点，作业人员在邻近带电体工作时，施工全过程应设专人监护。户外带电设备四周应设围栏隔离，出入口邻近道路旁，设置“止步，高压危险”“从此进出”等安全标志牌，户内带电屏柜区，应设置围栏隔离，带电屏柜设横幅“运行设备”，在断路器和隔离开关的操作把手上均悬挂“禁止合闸，有

人工作”的安标志牌。移动或拆除围栏或安全标志牌时，事先征得工作许可人同意，并在作业负责人的监护下进行，工作结束后立即恢复。在带电设备区作业前，严格履行工作票许可手续，经验电确认后装设接地线方可进行作业。在运行区域作业时，作业人员采取防静电感应措施，施工机械操作活动范围及起重机臂架、吊具、辅具、钢丝绳及吊物等与带电设备的安全距离，满足安全规程要求，且设专人监护。

4. 施工方案及交底

对施工现场超过一定规模的危险性较大的分部分项工程、重要临时设施、重要施工工序、特殊作业、危险作业等，均编制特殊（专项）施工方案并附安全验算结果，并按照管理规定严格编审批工作程序。

（1）各类特殊（专项）施工方案，施工项目部在充分理解设计意图、施工工艺流程以后，确定拟投入的机具、人员等资源配置、施工组织、安全措施，施工企业参与特殊（专项）施工方案的审查。对于专业分包商编制的施工方案和安全技术措施，施工企业组织审核；对于现场超过一定规模的危险性较大的分部分项工程，施工企业组织专家论证、审查。

（2）一般施工方案由施工项目部技术人员编制，并经施工项目部安全、质量技术负责人或施工企业技术管理人员审核，施工企业总工程师批准；特殊（专项）施工方案由施工项目部总工组织编制，并经施工企业安全、质量审核，施工企业总工程师批准。

（3）施工方案、作业指导书编写人，负责现场的交底工作，作业人员全员参与安全交底。

3.2 特高压直流线路工程协同监督检查典型经验

随着特高压直流工程建设任务日趋繁重，为完成全覆盖式的协同监督检查，要想凭借直流公司现有从事线路工程管理人员，不能支持我们在同期开展协同监督检查的需要。专家资源紧缺、检查方式死板、检查重点不突出等几项问题突显。因此必须创新管理思路，优化组织实施，培养专家队伍，最终提升参建单位自身造血能力，变被动迎检为常态化风险隐患排查、自查，从而达到协同监督的最初目的。

3.2.1　优化协同监督检查方式

针对目前特高压直流线路工程协同监督检查实际现状，公司每次协同监督均组织参建单位进行调研，重点听取对检查组织、检查方式、检查手段、专家组成、现场检查及资料检查实际效果等方面意见，坚持问题导向，动态调整改进措施，提高协同监督检查工作质量、效率和效果。开展了以下七种方式进行协同监督检查。

（1）采取打破工程界限的跨省检查方式，采取点对点小交叉方式，即两省专家共同组成专家组互查。

（2）采取省际交叉检查方式，各省专家按专业随机分配到各检查组。

（3）采取省际交叉和单条线路独立检查方式。

（4）季度协同监督检查将实行公司总体控制检查时间和分组，各组具体检查安排采取

“四不两直”方式，由组长确定。

（5）使用无人机辅助检查。

（6）根据工程建设不同阶段，有针对性地开展以抽查重点标段为主的方式开展专项检查，如索道运输、大截面导线架线施工、邻近带电体组塔、架线施工等。

（7）季度协同监督检查采取由施工、监理对检查点进行预检、专家组检查结合方式，视双方检查结果对比进行通报。

3.2.2 优化检查大纲

随着特高压工程建设不断推进，工程安全、质量要求日益提高，如何落实总部工作要求，实现检查目的，对检查大纲的完善显得尤为重要，开展了以下工作。

（1）利用每次协同监督检查机会，听取参建单位反馈意见，完善检查大纲。

（2）细化检查大纲内容，使得检查内容具体。旨在解决不同专家人员对检查内容存在不同理解或检查标准和深度不一致的问题。同时也能够更好地指导参建单位做好自查。

（3）规范检查方法，明确主要检查内容和标准。

3.2.3 专家队伍建设

随着特高压直流工程建设任务日趋繁重，专家资源紧缺。因此必须创新管理思路，优化组织实施，培养专家队伍，最终提升参建单位自身造血能力，变被动迎检为常态化风险隐患排查、自查，从而达到协同监督的最初目的。

采取以直流公司线路行业专家为组长、各省公司推荐专家加入协同监督检查组，重点来源是建管、监理、施工项目部成员。建立专家队伍选拔、淘汰机制。

附录A 特高压换流站工程协同监督检查大纲

表A.1 业主项目部管理评价表

序号	评分项目	标准分	评分标准	扣分原因及扣分分值
1	组织机构和人员	10分	未按要求成立项目安全委员会，扣10分	
			项目安委会主任不是由建设单位主要负责人担任，扣3分；常务副主任不是由业主项目部经理担任，扣2分；安委会成员未包括监理、设计、施工单位和项目部人员，扣2分；因人员变动，未及时调整安委会成员，扣2分	
			业主项目部人员配备不符合要求、未设安全管理专责，扣5分	
			业主项目部经理、安全管理专责未每两年至少接受一次公司或网省公司组织的基建安全培训，每人扣3分	
2	项目安全策划管理/开复工规范性	10分	开工前，未编制《项目安全文明施工总体策划》或《建设管理纲要（安全、环保水保部分）》，扣5分；策划或纲要未经审批，扣2分；策划或纲要未结合本工程建设的实际特点编制或未进行交底，扣2分	
			未按规定时间召开安委会会议，每次扣2分；安委会主任（常务副主任）未主持安委会会议，每次扣1分；安委会会议签到不齐全，每人次扣0.5分。安委会会议未形成会议纪要，并分发至各参建单位，每次扣1分	
			开工前，未审批施工项目部输变电工程施工安全管理及风险控制方案、审查施工项目部编制的工程施工安全强制性条文执行计划、审批安全监理工作方案（安全监理实施细则），每项扣2分	
			安全管理制度、台账不齐全，每缺一项扣2分；安全管理制度针对性不强，每项扣1分；制度引用的规范、标准失效，每款扣1分	
			工程开工前，未向施工单位提供作业环境范围内可能影响施工安全地下管线、设施等相关资料，并提出保护措施要求，扣5分	
			未对深基坑、高大模板及脚手架、重要的拆除爆破等超过一定规模的危险性较大的分部分项工程的专项施工方案（含安全技术措施）进行签字认可，扣3分	
			未对重要临时设施、重要施工工序、特殊作业、危险作业项目专项安全技术措施进行备案，扣1分	
3	项目安全风险管理	20分	工程开工前，未组织项目设计单位对施工、监理单位进行项目作业风险交底及风险点的初勘工作，扣3分	
			未审查施工项目部编制的《三级及以上施工安全风险识别、评估、预控清册》及动态风险计算结果，扣3分	
			未对三级以上风险作业的控制工作进行现场监督检查，并对四级及以上风险作业《电网工程安全施工作业票B》进行签字确认，扣3分	
			在建设过程中，未通过日常安全巡查、每月例行安全检查、专项安全检查等活动，检查项目风险控制措施落实情况，扣3分	
			未按要求组织进行项目安全文明施工标准化管理评价工作，每次扣10分（该评分项目适应于网、省公司和直属单位抽查和督查）	

续表

序号	评分项目	标准分	评 分 标 准	扣分原因及扣分分值
3	项目安全风险管理	20分	安全文明施工标准化管理评价无整改反馈记录，扣5分（该评分项目适应于网、省公司和直属单位抽查和督查）	
4	项目安全文明施工管理	20分	未对各监理、施工单位安全资质、相关人员的安全资格、安全管理人员到位情况进行监督检查，满足安全管理需要，每项扣3分	
			未分阶段审批施工项目部编制的安全文明施工装备设施报审计划，对进场的安全文明施工设施进行审查验收，缺一项扣2分	
			未按规定向施工项目部支付现场安全生产费用，扣3分	
			未采用隐患曝光、专项整治、奖励处罚等手段，促进参建单位做好现场安全文明施工管理，扣2分	
5	项目分包安全管理	15分	未审批和备案施工单位申报的项目分包计划申请，扣3分；未监督检查分包安全协议的签订，分包安全协议未签订，扣2分	
			未组织开展工程项目分包管理检查，扣5分	
			对不满足要求的分包队伍，未实行停工整顿或清退措施，扣5分	
			未定期分析上报工程分包管理信息，扣2分	
6	项目安全应急管理	10分	未组建工程项目现场应急工作组，扣5分	
			现场应急工作组值班人员及通讯方式未在施工现场公布，扣2分	
			开工前，未能督促施工项目部制定和完善应急处置方案，每项扣1分	
			未组织监理、施工项目部有关人员开展方案评审，每项扣1分	
			未组织监理、施工项目部开展应急救援知识培训和应急演练，扣3分	
7	项目安全检查管理	15分	未按要求组织项目季度、月度、季节性安全检查，每次扣3分	
			未按要求组织开展专项安全检查，每次扣3分	
			各类安全检查无整改通知、无整改反馈，每次扣3分	
			未定期召开月度工地安全例会，每次扣2分	
			未利用数码照片资料进行安全过程控制，扣3分；数码照片不符合要求的，扣1分	
			未配合上级单位开展各类安全检查，按要求组织自查，编制自查报告（包括检查问题及整改结果反馈），监督责任单位对检查提出问题的整改落实，每次扣3分	
标准分		100分		

表 A.2　　　　监理管理评价表

序号	评分项目	标准分	评 分 标 准	扣分原因及扣分分值
1	组织机构及资源配置	10分	未建立以总监为第一责任人的安全监理工作体系，未组建现场环保水保监理机构，扣5分	
			总监未经建设单位同意承担多项工程监理工作，扣2分	
			监理工程师（安全、环保水保）无有效资格证，扣2分	
			未配备安全监理工程师，未配备环保、水保监理功工程师，扣5分	

续表

序号	评分项目	标准分	评　分　标　准	扣分原因及扣分分值
1	组织机构及资源配置	10 分	安全监理工程师未按规定经过安全教育培训，扣 2 分	
			项目监理部人员配置不能满足要求，配备环保水保监理人员不满足要求，扣 2 分	
			总监和安全、环保水保监理工程人员调整未征得建设单位同意，并书面报建设单位和承包单位，扣 2 分	
			未明确各级监理人员的安全、环保水保监理工作职责，扣 2 分	
			未配备必要的办公、交通、通信、检测、个人安全防护用品等设备（工具），扣 5 分	
			未配备齐全有效的安全和环保水保法律、法规、技术标准、规范和操作规程等安全监理依据性资料，每缺一项扣 0.5 分	
2	安全监理工作策划	10 分	《监理规划》中未编制针对性安全、环保水保监理工作内容，扣 2 分；未编制《安全监理工作方案》（安全监理实施细则），环保水保监理实施细则，扣 5 分；未报业主项目部审批、未抄送施工单位，扣 3 分；细则针对性不强，扣 2 分；监理项目安全文明施工目标不明确，与业主项目部目标不一致，扣 3 分	
			未建立健全安全、环保水保监理工作制度，缺一项扣 2 分；制度针对性、操作性不强，每项扣 1 分	
			引用基建安全、环保水保规程、规范、标准失效，每款扣 2 分	
3	文件审查/开复工规范性核查	20 分	未协助业主逐项核查现场开复工条件和要求并提出监理意见，未审查施工单位资质和安全生产许可证是否合法有效，扣 2 分	
			未审查施工单位项目经理和专职安全生产管理人员是否具备合法资格，是否与投标文件相一致，扣 2 分	
			未审查施工项目部施工安全管理人员，特种作业、特种设备作业人员资格证明文件，扣 2 分	
			未审查施工单位《输变电工程施工安全管理及风险控制方案》及其《安全文明施工设施配置申报单》，未审查施工单位编制的环保水保实施管理文件（土方堆放施工方案以及其他现场环保水保措施实施方案），扣 2 分	
			未审查施工安全、环保水保管理制度、施工组织是否满足工程建设安全文明施工管理的需要，扣 2 分	
			未审查施工组织设计中的安全技术措施或者危险性较大的分部分项工程专项施工方案，未审查现场土方堆放和土方平衡实施方案，每项扣 5 分	
			未审查施工单位《输变电工程施工安全强制性条文执行计划表》，扣 5 分	
			未审核《输变电工程施工强制行条文执行记录表》，未审核分部及以下工程水保验收记录表，扣 2 分	
			未审核施工项目部报送的《安全文明施工设施进场验收单》，每项扣 1 分	
			未审查施工承包商大、中型起重机械等特种设备的安全检验合格证、安装（拆除）资质证明文件，扣 2 分	
			未审查进场设备、工器具、安全防护用品（用具）的安全性能证明文件，扣 5 分	

续表

序号	评分项目	标准分	评分标准	扣分原因及扣分分值
3	文件审查/开复工规范性核查	20分	未审查《现场应急处置方案》、关键项目或关键工序、危险、特殊作业安全施工措施/作业指导书及危险源辨识评价和预控措施，每项扣2分	
			经审查的单位资质、人员资格证书或经审查的文件、措施方案仍存在明显疏漏或缺陷的，每项扣1分	
4	安全检查签证	10分	大中型起重机械、重要脚手架、施工用电、水等力能设施，交通运输道路和危险品库房等重要设施未在使用前进行检查签证，每项扣2分	
			未对工程项目开工、土建交付安装、安装交付调试以及整套启动等重大工序转接进行检查签证，每项扣2分	
5	安全检查管理	20分	未定期组织开展安全、环保水保检查，每次扣2分	
			对各项安全、环保水保检查未监督整改闭环，每次扣2分	
			未利用数码照片资料进行安全过程控制，环保水保措施实施前后对比，扣5分；数码照片采集不符合要求，扣3分	
			未按规定填写工程施工安全强制性条文执行检查表，未按规定开展水保工程分部及以下工程验收检查，扣5分	
			未对工程重要及危险的作业工序及部位实施旁站监理，每项扣2分	
6	分包安全管理	10分	未审核工程项目分包计划申请，并报业主项目部审批，扣2分	
			未审查分包资质、业绩并进行入场验证，扣2分	
			未审查分包合同、安全协议，扣2分	
			未动态核查进场分包商的人员配备、施工机具配备、技术管理等施工能力，扣2分	
			未审批专业分包队伍的施工组织设计、安全施工方案等，每项扣2分	
			监理例行安全检查中，发现施工分包管理中存在的问题未及时提出整改要求实施闭环管理的，每项扣2分	
			未督促检查施工项目部对分包商人员的安全教育培训和考试情况，扣2分	
			未每月将分包管理情况报建设单位，扣2分	
7	安全风险与应急管理	10分	未审核施工项目部编制的《三级及以上施工安全固有风险识别、评估、预控清册》《作业风险现场复测单》及动态风险计算结果，扣2分	
			未对三级及以上风险作业实施监理旁站，并确认《输变电工程安全施工作业票B》中的风险控制项目，扣2分	
			未会同施工项目部开展现场应急处置预案演练，每项扣2分	
			未定期开展监理项目部安全文明施工标准化管理评价，对存在问题进行闭环整改，每次扣2分（该评分项目适应于网、省公司和直属单位抽查和督查）	
			未参加业主项目部组织的项目安全文明施工标准化管理评价，督促施工项目部对存在问题进行闭环整改，每次扣2分（该评分项目适应于网、省公司和直属单位抽查和督查）	
8	监理记录及总结	10分	安全、环保水保监理记录缺漏，不能反映安全、环保水保监理工作实施情况，扣2分	

续表

序号	评分项目	标准分	评 分 标 准	扣分原因及扣分分值
8	监理记录及总结	10分	监理月报未反映当月安全健康环境状况和存在的隐患及整改措施，对下达的问题未进行整改闭环和督促施工单位闭环的，扣2分	
			未按规定定期召开安全、环保水保例会或记录不全，扣2分	
			未及时传达、贯彻上级有关安全生产和环保水保的法律、法规、文件精神和要求，扣2分	
			未按照要求定期报送工程环保水保信息和文件报告，未按照要求组织开展环保水保总结工作，《监理工作总结》中未对监理项目部安全管理工作进行总结评价，扣2分	
标准分		100分		

表A.3　　施工管理评价表

序号	评分项目	标准分	评 分 标 准	扣分原因及扣分分值
1	项目安全组织机构	10分	项目经理未取得工程建设类相应专业注册建造师资格证书，未持有省市政府主管部门颁发的安全管理资格证书，未持有网省公司颁发的安全培训合格证，每项扣2分	
			项目副经理未取得工程建设类相应专业资格证书，未持有省市政府主管部门颁发的安全管理资格证书，未持有网省公司颁发的安全培训合格证，每项扣2分	
			项目总工未取得网省公司安全培训合格证，扣2分	
			项目部未配备专职安全员或未配备环保水保管理人员的，扣4分	
			项目部安全员未持有省市政府主管部门颁发的安全管理资格证书，未持有网省公司颁发的安全培训合格证，每项扣2分	
			项目部未明确项目经理、项目副经理、项目总工、专（兼）职安全员、施工队（班组）长、施工人员等各级安全职责，缺一项扣3分	
			项目部制定的安全目标不正确，扣3分	
2	项目安全策划管理	20分	未制定适合本工程的制度，缺一项扣1分	
			未留存相关法规、规范、标准和技术文件，缺一项扣1分	
			未建立施工项目部安全管理台账，每缺一项扣1分	
			项目总工未组织编制项目《输变电工程施工安全管理及风险控制方案》或未编制工程环保水保措施实施方案，扣5分；审批程序不符合要求的，扣2分	
			编制的项目《输变电工程施工安全管理及风险控制方案》不符合国家电网公司编制纲要要求，未落实已批复的环保水保报告中相关的措施，扣2分	
			未向监理部报审施工机械、工器具、安全用具、苗木报审表、进场/出场报审表等，每缺一项扣1分	
			开工前，未向监理项目部填报“安全文明施工设施配置申报单”“安全文明施工措施实施申报单”“安全文明施工费用使用计划”的，缺一项扣1分	
			安全文明施工设施进场时，未向监理报审“安全文明施工设施进场验收单”“安全文明施工措施实施验收单”，缺一项扣1分	
			未向监理部报审“输电线路工程施工安全强制性条文执行计划表”或“变电站工程施工安全强制性条文执行计划表”，扣3分	

续表

序号	评分项目	标准分	评分标准	扣分原因及扣分分值
2	项目安全策划管理	20分	未按规定开展新员工三级安全教育培训工作，缺一人扣2分	
			施工项目部未对达到一定规模的危险性较大的分部分项工程，编制专项施工方案，每项扣5分；编审批、交底不规范，每项扣2分	
			施工项目部未对深基坑、高大模板及脚手架、重要的拆除爆破等超过一定规模的危险性较大的分部分项工程编制专项施工方案，每项扣5分；编审批、交底不规范，每项扣2分	
			重要临时设施、重要施工工序、特殊作业、危险作业项目未编制专项安全技术措施，每项扣5分；编审批、交底不规范，每项扣2分	
			未按规定组织员工健康体检的，缺少一人扣1分	
			安全生产费用用挪作他用，未按照工程进展和计划使用安全文明施工费用，未专款专用，扣3分	
			施工机械和工器具无安全检验记录，每台件扣1分	
			未编制施工作业指导书，未编制环保水保实施方案，每项扣3分；编审批、交底不规范，每项扣1分	
			安全施工作业票填写、审查、签发、执行不符合要求，每份扣1分	
			项目部未按规定每月召开一次项目部安全、环保水保工作例会，缺一次扣3分	
			项目部未按规定每月组织一次安全、环保水保检查，缺一次扣3分	
			未学习贯彻上级规定、文件精神，缺一次扣2分	
			特种作业人员、特种设备作业人员未取得特种作业操作资格证书、特种设备作业人员证即上岗的，每人扣2分	
			工程开工前，未结合工程特征组织开展风险识别、评价，未制订相应的预控措施扣3分	
3	项目安全风险管理	15分	未对工程项目存在的主要安全风险及采取的预控措施向施工人员交底，缺一次扣3分	
			涉及停带电施工（含改造施工）、近电施工、进入运行变电站工作的作业项目未严格履行作业票制度，每项扣3分；工作票的填写与签发中，工作负责人、工作票签发人不具备资格，每人次扣3分	
			未设置施工现场危险点控制标牌，缺一处扣2分；危险点控制标牌针对性不强，每处扣1～2分	
			施工中运用新技术、使用新设备、采用新材料、推行新工艺、职工调换工种时，未进行相应培训考试的，缺一项扣3分	
			未开展安全管理标准化管理评价工作，扣3分（该评分项目适应于网、省公司和直属单位抽查和督查）	
			对安全文明施工标准化管理评价中发现的问题没有进行整改反馈，每项扣1分（该评分项目适应于网、省公司和直属单位抽查和督查）	
4	项目安全文明施工管理	15分	未利用数码照片资料开展工程安全过程控制工作，扣4分；数码照片采集、整理不符合要求，每项扣1分	
			项目部对分包商的安全文明施工管理不到位，或没有纳入自身管理体系实施动态管理，扣4分	
			未向施工人员提供合格的安全防护用品，扣2分；未给从事高处作业、爆破等危险作业的人员（包括分包人员）办理意外伤害保险的，缺一人扣1分	

续表

序号	评分项目	标准分	评　分　标　准	扣分原因及扣分分值
4	项目安全文明施工管理	15分	安全技术交底程序不符合规定、签字不齐全，每项扣2分	
			班组未开展每周一次的安全活动，缺一次扣2分	
			班组活动记录不齐全，缺一次扣2分	
			工程开工前，施工项目部未向监理报审分包计划申请表，扣2分	
5	项目分包安全管理	20分	分包安全协议不符合范本要求，扣3分	
			对工程项目进行转包或违规分包的，扣20分	
			施工分包商资质未经审核或不符合要求而录用的，扣5分	
			工程项目部越权自行招用分包单位的，扣5分	
			分包合同中未明确分包性质（专业分包或劳务分包）的，扣2分	
			分包合同、安全协议中，未盖法人单位印章，扣2分；签字人非法人本人或未经法人授权，扣2分	
			分包商未签订分包合同、安全协议就进场施工的，每次扣5分	
			专业分包商对部分作业再次进行劳务分包，但没有在专业分包合同中注明，每次扣2分	
			劳务分包商对承包任务进行二次分包的，每次扣3分	
			项目部未明确专门的分包管理人员，扣2分；未建立专业分包商人员名册，扣3分；专业分包商人员与现场实际人员不符，扣2分	
			施工分包人员未进行体检的，缺少一人扣1分；现场录用未成年者，每人扣2分	
			开工前未对专业分包队伍人员资质、施工机械、工器具进行检验、报监理审核，缺一项扣2分	
			项目部未督促专业分包商新进场人员进行三级安全教育，扣2分；项目部未向培训考试合格的分包人员配置“胸卡证”而直接上岗的，每人次扣1分	
			施工承包商未对危险性较大的专业分包施工作业进行安全技术交底，每次扣5分；未组织（督促）专业分包施工人员进行施工组织设计、作业指导书、安全施工方案或安全施工措施等技术文件全员安全技术交底，未传达安全管理文件，每次扣3分	
			作业前未对劳务分包队伍进行安全技术交底，扣5分；未进行全员安全技术交底，缺一人扣1分	
			未审查专业分包商施工组织设计、安全施工方案，缺1项扣1分；专业分包商无施工组织设计、无安全施工方案的，缺一项扣5分	
			项目部未派人员对专业分包的关键工序、隐蔽工程、危险性大施工作业进行全过程监督，每项扣2分	
			在参与危险性大、专业性强的劳务作业时，施工承包商未指派本单位人员担任现场施工班组负责人、技术员、安全员等关键岗位职务，每缺1岗扣3分	
			专业分包商项目负责人更换未经施工承包商同意并报监理审批，每人次扣2分；劳务分包商主要负责人、特殊工种和特种作业人员的更换未经施工承包商、监理审批同意，每人次扣2分	
6	项目安全应急管理	10分	项目部未按照要求组建现场应急救援队伍，缺一项扣1分	
			项目部在工程开工后未组织应急救援知识培训，扣3分	

续表

序号	评分项目	标准分	评分标准	扣分原因及扣分分值
6	项目安全应急管理	10分	未组织应急演练，扣3分	
			未在施工项目部办公区、施工区、生活区、材料站（仓库）等场所的醒目处，公布应急联络方式，每处扣3分	
7	项目安全环保水保检查管理	10分	项目部未组织月度安全检查的，每次扣5分	
			未在安全环保水保工作例会上，对安全检查中发现的问题进行分析总结的，未及时反应现场安全隐患、环保水保问题的，扣2分	
			安全环保水保检查中发现的各类安全隐患、文明施工、环境管理等问题，未闭环整改，一项未整改扣2分	
标准分		100分		

表A.4　　现场安全文明施工标准化管理评价表

表号	评分子项	实得分（满分100分）
表A.4-1	现场安全文明施工标准化管理评价表	
表A.4-2	施工用电安全文明施工标准化评价表	
表A.4-3	脚手架安全文明施工标准化评价表	
表A.4-4	高处及起重作业安全文明施工标准化评价表	
表A.4-5	建筑工程安全文明施工标准化评价表	
表A.4-6	构架安装工程安全文明施工标准化评价表	
表A.4-7	电气安装工程安全文明施工标准化评价表	
平均得分（各评分子项实得分算术平均值）		

表A.4-1　　现场安全文明施工标准化管理评价表

序号	评分项目	标准分	评分标准	扣分原因及扣分分值
1	办公区	15分	项目部办公区、生活区设置不符合标准要求，不符合工程环保水保临时措施要求，扣2分	
			办公设施、项目部铭牌、旗台、“四牌一图”不符合标准，每处扣1分	
			办公区内存放易燃、易爆物品，扣5分	
			办公区、生活区未设置消防器材、常用药品，扣1分	
2	生活区	10分	食堂不干净整洁，不符合卫生防疫要求，扣1分	
			宿舍布置、卫生不符合规定，扣1分	
			洗浴、盥洗条件不符合规定，扣1分	
			未提供必要的文化娱乐设施，扣1分	
			生活区未设置垃圾箱，垃圾未及时清运，扣1分	
			生活区内存放易燃、易爆物品，扣5分	
			生活区、宿舍用电不符合要求，污水排放不符合环保要求，扣3分	

续表

序号	评分项目	标准分	评　分　标　准	扣分原因及扣分分值
3	变电站整体布局	15 分	施工现场未对作业场地进行围护、隔离、封闭，并未设置安全警示标志、标识，未明确安全责任人及责任，每一处扣 2 分	
			施工现场无施工平面定置图，每处扣 2 分	
			工程正式开工后，变电站无围墙或未进行封闭式管理，扣 2 分	
4	施工场地及道路	20 分	施工场地不平整，明显积水，每处扣 1 分	
			基坑、沟道开挖出的土方未及时清运、整理，未实施环保水保措施，每处扣 1 分	
			运输车辆未做到车轮不带泥上公路，运输途中遗洒，扣 1 分	
			场地不平整，地面有积水，每处扣 1 分	
			未设置两级废水沉淀池，扣 2 分	
			材料设备未分类、定置堆放，标示不清晰，每处扣 1 分	
			道路未硬化、成环，扣 1 分	
			道路混凝土成品面层未进行有效成品保护扣 2 分	
			道路标志及排水管沟不符合规定，每处扣 1 分	
			站内临时建筑物、工棚用禁用材料搭建，每处扣 2 分	
5	安全防护措施	30 分	施工人员未正确佩戴安全帽、使用安全防护用品，每人扣 2 分	
			分区隔离，基坑、孔洞、高处安全防护、警示不符合要求，每处扣 1 分	
			孔洞、沟道盖板设置、制作、警示不符合要求，每处扣 1 分	
			220kV 及以上变电工程未采用安全视频监控系统，扣 1 分	
			施工区域未设置危险点控制标牌，每处扣 1 分	
			消防设施不符合要求、失效，每处扣 2 分	
			气瓶、存放、搬运不符合要求，每处扣 2 分	
6	其他	10 分	现场人员、临时人员、检查人员未正确佩戴胸卡、临时出入证，胸卡、临时出入证不符合标准式样要求，每人次扣 1 分	
			施工现场未设置饮水点和固定吸烟点，夏季未做好防暑降温工作的，扣 2 分	
			施工现场未设置吸烟室，扣 2 分；发现流动吸烟，每人次扣 1 分；在非吸烟区发现烟头，每个扣 0.5 分	
			未设垃圾回收点或垃圾回收点设立不符合规范要求的，未办理相关回收协议，扣 2 分	
标准分		100 分		

表 A.4-2　　施工用电安全文明施工标准化评价表

序号	评价项目	标准分	评　分　标　准	扣分原因及扣分分值
1	管理与使用	20 分	临时用电系统的专责管理人员，未做到持证上岗，扣 2 分	
			配电箱、开关箱、漏电保护器等未做到定期检查，扣 2 分	
			配电箱未加锁并设警告标志的，扣 2 分	

续表

序号	评价项目	标准分	评分标准	扣分原因及扣分分值
1	管理与使用	20分	施工用电未严格按国家标准采用三相五线制的，扣5分；未实施三级配电、两级保护的，扣5分	
2	施工用电设施	30分	施工用的变压器安装高度不符合规程的，扣2分	
			施工用的变压器栅栏高度、安全净距、警告标志设置不符合规程的，扣2分	
			接地不牢固可靠的，每处扣3分	
			直埋电缆埋设深度不够，并未在地面设置明显标志的，扣2分	
			电缆通过道路时未采用保护套管的，每处扣1分	
			低压架空线路架设高度不符合规程的，每处扣2分	
			配电箱设置地点不符合规程的，扣2分	
			配电箱不具备防雨防火功能的，扣2分	
			箱内的配线不符合规程的，扣2分	
			开关箱未装设漏电保护器的，每处扣3分；漏电动作电流大于30mA，动作时间大于0.1s的，每处扣2分	
			用电设备的电源引线长度不符合规程的，每处扣2分	
			电气设备附近未配备消防器材的，扣1分	
3	施工用电及照明	25分	开关与熔断器电源侧与负荷侧倒接的，扣2分	
			未标明负荷名称，未标明电压等级的，扣2分	
			用单相三孔插座代替三相插座的，扣2分	
			将电线直接勾挂在闸刀上或直接插入插座内使用的，每处扣2分	
			闸刀开关熔丝缺保护罩，每处扣1分	
			用其他金属丝代替熔丝的，每处扣2分	
			连接电动机械或电动工具的开关箱内，未设开关或插座，未设保护装置的，每处扣2分	
			一个开关接两台及以上电动设备的，每处扣2分	
			现场110V以上照明灯具的悬挂高度不符合规程的，每处扣2分	
			照明灯采用金属支架时，支架未采取接零保护的，每处扣2分	
			电源线路敷设时，绝缘不符合规程的，每处扣2分	
			金属容器内、潮湿作业区内行灯未使用安全电压的，扣2分	
			工作场所、主要通道上照明不能满足工作要求的，每处扣2分	
4	接零保护	25分	对地电压在127V及以上的电气设备及设施，未装设接零保护的，每处扣1分	
			零线连接不可靠的，扣2分	
			同一系统中的电气设备接地、接零保护同时使用的，扣2分	
			防雷接地装置设置不符合规程要求的，每项扣2分	
			在有爆炸危险场所的电气设备，金属部分未可靠接地或接零的，扣2分	
			在有爆炸危险的场所，利用金属管道、构筑物的金属构架及电气线路的工作零线作为接地线或接零线用的，扣2分	
标准分		100分		

表 A.4-3　　　　脚手架安全文明施工标准化评价表

序号	评价项目	标准分	评 分 标 准	扣分原因及扣分分值
1	管理与使用	20分	搭拆前未组织搭拆人员进行安全技术措施交底，未进行全员签字的，扣2分	
			搭拆人员未持证上岗的，每人扣1分	
			架体上未安全警示标牌的，扣2分	
			未按规定搭设安全通道的，扣2分	
			临边防护设置不规范的，每处脚扣2分	
			脚手架未设置两点以上接地的，扣2分	
			脚手架搭设完毕，未验收挂牌就使用的，扣2分	
			脚手架未配备灭火器材，每处扣2分	
			无检查维护记录，日常维修加固不到位的，扣2分	
			架体没有供人员上下的垂直爬梯、阶梯或斜道，扣2分	
			脚手架、跳板和走道等，未及时清除积水、积霜、积雪、未采取防滑措施的，扣2分	
2	构配件及脚手板	25分	钢管规格不符合规程的，扣5分	
			钢管弯曲、有裂纹或严重锈蚀的，每处扣2分	
			扣件变形或有裂纹，每处扣2分	
			钢管搭接长度不符合规程的，每处扣2分（加依据）	
			脚手板规格、质量不符合规程的，扣2分	
3	脚手架搭设及拆除	40分	脚手架基础不符合要求、排水不畅，扣4分	
			脚手架垫板不符合要求，每处扣2分	
			立杆搭设不符合规程的，每处扣2分	
			剪刀撑搭设不符合规程的，每处扣2分	
			脚手架、斜道、平台的水平防护栏杆和挡脚板、安全立网设置不符合规程的，每处扣2分	
			脚手板的铺设不符合规程的，每处扣2分	
			斜道铺设不符合规程的，每处扣2分	
			门式脚手架搭设不符合规程的，每处扣2分	
			搭、拆脚手架无专人监护，扣4分	
			拆除脚手架不符合规程，上下同时作业或将脚手架整体推倒的，扣5分	
4	特殊型式的脚手架	15分	挑式脚手架的搭设不符合规程要求的，每项扣2分	
			移动式脚手架的使用不符合规程要求的，扣2分	
			悬吊式脚手架的搭设不符合规程要求的，每项扣2分	
标准分		100分		

表 A.4-4 高处及起重作业安全文明施工标准化评价表

序号	评价项目	标准分	评分标准	扣分原因及扣分分值
1	高处作业	50分	高处作业的平台、临边、走道、斜道等安全防护不到位的，每处扣5分	
			高处作业区周围的孔洞、沟道等安全防护不到位的，每处扣5分	
			高处作业施工光线不充足的，扣3分	
			高处作业人员个人防护用品不规范的，每人扣3分	
			高处作业人员作业行为不规范的，每人扣3分	
			在构架及电杆上作业时，地面无专人监护、联络的，扣5分	
			高处作业地点、各层平台、通道及脚手架上物品堆放超标的，每处扣5分	
			作业人员上下脚手架不走通道的，扣5分	
2	施工机具、起重机械及使用要求	50分	起重机操作人员安全防护不到位的，操作行为不规范的，每人次扣5分	
			钢丝绳使用中与带电体的安全距离不符合要求的，扣5分	
			钢丝绳存在断丝、磨损、锈蚀超标，存在断股、绳芯损坏或绳股挤出、笼状畸形、严重扭结或弯折，达到报废标准的，每处扣3分	
			钢丝绳绳卡的使用不符合规程的，每处扣3分	
			编结钢丝绳编结长度不符合规程的，每处扣3分	
			卷扬机卷筒上钢丝绳不符合规程的，每项扣3分	
			卷扬机防护设施、电气绝缘、离合器、制动装置、保险棘轮、导向滑轮、索具等不合格，每项扣3分	
			起重机械制动、限位、连锁以及保护等安全装置，有失灵情况的，每项扣2分	
			高架起重机无可靠避雷装置的，扣5分	
			起重机上未配备灭火装置的，扣3分	
			起重工作时，起吊物绑扎不牢、吊点选择不当、偏拉斜吊的，每项扣5分	
			起重臂及吊物下方有人通过或逗留的，或起重吊物从有人停留场所上空越过的，每项扣3分	
			吊物吊离地面10cm，未进行悬停检查的，扣5分	
			吊物在空中长时间停留的，或在空中短时间停留，操作人员和指挥人员离开工作岗位的，每项扣5分	
			遇有恶劣气候，或夜间照明不足时，仍在进行起重作业的，扣5分	
			运料井架、门架未验收合格，井架、门架缆风绳设置不符合规程的，地锚设置不符合规程的，无安全保险装置和过卷扬限制器的，运料井架、门架乘人的，每项扣5分	
			起重机工作时，臂架、吊具、辅具、钢丝绳及重物等与带电体的最小安全距离不符合规程的，扣5分	
标准分		100分		

表 A.4-5　　建筑工程安全文明施工标准化评价表

序号	评价项目	标准分	评分标准	扣分原因及扣分分值
1	土石方工程	20分	在有电缆、管道等地下设施的地方进行土石方开挖时，用冲击工具或机械挖掘的，扣2分	
			在施工区域内挖掘沟道或坑井时，未设置安全围栏及警告标志的，每处扣2分	
			上下基坑未设置跳板或靠梯的，每处扣2分	
			坑槽开挖未按施工技术措施的规定进行的，未采取环保水保措施的，每处扣3分	
			发现基坑有流砂时，或基坑地槽遇水、降雪浸湿时未采取防坍塌措施的，扣5分	
			堆土位置和高度不符合规程的，生熟土未分开或未剥离表土层的，每处扣3分	
			机械开挖时，存在不符合规程要求的，每项扣2分	
			打桩工作区域无隔离围栏和警示标志的，扣2分	
			爆破施工不符合规程要求的，扣5分	
2	模板工程	20分	工作人员行走，不遵守规程的，每人次扣2分	
			支撑未用横杆和剪刀撑固定，支撑处地基不坚实，无防支撑下沉、倾倒措施，每处扣2分	
			采用钢管脚手架兼作模板支撑时，立柱未设水平拉杆及剪刀撑，每处扣2分	
			拆除模板未按顺序分段进行，猛撬、硬砸及大面积撬落或拉倒的，每处扣3分	
			拆下的模板未及时清运，随意堆放在脚手架或临时搭设的工作台上的，每处扣2分	
			在木模板加工场地，未设置相应的灭火器材的，每处扣2分	
3	钢筋工程	15分	短钢筋切割直接用手把持的，扣2分	
			冷拉钢筋的夹钳无防滑脱装置，操作人员在正面工作。冷拉钢筋周围未设置防止钢筋断裂飞出的安全装置的，扣2分	
			绑扎4m以上独立柱的钢筋时，未搭设临时脚手架的，扣2分	
			施工人员依附立筋绑扎或攀登上下的，扣2分	
			柱筋未用临时支撑或缆风绳固定的，扣2分	
4	混凝土工程	15分	搅拌机运行中用铁铲伸入滚筒内扒料，或将异物伸入传动部分的，扣3分	
			在送料斗提升过程中，在斗下敲击斗身或从斗下通过，扣3分	
			从运行中的皮带上跨越或从其下方通过，扣3分	
			卸料时罐底离浇制面高度超过1.2m，扣2分	
			浇灌框架、梁、柱混凝土，未设操作台，直接站在模板或支撑上操作的，扣3分	
			将震动着的震动器放在模板、脚手架或已捣固但尚未凝固混凝土上的，扣2分	

续表

序号	评价项目	标准分	评 分 标 准	扣分原因及扣分分值
5	砖石砌体及粉刷工程	20分	进行砌墙、勾缝、检查大角垂直度及清扫墙面等工作未搭设临时脚手架的，扣2分	
			采用里脚手架砌砖时，未安设外侧防护墙板或安全网的，扣2分	
			脚手板上堆放的砖、石材料离墙身距离及重量不符合规程的，扣2分	
			站在窗台上粉刷窗口四周线脚的，扣2分	
			粉刷时，脚手板跨度大于2m，架上堆放材料过于集中，在同一跨度内超过两人，扣2分	
6	其他	10分	沥青、油漆施工作业时，施工场所通风不好，未做到禁止烟火，未佩戴个人防护用品的，每项扣2分	
			消防设施无防雨、防冻措施的，扣1分；消防器材未定期检验确保有效的，扣2分；消防器材未放置在明显、易取位置的，扣1分；消防设施挪作他用的，扣2分	
			玻璃施工时，存在不符合规程的，每项扣1分	
标准分		100分		

表A.4-6　　构架或钢结构安装工程安全文明施工标准化评价表

序号	评价项目	标准分	评 分 标 准	扣分原因及扣分分值
1	排焊杆及喷涂作业	40分	混凝土电杆在现场堆放时，超过三层，杆段下面无支垫，两侧未掩牢的，各扣4分	
			利用铁撬棍插入预留孔转动杆身的，扣4分	
			组焊平台钢板、工字钢等未可靠接地，组焊所用的电气设备未采用接零保护并作重复接地的，扣5分	
			露天装设的电焊机无防雨措施的，每处扣2分	
			电焊机的外壳未可靠接零的，每处扣5分	
			喷涂作业操作前未将防护用品配戴齐全。袖口没绑扎，未戴防护面罩的，每人次扣4分	
			喷涂时，站在砂枪、喷枪前方的，扣10分	
2	构架或钢结构吊装	60分	用白棕绳作为临时拉线的，扣5分	
			500kV单A型构架拉线少于四根的，钢构架高空作业未采用防坠落装置和水平保险绳的，扣5分	
			固定在同一个临时地锚上的拉线超过两根的扣10分	
			起吊过程中，各个临时拉线无专人松紧的，扣5分	
			起吊过程中，各个受力地锚无专人看护的，扣5分	
			地锚的埋设不符合规程的，每处扣5分	
			吊物吊离地面未悬停检查就直接起吊的，扣5分	
			杆根部及临时拉线未固定好，就登杆作业的，扣10分	
			横梁就位时，构架上的施工人员站在节点顶上的，扣10分	
			横梁就位后，不及时固定的，扣5分	

续表

序号	评价项目	标准分	评分标准	扣分原因及扣分分值
2	构架或钢结构吊装	60分	在杆根没有固定好之前及二次浇灌混凝土未达到规定的强度时，就拆除临时拉线的，扣10分	
			高处作业人员个人防护用品不规范的，每人扣5分	
			组立起的构架或钢构架未及时接地的，扣5分	
标准分		100分		

表 A.4-7　　电气安装工程安全文明施工标准化评价表

序号	评价项目	标准分	评分标准	扣分原因及扣分分值
1	变压器安装	20分	充氮变压器注油时，有人在排气孔处停留，扣5分	
			大型油浸变压器、电抗器在放油及滤油过程中，外壳及各侧绕组未可靠接地的，扣2分	
			吊罩时四周无专人监护的，扣2分	
			进入变压器、电抗器内部检查时工作人员穿着有钮扣、有口袋的工作服的，扣5分	
			进入变压器、电抗器内部检查时带入的工具未登记、清点的，扣2分	
			储油和油处理现场未配备足够可靠的消防器材的，扣2分	
			干燥变压器现场未配备足够有效的消防器材的，扣2分	
2	断路器隔离开关及组合电器安装	20分	在调整、检修开关设备及传动装置时，无防止开关意外脱扣伤人的可靠措施的，扣2分	
			有压力或弹簧储能的状态下进行拆装或检修工作的，扣5分	
			就地操作分合空气断路器时，工作人员未戴耳塞，未事先通知附近工作人员的，扣2分	
			在调整断路器、隔离开关及安装引线时，攀登套管绝缘子的，扣5分	
			断路器、隔离开关安装时，在隔离刀刃及动触头横梁范围内有人工作，扣2分	
			对六氟化硫断路器、组合电器进行充气时，工作人员不戴手套和口罩的，扣2分	
			六氟化硫气瓶与其他气瓶混放，扣2分	
3	盘柜安装	10分	在盘、柜安装地点拆箱后，未将箱板等杂物清理干净的，扣1分	
			在带电盘柜上无明显隔断措施、带电标志和警告标识的，屏柜周围环境温度不满足要求的，扣3分	
			在部分带电的盘上工作时，个人防护用品穿戴不规范的，每人次扣1分；工具手柄不绝缘的，每件扣2分；未设监护人的，扣2分	
4	其他电气设备及母线电缆安装	25分	电力电容器试验完毕未经过放电就安装的，扣3分	
			在带电设备周围使用钢卷尺或皮卷尺进行测量，扣3分	
			母线挂线时导线下方有人站立或行走，扣3分	
			软母线引下线与设备连接前未临时固定，扣2分	
			压接用的钢模发现有裂纹，仍继续使用的，扣2分	

续表

序号	评价项目	标准分	评分标准	扣分原因及扣分分值
4	其他电气设备及母线电缆安装	25分	施工时将绝缘子或母线作为吊装承重的支持点，扣2分	
			进行爆炸压接作业时，作业人员吸烟，扣5分	
			爆破作业不符合规范要求，扣5分	
			电缆通过孔洞、管子或楼板时，未在两侧同时设监护人，扣3分	
			在电缆上攀吊或行走，扣3分	
			露天装设的电焊机无防雨措施的，扣2分	
			电焊机的外壳未可靠接零的，扣2分	
5	电气调试	25分	通电试验过程中，试验人员中途离开的，扣3分	
			高压试验设备的外壳接地不符合规范，扣5分	
			被试设备的金属外壳未可靠接地的，每处扣1分	
			现场高压试验区域、被试系统的危险部位或端头安全围栏、警示标示不齐全的，每处扣2分	
			高压试验无监护人监视操作的，扣1分	
			高压试验操作人员未穿绝缘靴或站在绝缘台上，未戴绝缘手套的，每人次扣1分	
			试验后被试设备未放电的，每台扣2分	
			遇有雷雨和六级以上大风时仍进行高压试验扣2分	
			对电压互感器二次回路作通电试验时，高压侧隔离开关未断开，二次回路未与电压互感器断开，电压互感器二次侧短路的，扣5分	
			电流互感器一次侧进行通电试验时，电流互感器二次回路开路的，扣5分	
标准分		100分		

表A.5　　质量检查表

序号	检查项目	分值	评分标准	检查要求
1	施工过程质量控制与检测资料—土建部分			
1.0	主要材料出厂资料及试验资料			
1.0.1	主要原材料合格证明及检测报告	4分	钢筋、预拌（商品）混凝土、水泥、砂、石、砖、混凝土外加剂、防水、保温隔热材料等合格证明及检测报告齐全、规范。缺少1份扣1分；不完整或不规范1份扣0.5分	检查钢筋、水泥等材料跟踪管理记录台账，通过台账核对材料合格证、检测报告是否齐全完整、准确、有效
1.0.2	相关建筑装饰产品合格证	4分	灯具、防火门、防爆设备、饰面板（砖）、吊顶、隔墙龙骨、玻璃、涂料、地面材料合格证齐全。缺1项扣1分；不完整扣0.5分	检查材料合格证是否齐全完整、准确、有效
1.0.3	试件（块）相关试验报告	6分	混凝土、砂浆配合比、试件（块）抗压、抗渗、抗冻试验报告齐全、规范。钢筋连接（焊接、机械连接）试验报告（含试焊）齐全。缺少1份扣2分；不完整或不规范1份扣0.5分；试块抗压强度无汇总表扣0.5分，强度未进行评定每项扣1分	检查相关试验报告

续表

序号	检查项目	分值	评　分　标　准	检查要求
1.0.4	土方回填试验报告	6分	土方回填土击实试验报告齐全，土方回填基底处理、分层回填厚度、压实系数符合验收规范、设计要求，分层试验报告齐全。缺少1项扣1分；记录不完整1处扣0.5分	通过设计图纸和会检纪要以及施工方案，检查旁站记录和试验报告等相关资料
1.0.5	地基处理、基桩检测报告	4分	地基处理符合设计要求，桩基无Ⅲ、Ⅳ类桩，Ⅱ类桩不得超过20%，试验报告齐全。存在Ⅲ、Ⅳ类桩，Ⅱ类桩超过20%，全扣；缺少1项扣1分；记录不完整1处扣0.5分	检查地基处理施工方案、施工记录、验收记录以及按规范和设计要求做的检测的报告；检查基桩检测报告和检测所抽的比例
1.0.6	结构实体检验用同条件养护试件强度检验	5分	重要结构混凝土同条件养护试块留置应有方案，温度记录规范齐全，强度代表值应符合规范的规定。混凝土强度检验用同条件养护试件的留置方式和数量不符规范，缺1项扣2分；养护无温度记录或不符规范规定，缺1项扣1分	检查试块留置方案、养护期间温度记录、同条件养护试块试验报告
1.0.7	结构实体钢筋保护层厚度检验	3分	结构实体钢筋保护层厚度检验应有方案，检验合格点率在90%以上，检验记录齐全。缺少1部位扣0.5分；抽取构件数量不满足规范要求1处扣0.5分	检查检验方案及钢筋保护层厚度检验报告
1.1	隐蔽工程验收记录　25分			
1.1.1	地基验槽	5分	勘察设计单位必须参加地基验槽隐蔽验收，隐蔽验收记录齐全、规范。缺少1份扣1分；记录不完整、签证不规范1份扣0.5分	核对验槽记录中基坑的位置、平面尺寸、坑底标高、基坑土质和地下水情况以及地下埋设物等情况
1.1.2	钢筋工程	5分	钢筋工程隐蔽验收记录齐全、规范。缺少1份扣1分；记录不完整、签证不规范1份扣0.5分	检查相关资料，核查记录份数与钢筋施工质量检验批记录是否对应
1.1.3	地下混凝土工程	5分	地下混凝土工程隐蔽验收记录齐全、规范。缺少1份扣1分；记录不完整、签证不规范1份扣0.5分	检查地下混凝土工程隐蔽验收记录
1.1.4	防水、防腐	5分	防水、防腐隐蔽验收记录齐全、规范。缺少1份扣1分；记录不完整、签证不规范1份扣0.5分	检查基层处理、卷材搭接、变形缝细部处理等记录
1.1.5	门窗、粉刷、吊顶、饰面砖、轻质隔墙	5分	门窗、粉刷、吊顶、饰面砖、轻质隔墙隐蔽验收记录齐全、规范。缺少1份扣2分；记录不完整、签证不规范1份扣0.5分	检查相关隐蔽工程验收记录
1.2	工程质量验评记录　10分			
1.2.1	单位（子单位）工程质量验收记录及评定表	5分	对照项目验收及评定范围划分表，单位（子单位）工程质量验收记录及评定表齐全、规范。缺少1份扣1分；填写不规范1份扣0.5分	检查相关资料
1.2.2	分部、分项、检验批工程质量验收记录	5分	分部、分项、检验批工程质量验收记录齐全、规范。缺少1份扣1分；填写不规范1份扣0.5分	检查相关资料
1.3	安全和功能检验资料及主要功能检查记录　48分			

续表

序号	检查项目	分值	评分标准	检查要求
1.3.1	屋面淋水或蓄水以及有防水要求的地面蓄水检验记录	3分	屋面淋水或蓄水以及有防水要求的地面蓄水检验记录齐全、规范。缺少1份扣1分；记录填写不规范1份扣0.5分	检查相关资料
1.3.2	地下室防水效果检查记录	3分	地下室防水效果检查记录齐全、规范。缺少1份扣1分；记录填写不规范1份扣0.5分	检查地下室防水效果检查记录
1.3.3	水池满水试验记录	3分	消防水池、事故油池等池体满水试验记录齐全、规范。缺少1份扣1分；记录填写不规范1份扣0.5分	检查水池满水试验记录
1.3.4	建（构）筑物垂直度、标高、全高测量记录	3分	建（构）筑物垂直度、标高、全高测量记录齐全、规范。缺少1份扣1分；记录填写不规范1份扣0.5分	检查相关资料
1.3.5	外窗气密性、水密性、耐风压检测报告	3分	外窗气密性、水密性、耐风压检测报告齐全、规范。缺少1份扣1分；报告不规范1份扣0.5分	检查相关检测报告
1.3.6	建（构）筑物沉降观测记录	3分	设计或规范要求进行沉降观测的建（构）筑物沉降点设置符合设计和规范要求，观测记录齐全、规范，观测报告结论明确。缺少1份扣1分；记录填写不规范1份扣0.5分	检查主控楼、封闭式组合电器基础、主变基础等沉降观测记录
1.3.7	室内环境检测报告	3分	室内（办公、生活场所）环境检测报告齐全、规范。缺少1份扣1分；记录填写不规范1份扣0.5分	检查办公、生活场所等室内环境检测报告
1.3.8	给水、采暖系统水压试验记录	3分	给水、采暖系统水压试验记录齐全、规范。缺少1份扣1分；记录填写不规范1份扣0.5分	检查相关资料
1.3.9	卫生器具满水试验记录	3分	卫生器具满水试验记录齐全、规范。缺少1份扣1分；记录填写不规范1份扣0.5分	检查卫生器具满水试验记录
1.3.10	消防管道压力试验记录	3分	消防管道压力试验记录齐全、规范。缺少1份扣1分；记录填写不规范1份扣0.5分	检查消防管道压力试验记录
1.3.11	排水干管通球试验记录	3分	排水干管通球试验记录齐全、规范。缺少1份扣1分；记录填写不规范1份扣0.5分	检查排水干管通球试验记录
1.3.12	照明全负荷试验记录	3分	照明全负荷试验记录齐全、规范。缺少1份扣1分；记录填写不规范1份扣0.5分	检查照明全负荷试验记录
1.3.13	建筑防雷接地装置检测记录	3分	建筑防雷接地装置检测记录齐全、规范。缺少1份扣1分；记录填写不规范1份扣0.5分	检查建筑防雷接地装置检测记录
1.3.14	线路、插座、开关检验记录	3分	线路、插座、开关接地检验记录齐全。缺少1份扣1分，记录填写不规范1份扣0.5分	检查相关资料
1.3.15	通风与空调系统试运行记录	3分	通风与空调系统试运行记录齐全、规范。缺少或记录填写不规范1份扣0.5分	检查通风与空调系统试运行记录
1.3.16	给水管道通水试验及冲洗消毒记录	3分	给水管道通水试验及冲洗消毒记录齐全、规范。缺少或记录填写不规范1份扣0.5分	检查生活管道冲洗记录

续表

序号	检查项目	分值	评 分 标 准	检查要求
2	施工过程质量控制与检测资料（主设备出厂资料及试验资料 100分）			
2.0	主要原材料合格证明文件 12分			
2.0.1	硬母线、软导线、金具产品合格证	3分	硬母线、软导线、金具产品合格证齐全。缺1份扣1分	检查合格证
2.0.2	支柱绝缘子、悬式绝缘子产品合格证	3分	支柱绝缘子、悬式绝缘子产品合格证齐全。缺1份扣1分	检查合格证
2.0.3	电缆（含附件）以及防火阻燃材料产品合格证明文件	3分	电力电缆（含附件）、控制电缆以及防火阻燃材料产品合格证明文件齐全。缺1份扣0.5分	检查合格证
2.0.4	构支架产品合格证明文件	3分	构支架产品合格证明文件齐全。缺1份扣1分	检查合格证
2.1	出厂试验报告 18分			
2.1.1	主变压器出厂试验报告	3分	主变压器出厂试验报告齐全。缺试验报告全扣，技术参数不满足技术合同要求1处扣0.5分	检查变压器、油浸高抗出厂报告；换流站增加检查换流变压器、油浸平波电抗器出厂报告
2.1.2	大型设备运输冲撞记录报告及签证	4分	大型设备运输冲撞记录报告及签证齐全。无签证记录全扣，签证记录不完整扣1分	检查签证记录
2.1.3	主要电气设备出厂试验报告	8分	主要电气设备出厂试验报告齐全。缺1份扣2分；技术参数不满足技术合同要求1处扣1分	检查断路器、互感器、电抗器、避雷器、隔离开关、组合电器等设备出厂报告；换流站增加检查换流阀及相应直流电气设备出厂报告
2.1.4	SF_6气体出厂试验报告	3分	SF_6气体出厂试验报告齐全。缺1份扣1分；技术参数不满足技术合同要求1处扣0.5分	检查 SF_6 气体出厂试验报告
2.2	施工试验报告或检测报告 48分			
2.2.1	管形母线氩弧焊接试验报告	4分	管形母线氩弧焊接试验报告齐全、规范。缺1份扣1分； 报告不规范1份扣0.5分	检查管形母线氩弧焊接试验报告
2.2.2	耐张线夹液压试验报告	4分	耐张线夹液压试验报告齐全、规范。缺1份扣1分；报告不规范1份扣0.5分	检查耐张线夹液压试验报告
2.2.3	变压器（高抗）油取样试验报告	4分	变压器（高抗）油注入前油取样、注油静置后油取样、局放试验后油取样试验报告齐全、规范。缺少1份扣1分；报告不规范1份扣0.5分	检查相关油试验报告
2.2.4	变压器局放试验报告和绕组变形试验报告	4分	变压器局放试验报告和绕组变形试验报告齐全、规范。缺少1份扣2分；报告不规范1份扣0.5分	检查相关试验报告(换流变若技术合同无局放试验要求则不检查)
2.2.5	电气一次设备交接试验报告	4分	电气一次设备交接试验报告齐全、规范。缺1份扣2分；报告不规范1份扣0.5分	检查试验报告
2.2.6	保护调试报告	4分	保护调试报告齐全、规范。缺1份扣2分；报告不规范1份扣0.5分	检查调试报告
2.2.7	通信、自动化调试报告	4分	通信、自动化调试报告齐全、规范。缺1份扣2分；报告不规范1份扣0.5分	检查通信、自动化调试报告

续表

序号	检查项目	分值	评分标准	检查要求
2.2.8	测量盘表校验报告	4分	测量盘表校验报告齐全、规范。缺1份扣2分；报告不规范1份扣0.5分	检查盘表校验报告
2.2.9	变压器、电抗器相关签证	4分	变压器（电抗器）器身检查隐蔽前签证、冷却器密封试验签证、真空注油及密封试验签证齐全、规范。每缺少1份扣1分；签证不完整1处扣0.5分	检查变压器、电抗器相关签证
2.2.10	充油设备瓦斯继电器校验报告	4分	充油设备瓦斯继电器校验报告齐全。无报告全扣，缺少1份扣1分	检查瓦斯继电器校验报告
2.2.11	绕组温度计、油温度计校验报告	4分	绕组温度计、油温度计校验报告齐全。无报告全扣，缺少1份扣1分	检查绕组温度计、油温度计校验报告
2.2.12	SF_6气体注入封闭式组合电器前的复检报告	4分	SF_6气体应在充入封闭式组合电器前按规范要求送检且报告齐全。无报告全扣，取样数量不符合要求扣1分	检查SF_6气体复检报告
2.3	隐蔽工程验收记录　12分			
2.3.1	主接地网工程	3分	主接地网工程隐蔽验收应按照区域和施工时间进行验收，记录齐全、规范。缺少1份扣1分；记录不完整、签证不规范1份扣0.5分	检查主接地网工程隐蔽验收记录
2.3.2	专用接地装置	3分	独立避雷针等专用接地装置应进行隐蔽验收，记录齐全、规范。缺少1处隐蔽验收记录扣1分；记录不完整、签证不规范1份扣0.5分	检查施工图纸设计相关接地要求及隐蔽验收记录
2.3.3	直埋电缆	3分	直埋电缆隐蔽验收记录齐全、规范。缺少1处扣1分；记录不完整、签证不规范1份扣0.5分	检查相关资料
2.3.4	封闭母线	3分	封闭母线隐蔽前检查（签证）记录齐全、规范。缺少1处扣1分；记录不完整、签证不规范1份扣0.5分	检查相关资料
2.4	工程质量验评记录　10分			
2.4.1	单位工程质量验收记录及评定表	5分	单位工程质量验收记录及评定表齐全。缺少1份扣1分；填写不规范1份扣0.5分	检查相关资料
2.4.2	分部、分项工程质量验评记录	5分	分部、分项工程质量验评记录齐全。缺少1份扣1分；填写不规范1份扣0.5分	检查相关资料
3	现场实物质量（土建部分　195分）			
3.0	土建部分通用条款　40分			
3.0.1	主要建筑墙体裂缝	12分	裂缝1处扣6分	现场实物检查
3.0.2	屋面渗（积）水、墙面渗水	6分	有渗水痕迹全扣，屋面积水扣2分	现场实物检查
3.0.3	场地	2分	标高满足要求，无明显沉陷现象，场地巡视及防尘措施应符合设计要求。1处不符合扣1分	检查配电装置场地等
3.0.4	站区场地排水	3分	场地排水畅通，无积水；场地雨水井设置符合设计图纸，井壁表面平整，砌筑砂浆饱满，勾缝平顺。场地积水1处扣1分；其他1处不符合扣0.5分	现场实物检查

续表

序号	检查项目	分值	评 分 标 准	检查要求
3.0.5	建（构）筑物之间变形缝设置	3分	设备基础与地坪之间变形缝设置合理、嵌缝规范；坡道、踏步、散水、电缆沟与建（构）筑物之间变形缝设置合理、嵌缝规范。1处不符合扣1分	现场实物检查
3.0.6	成品修饰	6分	建（构）筑物、基础、道路、电缆沟及盖板、墙面等系统性二次修饰或返工全扣；局部修饰或返工1处扣1分	现场实物检查
3.0.7	主变、高抗事故油池	4分	油池边缘无裂缝，鹅卵石铺设满足厚度不小于250mm，粒径为50～80mm。1项不符合扣2分	现场实物检查
3.0.8	沉降观测	4分	按照设计要求设置测量控制点和沉降观测点，保护完好，标识规范。1处不符合扣1分	现场实物检查
3.1	混凝土工程 14分			
3.1.1	混凝土面层	4分	混凝土表面平整密实、色泽均匀，表面无露筋、无裂纹等缺陷，清水混凝土表面平整无粉刷。1项不符合扣0.5分	现场实物检查
3.1.2	混凝土基础	3分	混凝土基础符合设计要求，外形美观，尺寸统一，表面无裂纹、无积水。1处不符合扣0.5分	现场实物检查
3.1.3	保护帽	3分	保护帽符合设计要求，外形美观，尺寸统一，表面无裂纹、无积水。1处不符合扣0.5分	现场实物检查
3.1.4	大体积基础	4分	主变压器、GIS基础无裂缝，顶面平整无积水，预埋件位置正确，采用热镀锌处理，变形缝符合要求，平整度、标高符合规范要求。1处裂缝扣2分；1处裂纹扣0.5分；其他1处不符合扣0.5分	现场实物检查
3.2	钢结构工程 15分			
3.2.1	钢结构厂房	2分	钢结构法兰接触面结合紧密，螺栓紧固符合设计和规范要求。单层钢结构主体结构的整体垂直度偏差小于H_1/1000mm，且小于15mm；多层钢结构主体结构的整体垂直度偏差小于H_1/2500mm+10.0mm，且小于40mm（H_1为钢结构整体高度），1处不符合扣0.5分	现场实物检查
3.2.2	钢结构焊接	2分	焊缝高度、长度符合规范，焊缝均匀，无咬边、夹渣、气孔等现象。1处不符合扣0.5分	现场实物检查
3.2.3	钢结构横梁或桁架	3分	钢结构横梁或桁架不应下挠，弯曲矢高≤1/1000钢横梁跨度。1处不符合扣1分	现场实物检查
3.2.4	钢构架螺栓	3分	螺栓无漏装，螺栓穿向一致，水平方向由里向外，垂直方向由下向上，螺栓外露长度一致。1处不符合扣0.5分	现场实物检查
3.2.5	构支架	3分	表面干净，无焊疤、污染，镀锌均匀美观、无脱落、起皮。1处不符合扣0.5分	现场实物检查

续表

序号	检查项目	分值	评 分 标 准	检查要求
3.2.6	钢构架柱轴线的垂直度	2分	构架垂直度偏差小于 H_2/1000mm，且不大于25mm；支架垂直度偏差小于 H_2/1000mm，且不大于10mm（H_2 为构支架整体高度），1处不符合扣0.5分	现场实物检查
3.3	砌筑工程　12分			
3.3.1	清水墙体砌筑	5分	清水墙组砌方法正确，墙体无通缝、瞎缝、裂缝、透亮、游丁走缝；清水墙面无污染、泛碱，勾缝均匀、光滑、顺直、深浅一致；清水墙砌体的砌筑灰缝应饱满、横平竖直、厚薄均匀，水平灰缝厚度宜为8～12mm；伸缩缝设置合理，嵌缝满足要求，滴水沿（线）设置满足要求，压顶无裂纹。裂缝1处扣1分；裂纹1处扣0.5分；其他1处不符合扣0.5分	现场实物检查
3.3.2	围墙平整度	1分	围墙表面平整度偏差≤2mm。1处不符合扣0.5分	用2m靠尺和塞尺，现场检查不少于2处
3.3.3	围墙垂直度	1分	围墙垂直度偏差≤3mm。1处不符合扣0.5分	用2m垂直检测尺现场每50米检查1处，查2处
3.3.4	围墙的伸缩缝	2分	围墙的伸缩缝位置、宽度、填料符合要求，美观、牢固，无装饰。1处不符合扣0.5分	现场实物检查
3.3.5	挡土墙	2分	沿挡土墙高度设置的泄水孔符合设计和规范规定；块石挡土墙勾缝美观，伸缩缝与围墙伸缩缝一致。1处不符合扣0.5分	现场实物检查
3.3.6	防洪墙	1分	止水带设置合理，位置与围墙伸缩缝一致。1处不符合扣0.5分	现场实物检查
3.4	电缆沟道、支架、盖板　10分			
3.4.1	电缆沟道截面（沟壁之间）尺寸偏差	2分	电缆沟道截面（沟壁之间）尺寸偏差≤20mm。1处不符合扣0.5分	现场实物检查
3.4.2	电缆沟结构	2分	电缆沟结构平整密实、排水坡度正确，无积水、杂物，变形缝处理符合设计要求，无泥水渗入，电缆沟转弯处满足电缆弯曲半径要求。1处不符合扣0.5分	现场实物检查
3.4.3	电缆沟盖板	2分	电缆沟盖板铺设平整、顺直，无响声，盖板合模无探头板、异形板，盖板表面平整，无损伤、脱皮、露筋、裂缝、起砂等质量缺陷。1处不符合扣0.5分	现场实物检查
3.4.4	电缆沟压顶	2分	电缆沟压顶沟沿（顶）高于地平面，其尺寸符合设计要求，平直无裂缝。1处不符合扣0.5分	现场实物检查
3.4.5	电缆沟支架及接地	2分	支架安装稳固，间隔满足设计要求，接地扁铁焊接和防腐满足规范要求；遇沉降缝处预弯。1处不符合扣0.5分	现场实物检查
3.5	道路　6分			
3.5.1	混凝土路面、沥青混凝土路面和巡视小道	2分	混凝土路面、沥青混凝土路面和巡视小道平整密实，无裂缝、脱皮、起砂、积水、损坏、污染等现象；接缝平直，伸缩缝位置、宽度和填缝符合规定。1处不符合扣0.5分	现场实物检查

续表

序号	检查项目	分值	评 分 标 准	检查要求
3.5.2	道路的道牙石（侧石、缘石）	1分	道路的道牙石（侧石、缘石）完整、无破损，线条顺直、弧度自然，安装稳固、勾缝美观，道牙石与道路面层间应设置变形缝，缝内填料要饱满。1处不符合扣0.5分	现场实物检查
3.5.3	道路表面平整度	1分	道路表面平整度偏差≤5mm。1处不符合扣0.5分	用靠尺、塞尺现场实物检查
3.5.4	道路宽度	1分	道路宽度偏差±20mm。1处不符合扣0.5分	用钢卷尺现场实物检查
3.5.5	混凝土散水	1分	表面平整无裂缝、无沉陷，分隔缝设置合理。1处不符合扣0.5分	现场实物检查
3.6	抹灰工程　10分			
3.6.1	抹灰工程的基层与墙体处理	3分	抹灰工程的基层与墙体粘结牢固，无空鼓、脱层、裂缝。1处不符合扣0.5分	现场实物检查
3.6.2	分格缝（条）	3分	分格缝（条）设置合理，宽、深均匀；表面光滑，棱角整齐，清晰美观。1处不符合扣0.5分	现场实物检查
3.6.3	滴水线（槽）	2分	滴水线（槽）位置符合规定，整齐顺直，滴水线内高外低；滴水槽宽度、深度均不小于10mm。1处不符合扣0.5分	现场实物检查
3.6.4	抹灰工程的立面垂直度、表面平整度	2分	抹灰工程的立面垂直度、表面平整度符合规范，阴阳角方正、符合规范。1处不符合扣1分	用靠尺、塞尺现场实物检查
3.7	门窗工程　18分			
3.7.1	门窗安装	2分	门窗安装牢固，采用外开窗时采取加强牢固窗扇的措施，卫生间门应有通风措施。1处不符合扣0.5分	现场实物检查
3.7.2	框、扇安装	1分	框、扇安装牢固，启闭灵活、严密，无倒翘。1处不符合扣0.5分	现场实物检查
3.7.3	窗框	4分	窗框与墙体间无渗漏，密封胶严密、平直、美观。1处渗漏痕迹扣2分；其他1处不符合扣0.5分	现场实物检查
3.7.4	推拉窗	1分	推拉窗有防跌落措施和限位器。1处不符合扣0.5分	现场实物检查
3.7.5	门窗配件	2分	门窗配件安装牢固、位置正确，功能满足使用要求。1处不符合扣0.5分	现场实物检查
3.7.6	门窗玻璃	2分	门窗玻璃牢固、朝向正确，单块玻璃大于1.5m^{2}使用安全玻璃，符合安全玻璃的使用规定；卫生间门窗设置磨砂玻璃。1处不符合扣0.5分	现场实物检查
3.7.7	临空的窗台	2分	临空的窗台低于800mm时，应采取防护措施，防护高度由楼地面起计算不应低于800mm。1处不符合扣0.5分	现场实物检查
3.7.8	门窗套	4分	门窗套表面应平整、洁净、线条顺直、接缝严密、色泽一致，不得有裂缝、翘曲及损坏，有防水要求的门套底部应采取防水防潮措施。1处不符合扣1分	现场实物检查

续表

序号	检查项目	分值	评 分 标 准	检查要求
3.8	吊顶工程　4分			
3.8.1	饰面、压条安装	4分	饰面表面洁净、色泽一致，平整，无翘曲、裂缝；压条平直、宽窄一致、饰面板安装的表面平整，接缝顺直、饰面板、灯具安装位置协调美观；表面平整度、接缝直线度、接缝高低差、吊顶四周水平偏差在规定允许值以内，非整块饰面板使用应符合规范要求。1处不符合扣0.5分	现场实物检查
3.9	饰面板（砖）工程　3分			
3.9.1	饰面板（砖）	3分	饰面板（砖）表面应平整、色泽一致，无裂痕和缺损，洁净无泛碱；接缝应平直、光滑，填嵌应连续、密实；滴水线（槽）应顺直，坡度应符合设计要求；整砖套割吻合，边缘应整齐；墙裙、贴脸突出墙面的厚度应一致；阴阳角处搭接方式、非整砖使用应符合规范要求。1处不符合扣0.5分	现场实物检查
3.10	涂饰工程　6分			
3.10.1	涂层施工	3分	涂层饱满均匀、色泽一致、粘贴牢固，表面平整，边线顺直，无泛碱、咬色，无砂眼、刷纹。1处不符合扣0.5分	现场实物检查
3.10.2	装饰线、分色线	3分	装饰线、分色线直线度允许偏差≤1mm。1处不符合扣0.5分	重要部位用2m靠尺和塞尺现场检查
3.11	防水工程　8分			
3.11.1	屋面防水工程	4分	排水坡度、泛水高度、刚性防水层伸缩缝设置和防水卷材搭接及收头、排气管道根部、水落管入口细部处理符合规范要求。1处不符合扣0.5分	现场实物检查
3.11.2	有防水要求的建筑地面	4分	有防水要求的建筑地面面层与相连接各类面层的标高差、排水坡度应符合设计要求，对立管、阴阳角部位与卫生洁具根部、套管和地漏与楼板节点之间进行密封处理，不得有渗漏，地漏设置规范。1处渗漏扣2分，1处不符合扣0.5分	现场实物检查
3.12	室内地面、楼面工程　11分			
3.12.1	混凝土面层	2分	混凝土面层原浆收光，面层平整，不得有空鼓、裂缝、脱皮、起砂或二次涂抹；面层允许偏差符合规范要求。1处不符合扣0.5分	重要部位用2m靠尺和塞尺检查，且拉5m线和钢尺检查
3.12.2	水磨石地面面层	2分	水磨石地面分格条牢固、顺直、清晰、无断条，石粒的粒径分布均匀，表面平整光滑、色泽一致，不得有空鼓、裂缝、砂眼、麻纹；面层允许偏差符合规范要求。1处不符合扣0.5分	重要部位用2m靠尺和塞尺检查，且拉5m线和钢尺检查
3.12.3	自流坪面层	2分	自流坪光滑平整，颜色均匀一致，无泛锈、无气泡、流挂及开裂、剥落等缺陷，涂层附着牢靠，无漏涂、误涂，无裂缝现象，接茬顺畅；面层允许偏差符合规范要求。1处不符合扣0.5分	重要部位用2m靠尺和塞尺检查，且拉5m线和钢尺检查

续表

序号	检查项目	分值	评 分 标 准	检查要求
3.12.4	地砖面层	2分	地砖洁净、平整、无磨痕，图案、色泽一致，缝宽合理、均匀、周边顺直、镶嵌正确、板块无裂纹、掉角、缺楞等缺陷；表面平整度、高低差等偏差值符合验收规范的要求。踢脚线粘贴牢固，无空鼓，出墙厚度一致，与地砖对缝；面层允许偏差符合规范要求。1处不符合扣0.5分	重要部位用2m靠尺和塞尺检查，且拉5m线和钢尺检查
3.12.5	活动地板（防静电地板）复合地面	3分	活动地板（防静电地板）复合地面、踢脚线（板）符合设计和规范；表面平整度、接缝高低差、缝格平直度符合要求，支架应齐全牢固，地板下应清洁，无施工遗留物；踢脚线粘贴牢固，无空鼓，出墙厚度一致；面层允许偏差符合规范要求。1处不符合扣0.5分	重要部位用2m靠尺和塞尺检查，且拉5m线和钢尺检查
3.13	楼梯、栏杆、平台工程 10分			
3.13.1	护栏安装	3分	护栏安装牢固，焊缝饱满均匀，严禁点焊，涂层完好；护栏高度、栏杆间距、安装位置必须符合设计要求；临空护栏高度不应小于1.05m，离地面或屋面100mm高度内设置有与平台整体施工的挡板。1处不符合扣1分	用钢尺检查
3.13.2	楼梯栏杆	2分	栏杆高度不应小于1.05m，离地面或屋面100mm高度内设置有与平台整体施工的挡板。楼梯栏杆垂直杆件间净空距符合设计要求，栏杆间距偏差≤3mm。1处不符合扣0.5分	用钢尺检查
3.13.3	楼梯踏步和台阶	3分	楼梯踏步和台阶的宽度和高度符合设计要求。相邻踏步的高度和宽度差不应大于10mm，每踏步两端宽度差不大于10mm，齿角应整齐，防滑条应顺直；梯段数量超过18级应设休息平台，室内台阶踏步数不应少于2级，当高差不足2级时，应按坡道设置。1处不符合扣0.5分	现场实物检查
3.13.4	建筑物垂直爬梯安装	2分	建筑物垂直爬梯及安全护笼安装符合规范，接地可靠、明显。1处不符合扣0.5分	现场实物检查
3.14	给排水、消防及采暖工程 10分			
3.14.1	管道施工	2分	建、构筑物外墙有管道穿过的，应设预埋管套；管道排列合理整齐；管道无锈蚀、无脱漆；支吊架牢固，整齐，端面平整；生活污水管上设置检查口和清扫口；伸缩节设置合理，满足变形要求。1处不符合扣0.5分	现场实物检查
3.14.2	消火栓安装	1分	箱式消火栓安装符合规范要求；消火栓水龙头带绑扎紧密；阀门中心距箱侧面为140mm±5mm，距箱后内表面为100mm±5mm。1处不符合扣0.5分	现场实物检查
3.14.3	消防系统和消防器材配置	2分	消防系统标识正确，介质流向清晰；消防器材配置齐全有效、符合规范要求。1处不符合扣0.5分	现场实物检查
3.14.4	火灾报警系统	2分	火灾报警系统感温、感烟探头布置合理，表面洁净，安装整齐美观，符合规范、设计要求。1处不符合扣0.5分	现场实物检查

续表

序号	检查项目	分值	评 分 标 准	检查要求
3.14.5	雨水泵站	1分	雨水泵站结构牢固，泵站设施齐全，无结露、运行良好。1处不符合扣0.5分	现场实物检查
3.14.6	雨水斗、管	2分	雨水斗、管的连接可靠，固定牢固，连接处严密不漏，雨水管安装顺直、美观；伸缩节和检查口设置合理，雨水管与散水为柔性连接。1处不符合扣0.5分	现场实物检查
3.15	通风与空调工程 8分			
3.15.1	管道、支吊架	2分	管道排列合理整齐，支吊架牢固、整齐，管道和阀门无渗漏。1处不符合扣0.5分	现场实物检查
3.15.2	空调系统	3分	空调系统安装牢固，机身洁净，空调冷凝水有组织排放。1处不符合扣0.5分	现场实物检查
3.15.3	通风装置	3分	GIS室、蓄电池室、厨房、卫生间等存在有害气体的房间应有通风装置，风机传动装置的外露部位以及直通大气的进出口设置合理，装设防护罩（网）或采用其他安全措施，并符合设计和规范要求。1处不符合扣0.5分	现场实物检查
3.16	建筑电气安装工程 10分			
3.16.1	接地或接零	1分	接地或接零支线必须单独与接地或接零干线相连接，不得串联连接；接地和接零不得互联。1处不符合扣0.5分	现场实物检查
3.16.2	设备及支架接地	3分	电动机、电加热器及电动执行机构的可接近裸露导体（外壳）必须接地；配电箱的底座、保护网（罩）及母线支架等可接近裸露导体应接地可靠，不得作为接地的接续导体；金属电缆支架、电缆导管接地可靠；接地线敷设美观，焊接或连接规范，防腐到位。1处不符合扣0.5分	现场实物检查
3.16.3	灯具及附件安装	2分	当灯具距地面高度小于2.4m时，灯具的可接近裸露导体必须采用专用接地螺栓可靠接地并有明显标识；户外金属构架和灯具的可接近裸露导体及金属软管的接地可靠，且有标识；灯具不能安装在屏柜上方；同一场所成排灯具中心线偏差≤5mm；有防爆要求的房间应采用防爆灯具。1处不符合扣0.5分	现场实物检查
3.16.4	开关插座安装	2分	插座满足左零右火，两孔插座下零上火的要求；同一场所的三相插座，接线的相序一致；开关通断方向一致，有防爆要求的控制开关应设置在室外；同一墙面的开关、插座面板的高度一致；建筑外墙开关加设防雨罩。1处不符合扣0.5分	现场实物检查
3.16.5	基础与灯具	2分	灯具基础应高出地面100mm，排列整齐；灯具应固定牢靠；金属外壳有明显接地且标识规范清晰；同列灯具排列整齐划一，高低相同。1处不符合扣0.5分	现场实物检查

续表

序号	检查项目	分值	评 分 标 准	检查要求
4	现场实物质量（电气安装部分 190分）			
4.0	电气部分通用条款 41分			
4.0.1	设备安装	10分	设备安装无缺件，螺栓安装齐全、紧固，螺栓出扣长短一致（2～3扣），销针开口应大于60度，设备安装无垫片（设备自身调整垫片除外），在槽钢及角钢上安装设备应使用与螺栓规格相同的楔形方平垫；设备相色标识正确；设备铭牌齐全、清晰、固定可靠；设备围栏接地可靠、标识清晰。设备安装有垫片1类扣2分；其他1处不符合扣0.5分。1处不符合扣0.5分	现场实物检查
4.0.2	设备本体连接电缆	5分	设备本体连接电缆防护符合规范（户外安装不外露），电缆保护管、桥架、槽盒固定牢固，接地可靠、工艺美观；沿变压器本体敷设的电缆及感温线整齐美观，无压痕及死弯，固定牢固、可靠。1处不符合扣0.5分	现场实物检查
4.0.3	充油（充气）设备油	8分	充油设备无渗漏油，充气设备压力正常。设备漏油全扣；渗油1处扣2分，压力不正常扣1分	现场实物检查
4.0.4	接地装置	6分	接地引线截面符合设计和规范要求、接地体焊接规范，接地标识涂刷规范；户外接地装置使用的紧固件应使用热镀锌制品；严禁在一个接地线中串接几个需要接地的电气装置；接地标识清晰、牢固、符合规范要求，螺栓紧固部位不得刷漆；户内开关室、保护室应合理设置试验接地端子并应有保护措施，接地端子标识清晰、美观。1处不符合扣0.5分，1项不符合可累计扣3分	现场实物检查
4.0.5	设备接地连接	6分	重要设备及其构支架宜有两根与主地网不同地点连接的接地引下线；接地体螺栓连接规范、可靠（户外采用热镀锌螺栓或铜质螺栓，防松措施可靠，接地排连接螺栓规格：宽度25～40mm接地排不应小于M12或2×M10，宽度50～60mm不应小于2×M12，宽度60mm以上不应小于2×M16或4×M10）。1项不符合扣2分	现场实物检查断路器、互感器、避雷器等设备及其构支架
4.0.6	特定接地连接	6分	构支架及爬梯接地可靠，对于插入式爬梯应采用焊接或跨接方式保证其可靠接地，接地标识明显、正确；避雷针的金属筒体底部至少有2处与接地体对称螺栓连接；插接式避雷针应采用焊接或跨接方式保证其有效雷电流通道；变电站的接地装置应与线路的避雷线相连，且有便于分开的连接点；建筑物避雷带引下线设置断线卡，断线卡应加保护措施。1项不符合扣1分	现场实物检查
4.1	主变压器、油浸电抗器系统设备安装 14分			
4.1.1	本体及中性点系统	6分	接地位置符合规范和产品要求；本体、中性点系统（包括接地开关、电抗器、避雷器等设备与接地网的连接）接地应采用两根符合规格要求的接地体连接到接地网不同网格；铁芯、夹件接地连接可靠，工艺美观。本体、中性点系统未接地全扣，未做两点接地扣3分，其他1处不符合扣1分	现场实物检查 变压器、电抗器本体（中性点）

续表

序号	检查项目	分值	评分标准	检查要求
4.1.2	附件安装	4分	附件固定牢固、工艺美观，安装螺栓露扣一致；冷却器运行编号齐全，性能良好，运行正常；呼吸器油封油位正常、吸湿剂颜色正常；储油柜油位在标准曲线范围；变压器消防灭火装置工作正常、各部件无脱漆锈蚀现象。1处不符合扣1分	现场实物检查
4.1.3	调压装置、绕组温度计和油温温度计	4分	调压装置挡位远方就地显示一致；温度计显示正确，就地和远方指示值误差在范围内。调压装置挡位指示就地和远方不一致扣2分；温度计指示超出误差范围（超过3℃）1处扣1分	现场实物检查
4.2	断路器安装　4分			
4.2.1	支架与本体安装	2分	支架安装牢固、满足产品技术要求，地脚螺栓高度一致、露扣长度一致、有防松措施，本体及操作机构固定牢固、工艺美观、螺栓紧固无锈蚀；操作机构液压系统操作压力正常或弹簧操作储能系统正常，分合闸指示正确，SF_6（绝缘气体）压力正常。1处不符合扣0.5分	现场实物检查
4.2.2	接地	2分	支架接地、机构箱与支架辅助接地可靠、美观。1处不符合扣1分	现场实物检查
4.3	隔离开关安装　4分			
4.3.1	支架、本体、地刀及机构安装	2分	支架安装牢固、满足产品技术要求；本体、地刀及机构安装符合设计和产品技术要求、工艺美观、螺栓紧固、无锈蚀；分、合闸位置正确、接触可靠。1处不符合扣0.5分	现场实物检查
4.3.2	接地	2分	支架接地、地刀与支架、机构箱与支架辅助接地可靠、美观。地刀与支架无辅助接地1处扣1分；其他1处不符合扣0.5分	现场实物检查
4.4	互感器安装（含电容式电压互感器和耦合电容器）　4分			
4.4.1	本体安装及接地	4分	支架安装牢固、满足产品技术要求；本体安装螺栓紧固无锈蚀；本体接地和辅助接地可靠、工艺美观。无辅助接地扣1分；其他1处不符合扣0.5分	现场实物检查
4.5	避雷器安装　6分			
4.5.1	本体安装	3分	支架安装牢固、满足产品技术要求；避雷器螺栓紧固、螺栓露扣长度一致，无锈蚀；避雷器应安装垂直、避雷器压力释放口安装方向合理；在线监测装置与避雷器连接导体规格符合要求，连接、固定可靠；均压环应安装牢固、平整，均压环无划痕、毛刺。1处不符合扣0.5分	现场实物检查
4.5.2	接地	3分	避雷器支架接地可靠、美观。1处不符合扣1分	现场实物检查
4.6	支柱绝缘子安装　2分			
4.6.1	安装	2分	支架安装牢固、接地可靠；支柱绝缘子的轴线、垂直度和标高符合要求；屏蔽罩及均压环应安装牢固，均压环无划痕、毛刺损伤。1处不符合扣0.5分	现场实物检查

续表

序号	检查项目	分值	评 分 标 准	检查要求
4.7	软母线、引下线及跳线安装 12分			
4.7.1	导线外观及压接	3分	导线无松散、断股及损伤；扩径导线无凹陷、变形，压接后线夹外观光滑、无裂纹、无扭曲变形。1处不符合扣1分	现场实物检查
4.7.2	绝缘子串及金具	3分	绝缘子瓷质完好无损、清洁，铸钢件完好无锈蚀；连接金具的螺栓、销钉、球头挂板等应互相匹配，碗头开口方向应一致，闭口销必须分开，并不得有折断或裂纹。1处不符合扣0.5分	现场实物检查
4.7.3	软母线安装	3分	三相导线驰度一致，间隔棒固定牢固，工艺美观；螺栓、垫圈、弹簧垫圈、锁紧螺母等应齐全、可靠。1处不符合扣0.5分	现场实物检查
4.7.4	引下线及跳线安装	3分	引下线及跳线的弛度符合要求，工艺美观；连接面处理和螺栓紧固符合规范要求；连接的线夹、设备端子无损伤、变形；尾线朝上的线夹有排水孔。线夹、设备端子变形扣2分；其他不符合1处扣0.5分	现场实物检查
4.8	管母线及矩形母线安装 12分			
4.8.1	母线加工和焊接	3分	焊接接口避开母线固定金具和隔离开关静触头固定金具，焊口距支持器边缘距离≥100mm；管母接头处应按照设计要求加工补强孔；焊接工艺良好。1处不符合扣0.5分	现场实物检查
4.8.2	绝缘子及金具	2分	绝缘子瓷质完好无损、清洁；支柱绝缘子的轴线、垂直度和标高满足管母安装要求；金具安装符合要求，所有螺栓、垫圈、锁紧销、弹簧垫圈、锁紧螺母等应齐全和可靠；均压环、屏蔽罩完整、无变形。1处不符合扣0.5分	现场实物检查
4.8.3	管形母线安装及调整	3分	管形母线三相标高一致；伸缩节连接可靠，无裂纹断股，并有一定可调裕度；三相母线管段轴线互相平行，挠曲度符合设计及规范要求，封端球应刷相色漆并在低端位置打排水孔。1 处不符合扣0.5分	现场实物检查
4.8.4	矩形母线安装	4分	连接面处理和螺栓紧固符合规范要求，设备端子无损伤、变形，母线的伸缩和固定符合设计规范要求；相邻母线接头不应固定在同一瓷瓶间隔内，应错开间隔安装；硬母线接头加装绝缘套后，应在绝缘套下凹处打排水孔。相邻母线接头未错开间隔安装1处扣2分；其他1处不符合扣0.5分	现场实物检查
4.9	封闭式组合电器安装 12分			
4.9.1	本体安装	6分	外观无机械损伤，固定螺栓牢固，各部件安装工艺美观；伸缩节无卡阻现象；各气室气体压力正常；分合闸指示正确；气室隔断标识完整、清晰。气室气体压力超标准值0.04MPa扣4分；其他1处不符合扣0.5分	现场实物检查

续表

序号	检查项目	分值	评 分 标 准	检查要求
4.9.2	接地	6分	相关部位间接地连接及与接地网间的连接可靠，接地件规范、工艺美观；跨接排连接可靠，导通良好，出线端部承受感应入地电流的连通导体连接可靠（包括三相汇流母线连接），工艺美观，标识清晰。出线端部与接地网无符合容量要求的直接连通导体扣4分；其他1处不符合扣0.5分	现场实物检查
4.10	站用配电装置、直流系统、UPS电源安装　17分			
4.10.1	油浸站用变压器	4分	呼吸器性能良好，运行正常；调压装置挡位就地和远方一致；温度计显示正确，就地和远方指示值误差在3℃范围内；变压器本体及低压侧中性点可靠接地。1处不符合扣1分	现场实物检查
4.10.2	干式站用变压器	3分	铁芯只能有一点接地，且接地可靠；绕组表面无放电痕迹及裂纹；变压器本体及低压侧中性点可靠接地。1处不符合扣0.5分	现场实物检查
4.10.3	屏柜安装及接线	4分	屏柜内电源侧进线接线正确，负荷侧出线应接在动触头接线端；屏柜内UPS电源连接可靠、美观；屏柜及连接箱（桥）接地可靠，箱（桥）间连接处应短接。1处不符合扣0.5分	现场实物检查
4.10.4	蓄电池	6分	外观无损伤、裂纹；高低一致，排列整齐、工艺美观；电池连接条及紧固件完好、整齐、固定牢靠；蓄电池编号齐全、清晰，连接线及采样线接线正确、美观；极性标识正确；两组蓄电池间应有防火隔爆措施。蓄电池损伤、裂纹、无防火隔爆措施1项扣4分；其他1处不符合扣1分	现场实物检查
4.11	电抗器、电容器组安装（含串联补偿装置）　12分			
4.11.1	支架（平台）	4分	金属构件无明显变形、锈蚀；瓷瓶无破损，金属法兰无锈蚀；工艺美观，连接螺栓紧固，构件间无垫片；串联补偿装置平台支柱绝缘子顶部标高应在同一水平面上，斜拉绝缘子所有金具连接、轴销、开口销及螺栓紧固符合产品说明书要求。1处不符合扣0.5分	现场实物检查
4.11.2	本体安装	4分	电抗器安装的支柱高度及对应的减低磁感应措施符合设计和产品技术要求（如不导磁的升高座）；电容器外观无破损、锈蚀和变形，电容器无渗漏，编号齐全清晰，电容器外壳与固定电位连接应牢固可靠；熔断器和指示器的位置正确；放电线圈接线牢固美观，本体及二次绕组接地可靠。1处不符合扣0.5分	现场实物检查
4.11.3	接地	4分	固定穿墙套管的钢板应接地可靠，无闭合磁路；电抗器底座接地可靠符合规范要求，标识清晰，不应构成闭合导通回路；闭合导体围栏与电抗器距离符合设计要求；其他各个接地部位可靠（电容器组、附属设备、网门等），接地标识清晰。1处不符合扣0.5分	现场实物检查

续表

序号	检查项目	分值	评 分 标 准	检查要求
4.12	屏柜、端子箱、就地控制柜安装　6分			
4.12.1	屏柜、端子箱、就地控制柜安装	3分	外观无损伤、色泽一致、无污染，屏柜门开启灵活，关闭严密；屏柜与基础型钢采用螺栓固定，螺栓紧固牢靠、无锈蚀，基础型钢有明显可靠接地；控制、保护、自动化及直流成列屏柜屏面平整，相邻屏柜间隙≤2mm；屏柜的正面、背面均有命名编号；屏柜、端子箱、就地柜内元件标识齐全、清晰；户外端子箱、就地柜有可靠的防水、防尘、防潮措施；加热器的接线端子应在加热器下方。1处不符合扣0.5分	现场实物检查
4.12.2	接地与封堵	3分	屏柜、端子箱、就地柜与接地网直接接地可靠；配电、控制、保护用的屏（柜、箱）及操作台等的金属框架和底座接地可靠；装有电气元件的可开启的屏柜门有软导线接地；屏柜、端子箱、就地柜封堵严密、工艺美观。1处不符合扣0.5分	现场实物检查
4.13	全站电缆施工、二次接线安装　29分			
4.13.1	电缆支架、桥架	4分	电缆支架焊接（螺栓连接）牢固、美观无锈蚀；电缆转弯、交叉处支架确保电缆无过度下垂；电缆桥架安装路径、断面、高度合理，螺栓穿向及跨接符合规范；金属电缆支架、桥架均应有良好的接地。1处不符合扣1分	现场实物检查
4.13.2	电缆保护管	4分	电缆保护管安装牢固美观，保护管直径、弯曲半径符合规范、无锈蚀，与操作机构箱交接处设置合理，封堵严密，管口光滑无毛刺；金属软管与设备固定牢固；金属电缆保护管可靠接地。1处不符合扣0.5分	现场实物检查
4.13.3	电缆敷设	6分	电缆排列整齐、美观，无明显交叉，弯曲半径符合规范，电缆下部距离地面应大于100mm；动力电缆与控制电缆不应同层敷设，同层敷设时应装设防火隔板；电缆两端在接线箱内的电缆牌标识清晰；直埋电缆在直线段每隔50～100m处、电缆接头处、转弯处、进入建筑物处，应设置明显的方位标志或标桩电缆；电缆固定规范、牢靠，交流单芯电缆的固定夹具不构成闭合磁路，交流单芯电缆不得采用钢管保护；户外安装施工电缆不外露。1处不符合扣0.5分	现场实物检查
4.13.4	电缆二次接线	6分	端子排上接线无缺失螺丝，端子排无损坏；电缆头密实、整齐，且应高出屏底部100mm及以上；二次芯线顺直，接线整齐、紧固、美观；线帽、电缆标牌清晰、正确、齐全且字体一致；不同截面芯线不得插接入同一端子同一侧；多股铜芯线应搪锡或压接线鼻子处理；一个端子同一侧接线数不大于2根，S弯芯线弯圈弧度一致、工艺美观；电压回路、跳闸回路相邻端子间有隔离措施；屏顶小母线有防护措施，屏顶引下线在屏顶穿孔处有胶套或绝缘保护；电流回路中性点接地符合反措要求。电流回路中性点接地不符合反措要求扣3分；其他1处不符合扣0.5分	现场实物检查

续表

序号	检查项目	分值	评 分 标 准	检查要求
4.13.5	备用芯及屏蔽连接	6分	备用芯长度留至最远端子处，编号标识并使金属芯线不外露；屏蔽层接地牢固可靠，屏蔽线引至接地排时排列自然美观，提倡采用单根压接接至接地排，采用多根压接时根数不宜过多、压接牢固并对线鼻子的根部进行热缩处理；同一个接线端子不能多于2个接地鼻子；三芯电力电缆终端处的金属护层必须接地良好；电缆头通过零序电流互感器时，接地线应采用绝缘导线。1处不符合扣1分	现场实物检查
4.13.6	电缆防火封堵	3分	电缆防火封堵严密，符合设计要求；防火墙间距、高度设置满足设计和规范要求，防火墙标识清晰；对易受外部影响着火的电缆密集场所或可能着火蔓延而酿成严重事故的电缆线路，必须按设计要求对电缆采取防火阻燃措施。相关电缆无防火阻燃措施或防火墙不满足设计和规范要求1处扣1分；封堵不严密或工艺不美观1处扣0.5分	现场实物检查
4.14	通信系统设备安装　9分			
4.14.1	通信一次设备安装	2分	瓷件无损坏，阻波器、耦合电容器、结合滤波器安装牢固，工艺美观；设备间的连接正确，耦合电容器至接地刀闸、接地刀闸至结合设备的连接线采用截面不小于16mm^{2}的铜导体。1处不符合扣0.5分	现场实物检查
4.14.2	载波机、光端机、交换机及通信屏柜安装	2分	载波机、光端机、交换机机架、通信屏柜安装牢靠，符合规范和设计要求。1处不符合扣0.5分	现场实物检查
4.14.3	电缆及光缆敷设与接线	3分	在电缆沟内敷设的无铠装的通信电缆和光缆应采取保护措施；数字配线架中跳线整齐；所有数据双绞线、同轴电缆、光纤缆芯走线合理，排列整齐并挂牌；同轴电缆与电缆插头的焊接牢固、接触良好，插头的配件装配正确牢固；控制台内部的电源线、网络连线、视频线、数据线整理规范，工艺美观；尾纤弯曲半径≥40mm，编扎顺直，无扭绞；线路光缆引下线固定可靠，余缆固定及弯曲半径符合要求、工艺美观，余缆线盘与架构应有隔离措施。1处不符合扣0.5分	现场实物检查
4.14.4	接地	2分	电缆的屏蔽层应两端接地；对于铠装电缆在进入机房前，应将铠带和屏蔽同时接地；通信设备的金属机架、屏柜的金属骨架、电缆的金属护套等保护接地应统一接在柜内的接地母线上，并必须用独立的接地线接在机房内的环形接地母线上；通信设备接地可靠。1处不符合扣0.5分	现场实物检查

续表

序号	检查项目	分值	评 分 标 准	检查要求
4.15	视频监视系统及越界报警系统安装 6分			
4.15.1	机架及摄像机镜头安装	2分	机架安装竖直平稳，接地可靠，不得利用避雷针、带避雷线的杆塔作为视频探头的支架；摄像机镜头安装数量、位置、高度及与带电设备的距离符合要求，安装牢靠稳固，转动灵活无卡阻，摄像机应有编号。1处不符合扣0.5分	现场实物检查
4.15.2	缆线敷设及连接	2分	缆线敷设整齐美观，固定牢靠，顺直无扭绞；缆线弯曲半径大于缆线直径的15倍；缆线有可靠的屏蔽抗干扰功能，两端余度适当，标牌正确清晰，接线牢固、可靠。1处不符合扣0.5分	现场实物检查
4.15.3	越界报警系统	2分	系统供电电源可靠，运行正常；越界报警系统安装符合设计及规范，报警动作正确、可靠。1处不符合扣0.5分	现场实物检查

附录B　特高压直流输电线路工程标准化开工检查大纲

工程存在以下情况局部段线路不能开工：① 设计遗留问题未处理完毕不开工；② 路径协议不完整或存在后续需进一步完善手续未落实不开工；③ 先迁后建工作未落实，如重大厂矿拆迁协议未签订不开工；④ 线路交桩、复测未完成不开工；⑤ 未完成五方签证不开工。

表 B.1　　特高压直流输电线路工程标准化开工检查要点

序号	项　目	具体内容及检查要点	资料形式	检查结果
1	设计遗留问题	直流部确定设计遗留问题是否处理完毕	文件、协议资料	
2	路径协议完备性	路径协议是否完整或在协议中存在后续需进一步完善手续是否已落实	地方政府路径批复相关文件及路径协议等	
3	先迁后建工作	先迁后建工作是否已落实。核查协议的完备性，特别是通道内厂矿企业等涉及重大赔偿的通道障碍物补偿协议，以及重点区段的房屋等构建筑物拆迁协议是否已签订。相关资料是否报备直流部	文件、协议	
4	线路交桩、复测	是否完成线路交桩、复测，复测记录信息是否完整、准确	线路复测记录	
5	五方签证	是否完成五方签证并报国网直流部备案。五方签证内容是否完整，包括线路通道房屋、压矿、电力线路、林木等数量及本体工程量等重要内容。五方签证的本体部分是否包括尖峰、基面开方、保坎、护坡、挡土墙、排水渠、余土清运、巡检道路以及特殊的安全、质量措施等	五方签证资料	
特殊管理要求:机械化施工推广；视频监控应用；工器具安全性能评估；重要装备国网租赁平台统一租赁；建管单位牵头桩基检测				
1	机械化施工	施工单位根据工程具体特点和项目管理需要，编制机械化基坑成孔、索道运输、大型吊车组塔等机械化施工推广方案	机械化施工策划方案、设备租赁协议	
2	视频监控应用	业主、监理、施工项目部是否制定了视频采集方案，包括采集视频位置、频次、时长及管理等内容。配置数量是否满足一般线路按施工标包长度每 20 km（余数超过 15km）一套配置 3G 视频前端系统。大跨越单位配置 2 套 3G 视频前端系统	视频监控采集方案 实物或采购委托书	
3	工器具安全性能评估	施工单位是否与具有相应资质的检测单位签订施工工具器安全性能评估合同或委托意向书。安全性能评估单位资质：具有电力行业施工机械检测资质，并具有特种设备资质检测人员不少于 5 人，电力行业施工机械检测高级职称人员不少于 5 人	合同或委托意向书	
4	重要装备租赁	国家电网公司系统施工单位是否向国网公司租赁中心提供租赁 $1250mm^2$ 级导线配套放线滑车、张力机的租赁计划及书面承诺；其他施工单位是否提供以上装备的购置或租赁计划	$1250mm^2$ 大截面导线放线张力机、放线滑车的租赁计划	

续表

序号	项　目	具体内容及检查要点	资料形式	检查结果
5	桩基检测	建设管理单位（业主项目部）是否统一组织了桩基检测单位选定工作，桩基检测单位是否符合施工招标文件规定资质：① 投标人必须具有中华人民共和国独立法人资格，必须是具有履行中华人民共和国法人合同能力或资格的单位；② 投标人必须具有省级及以上建设行政主管部门或中国国家认证认可监督管理委员会颁发的地基工程检测资质证书或电力建设工程质量检测资质，且通过质量体系认证和计量合格认证。拥有《资质认定计量认证证书》	会议记录及资质文件	
责任单位：建设管理单位（业主项目部）				
序号	项　目	具体内容及检查要点	资料形式	检查结果
1	业主项目部	组建业主项目部，开展项目管理工作，并报国家电网公司备案。 以不超过 300km 为标准，设置一个或多个业主项目部（项目经理可兼任）。项目经理必须由建设管理单位基建管理部门分管副主任担任，运行维护单位分管领导、沿线属地公司负责人分别任业主项目部副经理。项目经理、安全专责、质量专责等主要管理人员须按公司规定，培训合格，持证上岗。 项目部布置符合《国家电网公司输变电工程安全文明施工标准化管理办法》［国网（基建/3）187—2015］相关要求	业主项目部文件及现场情况	
2	安全培训准入	结合特高压工程“统一责任、分层培训、考核准入、持证上岗”的安全培训与准入要求，建立培训准入机制，建立管理台账，做到主要管理人员和施工技能人员持证上岗，实行动态管理	安全培训、准入台账	
3	合同及安全协议书	按规定签订中标合同，签订中标合同时应与各参建监理、施工单位签订合同和安全协议书。 按照线路工程甲供物资属地化管理原则，签订基础插入角钢、地角螺栓供货合同	监理、施工合同及安全协议书、插入角钢、地角螺栓供货合同	
4	项目安全委员会	成立工程建设项目安委会，建立工程建设项目安全管理保障体系和监督体系，报直流建设部备案。 安委会主任由分管副总经理担任，安委会常务副主任由业主项目经理担任。安委会主任应主持召开工程开工前首次会议和每季度安委会会议。日常安委会活动可由常务副主任主持	相关文件、会议纪要、记录	
5	第一次工地会议	开工前，建设管理单位是否依据“第一次工地会议”标准议程，组织、主持参建各方召开第一次工地会议，明确工程目标与组织机构，对建设单位现场代表和工程总监进行授权等	第一次工地会议纪要	
6	基础施工图设计交底及会检	组织相关单位进行施工图设计交底及会检。设计交底应有书面交底材料，内容应结合工程实际，突出特殊地质等特殊基础技术要求和机械化施工内容，并在设计交底时强调相关安全风险	施工图设计交底及会检纪要	
7	二次培训	工程总体建设管理交底后，在工程开工前是否组织参建单位进行二次交底，内容涵盖安全、质量、环保水保、档案等管理要求	培训资料、培训总结等	
8	建设管理纲要	《工程建设管理纲要》是否含创优措施、“标准工艺”实施策划专篇内容，细化各项目标、任务，落实各项责任，明确现场管理的组织体系和各参建单位的职责，细化技术、质量、安全、进度、物资、计划、财务、信息、档案等各项管理制度	建设管理纲要及相关文件	

续表

序号	项　目	具体内容及检查要点	资料形式	检查结果
9	安全管理总体策划	《安全管理总体策划》，是否对本项目安全管理的具体要求，明确工程项目建设过程中安全健康与环境管理文件，以组织、协调、监督现场安全文明施工工作，落实《特高压直流输电线路工程现场强化安全监督管理专项措施（试行）》（直流线路〔2015〕71 号）相关工作，确保安全文明施工目标的实现	相关策划文件	
10	输变电工程建设标准强制性条文执行策划	根据《输变电工程建设标准强制性条文实施管理规程》中对工程建设的相关规定，编制《输变电工程建设标准强制性条文执行策划》，以指导设计、监理、施工等各参建单位执行，保证工程项目执行强制性条文的完整性	相关策划文件	
11	绿色施工示范工程策划	绿色施工目标明确，管理要求具体	相关策划文件	
12	风险管控策划	是否按照《国家电网公司输变电工程施工安全风险识别、评估及预控措施管理办法》[国网（基建/3）176—2015] 和直流建设部“建管区段、施工标段、作业班组、逐基逐档”实现“单基防控”的原则进行现场风险管控策划	相关策划文件	
13	创优策划	创优策划目标明确，措施具体，有工程创优要点	相关策划文件	
14	环境保护与水土保持管理策划	职责明确，现场管理措施可行，是否有专职的环保、水保管理人员。 水土保持监理合同、监测合同签订情况	相关策划文件	
15	依法合规现场管理策划	目标明确，现场风险辨识符合实际，一般风险、重大风险管理内容具体	相关策划文件	
16	新技术应用示范工程策划	目标明确，新技术应用实施工作管理内容具体	相关策划文件	
17	进度网络计划	根据项目里程碑计划，是否编制详细的工程进度一级网络计划，确保工程按照里程碑计划顺利实施	一级网络计划	
18	开工许可	是否按规定办理工程建设许可、施工许可等各项开工手续。是否按规定进行地方（电监会）开工报备。是否按规定开展地方安全等依法合规文件的办理	相关文件资料	
19	开工审批	开工及相关必备条件是否满足标准化开工要求	开工报审表及附件	
20	预付款支付	是否按工程管理规定，及时组织相关单位进行预付款申请和支付	相关资料	
21	质监注册及首次监督	是否按规定完成质量监督注册，并开展首次质量监督，确定质量监督检查计划	质量监督注册申报书	
22	工程试点管理	试点是否完成总体策划，明确建管区段和施工标段的试点及总结要求。试点施工方案应经监理项目部、业主项目部批准方可实施，试点完成后及时总结，成熟施工方案，在全段推广	试点策划及总结	
23	设计管理	线路工程设计配合、协调工作完成情况，包括：组织开展线路工程林勘设计、防洪评估、现场设计工代组织及报备等工作	相关资料	

续表

序号	项　目	具体内容及检查要点	资料形式	检查结果
24	应急管理	是否建立工程应急领导组织机构，落实建设管理单位、现场业主项目部、监理部、施工项目部和上级主管省公司应急组织机构，报备总部。（建设管理单位和施工上级主管电力公司应严格执行安全事故和突发事件及时报告制度，及时汇报总部相关部门，同时报直流建设部，确保现场情况真实、及时。建设管理单位应第一时间进行现场舆情控制，掌握现场各类舆情导向，负责属地外部协调）	相关文件资料	
25	上级工作要求的落实	国家电网公司有关工作要求和专项工作的落实情况。27项通用制度及直流部相关文件：《特高压直流输电线路工程现场强化安全监督管理专项措施（试行）》《国家电网公司特高压直流线路工程安全监督及考核实施细则（试行）》《国家电网公司特高压直流线路工程建设安全质量30项强制性管控措施》	有关上级文件要求的现场落实	
责任单位：监理单位				
序号	项　目	具体内容及检查要点	资料形式	检查结果
1	监理项目部布置	监理部布置符合《国家电网公司输变电工程安全文明施工标准化管理办法》［国网（基建/3）187—2015］相关要求	查看实地布置	
2	监理规划、工程项目监理实施细则	根据《建设管理纲要》，编制《监理规划》（包括工程创优监理措施、标准工艺监理控制措施专篇、强条监督检查计划）、《监理实施细则》，组建监理管理体系，明确项目监理内容、方法、手段、措施、程序	监理规划、相关制度、监理人员资质及报批，相应招投标文件及资源投入承诺	
3	环保、水保监理规划、监理细则	是否按规定针对本工程独立制定工程环保、水保监理规划与细则。 是否有专职的环保、水保管理人员	相关文件资料	
4	资源投入	监理部应设置总监理工程师、分管技术（质量）副总监、分管安全副总监、专职安全监理工程师、水保监理工程师、环保监理工程师及其他相关专业监理工程师和监理员。按施工标段分设监理站，监理站现场监理人员按线路长度山区5km、平地7km标准配置1名监理人员。监理部、各监理站应分别配备车辆。 监理单位上级主管省公司应对施工、监理项目资源投入情况进行“初审”并出具书面审查意见	相关文件及实地查看	
5	人员资质	总监理工程师应具有国家注册监理工程师或电力行业总监理工程师证书，并与其单位建立正式劳动合同关系（劳动合同有效期自投标截止日起不少于3年），且年纪不得超过60岁，对于近5年担任线路项目总监工作获得国家优质工程奖者可放宽到63岁，同一时期只能参与本段线路的监理工作。总监理工程师应在三年内担任过330kV及以上输电线路工程总监理工程师工作。大跨越工程，总监理工程师应具有一个及以上符合大跨越设计规范规定的330kV及以上电压等级大跨越工程监理业绩。 副总监理师应取得国家注册或电力行业总监理师任职资格，专业监理师、监理站长应取得国家注册或电力行业监理工程师资格，专职安全监理工程师应经过国家电网公司安全培训合格，水保监理工程师应具备水利部水保监理员资格。	相关文件及实地查看	

续表

序号	项　目	具体内容及检查要点	资料形式	检查结果
5	人员资质	因2016年1月20日中国电力建设企业协会已取消对电力行业监理工程师、总监理工程师认证，检查时请核对有效期，过期按作废处理	相关文件及实地查看	
6	办公资源及检测器具	现场办公条件及相关资源投入满足工程实际需要、满足投标承若	实地查看	
7	安全监理工作方案	根据业主项目部《安全管理总体策划》和经批准的《监理规划》及相关专项方案等，编制《安全监理工作方案》，其中应包括监理风险和应急管理	安全监理工作方案、相关制度及报审	
8	关键工序安全见证、签证、放行制度管理	针对现场工序安全，是否按规定建立了工程关键工序安全见证、签证、放行制度管理，相关记录表式是否齐全，且具有针对性	相关资料	
9	"两型三新"监理检查与控制措施	根据建设管理单位"两型三新"有关要求，编制出版相关监理检查与控制措施	检查、控制措施	
10	监理旁站方案	是否根据工程实际编制有针对性、具有可操作性的工程质量监理旁站方案、质量通病防治控制措施	旁站方案资料	
11	质量通病防治控制措施	是否根据工程实际编制有针对性、具有可操作性的工程质量通病防治控制措施	质量通病防治控制措施	
12	试验室管理	是否现场实地确认材料复试试验室资质、能力情况，并明确监理意见。及时完成监理见证人员报备工作	相关文件资料	
13	监理培训	监理部相关人员针对本工程建设管理特点，公司是否组织对监理部全员进行了交底培训、考核到位	查相关记录	
14	安全准入台账	监理部是否建立安全准入台账，监理项目部总监、副总监、总监代表、安全监理师、质量监理师、监理站长、监理员等是否按规定完成了安全准入培训	查台账和实地检查	
15	开工审批	核查总体及分部开工条件，各类报审表相关审批、审查意见是否明确，审查建议应闭环	相关报审表	
16	人员变更	各级项目部主要管理人员因故更换应履行报批程序。总监理师变更，建设管理单位审批并报备直流建设部	相关资料	
17	应急管理	是否按照建设管理单位要求，参与现场应急处置方案编制，并参加现场演练	相关资料	
18	上级工作要求的落实	国家电网公司有关工作要求和专项工作的落实情况。27项通用制度及直流部相关文件：《特高压直流输电线路工程现场强化安全监督管理专项措施（试行）》、《国家电网公司特高压直流线路工程安全监督及考核实施细则（试行）》、《国家电网公司特高压直流线路工程建设安全质量30项强制性管控措施》、《国家电网公司直流线路工程设计监理工作纲要（试行）》	有关上级文件要求的现场落实	
责任单位：设计单位				
序号	项　目	具体内容及检查要点	资料形式	检查结果
1	设计管理	设计项目部组织机构及人员资质、设计工代服务组织机构及人员资质报审，设计使用公章是否符合要求（除院章和分公司章外，设计项目部公章是否监理备案）。现场服务是否及时，工作深度是否符合现场实际	相关文件及现场情况	

续表

序号	项　目	具体内容及检查要点	资料形式	检查结果
2	设计创优实施细则	是否编制《创优设计实施细则》，突出设计亮点策划	相关设计文件	
3	质量通病防治设计措施	是否编制《质量通病防治设计措施》，突出本工程特点	相关设计文件	
4	环、水保	线路塔基基础开挖的表土、基槽土是否有详细的堆放位置和防护措施，余土的处理，设计文件应给出具体的方案；对需要外运的余土，应逐基、逐位详细说明	相关设计文件	
5	设计强制性条文执行计划	根据《输变电工程建设标准强制性条文执行策划》，是否编制《输变电工程设计强制性条文执行计划》，明确本工程所涉及的强制性条文	设计强制性条文执行计划及执行记录及设计监理报审表	
6	“两型三新”设计实施方案	根据“两型三新”有关要求，编制出版相关设计实施方案	“两型三新”设计实施方案及设计监理报审表	
7	施工图纸	按计划提交施工图纸，说明施工图设计执行情况	施工图纸交接记录及有关说明	
8	设计遗留问题	是否存在路径、协议等影响工程开工程的设计遗留问题	相关文件及路径协议	
9	设计交底资料	是否提供设计交底大纲及答疑	相关文件	
责任单位：施工单位				
序号	项　目	具体内容及检查要点	资料形式	检查结果
1	施工项目部、材料站	施工项目部布置应符合《国家电网公司输变电工程安全文明施工标准化管理办法》［国网（基建/3）187—2015］相关要求。 材料站施工材料、工器具等存放和保管应满足《电力建设安全工作规程　第2部分：架空电力线路》（DL 5009.2—2013）相关要求	查看实地布置	
2	施工管理体系 施工管理人员资质	组建施工管理体系，并将管理制度、人员相应资质等报监理单位审查、建设管理单位批准。项目经理具备一级注册建造师资格证书，并担任过330kV及以上线路工程的项目经理，未同时兼任其他工程项目经理。 各级项目部主要管理人员因故更换应履行报批程序。施工项目经理变更，建设管理单位审批并报备直流建设部	相关文件、制度、人员资质报审、进场并交底	
3	项目管理实施规划	根据《建设管理纲要》，编制有针对性的《项目管理实施规划》（包括编制创优、标准工艺施工策划章节），报监理单位审核、建设管理单位批准后实施	相关文件	
4	资源投入	应按线路长度以不大于40km的标准，分别设置一名专职安全员和专责质量员，各施工队按“同进同出”要求，每个作业点设置一名兼职安全员。项目经理、总工、专职安全员、应取得国家电网公司安全培训合格证，专职质量员应取得电力质监总站颁发的质检证，兼职安全员应取得施工单位或者上级主管省公司安全培训合格证。 施工上级主管省公司应对施工项目资源投入情况进行“初审”并出具书面审查意见。 基础阶段现场“同进同出”管理人员是否满足施工组织计划需求	相关文件及实地检查	

续表

序号	项　　目	具体内容及检查要点	资料形式	检查结果
5	安全准入培训	施工项目部是否建立安全准入台账，施工项目经理（含生产副经理、总工）、技术、安全、质量管理人员、施工队主要管理人员及拟定分包单位现场作业等技能人员是否按规定经过培训合格准入，动态管理	相关文件及实地抽查	
6	施工安全风险控制	1. 高度重视施工准备、转序验收、交通运输、生活取暖、林区火灾、山洪、泥石流等地质性灾害等非主体施工环节的风险防控，杜绝风险防控盲区，编制有针对性的《施工安全管理及风险控制方案》《施工安全固有风险识别、评估、预控清册》，实行“建管区段、施工标段、作业班组、逐基逐档”的“单基防控”。 2. 重大、重要、高危和特殊条件施工作业及四级以上风险施工，现场应“挂牌督查”。业主项目部安全专责、总监理工程师、安全监理工程师、施工单位分管领导、技术、安质部门及施工项目部责任人应现场到位。 3. 是否存在未结合工程实际识别评估风险，或未按风险级别进行分级管控，或管控措施不落实。 4. 是否存在未按要求要求办理安全施工作业票，或未按作业票制定的措施执行	施工安全管理及风险控制方案	
7	输变电工程强制性条文执行计划	根据《输变电工程建设标准强制性条文实施管理规程》，按单位、分部、分项工程明确本工程项目所涉及的强制性条文，编制《输变电工程强制性条文执行计划》，报监理单位审核，建设管理单位批准后执行	输变电工程强制性条文执行计划及记录	
8	事故预防和应急处置 预案、演练	是否按照建设管理单位组织的应急要求，针对施工现场可能造成人员伤亡、重大机械设备损坏及重大或危险施工作业等危险环境进行事故预防和应急处置演练	事故预防和应急处置预案及演练记录	
9	主要施工机械/工器具/安全用具	施工单位主要施工机械、施工器具已经报审批准，并进场	主要施工机械/工器具/安全用具报审	
10	材料/试验资质/报告/计量器具/特种人员	施工主要材料、试验室资质、试验报告、计量器具等报审。试验室资质要求为具有CMA省级以上资质，检验报告委托单位名称、工程名称、报告编号、委托日期及委托单号、产地、取样日期、品种、代表批量、取样人姓名、见证人姓名、试验依据、试验方法及试验日期、试验结果及结论性意见等应符合相关规程要求。基础试块、钢筋焊接、导地线压接、受拉金具等取样送检符合规定要求	相关报审表及附件	
11	甲供、乙购材料管理	甲供材料是否按规定进行开箱检验，记录、纪要齐全，相关遗留问题闭环。乙购材料生产厂家资质、产品（材料）合格证明材料、检验报告是否齐全有效。铜覆钢接地是否已完成采购，生产厂家资质、业绩是否符合施工招标文件规定	相关文件资料	
12	施工质量验收及评定项目划分	施工单位在工程开工前，应对承包范围内的工程进行单位、分部、分项、检验批施工质量验收及评定范围项目划分	施工质量验收及评定项目划分报审	
13	创优、标准工艺应用交底	依据工程创优、标准工艺应用要求，是否组织现场交底等工作	相关资料	
14	质量通病防治控制	是否根据工程实际编制有针对性、具有可操作性的工程质量通病防治控制措施	质量通病防治控制措施	

续表

序号	项　　目	具体内容及检查要点	资料形式	检查结果
15	施工方案管理	1. 对超深基础、组塔、大跨越工程、跨越电力线路、大截面导线架线、跨越高铁、电气化铁路、高速公路、通航河流及特殊临近带电体等重要、重大、高危以及特殊施工方案，建设管理单位在施工、监理单位审查的基础上，组织专家进行评审，通过后实施。 2. 是否存在施工方案（措施）不针对工程实际编写，关键技术指标与工程实际不符。 3. 是否存在不严格按施工方案（措施）开展施工作业，人员组织、施工装备、技术措施等与方案明显不符	相关资料、现场检查	
16	单基策划	在总体审定的施工方案的基础上，结合现场实际，进行现场单基作业策划，明确现场布置和安全、质量等事项	相关作业指导书等文件	
17	进度计划	施工二级进度网络计划是否经各级批准后实施	二级网络进度计划	
18	分包管理	分包计划、分包内容及分包合同应报监理单位审核，建设管理单位批准。 根据《国家电网公司2015年电网建设分包商名录》，劳务分包队伍是否符合国家电网公司合格分包商名录要求。 施工单位主管省公司应对所属施工单位专业分包或劳务分包队伍的招标、合同和安全协议，出具审查报告	分包单位资质报审	
19	同进同出	是否建立现场"同进同出"管理办法，人员、责任落实	相关文件及实地检查	
20	现场交通运输	现场材料运输应编制运输方案和作业指导书。索道运输必须具有经审定的施工作业指导书，且按要求进行空载、负载试验，并通过现场监理验收后，挂牌使用。自行制造或组装的运输工具，应由具有资质的单位（或上级安全质量管理部门）出具的合格证明文件或试验报告。严禁乘坐或租用违规交通工具，乘坐船只或开展水上作业时，必须配备数量充足、有效的救生装备，严禁超载、夜间和恶劣气候条件下使用船只	相关作业指导书和风险管控文件	
21	开工报审	总体及分部开工报审情况	有关报审表	
22	三级交底	1. 是否按规定进行了三级安全、质量、技术全员交底，记录齐全。 2. 是否存在安全技术措施交底记录等不与管理工作同步形成，或与工程实际严重不符	相关资料	
23	劳务分包投入及保险	检查分包计划与施工交底记录、人员体检记录及保单人员数量相互之间印证性	相关资料	
24	视频监控	购置计划及现场实施情况	相关资料	
25	环保、水保	根据业主《环境保护与水土保持管理策划》文件，编制相关实施细则，检查基坑开挖弃土是否满足设计规定。 是否有专职的环保、水保管理人员	相关资料，现场检查	
26	上级工作要求的落实	国家电网公司有关工作要求和专项工作的落实情况。27项通用制度及直流部相关文件：《特高压直流输电线路工程现场强化安全监督管理专项措施（试行）》《国家电网公司特高压直流线路工程安全监督及考核实施细则（试行）》《国家电网公司特高压直流线路工程建设安全质量30项强制性管控措施》《国家电网公司特高压直流线路工程劳务分包"同进同出"管理实施细则（试行）》	有关上级文件要求的现场落实	

附录C　特高压直流输电线路工程协同监督检查大纲

责任单位：建设管理单位（业主项目部）				
序号	项　目	具体内容及检查要点	检查形式	检查结果
1	现场强化安全监督管理专项措施落实情况	《特高压直流输电线路工程现场强化安全监督管理专项措施（试行）》（直流线路〔2015〕71号）	检查记录，作业现场实际检查	
2	项目安全委员会	安委会主任应主持召开工程每季度安委会会议	相关文件、会议纪要、记录	
3	安全培训准入	做到业主项目经理（含分管工程建设副经理）及技术、安全、质量管理人员持证上岗，实行动态管理	安全培训、准入台账	
4	风险管控策划执行	是否按照《国家电网公司输变电工程施工安全风险识别、评估及预控措施管理办法》[国网（基建/3）176—2015]和直流建设部“建管区段、施工标段、作业班组、逐基逐档”实现“单基防控”的原则进行现场风险管控	检查记录，作业现场实际检查	
5	事故预防和应急处置预案	针对施工现场可能造成人员伤亡、重大机械设备损坏及重大或危险施工作业等危险环境进行事故预防。对于跨越光缆线路的施工，省公司应组织基建、运检及通信专业编制《通信应急专项预案》，建立应急迂回路由，确保通信通道畅通。 对于被跨线路承载跨省、跨区及国调直调系统业务的，《通信通道应急预案》应经过国网信通公司组织评审	相关文件、资料	
6	分包管理	是否定期收集施工项目部填报的工程分包人员动态信息一览表，填写施工分包人员动态信息汇总表	相关资料	
7	档案管理	是否按照《直流输电工程线路工程档案整理指导手册》《技术资料填写手册》要求进行资料管理，技术资料填写是否正确	查实际资料整理情况	
8	数码照片管理	数码照片收集整理情况。安全质量管理数码照片存在代用、伪造等弄虚作假情形。数量是否满足《输变电工程安全质量过程控制数码照片管理工作要求》（基建安质〔2016〕56号）要求	相关资料	
9	环、水保管理	按照《环境保护标准化管理要求管理表格整理标准》《水土保持标准化管理要求表格整理标准》工作开展情况。相应数码照片收集情况	相关资料	
10	上级工作要求的落实	国家电网公司有关工作要求和专项工作的落实情况。27项通用制度及直流部相关文件：《国家电网公司特高压直流线路工程安全监督及考核实施细则（试行）》《国家电网公司特高压直流线路工程建设安全质量30项强制性管控措施》《国网基建部关于进一步加强输变电工程“三跨”等重大风险作业安全管理工作的通知》（基建安质〔2017〕25号）、《国网直流部关于进一步加强特高压直流线路工程现场安全管控工作的通知》（直流线路〔2017〕33号）、《国家电网公司关于开展基建现场反违章专项行动的通知》（国家电网安质〔2017〕409号）	有关上级文件要求的现场落实情况	

续表

序号	项　目	具体内容及检查要点	检查形式	检查结果
11	以往协同监督检查问题	是否举一反三整改	相关资料	
责任单位：监理单位				
序号	项　目	具体内容及检查要点	检查形式	检查结果
1	现场强化安全监督管理专项措施落实情况	《特高压直流输电线路工程现场强化安全监督管理专项措施（试行）》（直流线路〔2015〕71号）	检查记录，作业现场实际检查	
2	安全工作例会	是否按时召开安全工作例会，在会议纪要中针对安全检查存在的问题进行通报和分析，提出整改意见	安全工作例会会议纪要	
3	安全检查	是否定期组织月度或专项安全检查，监督施工单位对检查中发现的问题进行整改闭环	相关文件资料	
4	安全文明施工管理	是否分阶段审核施工项目部编制的安全文明施工设施配置计划申报单，并及时对进场的安全文明设施进行审查	相关文件资料	
5	分包管理	是否对分包商进行入场验证并进行动态核查	相关文件资料	
6	风险管理	是否对三级及以上风险等级的施工工序和工程关键部位、关键工序、危险项目进行安全旁站	安全旁站监理记录表	
7	1250mm^{2}大截面导线展放及压接质量控制	放线施工现场检查监理履职情况，同时按照《国网直流部关于印发进一步提高1250mm^{2}大截面导线架线质量管控措施的通知》（直流线路〔2016〕62号）抽查监理压接过程数码照片（照片要能够反映对压接管压后尺寸检查数据）	相关记录、照片及是否配备相应监理高空人员进行质量旁站	
8	关键工序安全见证、签证、放行制度管理	是否按照工程关键工序安全见证、签证、放行制度对现场进行管控，相关记录是否齐全，且具有针对性	相关记录	
9	环、水保管理	按照《环境保护标准化管理要求管理表格整理标准》《水土保持标准化管理要求表格整理标准》工作开展情况。 相应数码照片收集情况	查实际资料整理情况	
10	监理旁站方案执行	是否根据工程监理旁站方案进行旁站监理	相关资料	
11	质量通病防治控制措施	是否根据工程质量通病防治控制措施内容进行现场管控	相关资料	
12	安全培训准入	监理项目部总监、副总监、总监代表、安全监理师、质量监理师、监理员管理人员持证上岗，并进行动态管理	查台账和现场实际监理人员抽查	
13	应急管理	是否按照建设管理单位要求参加现场演练	相关资料	
14	档案管理	是否按照《直流输电工程线路工程档案整理指导手册》《技术资料填写手册》要求进行资料管理，技术资料填写是否正确	查实际资料整理情况	
15	数码照片管理	数码照片收集整理情况。安全质量管理数码照片存在代用、伪造等弄虚作假情形。数量是否满足《输变电工程安全质量过程控制数码照片管理工作要求》（基建安质〔2016〕56号）要求	相关资料	

续表

序号	项　目	具体内容及检查要点	检查形式	检查结果
16	上级工作要求的落实	国家电网公司有关工作要求和专项工作的落实情况。27项通用制度及直流部相关文件：《国家电网公司特高压直流线路工程安全监督及考核实施细则（试行）》《国家电网公司特高压直流线路工程建设安全质量30项强制性管控措施》《国家电网公司直流线路工程设计监理工作纲要（试行）》《国网基建部关于进一步加强输变电工程"三跨"等重大风险作业安全管理工作的通知》（基建安质〔2017〕25号）、《国网直流部关于进一步加强特高压直流线路工程现场安全管控工作的通知》（直流线路〔2017〕33号）、《国家电网公司关于开展基建现场反违章专项行动的通知》（国家电网安质〔2017〕409号）	有关上级文件要求的现场落实	
17	以往协同监督检查问题	是否举一反三整改	相关资料	
责任单位：施工单位				
序号	项　目	具体内容及检查要点	检查形式	检查结果
1	现场强化安全监督管理专项措施落实情况	《特高压直流输电线路工程现场强化安全监督管理专项措施（试行）》（直流线路〔2015〕71号）	检查记录，作业现场实际检查	
2	安全培训准入	施工项目部施工项目经理（含生产副经理、总工）、技术、安全、质量管理人员、施工队主要管理人员及拟定分包单位现场作业等技能人员是否按规定经过培训合格准入，实行动态管理	相关文件及实地抽查	
3	施工安全风险控制	1. 高度重视施工准备、转序验收、交通运输、生活取暖、林区火灾、山洪、泥石流等地质性灾害等非主体施工环节的风险防控，杜绝风险防控盲区，编制有针对性的《施工安全管理及风险控制方案》、《施工安全固有风险识别、评估、预控清册》，实行"建管区段、施工标段、作业班组、逐基逐档"的"单基防控"。 2. 重大、重要、高危和特殊条件施工作业及四级以上风险施工，现场应"挂牌督查"。业主项目部安全专责、总监理工程师、安全监理工程师、施工单位分管领导、技术、安质部门及施工项目部责任人应现场到位。 3. 是否存在未结合工程实际识别评估风险，或未按风险级别进行分级管控，或管控措施不落实。 4. 根据《国网基建部关于全面使用输变电工程安全施工作业票模板（试行）的通知》（基建安质〔2016〕32号），在建工程执行新版安全施工作业票。新版安全施工作业票使用是否规范。施工作业风险专项措施落实执行情况检查是否完善。 5. 在跨越施工时要强化落实防跑线及对被跨越物的保护措施，严禁出现"裸跨"现象。特别应注意对通信通道的保护，施工方案中要有明确的对被跨越导地线、光缆的保护措施，措施要符合现场实际，具备可操作性。跨越时若具备封网条件，要优先整档封网；不具备整档封网跨越的条件时，可考虑采取停电松线或其他可行的保护措施	相关资料、现场落实情况	
4	对各标段高风险作业进行重点抽查	1. 邻近带电体组塔施工，抱杆组塔施工。 2. 重要跨越施工	现场实际检查	

续表

序号	项　目	具体内容及检查要点	检查形式	检查结果
5	1250mm² 大截面导线展放及压接施工情况	落实《国网直流部关于印发进一步提高 1250mm² 大截面导线架线质量管控措施的通知》（直流线路〔2016〕62 号）情况	现场实际检查	
6	安全文明施工费	1. 是否按阶段编制安全文明施工设施报审计划，报监理部审核，业主批准。 2. 安全文明施工费使用情况检查（购买清单）	相关资料	
7	安全检查	项目部是否按时组织安全大检查	相关资料	
8	输变电工程强制性条文执行	按照《输变电工程建设标准强制性条文实施管理规程》（Q/GDW 10248—2016），对照《输变电工程施工强制性条文执行计划表》，检查《输变电工程施工强制性条文执行记录表》（开工前、基础工程开工前、基础工程施工、杆塔工程开工前、杆塔工程施工、架线工程开工前、架线工程施工、接地工程施工及竣工投产前分别填写强制性条文执行记录）	输变电工程强制性条文执行计划及记录	
9	事故预防和应急处置预案、演练	是否按照建设管理单位组织的应急要求，针对施工现场可能造成人员伤亡、重大机械设备损坏及重大或危险施工作业等危险环境进行事故预防和应急处置演练	事故预防和应急处置预案及演练记录	
10	材料/试验资质/报告/计量器具/特种人员	施工主要材料、试验室资质、试验报告、计量器具等报审。试验室资质要求为专业一级，检验报告委托单位名称、工程名称、报告编号、委托日期及委托单号、产地、取样日期、品种、代表批量、取样人姓名、见证人姓名、试验依据、试验方法及试验日期、试验结果及结论性意见等应符合相关规程要求。基础试块、钢筋焊接（机械连接）等取样送检符合规定要求	相关报审表及附件	
11	甲供、乙购材料管理	甲供材料是否按规定进行开箱检验，记录、纪要齐全，相关遗留问题闭环。乙购材料生产厂家资质、产品（材料）合格证明材料、检验报告是否齐全有效。铜覆钢接地是否已完成采购，生产厂家资质、业绩是否符合施工招标文件规定	相关文件资料	
12	质量通病防治控制	是否根据工程质量通病防治控制措施要求进行施工	现场实际检查	
13	施工方案管理	1. 对超深基础、组塔、大跨越工程、跨越电力线路、大截面导线架线、跨越高铁、电气化铁路、高速公路、通航河流及特殊临近带电体等重要、重大、高危以及特殊施工方案，建设管理单位在施工、监理单位审查的基础上，组织专家进行评审，通过后实施。 2. 是否存在施工方案（措施）不针对工程实际编写，关键技术指标与工程实际不符。 3. 是否存在不严格按施工方案（措施）开展施工作业，人员组织、 施工装备、 技术措施等与方案明显不符	相关资料、现场检查	
14	单基策划	在总体审定的施工方案的基础上，结合现场实际，进行现场单基作业策划，明确现场布置和安全、质量等事项	相关作业指导书等文件，现场检查	

续表

序号	项　　目	具体内容及检查要点	检查形式	检查结果
15	分包管理	1. 所有分包人员进场时，均应签订“安全作业告知书”，明确作业前不签字视为私自作业。 2. 从2017年2月1日起，分包合同只能由甲乙双方企业法人代表签署，不得为委托代理人。 3. “六项施工分包管理通病”：施工企业未动态掌握分包人员信息；分包商不从“备选分包商名录”选取；分包合同不经基建管理系统签订；分包人员不按要求培训；分包人员信息管理不严格；分包作业交底及“同进同出”管理不到位等。 4. 检查分包计划与施工交底记录、人员体检记录及保单人员数量相互之间印证性	相关资料	
16	同进同出	是否建立现场“同进同出”管理办法，现场执行情况	相关文件及实地检查	
17	现场交通运输	现场材料运输应编制运输方案和作业指导书。索道运输必须具有经审定的施工作业指导书，且按要求进行空载、负载试验，并通过现场监理验收后，挂牌使用。自行制造或组装的运输工具，应由具有资质的单位（或上级安全质量管理部门）出具的合格证明文件或试验报告。严禁乘坐或租用违规交通工具，乘坐船只或开展水上作业时，必须配备数量充足、有效的救生装备，严禁超载、夜间和恶劣气候条件下使用船只	相关作业指导书和风险管控文件	
18	三级交底	1.是否按规定进行了三级安全、质量、技术全员交底，记录齐全。 2. 是否存在安全技术措施交底记录等不与管理工作同步形成，或与工程实际严重不符	相关资料	
19	视频监控	视频采集现场实施情况（本次协同监督检查根据录像内容检查相应现场施工开展情况）	相关资料	
20	环保、水保	按照《环境保护标准化管理要求管理表格整理标准》《水土保持标准化管理要求表格整理标准》工作开展情况。 相应数码照片收集情况。 基坑开挖前是否进行表土剥离，生熟土分开堆放，对临时堆土是否进行临时挡护，并采取苫盖措施。 塔基区是否依据实地条件和工程设计要求，采取挡土墙、护坡、排水沟等措施，施工弃土是否按设计要求进行外运或就地处理	相关资料，现场检查	
	分部工程阶段转续	检查业主中间验收、监理初检、施工三检及质监站验收完成情况	相关资料	
21	档案管理	是否按照《直流输电工程线路工程档案整理指导手册》《技术资料填写手册》要求进行资料管理，技术资料填写是否正确	查实际资料整理情况	
22	数码照片管理	数码照片收集整理情况。安全质量管理数码照片存在代用、伪造等弄虚作假情形。数量是否满足《输变电工程安全质量过程控制数码照片管理工作要求》（基建安质〔2016〕56 号）要求	相关资料	

续表

序号	项　　目	具体内容及检查要点	检查形式	检查结果
23	上级工作要求的落实	国家电网公司有关工作要求和专项工作的落实情况。27项通用制度及直流部相关文件：《国家电网公司特高压直流线路工程安全监督及考核实施细则（试行）》《国家电网公司特高压直流线路工程建设安全质量30项强制性管控措施》《国家电网公司特高压直流线路工程劳务分包"同进同出"管理实施细则（试行）》《国家电网公司关于印发进一步加强输变电工程施工分包管理专项行动方案的通知》（国家电网基建〔2017〕35号）、《国网基建部关于进一步加强输变电工程"三跨"等重大风险作业安全管理工作的通知》（基建安质〔2017〕25号）、《国网直流部关于进一步加强特高压直流线路工程现场安全管控工作的通知》（直流线路〔2017〕33号）、《国家电网公司关于开展基建现场反违章专项行动的通知》（国家电网安质〔2017〕409号）	有关上级文件要求的现场落实	
24	以往协同监督检查问题	是否举一反三整改	相关资料	

附录D　电网工程建设安全检查整改通知单

检查组织单位：国网直流公司　　　　　　　　　　　　　　　　　　　　编号：

<table>
<tr><td colspan="2">被查项目</td><td colspan="2"></td><td>业主项目部</td><td></td></tr>
<tr><td colspan="2">被查地点</td><td colspan="2"></td><td>施工项目部</td><td></td></tr>
<tr><td colspan="2">检查时间</td><td colspan="2"></td><td>监理项目部</td><td></td></tr>
<tr><td colspan="2">检查范围和内容</td><td colspan="4"></td></tr>
<tr><td>序</td><td colspan="3">发现问题（照片另附）</td><td>整改要求</td><td>整改期限</td></tr>
<tr><td>1</td><td colspan="3"></td><td></td><td></td></tr>
<tr><td>2</td><td colspan="3"></td><td></td><td></td></tr>
<tr><td>3</td><td colspan="3"></td><td></td><td></td></tr>
<tr><td colspan="3">全部整改时间</td><td colspan="3">自　年　月　日至　年　月　日</td></tr>
<tr><td colspan="4">检查人员签名</td><td colspan="2">被查单位负责人签名</td></tr>
<tr><td colspan="2">组长</td><td colspan="2"></td><td>业主项目部</td><td></td></tr>
<tr><td colspan="2" rowspan="2">成员</td><td colspan="2"></td><td>施工项目部</td><td></td></tr>
<tr><td colspan="2"></td><td>监理项目部</td><td></td></tr>
<tr><td colspan="2">检查组织单位</td><td colspan="2">电话：
传真：</td><td>业主项目部</td><td>电话：
传真：</td></tr>
</table>

第7部分

安全文明施工设施标准化配置

目　次

第 1 章　个人防护用品……368
1.1　安全帽……368
1.2　工作服……368
1.3　安全鞋……368
1.4　防护手套……369
1.5　防护眼镜和面罩……370
1.6　防静电服……370
1.7　防尘口（面）罩……371
1.8　安全带、全方位防冲击安全带……371
1.9　攀登自锁器（含配套缆绳或轨道）……371
1.10　速差自控器……371
1.11　水平安全绳……372
第 2 章　换流站内区域布置……373
2.1　换流站的道路、围墙和大门布置……373
2.2　区域布置……373
第 3 章　钢管扣件组装式安全设施……377
3.1　安全隔离设施……377
3.2　施工安全通道……379
3.3　脚手架……380
第 4 章　基坑、孔洞和临边防护设施……383
4.1　基坑、孔洞防护设施……383
4.2　临边防护设施……384
第 5 章　施工用电设施……387
5.1　电源配电箱……388
5.2　便携式卷线盘……389
5.3　照明设施……390
第 6 章　消防和危险品存放设施……391
6.1　消防设施……391
6.2　危险品存放设施……394
第 7 章　起重作业防护设施……396
7.1　起重作业器具的使用……396
7.2　起重作业的安全措施……397
7.3　起重作业监护和指挥……398

7.4　绞磨和卷扬机的使用……398
第8章　高处作业防护设施……400
8.1　高处作业类型及防护措施……400
8.2　高处作业的安全防护设施……401
第9章　邻近带电体作业和电气试验防护设施……403
9.1　邻近带电体作业防护……403
9.2　电气试验作业防护……404
第10章　输电线路工区布置……406
第11章　输电线路基础阶段……407
11.1　土方开挖阶段……407
11.2　石方开挖……407
11.3　混凝土基础……407
11.4　桩锚基础……407
11.5　锚杆基础……408
第12章　组塔阶段……409
12.1　一般要求……409
12.2　内悬浮内（外）拉线抱杆分解组塔……410
12.3　座地摇臂抱杆分解组塔……410
第13章　架线施工……411
13.1　跨越架施工……411
13.2　张力放线……412

第1章 个人防护用品

1.1 安全帽

安全帽用于工程现场作业人员头部防护，由帽壳、帽衬、下颏带和后箍组成。帽壳呈半球形，坚固、光滑，并有一定弹性，打击物的冲击和穿刺动能主要由帽壳承受。帽壳和帽衬之间留有一定空间，可缓冲、分散瞬时冲击力，从而避免或减轻对头部的直接伤害。

冲击吸性性能、耐穿刺性能、侧向刚性、电绝缘性、阻燃性是对安全帽的基本技术性能的要求。电力工程施工现场的安全帽主要有白色、红色、蓝色、黄色四种类型。

白色安全帽，一般是项目部业主或工程监理、上级检查人员等中高层管理人员佩戴的，佩戴白色安全帽的人员主要负责工地的计划实施以及工程质量。

红色安全帽，一般是技术人员、作业现场管理人员等佩戴的。带红色安全帽的人员一般可分为两类：技术人员及中低层管理人员。

蓝色安全帽，一般是施工现场的技术人员佩戴的。

黄色安全帽，一般是施工现场的普通作业人员佩戴的，现在换流站工程施工现场的普通作业人员均佩戴黄色安全帽。

使用要求：公司所属单位安全帽在背面加印所在单位企业名称及编号。安全帽实行分色管理，同一工地不同单位员工所用安全帽应有明显的区别（文字或标识）。

1.2 工作服

工作服应按劳动防护用品规定制作或采购，电力工程作业现场的工作服通常均为棉质长袖类型，作业现场严禁穿短袖工作。

（1）材质要求，工作服应具有透气、吸汗及防静电等特点，一般宜选用棉制品。

（2）使用要求，除焊工等有特殊着装要求的工种外，同一单位在同一施工现场的员工应统一着装。

1.3 安全鞋

安全鞋是安全类鞋和防护类鞋的统称，作业人员在电力工程施工现场穿用的具有保护脚部及腿部免受可预见的伤害的鞋类（见图 1–1）。安全鞋主要防护功能包括防砸、防穿

刺、防静电、隔热、防滑、耐油等，在电力工程施工现场应根据施工作业的需要选择相应防护功能的安全鞋。

图 1–1　安全鞋示例

防砸，采用行业标准 LD 50—1994《保护足趾安全鞋》，保护足趾安全鞋的内衬为钢包头，具有耐静压及抗冲击性能，防刺，防砸，十分安全，经检验，耐压力为 10kN，鞋头抗冲击力 23kg，冲击锤自 450mm 高度自由落下冲击鞋头后，鞋内变形间隙≥15mm，主要应用于电力工程施工现场的砖墙砌筑、吊装、脚手架搭拆等工种作业的防护，起到防护足趾的安全的皮鞋，内有橡胶及弹性体支撑，穿着舒适，且不影响日常劳动操作。

防穿刺，保护脚掌免受尖锐物的刺伤，最大可承受 1100N 的穿刺力，国家特级标准。主要适用于换流站脚手架搭拆施工、彩钢板房施工、阀厅设备安装等作业防护。

防静电，防静电皮鞋根据 GB 4385—1995 进行生产，电阻值范围为 100kΩ～1000MΩ，该产品具有透气性能好、防静电、耐磨、防滑等功能，主要适用于换流站工程电气设备调试、换流站工程换流变充油等易燃易爆品施工场合的作业防护。

耐油性，按照耐油标准测试，体积增加不大于 12%。若体积不增加，而缩小，其缩小量大于原体积的 0.5%或硬度增加大于 10（邵尔 A），按 GB/T 3903.1 规定屈挠 40 000 次裂口增长不大于 7mm。主要适用于换流站工程换流变、电抗器等充油设备的注油施工场合的作业防护。

1.4 防护手套

防护手套用于保护手部免受伤害或者防止触电伤害，可分为劳保手套和绝缘手套两类，如图 1-2 所示。

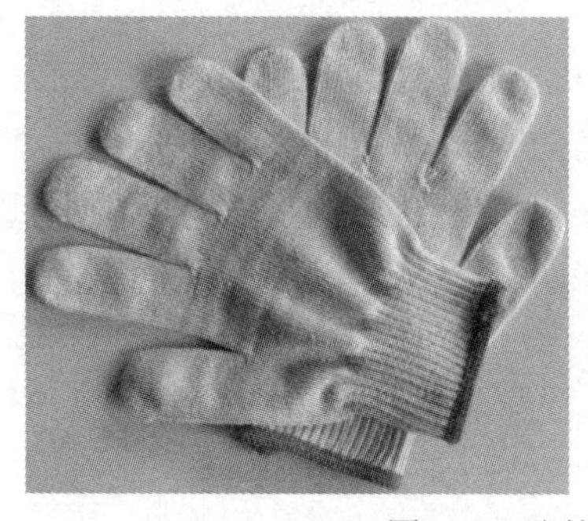

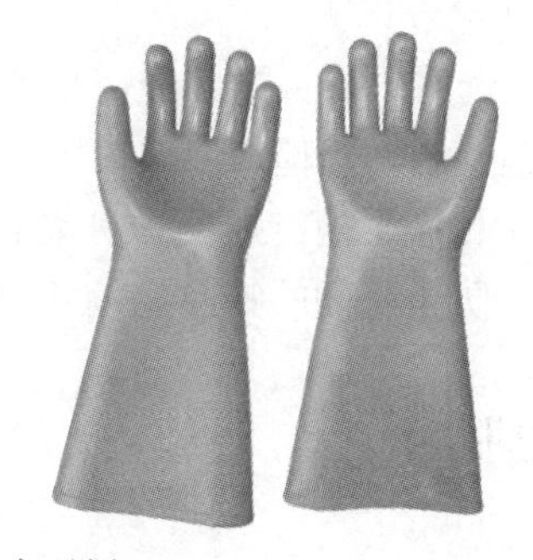

图 1–2　防护手套示例

1.4.1 劳保手套

根据作业性质选用，通常选用帆布、棉纱手套；焊接作业应选用皮革或翻毛皮革手套。使用要求：操作车床、钻床、铣床、砂轮机，以及靠近机械转动部分时，严禁戴手套。

1.4.2 绝缘手套

用于对高压验电、挂拆接地、高压电气试验、牵张设备操作等作业人员的保护，使其免受触电伤害。使用要求如下：

（1）定期检验绝缘性能，泄漏电流须满足规范要求。

（2）使用前进行外观检查，作业时须将衣袖口套入手套筒口内。

（3）使用后，应将手套内外擦洗干净，充分干燥后，撒滑石粉，在专用支架上倒置存放。

1.5 防护眼镜和面罩

防护眼镜和面罩用于防止异物进入眼睛，防止化学性物品的伤害，防止强光、紫外线和红外线的伤害，防止微波、激光和电离辐射的伤害，保护操作者眼睛不受作业时产生的飞屑、强光等伤害，如图 1-3 所示。

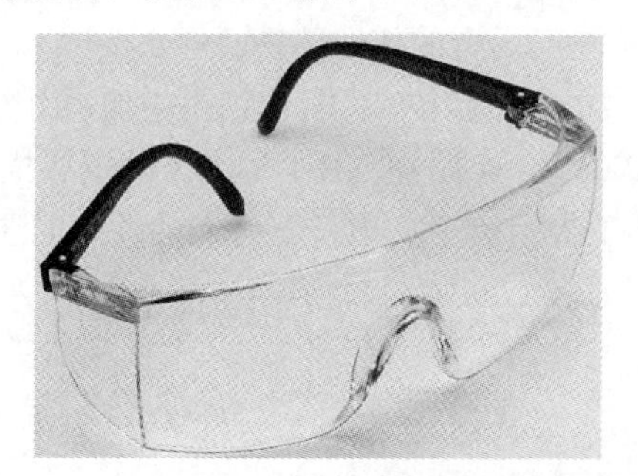

图 1–3 防护眼镜和防护面罩示例

使用要求：作业时可能产生飞屑、火花、烟雾及刺眼光线等作业人员应带防护眼镜。使用前应做外观检查。

注意事项：选用的护目镜应经产品检验机构检验合格，护目镜的宽窄和大小要适合使用者的脸型，镜片磨损粗糙、镜架损坏，会影响操作人员的视力，应及时更换；护目镜要专人专用，防止传染眼病；焊接护目镜的滤光片和保护片要按规定作业需要选用和更换；防止重压重摔，防止坚硬的物品摩擦镜片和面罩。

1.6 防静电服

防静电服（屏蔽服）用于在邻近高压、强电场等作业的人身防护。屏蔽服包括上衣、

裤子、帽子、手套、短袜、鞋等，使用要求如下：

（1）使用前应做外观检查，主要检查服装有无破损、开线、连接头是否牢固。

（2）每年应进行一次对屏蔽服任意两点间的电阻值测量。

（3）服装穿好后，检查连接后的螺母与螺栓不能有松动间隙。连接好后再用电阻表测量手套、导电袜（或导电鞋）与衣服之间是否导通，以确认连接是否可靠。穿戴完毕后，方可按规程进行作业操作。

（4）作业完成后，要仔细检查服装，如有玷污或破损，需要清洁和修复后装箱入库以备下次使用。该服装不能机洗，可用中性洗衣粉浸泡后，用毛刷刷洗后，用清水洗净即可，阴凉处晾干，不可日光曝晒。储存在干燥通风处，避免潮湿。

1.7 防尘口（面）罩

防止可吸入颗粒物及烟尘对人体的伤害。根据作业内容及环境，选择防尘口罩或面罩。

1.8 安全带、全方位防冲击安全带

在坠落高度2m及以上高处作业的施工人员应佩戴安全带。在杆塔上高处作业的施工人员宜（全高超过80m杆塔应）佩戴全方位防冲击安全带。使用要求如下。

（1）按规定定期进行试验。

（2）使用前进行外观检查，做到高挂低用。

（3）应存储在干燥、通风的仓库内，不准接触高温、明火、强酸和尖锐的坚硬物体，也不允许长期暴晒。

1.9 攀登自锁器（含配套缆绳或轨道）

攀登自锁器（含配套缆绳或轨道）：用于预防高处作业人员在垂直攀登过程发生坠落伤害的安全防护用品。一般分为分绳索式攀登自锁器和轨道式攀登自锁器。线路工程高塔（全高80m及以上）作业应使用攀登自锁器，一般杆塔鼓励使用；220kV及以上变电工程作业人员上下时构架时应使用攀登自锁器。

1.10 速差自控器

速差自控器用于杆塔高处作业短距离移动或安装附件时，为施工人员提供的全过程安全防护设施，如图1-4、图1-5所示。

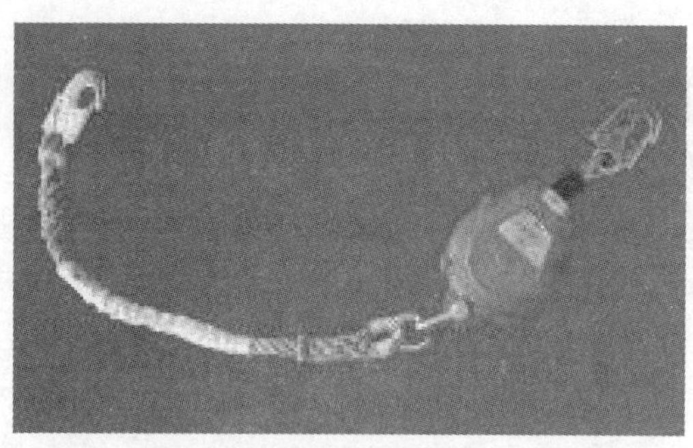

图 1–4　速差自控器实物示例

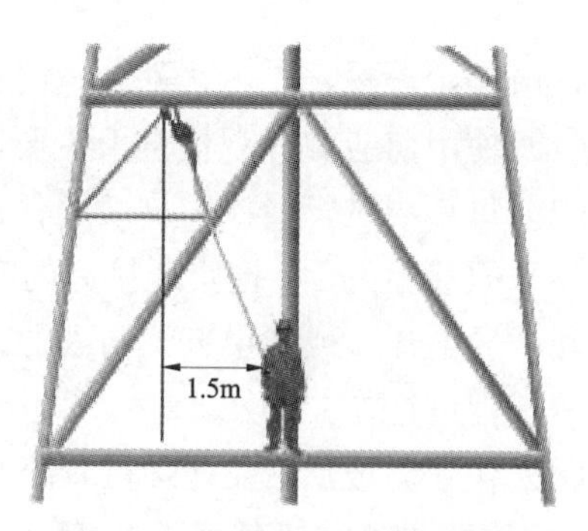

图 1–5　速差自控器应用示例

1.11 水平安全绳

水平安全绳用于人员高处水平移动过程中的人身防护，两端必须可靠固定，应用如图 1-6 所示。使用要求：

（1）绳索规格：不小于ϕ16mm 锦纶绳或ϕ13mm 的钢丝绳。

（2）使用前应对绳索进行外观检查。

（3）绳索两端可靠固定，并收紧，绳索与棱角接触处加衬垫。

（4）架设高度离人员行走落脚点在 1.3～1.6m 为宜。

图 1–6　水平安全绳应用

第2章 换流站内区域布置

通过施工总平面布置及规范建筑物、装置型设施、安全设施、标志、标识牌等式样和标准，以期达到现场视觉形象统一、规范、整洁、朴素、美观的效果。

2.1 换流站的道路、围墙和大门布置

换流站工程进站道路宜适度提前建成，换流站围墙应先期修筑，无法完成永久围墙或者超出永久围墙范围的情况下，必须设立临时围墙，以实现全部现场区域的封闭式管理，永久围墙按照设计要求建造。

在公路与进站道路相交醒目处设换流站位置指示牌。进站道路宜设车辆行驶警告标志牌，靠近进站大门处设车辆限速禁鸣标志牌。进站道路侧合适位置布设“四牌一图”（工程项目名称牌、工程项目管理目标牌、工程项目建设管理责任牌、安全文明施工纪律牌、施工总平面布置图），也可增设单位简介和工程鸟瞰图等内容。

围墙应先期修筑，确保实施封闭式管理，临时围墙可参照永久围墙样式建造，也可以采用具有防锈功能的喷塑、镀锌格栅网围墙，或者铁艺格栅围墙，临时围墙应注重造价和拆装的方便性。临时围墙采用的格栅围墙，围墙高度必须在 2.0m 以上，喷塑和表面油漆采用草绿色或者浅蓝色。

换流站工地大门区域由大门、立柱、临时围墙、人员通行侧门、传达室、维护责任人、宣传标牌等部分组成。换流站大门采用钢结构制作，经防锈处理后加做银粉漆，镀锌铁皮蒙面、深蓝色，户外灯箱膜裱饰。根据具体工程情况，施工区域大门按照设计要求建造，需要设置临时大门的，必须设立临时大门，在施工区大门两侧设立安全保卫检查警卫室和检查岗，施工区大门设立机动车进出场专用道、人员进出场专用道，实现人车分流。

在进入施工区大门道路一侧，可以设立候检临时停车区，以便于安检。在施工区大门以外区域，并装设格栅围墙，场地应做混凝土硬化处理，并画线标注车辆停放区。

2.2 区域布置

现场施工总平面应按实际功能划分为办公区、生活区、施工区。办公区、人员住所和材料站应远离河道、易滑坡、易塌方等存在灾害影响的不安全区域。施工作业场地应进行

围护、隔离、封闭，实行区域化管理。按作业内容分为施工作业区、混凝土搅拌区、材料加工区、设备材料堆放区等。

施工作业现场全面推行定置化管理，策划、绘制平面定置图，规范设备、材料、工器具等堆（摆）放。

2.2.1 办公区

业主、监理、施工项目部办公室应独立设置，做到布置合理、场地整洁，临时建筑设施主色调与现场环境相协调。

变电工程业主、监理、施工项目部办公临建房屋，宜设置在站区围墙外，并与施工区、生活区分开隔离。

施工项目部在办公区或施工区设置“四牌一图”。设置会议室，将工程项目安全文明施工组织机构图、安全文明施工管理目标、工程施工进度横道图、应急联络牌等设置上墙。适宜位置设置宣传栏、标语等宣传类设施。

业主、监理、施工项目部应利用工程现场基建管理信息系统，并能利用电子邮件、传真、无线通讯等方式实现图文、声讯信息的即时、可靠传递。

2.2.2 生活区（卫生防疫设施）

包含分包的所有施工人员宿舍应通风良好、整洁卫生、室温适宜。现场生活区应提供洗浴、盥洗设施和必要的文化娱乐设施。项目部生活区应设置水冲式厕所，缺水地区可采用旱厕，并保持洁净。

食堂应配备厨具、冰柜、消毒柜、餐桌椅等设施，做到干净整洁，符合卫生防疫及环保要求。应根据现场人员民族构成，单独设立小餐桌等措施，确保少数民族员工用餐方便。炊事人员应按规定体检，并取得健康证，工作时应穿戴工作服、工作帽。

2.2.3 施工区

实行封闭管理，采用安全围栏进行围护、隔离、封闭，有条件的应先期修筑围墙。开工初期应首先完成站区环形道路的基层路面硬化工作。道路两旁应设置公示栏、标语等宣传类设施。应搭建临时大门，控制人员车辆进出。

工具间、库房等应为轻钢龙骨活动房、砖石砌体房或集装箱式房屋。临时工棚及机具防雨棚等应为装配式结构，上铺瓦楞板。

材料、工具、设备应按定置区域堆（摆）放，设置材料、工具标识牌、设备状态牌和机械操作规程牌。作业区应进行围护、隔离，设置施工现场风险管控公示牌等内容。施工现场应配备急救箱（包）及消防器材，在适宜区域设置饮水点、吸烟室。

1. 钢筋/电气材料加工区，木材加工区

材料加工区应配置装配式加工棚和废料池，装配式加工棚的棚裙悬挂标牌，棚架推荐使用半固定半活动式。根据加工作业的需要配置适量的废料池。

材料加工区整体布置如图 2–1 所示。

图 2–1　材料站整体布置示意图

2. 混凝土搅拌区

当前阶段特高压直流工程施工用混凝土大多使用商用混凝土，混凝土搅拌区较少应用，但在某些特殊施工场合，仍然需要混凝土搅拌区并在继续使用。

施工现场混凝土搅拌区应配置装配式加工棚、两级沉淀池和必要的安全标志，装配式加工棚，棚裙应悬挂相应的标牌，棚架推荐使用防尘封闭式。两级沉淀池，池四周应配置安全围栏，悬挂相应警示标牌，特殊地区可考虑设置三级沉淀池。

混凝土搅拌区如图 2–2 所示。

图 2–2　混凝土搅拌区、沉淀池实例图

3. 危险品存放区

危险品临时存放库：易燃、易爆危险品应设置专用存放库房，下方设置通风口，配齐消防器材，并配置醒目标识，专人严格管理，如图 2–3 所示。

图 2–3　危险品临时存放库实例

4. 材料/设备临时堆放区

设备材料堆放区布置规范、整齐，如图 2–4 所示。

图 2–4　设备材料堆放区布置示例图

第 3 章　钢管扣件组装式安全设施

3.1 安全隔离设施

危险区域与人员活动区域间、带电设备区域与施工区域间、施工作业区域与非施工作业区域间、地下穿越入口和出口区域、设备材料堆放区域与施工区域间应使用安全围栏实施有效的隔离。

变电工程滤油作业区和油罐存放区等危险区域、相对固定的安全通道两侧应采用钢管扣件组装式安全围栏或门形组装式安全围栏进行隔离。

带电设备区域与施工区域间应采用安全围栏进行隔离，安全围栏宜选用绝缘材料，并满足施工安全距离要求。施工作业区域与非施工作业区域间、设备材料堆放区域四周、电缆沟道两侧宜采用提示遮栏进行隔离。构支架施工区域，安全围栏与警示牌应配合使用，固定方式根据现场实际情况采用，应保证稳定可靠。

安全围栏设置相应的安全警示标志，形式可根据实际情况选取。高处作业面（包括高差 2m 及以上的基坑，直径大于 1m 的无盖板坑、洞）等有人员坠落危险的区域，安全围栏应稳定可靠，并具有一定的抗冲击强度。

3.1.1　钢管扣件组装式安全围栏

适用于相对固定的施工区域（土石方施工中的基坑、桩基工程作业、材料站、加工区等）的划定、临空作业面（包括坠落高度 1.5m 及以上的基坑）的护栏及直径大于 1m 无盖板孔洞的围护。

土石方施工中基坑应有可靠的扶梯或坡道。基坑内外应设集水坑和排水沟，集水坑应每隔一定距离设置，排水沟应有一定坡度。固壁支撑所用木料不得腐坏、断裂，板材厚度不小于 50mm，撑木直径不小于 100mm。锚杆支撑时，应合理布置锚杆的间距和倾角，锚杆上下间距不宜小于 2m，水平间距不宜小于 1.5m；锚杆倾角宜为 15°～25°，且不应大于 45°。最上一道锚杆覆土厚度不得小于 4m。

1. 结构及形状

采用钢管及扣件组装，其中立杆间距为 2.0～2.5m，高度为 1.05～1.2m（中间距地 0.5～0.6m 高处设一道横杆），杆件强度应满足安全要求，临空作业面应设置高 180mm

的挡脚板。杆件红白油漆涂刷、间隔均匀，尺寸规范。安全围栏的结构、形状如图 3–1 所示。

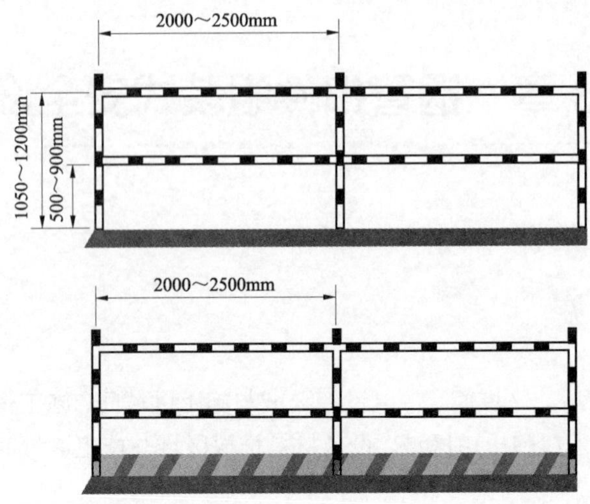

图 3–1　钢管扣件组装式安全围栏的结构、形状示意图

2. 使用要求

安全围栏应与警告、提示标志配合使用，固定方式应稳定可靠，人员可接近部位水平杆突出部分不得超出 100mm。

3.1.2　安全隔离网

安全隔离网分为室内的安全隔离网和室外的安全隔离网，适用扩建工程施工区与带电设备区域的隔离。

1. 结构及形状

采用立杆和隔离网组成，其中立杆跨度为 2.0～2.5m，高度为 1.05～1.5m，立杆应满足强度要求（场地狭窄地区宜选用绝缘材料），隔离网应采用绝缘材料。安全隔离网的结构、形状如图 3–2 所示。

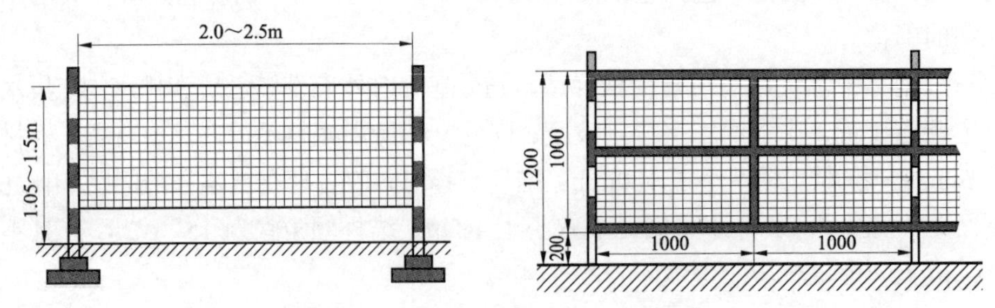

图 3–2　安全隔离网的结构、形状示意

2. 使用要求

安全围栏应与警告、提示标志配合使用，固定方式根据现场实际情况采用，应稳定可

靠。与带电区域设备的隔离围栏应留有足够的安全距离。

3.1.3　提示遮栏

适用施工区域的划分与提示（如变电站内施工作业区、吊装作业区、电缆沟道及设备临时堆放区，以及线路施工作业区等的围护）。

1. 结构及形状

由立杆（高度 1.05～1.2m）和提示绳（带）组成。

2. 使用要求

安全围栏应与警告、提示标志配合使用，固定方式根据现场实际情况采用，应稳定可靠。

3.2　施工安全通道

安全通道根据施工需要可分为斜型走道、水平通道，要求安全可靠、防护设施齐全、防止移动，投入使用前应进行验收，并设置必要的标牌、标识，如图 3–3 所示。

图 3–3　安全通道图示和实例

1. 结构及尺寸

用ϕ40mm 钢管制作围栏，底部设两根横栏，上铺木板、钢板或竹夹板，确保稳定牢固，高 1.2m，宽 800mm，长度根据电缆沟的宽度确定。

2. 使用要求

固定牢固，悬挂“从此通行”标志牌。

3.3 脚手架

脚手架是为了保证各施工过程顺利进行而搭设的工作平台。按搭设的位置分为外脚手架和里脚手架。站区脚手架主要应用于在双极高、低端换流变防火墙、阀厅排架柱及主辅控楼等施工部位。墙身砌体高度超过地坪 1.2m 以上时，应使用脚手架。不得用砖垛或灰斗搭设临时脚手架。

脚手架搭设安全防护基本要求：

（1）搭设脚手架时施工人员系好安全带，递杆、撑杆施工人员密切配合。施工区周围设围栏，通向入口处设警告标志，并由专人监护，无关人员不得入内。

（2）脚手架的外侧、斜道和平台设 0.6m 和 1.2m 高的两道栏杆和 18cm 高的挡脚板或设防护立网。

（3）在搬运器材或有车辆通行的通道处的脚手架立柱设围栏，并悬挂警告标志。

（4）脚手架上配备足够的消防器材，在脚手架上进行电、气焊作业时，有防火措施和专人监护。

（5）脚手架做好接地、避雷措施。脚手架两点可靠接地，接地电阻不得大于 10Ω。

里脚手架又称内墙脚手架，是沿室内墙面搭设的脚手架，每砌完一层墙后，即将其转移到上一层楼面，进行新的一层砌体砌筑，它可用于内外墙的砌筑和室内装饰装修施工。如图 3–4 所示。

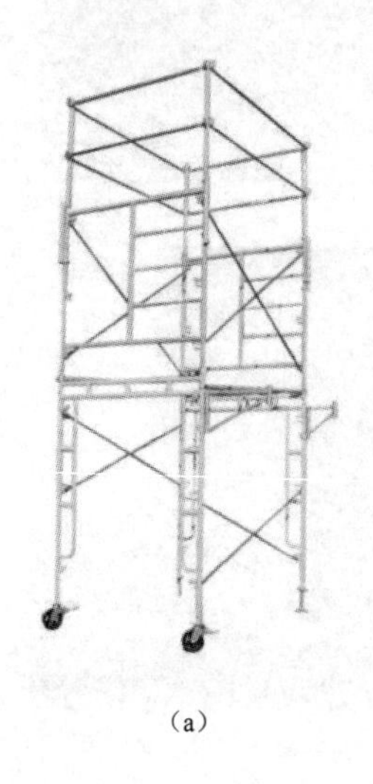

（a）

（b）

图 3–4　脚手架

（a）结构示意图；（b）施工区域外脚手架

外脚手架统指在建筑物外围所搭设的脚手架，包括各种落地式外脚手架、挂式脚手架、挑式脚手架、吊式脚手架等，一般均在建筑物外围搭设，多用于外墙砌筑、外立面装修以

及钢筋混凝土工程。

3.3.1　材料要求

为了保证脚手架整体稳定性，进场的钢管、扣件应选用正规厂家生产的具有出厂合格证和检测报告，钢材的型号和性能要采用 Q235\Q345 钢，钢管表面应平直光滑，不应有裂缝、结疤、分层、错位、硬弯、毛刺、压痕和深的划道及其他影响使用安全的缺陷。

脚手架钢管采用外径为 48mm，壁厚为 3.6mm，材质符合《碳素结构钢》GB/T 700—2006 中 A3 钢的规定。钢管端面应平整，严禁有斜口、毛口等现象。立杆、纵向水平支撑杆（斜撑、剪刀撑、抛撑）的钢管长度为 4～6m，用于横向水平杆的钢管长度为 2.2～2.5m。每根钢管重不大于 25kg。

脚手板优先选用木质脚手板，厚度不应小于 50mm，脚手板的两端应采用直径为 3.5mm 的镀锌钢丝各设两道箍。

3.3.2　安全防护措施

脚手架搭拆过程中应布置相关的安全防护措施。

1. 安全网设置

挂设要求：安全网或棉篷布应挂设严密，用塑料绑扎牢固，不得漏眼绑扎，两网连接处应绑在同一杆件上。安全网要挂设在棚架内侧。

脚手架与施工层之间要按验收标准设置封闭平网，防止杂物下跌。

2. 安全防护棚、斜道

在主要出入口处、通道处搭设安全防护棚（具体要求见签署的施工合同文件）。安全防护棚采用单层钢架板铺设，钢架板上满铺彩条布或草袋。

斜道采用“之”字型斜道，斜道铺着外脚手架，斜道宽度 1.2m，坡度不应大于 1:3。斜道拐弯处应设置平台，其宽度不应小于斜道宽度。斜道两侧及平台外围均应设置栏杆及挡脚板。栏杆高度应为 1.2m，挡脚板高度不应小于 180mm。

3. 临边防护

周边、屋顶边缘、楼梯及休息平台边等临边搭设 1.2m 高防护栏杆。操作层外侧设挡脚板（$h \leqslant 300$mm）和第二道钢管栏杆（$h=900$mm）。

4. 安全标志和安全色

施工部位的安全标志牌要设在醒目的地方，并安放牢固。安全标志要定期检查，如有问题及时整修或更换。

为加强安全警示作用，脚手架部分杆件刷成黄色与黑色相间 0.4m 的安全色。刷安全色的部位有：临边防护栏杆、脚手架分层水平大横杆，剪刀撑等。

5. 砖石砌筑中使用脚手架要点

采用里脚手架砌砖时，应布设外侧安全防护网。墙身每砌高 4m，防护墙板或安全网即应随墙身提高。

用里脚手架砌筑突出墙面300mm以上的屋檐时，应搭设挑出墙面的脚手架进行施工。在换流变防火墙的砌筑作业中除了脚手架外，还需在防火墙施工作业上方为作业人员配置水平安全绳，以供施工人员系安全带。

第4章　基坑、孔洞和临边防护设施

4.1 基坑、孔洞防护设施

基坑、孔洞在基建工程施工现场较为常见，土石方开挖、桩基工程作业、电缆沟施工等作业过程中均存在孔洞防护问题。施工现场（包括办公区、生活区）能造成人员伤害或物品坠落的孔洞应采用孔洞盖板或安全围栏实施有效防护。

建筑物施工中的土石方开挖作业需要设置孔洞防护设施，桩基工程作业中人工挖孔的孔洞需要设置孔洞防护设施，暂停施工的孔口应设通透的临时网盖。

孔洞盖板应满足人或车辆通过的强度要求，盖板上表面应有安全警示标志。直径大于 1m、道路附近、无盖板及盖板临时揭开的孔洞，四周应设置安全围栏和安全警示标志牌。

4.1.1　临时盖板结构及形状

孔洞及沟道临时盖板使用 4～5mm 厚花纹钢板（或其他强度满足要求的材料，盖板强度 10kPa）制作，并涂以黑黄相间的警告标志和禁止挪用标识，制作标准如图 4–1 所示。盖板下方适当位置（不少于 4 处）设置限位块，以防止盖板移动。遇车辆通道处的盖板应适当加厚，以增加强度。

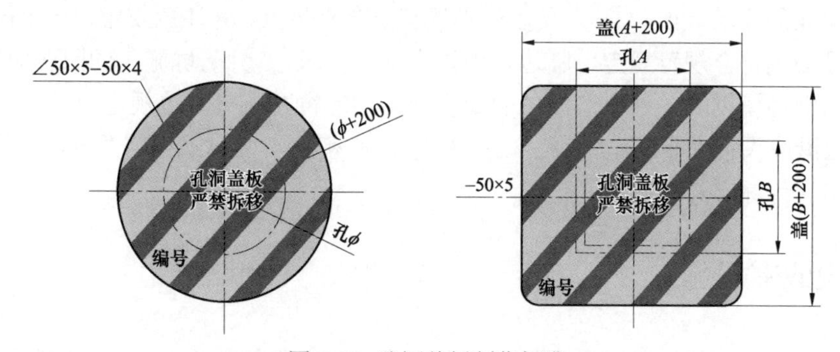

图 4–1　孔洞盖板制作标准

4.1.2　临时盖板使用要求

（1）孔洞及沟道临时盖板边缘应大于孔洞（沟道）边缘 100mm ，并紧贴地面。

（2）孔洞及沟道临时盖板因工作需要揭开时，孔洞（沟道）四周应设置安全围栏和警告牌，根据需要增设夜间警告灯，工作结束应立即恢复。

（3）孔洞防护盖板上严禁堆放设备、材料。

4.1.3 基坑作业安全防护

基坑的安全防护措施主要包括：临边防护（具体内容见下一节）、排水措施、坑壁支护、坑边荷载、基坑上下通道和安全警告标志。

排水措施：基坑施工过程中对地表水控制，以便进行排水措施调整，对地表滞水进行如下控制，沿基坑周边防护栏处设置一明排水沟，为了排除雨季的暴雨突然而来的明水，防止排水沟泄水不及，特在基坑一侧设一积水池，再通过污水泵及时将积水抽至厂区排污系统，做到有组织排水，确保排水畅通。

基坑坑壁支护：常见的基坑支护形式主要有：① 排桩支护，桩撑、桩锚、排桩悬臂；② 地下连续墙支护，地连墙+支撑；③ 水泥挡土墙；④ 钢板桩：型钢桩横挡板支护，钢板桩支护；⑤ 土钉墙（喷锚支护）；⑥ 逆作拱墙；⑦ 原状土放坡；⑧ 基坑内支撑；⑨ 桩、墙加支撑系统；⑩ 简单水平支撑；⑪ 钢筋混凝土排桩；⑫ 上述两种或者两种以上方式的合理组合等。坑槽开挖时设置的边坡符合安全要求。坑壁支护的做法以及对重要地下管线的加固措施必须符合专项施工方案和基坑支护结构设计方案的要求。支护设施产生局部变形，应会同设计人员提出方案并及时采取相应的措施进行调整加固。

坑边荷载要求：① 坑边堆置材料包括沿挖土方边缘移动运输工具和机械不应离槽边过近，距坑槽上部边缘不少于 2m，槽边 1m 以内不得堆土、堆料、停置机具；② 基坑周边严禁超堆荷载。

基坑上下通道：① 基坑施工作业人员上下必须设置专用通道，不得攀爬栏杆和自挖土级上下；② 人员专用通道应在施工组织设计中确定。视条件可采用梯子、斜道（有踏步级）两侧要设扶手栏杆；③ 机械设备进出按基坑部位设置专用坡。

基坑作业的注意事项：① 人员作业必须有安全立足点，并注意安全，防止掉落基坑，脚手架搭设必须符合规范规定，临边防护符合规范要求；② 基坑施工的照明问题，电箱的设置及周围环境以及各种电气设备的架设使用均应符合电气规范规定；③ 安全警告标识，基坑边沿应设置“非工作人员禁止入内”“当心基坑”“当心塌陷”“当心坠落”“必须佩戴安全帽”等标志。

4.2 临边防护设施

施工区域临边是指施工现场内无围护设施或围护设施高度低于 0.8m 的楼层周边、楼梯侧边、平台或阳台边、屋面周边和沟、坑、槽、深基础周边等危及人身安全的边沿的简称。基建工程中的“五临边”包括在建工程的楼面临边、屋面临边、阳台临边、升降口临边和基坑临边。楼梯及平台临边防护见图 4–2。

图 4–2　楼梯及平台临边防护

临边安全防护措施：

（1）临边的四周包括施工工程无外脚手架的屋面（作业面）和框架结构楼层的周边；井字架、龙门架、外用电梯和脚手架与建筑物的通道、上下跑道和斜侧道的两侧边；尚未安装栏板、栏杆阳台、料台、挑平台的周边；在施工工程楼梯口的梯段边。

（2）临边必须设置防护栏杆，防护栏杆由上、下两道横杆及栏杆柱组成，上横杆离地高度 1.2m，下横杆离地高度 0.6m。坡度大于 1:2 的斜屋面，防护栏杆应高于 1.5m，并加挂安全立网。横杆长度大于 2m 时，必须加设栏杆柱；给排水沟槽、桥梁工程、泥浆池等临边危险部位应进行有效防护。

（3）各种垂直运输卸料平台临边防护必须到位，侧边设 1.2m 高两道防护栏杆和安全网全封闭，进料口设置防护门。或采用 1.2m 高定型彩钢板全封闭，平台口还应设置含踢脚防护的安全门或活动防护栏杆。卸料平台底板要求采用厚 4cm 以上木板、钢板等硬质板材铺设，并设有防滑条，严禁只采用毛竹脚手片。

门形组装式安全围栏是一类常见的临边防护设施，适用于相对固定的施工区域、安全通道、重要设备保护、带电区分界、高压试验等危险区域的区划。

4.2.1　结构及形状

采用围栏组件与立杆组装方式，钢管红白油漆涂刷、间隔均匀、尺寸规范。安全围栏的结构、形状及尺寸如图 4–3 所示。

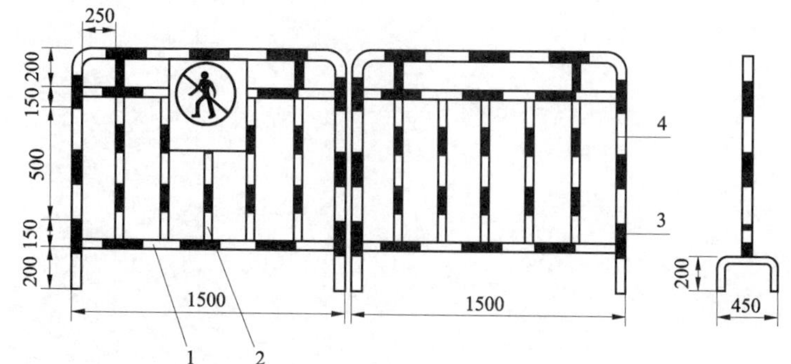

序号	名称	规格	材质
1	围栏框	≥ϕ25×2	Q235
2	立杆	≥ϕ10×2	Q235
3	套管	≥ϕ20×2	Q235
4	立杆管	≥ϕ25×2	Q235

图 4–3　门形组装式安全围栏的结构、形状及尺寸示意图

4.2.2 使用要求

（1）安全围栏应与警告标志配合使用、在同一方向上警告标志每20m至少设一块。

（2）安全围栏应立于水平面上，平稳可靠。

（3）当安全围栏出现构件焊缝开裂、破损、明显变形、严重锈蚀、油漆脱落等现象时，应经修整后方可使用。

第5章 施工用电设施

施工现场临时用电应采用三相五线制标准布设。施工用电设备在 5 台以上或设备总容量在 50kW 以上时，应编制安全用电专项施工组织设计。施工用电设备在 5 台以下或设备总容量在 50kW 以下时，在施工组织设计中应有施工用电专篇，明确安全用电和防火措施。

施工用电接线，必须由专职电工负责，并要有良好的接地，现场配电盘要装锁，防止非电工人员私接电源。

夜间施工临时接的金卤灯，铺线线路不得交叉杂乱，过路处要加防护套管。焊机必须接地良好，以保证操作人员安全，对于焊接导线及焊钳接导线处，都应设置可靠绝缘；大量焊接时，焊接电源不得超负荷，焊机为“一机、一闸、一保护、一箱”。

直埋电缆埋设深度和架空线路架设高度应满足安全要求，直埋电缆路径应设置方位标志，电缆通过道路时应采用套管保护，套管应有足够强度。

各级配电箱装设应端正、牢固、防雨、防尘，并加锁，设置安全警示标志，总配电箱和分配电箱附近配备消防器材。总配电箱、开关箱内应配置漏电保护器。配电箱内应配有接线示意图和定期检查表，由专业电工负责定期检查、记录。电源线、重复接地线、保护零线应连接可靠，如图 5–1 所示。

图 5–1 现场一级箱、二级箱、三级箱

施工用电设施：站内配电线路宜采用直埋电缆敷设，埋设深度不得小于 0.7m，并在地面设置明显提示标志，如图 5–2 所示。如采用架空线，应按沿围墙布线方式，应满足现场临时用电需要和交通安全要求。总配电箱、分配电箱、开关箱和便携式电源盘应满足电气安全及相关技术要求，漏电保安器应定期试验，确保功能完好。各类接地可靠，采用黄绿双色专用接地线。

图 5–2　地下电缆标识示例

5.1 电源配电箱

适用于现场生活、办公、施工临时动力控制电源。

5.1.1　结构及尺寸

标准尺寸及颜色如图 5–3 所示，标准配电箱内部接线方式及应用实例如图 5–4 所示。

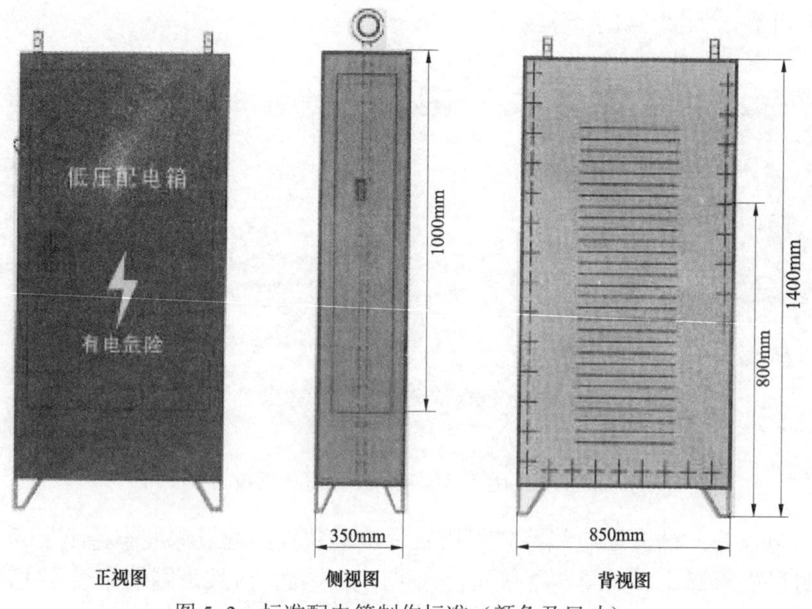

图 5–3　标准配电箱制作标准（颜色及尺寸）

图 5–4　标准配电箱内部接线方式及应用实例

5.1.2　使用要求

（1）按规定安装漏电保护器，每月至少检验一次，并做好记录；

（2）应有专人管理，并加锁；

（3）箱体内应配有接线示意图，并标明出线回路名称。

5.1.3　技术要求

（1）设备产品应符合现行国家标准的规定，应有产品合格证及设备铭牌；

（2）箱体外表颜色为绿色（C100 Y100）、铅灰色（K50）或橙色（M60 Y100），同一工程项目箱体外表颜色应统一；

（3）箱门标注“有电危险”警告标志及电工姓名、联系电话，总配电箱、分配电箱附近应配置干粉式灭火器；

（4）配电箱内母线不能有裸露现象；

（5）固定式配电箱、开关箱应与地面保持一定垂直距离应。

5.2 便携式卷线盘

（1）用于施工现场小型工具及临时照明电源，如图 5–5 所示。

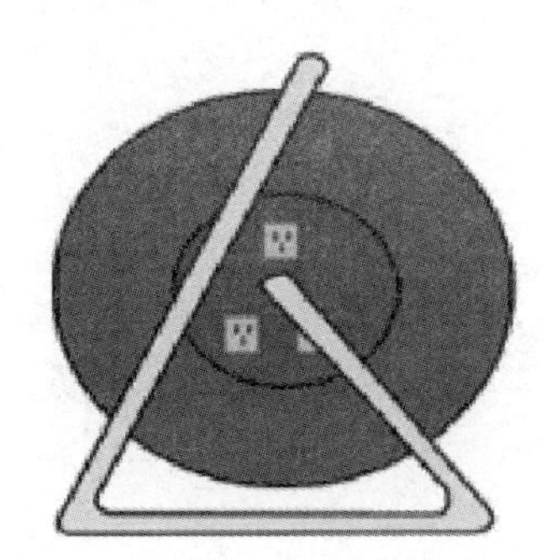
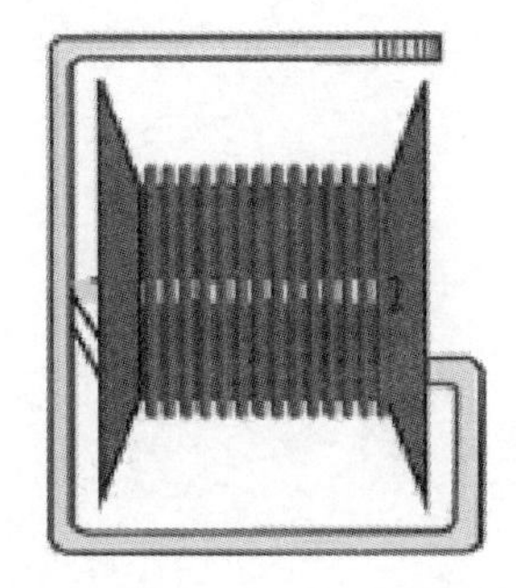

图 5–5　便携式卷线盘示意图

（2）使用要求：

1）卷线盘选择要求：应配备漏电保护器（30mA，0.1s），电源线应使用橡皮软线；

2）负荷容量：限 220V，2kW 以下负荷使用；

3）电源线在拉放时应保持一定的松弛度，避免与尖锐、易破坏电缆绝缘的物体接触；

4）缆线长度不得超过 30m。

（3）技术要求：电缆线应为三芯电缆（其中一芯为接零保护线）。

5.3 照明设施

施工作业区采用集中广式照明，如图 5–6 所示；局部照明采用移动立杆式灯架，如图 5–7 所示。

图 5–6　集中广式照明灯塔示例

图 5–7　照明灯塔接地示例

（1）集中广式照明适用于施工现场集中广式照明，灯具一般采用防雨式，底部采用焊接或高强度螺栓连接，确保稳固可靠。广式照明灯塔结构及形如下图所示，灯塔应可靠接地。

（2）移动立杆式灯架可根据需要制作或购置，电缆绝缘良好。

第 6 章　消防和危险品存放设施

6.1 消防设施

施工现场、仓库及重要机械设备、配电箱旁，生活和办公区等应配置相应的消防器材。需要动火的施工作业前，应增设相应类型及数量的消防器材。在林区、牧区施工，应使用林区、牧区专用灭火器材。

在防火重点部位或易燃、易爆区周围动用明火或进行可能产生火花的作业时，应办理动火工作票，经有关部门批准后，采取相应措施并增设相应类型及数量的消防器材后方可进行。

消防设施应有防雨、防冻措施，并定期进行检查、试验，确保有效；砂桶（箱、袋）、斧、锹、钩子等消防器材应放置在明显、易取处，不得任意移动或遮盖，禁止挪作他用。如图 6–1 所示。

图 6–1　消防设施定制管理和布置图

作业现场禁止吸烟。禁止在办公室、工具房、休息室、宿舍等房屋内存放易燃、易爆物品。

挥发性易燃材料不得装在敞口容器内或存放在普通仓库内。装过挥发性油剂及其他易燃物质的容器，应及时退库，并存放在距建筑物不小于 25m 的单独隔离场所；装过挥发性油剂及其他易燃物质的容器未与运行设备彻底隔离及采取清洗置换等措施，禁止用电焊或火焊进行焊接或切割。

储存易燃、易爆液体或气体仓库的保管人员，应穿着棉、麻等不易产生静电的材料制成的服装入库。

采用易燃材料包装或设备本身应防火的设备箱，禁止用火焊切割的方法开箱。

电气设备附近应配备适用于扑灭电气火灾的二氧化碳灭火器、干粉灭火器等消防器材。电气设备发生火灾时应首先切断电源。

熬制沥青或调制冷底子油应在建筑物的下风方向进行，距易燃物不得小于10m，不应在室内进行。进行沥青或冷底子油作业时应通风良好，作业时及施工完毕后的24h内，其作业区周围30m内禁止明火。

临时建筑及仓库防火，仓库应根据储存物品的性质采用相应耐火等级的材料建成。值班室与库房之间应有防火隔离措施。临时建筑物内的火炉烟囱通过墙和屋面时，其四周应用防火材料隔离。烟囱伸出屋面的高度不得小于500mm。禁止用汽油或煤油引火。

氧气、乙炔气、汽油等危险品仓库，应采取避雷及防静电接地措施，屋面应采用轻型结构，门、窗不得向内开启，保持通风良好。

各类建筑物与易燃材料堆场之间的防火间距应符合表6–1中的规定。

表6–1　　各类建筑物与易燃材料堆场之间的防火间距（m）

防火间距 / 建筑类别序号 / 建筑类别及序号	1	2	3	4	5	6	7	8	9
1. 正在施工中的永久性建筑物	—	20	15	20	25	20	30	25	10
2. 办公室及生活性临时建筑	20	5	6	20	15	15	30	20	6
3. 材料仓库及露天堆场	15	6	6	15	15	10	20	15	6
4. 易燃材料（氧气、乙炔气、汽油等）仓库	20	20	15	20	25	20	30	25	20
5. 木材（圆木、成材、废料）堆场	25	15	15	25	垛间2	25	30	25	15
6. 锅炉房、厨房及其他固定性用火	20	15	10	20	25	15	30	25	6
7. 易燃物（稻草、芦席等）堆场	30	30	20	30	30	30	垛间2	25	6
8. 主建筑物	25	20	15	25	25	25	25	25	15
9. 一般性临时建筑	10	6	6	20	15	6	6	15	6

临时建筑不宜建在电力线下方。如必须在110kV及以下电力线下方建造时，应经线路运维单位同意。屋顶采用耐火材料。临时库房与电力线导线之间的垂直距离，在导线最大计算弧垂情况下不小于表6–2中的规定。

表6–2　　临时库房与电力线导线之间最小垂直距离

线路电压（kV）	1～10	35	66～110
最小垂直距离（m）	3	4	5

易燃易爆物品、仓库、宿舍、加工区、配电箱及重要机械设备附近，应按规定配备灭

火器、砂箱、水桶、斧、锹等消防器材，并放在明显、易取处。

储油和油处理现场应配备足够、可靠的消防器材，应制定明确的消防责任制，10m 范围内不得有火种及易燃易爆物品。

施工过程中（如钢筋加工等），在焊机操作棚周围，不得堆放易燃物品，并应在操作部位配备一定数量的消防器材。

消防器材应使用标准的架、箱，应有防雨、防晒措施，每月检查并记录检查结果，定期检验，保证处于合格状态。

消防设施：按规定配备合格、有效的消防器材，并使用标准式样的消防器材架、箱，消防设施应设置在适宜的位置。如图 6–2 所示。

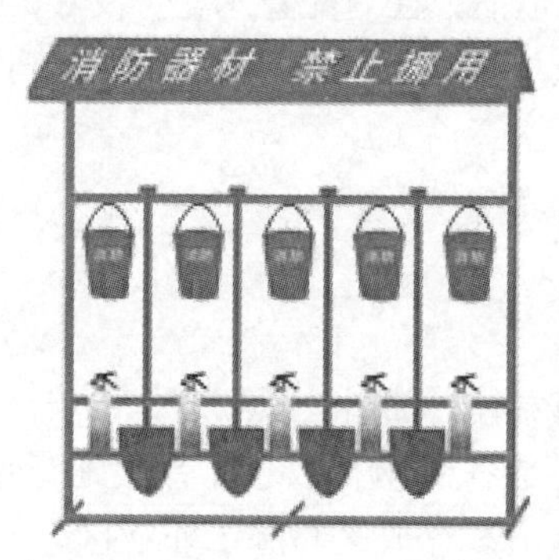

图 6–2 消防器材及相关设施示例

消防器材配置标准：

（1）在建建筑物：施工层面积在 500m^2 以内，配备泡沫灭火器不少于 2 个，每增 500m^2 增配泡沫灭火器 1 个，非施工层必须视具体情况适当配置灭火器材。

（2）材料仓：面积在 50m^2 以内，配备泡沫灭火器不少于 1 个，每增 50m^2 增配泡沫灭火器不少于 1 个（如仓内存放可燃材料较多，要相应增加）。

（3）施工办公室、水泥仓：面积在 100m^2 以内，配备泡沫灭火器不少于 1 个，每增 50m^2 增配泡沫灭火器不少于 1 个。

（4）木制作场：面积在 50m^2 以内，配备泡沫灭器不少于 2 个，每增 50m^2 增配泡沫灭火器 1 个。

（5）电工房、配电房：配备灭火器不少于 1 个。

（6）电机房：配备灭火器不少于 1 个。

（7）油料仓：面积在 50m^2 以内，配备灭火器不少于 2 个，每增 50m^2 增配灭火器不少于 1 个。

（8）可燃物品堆放场：面积在 50m^2 以内，配备泡沫灭火器不少于 2 个

（9）垂直运输设备（包括施工电梯、塔式起重机）机驾室：配备灭火器不少于 1 个。

（10）临时易燃易爆物品仓：面积在 50m^2 以内，配备灭火器不少于 2 个。

（11）值班室：配备泡沫灭火器 1 个、灭火器 1 个及一条直径为 65mm 长度为 20m 的消防水带。

（12）集体宿舍：每 25m^2 配备泡沫灭火器 1 个，如占地面积超过 1000m^2，应按每 500m^2

设立 1 个 $2m^2$ 的消防水池。

（13）厨房：面积在 $100m^2$ 以内，配备灭火器 3 个，每增 $50m^2$ 增配泡沫灭火器 1 个。

（14）临时动火作业场所：配备泡沫灭火器不少于 1 个和其他消防辅助器材。

（15）电缆夹层：面积在 $250m^2$ 以内，配备 6 个 7kg 标准的 CO_2 灭火器或 6 个 4kg 标准的干粉灭火器，电缆竖井：面积在 $100m^2$ 以内，配备 4 个 7kg 标准的 CO_2 灭火器或 4 个 4kg 标准的干粉灭火器。

（16）换流变区域：每台换流变配备 5 个 7kg 标准的 CO_2 灭火器或 5 个 4kg 标准的干粉灭火器，外加 4 个推车式 25kg 标准的干粉灭火器，消防砂箱数与换流变数目相同。

（17）变电站内，室外消火栓保护半径不能大于 150m，离建筑物的距离不能大于 120m，每变电站按相应位置设置 6～8 个消火栓，每个消火栓内配置水枪一支、20～25m 消防水带一根，专用扳手一把。蓄电池室的灭火器应放置在门外，砂箱容积不小于 $2m^3$，消防铅桶应盛满黄沙。

6.2 危险品存放设施

基建工程现场危险品主要包括易燃、易爆液体或气体（油料、氧气瓶、乙炔气瓶、六氟化硫气瓶等）等，施工现场的易燃、易爆危险品应存放在专用存放仓库并实施有效隔离，库房下方设置通风口，配齐消防器材，并配置醒目标识，存放区与施工作业区、办公区、生活区、临时休息棚保持安全距离，危险品存放处应有明显的安全警示标志，如图 6–3 所示。

图 6–3　危险品临时存放库实例

施工现场危险品存放设施配置要求：

（1）危险品入库验收时，要检查包装是否完整、密封，如发现有泄漏时，应立即换装符合要求的包装。危险品搬运时应轻拿轻放，避免碰撞、翻倒和损坏包装、严禁重抛、撞击。危险品贮存时应设专区或专柜存放；在施工现场应有专房存放，库房应保持通风良好，品种应分类放置和标识。危险品在使用时，应有专人领用，管理和调配。调配应在指定的地方进行，使用前应清理场地，远离火源，无关人员应撤离现场。

（2）易燃、易爆物品、有毒物品等应分别存放在与普通仓库隔离的专用库内，并按照有关规定严格管理，库房内应保持通风。挥发性的易燃材料不得装在散口容器内和存放在普通仓库内，应保存在距构筑物不小于 25m 处单独隔离，装过挥发性油剂及其他易燃物

资的容器未经采取措施，严禁用电焊或者火焊进行焊接与切割。闪点在摄食 45℃以下的桶装易燃液体不得露天存放，必须少量存放时，在炎热夏季应严防曝晒，并采取降温措施。

（3）氧气瓶、乙炔瓶存放时要保持安全距离，应分别存放在通风良好的场所，不得混放，且远离火源防止日光暴晒，严禁和易燃物、易爆物混放在一起，严禁靠近热源，气瓶与明火距离不得小于 10m，最好直立存放在木格或铁格内，室内气温不宜超过 38℃，瓶口螺丝禁止上油，不能与油脂和可燃物接触。使用时，氧气瓶和乙炔瓶的间距不得小于 5m。乙炔瓶应保持直立，并应有防止倾倒的措施。

（4）危险品仓库库房的安全要求：危险品仓库应配备足够的消防器材，并定期检查养护，保证其能正常使用。危险品仓库房内应使用防爆型照明灯具、防爆型插座和防爆型空调等，严禁使用明火，门口要写出防火标志，人员搬运时要轻拿轻放，严防撞击。各仓库随时清理仓库周围的易燃杂物。危险品仓库应有避雷及静电接地设施。无关人员不得进入危险品贮存场地，贮存场地严禁吸烟和使用明火并按要求配备一定数量的灭火器，在显要位置（如大门上）张贴防火和危险品的标识。

第7章 起重作业防护设施

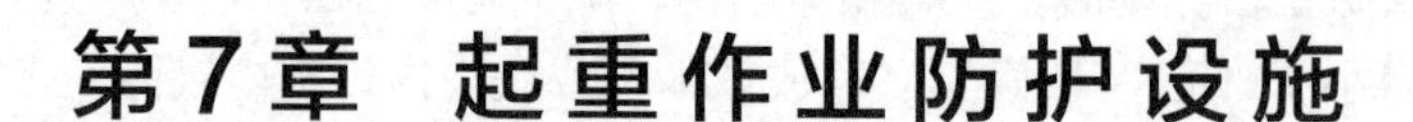

起重作业是指吊车或者起升机构对设备的安装、就位的统称，在换流站工程施工过程会有大量的起重作业（如构支架施工、交直流场设备吊装、阀厅内吊装作业等）。

7.1 起重作业器具的使用

7.1.1 吊具方面的要求

吊钩缺陷不得焊补、表面应光滑、吊钩表面不得有裂纹、折叠、锐角等缺陷，吊钩内部不得有裂纹和影响安全使用性能的缺陷，不得在吊钩上钻孔或焊接。

吊钩出现下列情况之一时，应报废：① 裂纹；② 吊钩与索具接触面磨损或腐蚀，达原尺寸的 5%；③ 钩柄产生塑性变形；④ 吊钩开口度比原尺寸增加 10%；⑤ 钩身的扭转角超过 10°。

钢丝绳吊索要求：

（1）提升物品时穿入软索眼的金属销轴等物体，应有足够的连接强度，且直径不得小于吊索钢丝绳公称直径的 2 倍。

（2）钢丝绳吊索不得在地面上拖拽，且不得用加热方法进行切。

（3）提升吊重时，应符合下列要求：钢丝绳分肢无任何结扣的可能性，终端连接方法正确可靠，钢丝绳吊索弯折曲率半径大于钢丝绳公称直径的 2 倍，吊索使用中本身自然形成的扭结角不得受挤压，但终端索眼、套管或插接连接及其配件应安全可靠，多肢吊索不得绞缠。

（4）钢丝绳吊索，出现下列情况之一时，应停止使用、维修、更换或报废：无规律分布损坏，钢丝绳局部可见断丝损坏，索眼表面出现集中断丝或断丝集中在金属套管、插接处附近、插接连接绳股中，钢丝绳严重磨损，钢丝绳严重锈蚀，因打结、扭曲、挤压造成的钢丝绳畸变、压破、芯损坏，或钢丝绳压扁超过原公称直径的 20%，钢丝绳热损坏，绳端固定连接的金属套管或插接连接部分滑出。

7.1.2 起重机方面的要求

起重机的安全装置除应按规定装设力矩限制器、超高限位器等安全装置外，还应装设偏斜调整和显示装置。起重机械（含牵张设备）安全保护装置应齐全有效，牵张设备应设

置地锚锚固。

采用抱杆组塔时，抱杆、绞磨、卷扬机、地锚、钢丝绳、绳卡、卸扣等起重工器具应正确配置。

履带式起重机需由具有专业资格的机构和人员进行安拆和维护，现场管理对于履带式起重机的管理应严格按规范进行。

在雷雨季节使用起重机械吊装作业时宜做好接地措施。

7.2 起重作业的安全措施

项目管理实施规划中应有机械配置、大型吊装方案及各项起重作业的安全措施。起重机械拆装时应编制专项安全施工方案。履带式起重机的安拆和维护需由具有专业资质的机构和人员进行，现场管理人员应进行规范管理。特殊环境、特殊吊件等施工作业应编制专项安全施工方案或专项安全技术措施，必要时还应经专家论证。

起重作业应由专人指挥，分工明确。重大物件的起重、搬运作业应由有经验的专人负责。每次换班或每个工作日的开始，对在用起重机械，应按其类型针对与该起重机械适合的相关内容进行日常检查。

起重作业前应进行安全技术交底，使全体人员熟悉起重搬运方案和安全措施。操作人员在作业前应对作业现场环境、架空电力线以及构件重量和分布等情况进行全面了解。操作人员应按规定的起重性能作业，禁止超载。

起重机械使用前应经检验检测机构监督检验合格并在有效期内。起重机械的各种监测仪表以及制动器、限位器、安全阀、闭锁机构等安全装置应完好齐全、灵敏可靠，不得随意调整或拆除。禁止利用限制器和限位装置代替操纵机构。

各类起重机械应装有音响清晰的喇叭、电铃或汽笛等信号装置。在起重臂、吊钩、平衡重等转动体上应标以鲜明的色彩标志。

起重机械使用单位对起重机械安全技术状况和管理情况应进行定期或专项检查，并指导、追踪、督查缺陷整改。

操作室内禁止堆放有碍操作的物品，非操作人员禁止进入操作室；起重作业应划定作业区域并设置相应的安全标志，禁止无关人员进入。

在露天有六级及以上大风或大雨、大雪、大雾、雷暴等恶劣天气时，应停止起重吊装作业。雨雪过后作业前，应先试吊，确认制动器灵敏可靠后方可进行作业。

在高寒地带施工的设备，应按规定定期更换冬、夏季传动液压油、发动机油和齿轮油等，保证油质能满足其使用条件。

起吊物体应绑扎牢固，吊钩应有防止脱钩的保险装置。若物体有棱角或特别光滑的部位时，在棱角和滑面与绳索（吊带）接触处应加以包垫。起重吊钩应挂在物件的重心线上。

含瓷件的组合设备不得单独采用瓷质部件作为吊点，产品特别许可的小型瓷质组件除外。瓷质组件吊装时应使用不危及瓷质安全的吊索，例如尼龙吊带等。

起重作业防护和立塔作业区应设置围栏防护，如图7–1所示。

图 7–1　起重作业防护围栏示例

7.3 起重作业监护和指挥

起重吊装作业的指挥人员、司机和安拆人员等应持证上岗，作业时应与操作人员密切配合，执行规定的指挥信号。

起重指挥信号应简明、统一、畅通。

操作人员应按照指挥人员的信号进行作业，当信号不清或错误时，操作人员可拒绝执行。

操作室远离地面的起重机械，在正常指挥发生困难时，地面及作业层（高空）的指挥人员均应采用对讲机等有效的通信联络进行指挥。

7.4 绞磨和卷扬机的使用

绞磨和卷扬机应放置平稳，锚固应可靠，并应有防滑动措施。受力前方不得有人。拉磨尾绳不应少于两人，且应位于锚桩后面、绳圈外侧，不得站在绳圈内，距离绞磨不得小于 2.5m；当磨绳上的油脂较多时应清除。

机动绞磨宜设置过载保护装置，不得采用松尾绳的方法卸荷。卷筒应与牵引绳保持垂直。牵引绳应从卷筒下方卷入，且排列整齐，通过磨芯时不得重叠或相互缠绕，在卷筒或磨芯上缠绕不得少于 5 圈，绞磨卷筒与牵引绳最近的转向滑车应保持 5m 以上的距离。

机动绞磨和卷扬机不得在载荷的情况下过夜。磨绳在通过磨芯时不得重叠或相互缠绕，当出现该情况时，应停止作业，及时排除故障，不得强行牵引。不得在转动的卷筒上调整牵引绳位置。

作业人员不得跨越正在作业的卷扬钢丝绳。物料提升后，操作人员不得离开机械。被吊物件或吊笼下面禁止人员停留或通过。

使用卷扬机应遵守下列规定：

（1）作业前应进行检查和试车，确认卷扬机设置稳固，防护设施、电气绝缘、离合器、制动装置、保险棘轮、导向滑轮、索具等合格后，方可使用。

（2）作业时禁止向滑轮上套钢丝绳，禁止在卷筒、滑轮附近用手扶运行中的钢丝绳，不准跨越行走中的钢丝绳，不准在各导向滑轮的内侧逗留或通过。

（3）吊起的重物在空中短时间停留时，应用棘爪锁住，休息时应将物件或吊笼降至地面。

（4）作业中如发现异常情况时，应立即停机检查，排除故障后方可使用。

（5）卷扬机未完全停稳时不得换挡或改变转动方向。

（6）设置导向滑车应对正卷筒中心；导向滑轮不得使用开口拉板式滑轮，滑车与卷筒的距离不应小于卷筒（光面）长度的20倍，与有槽卷筒不应小于15倍，且应不小于15m。

（7）卷扬机传动部分应安装防护罩。

第8章 高处作业防护设施

8.1 高处作业类型及防护措施

凡在坠落高度基准面 2m 以上（含 2m）有可能坠落的高处进行作业，都称为高处作业。在建筑物内作业时，若在 2m 以上的架子上进行操作，即为高处作业。

建筑施工中的高处作业主要包括临边作业、洞口作业、攀登作业、悬空作业、交叉作业五种基本类型：

（1）临边作业，施工现场中，工作面边沿无围护设施或围护设施高度低于 80cm 时的高处作业。

（2）洞口作业，孔、洞口旁边的作业。在水平方向的楼面、屋面、平台等上面短边小于 25cm（大于 2.5cm）的称为孔，等于或大于 25cm 称为洞。在垂直于楼面、地面的垂直面上，则高度小于 75cm 的称为孔，高度等于或大于 75cm，宽度大于 45cm 的均称为洞。凡深度在 2m 及 2m 以上的桩孔、人孔、沟槽与管道等孔洞边沿上的高处作业都属于洞口作业。

（3）攀登作业，借助建筑结构或脚手架上的登高设施或采用梯子或其他登高设施在攀登条件下进行的高处作业。

（4）悬空作业，在周边临空状态下进进行高处作业，操作者无立足点或无牢靠立足点条件下进行高处作业。

图 8–1　高处作业防护示例

（5）交叉作业，在施工现场的上下不同层次，于空间贯通状态下同时进行的高处作业。现场施工上部搭设脚手架、吊运物料、地面上的人员搬运材料、制作钢筋，或外墙装修下面打底抹灰、上面进行面层装饰等等，都是施工现场的交叉作业。

登高及临边高处作业时，必须按规定设置安全防护设施。防护设施包括安全网、密目网、安全自锁器、速差自控器、安全围栏、活动支架、手扶水平安全绳、孔洞盖板及临时防护栏杆等。

高处作业使用梯子、高处作业平台或高空作业车。高处作业的施工人员配置防冲击安全带，在垂直攀登过程中的施工人员应配备攀登自锁器，高处短距离垂直移动或水平移动应配备速差自控器、二道防护绳和水平安全绳。设有与地面联系的信号或通信装置，并由专人负责。

高处作业人员使用工具袋，较大的工具系保险绳，高处作业的工器具必须有护手绳等安全防护措施；严禁使用吊笼辅助安装钢柱、钢梁，禁止使用安装简易工作平台配合安全带自锁器使用。

8.2 高处作业的安全防护设施

洞口坠落事故的预防：预防留口、通道口、楼梯口、电梯口、上料平台口等都必须设有牢固、有效的安全防护设施（盖板、围栏、安全网）；同时洞口还必须挂设醒目的警示标志等。

脚手架上坠落事故的预防：要按规定搭设脚手架、铺平脚手板，不准有探头板；防护栏杆要绑扎牢固，挂好安全网；脚手架离墙面过宽应加设安全防护。

悬空高处作业坠落事故的预防：利用脚手架等安全设施，避免或减少悬空高处作业；悬空高处作业人员必须穿软底防滑鞋，同时要正确使用防坠落安全用具。

屋面檐口坠落事故的预防：在屋面上作业人员应穿软底防滑鞋；屋面坡度大于 25°应采取防滑措施；使用外脚步手架工程施工，外排立杆要高出檐口 1.2m，并挂好安全网，檐口外架要铺满脚手板；没有使用外脚手架工程施工，应在屋檐下方设安全网。

交叉作业防护：张拉安全网，网上所有绳节或节点，必须固定。使用个人防护用品。如佩戴安全帽、安全带、设挂安全网防护。

洞口防护：封闭牢固、严密或留人看守、悬挂醒目的警示标志。

临边防护：临边必须设置 1m 以上的双层围栏或搭设安全网，临边高处作业防护栏杆应自上而下用安全网封闭。

构支架安装和铁塔组立时应设置临时攀登用保护绳索或永久轨道，攀登人员应正确使用攀登自锁器。

变电工程高处作业应使用梯子、高处作业平台，推荐使用高空作业车。

线路工程平衡挂线出线临锚、导地线不能落地压接时，应使用高处作业平台。

塔上作业上下悬垂瓷瓶串、上下复合绝缘子串和安装附件时，应使用下线爬梯。高处作业区附近有带电体时，应使用绝缘梯或绝缘平台。

攀登自锁器如图 8.2 所示，使用要求如下：

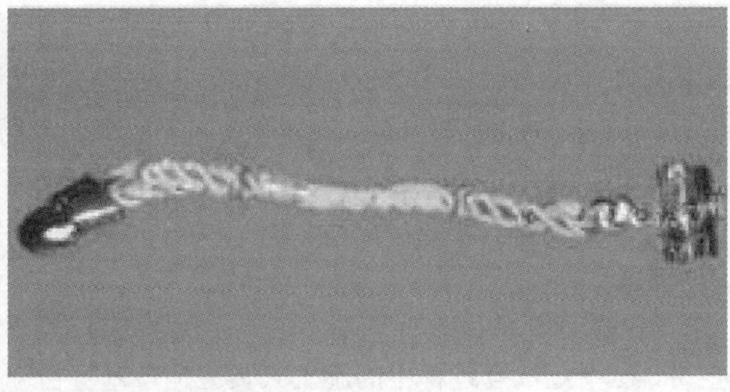

图 8-2　攀登自锁器实例

（1）产品应具备生产许可证、产品合格证及安全鉴定合格证；

（2）主绳应根据需要在设备构架吊装前设置好；

（3）主绳应垂直设置，上下两端固定，在上下统一保护范围内严禁有接头；

（4）主绳与设备构架的间距应能满足自锁器使用灵活方便；

（5）使用前应将自锁器压入主绳试拉，当猛拉圆环时应锁止灵活，待检查安全螺丝、保险等完好无疑后，方可使用；

（6）安全绳和主绳严禁打结、绞结使用。绳钩应挂在安全带连接环上使用，一旦发现异常应立即停止使用；

（7）严禁尖锐、易燃、强腐蚀性以及带电物体接近自锁器及其主绳；

（8）自锁器应专人专用，不用时妥善保管，并经常性检查，应根据个人使用频繁的程度确定检查周期，但不得少于每月一次。

第 9 章　邻近带电体作业和电气试验防护设施

9.1 邻近带电体作业防护

一般规定，邻近带电体作业时，施工全过程应设专人监护。

在平行或邻近带电设备部位施工（检修）作业时，为防护感应电压加装的个人保安接地线应记录在工作票上，并由施工作业人员自装自拆。

在 330kV 及以上电压等级的运行区域作业时，应采取防静电感应措施，例如穿戴相应电压等级的全套屏蔽服（包括帽、上衣、裤子、手套、鞋等，下同）或静电感应防护服和导电鞋等（220kV 线路杆塔上作业时宜穿导电鞋）；在±400kV 及以上电压等级的直流线路单极停电侧进行作业时，应穿着全套屏蔽服。

施工作业人员安全距离，邻近带电部分作业时，作业人员的正常活动范围与带电设备的安全距离应满足表 9–1 的规定。

表 9–1　　作业人员工作中正常活动范围与带电设备的安全距离

电压等级（kV）	安全距离（m）	电压等级（kV）	安全距离（m）
10 及以下	0.70	±50 及以下	1.50
20、35	1.00	±400	6.70
66、110	1.50	±500	6.80
220	3.00	±660	9.00
330	4.00	±800	10.10
500	5.00		
750	8.00		
1000	9.50		

注　1. ±400kV 数据按海拔 3000m 校正，海拔 4000m 时安全距离为 6.80m，海拔 1000m 时安全距离为 5.50m；750kV 数据按海拔 2000m 校正，其他电压等级数据按海拔 1000m 校正。

2. 表中未列电压等级按高一档电压等级的安全距离执行。

施工机械作业安全距离，起重机、高空作业车和铲车等施工机械操作正常活动范围及起重机臂架、吊具、辅具、钢丝绳及吊物等与带电设备的安全距离不得小于施工机械操作正常活动范围与带电设备的安全距离的规定，且应设专人监护，如表9–2所示。如小于施工机械操作正常活动范围与带电设备的安全距离、大于设备不停电时的安全距离时应制定机械操作和现场监控的专项安全措施，并经施工单位和运维部门会审、批准。小于设备不停电时的安全距离时，应停电进行。

表9–2　　施工机械操作正常活动范围与带电设备的安全距离

电压等级（kV）	安全距离（m）	电压等级（kV）	安全距离（m）
10及以下	3.00	±50及以下	4.50
20、35	4.00	±400	9.70
66、110	4.50	±500	10.00
220	6.00	±660	12.00
330	7.00	±800	13.10
500	8.00		
750	11.00		
1000	13.00		

注　1. ±400kV数据按海拔3000m校正，海拔4000m时安全距离为10.00m，海拔1000m时安全距离为8.50m；750kV数据按海拔2000m校正，其他电压等级数据按海拔1000m校正。
2. 表中未列电压等级按高一档电压等级的安全距离执行。

杆塔和构架组立后、牵张设备放线作业、临近带电体作业、带电设备区域的施工机械和金属结构、钢管脚手架、跨越不停电线路时两侧杆塔的放线滑车等应装设工作接地线。

牵张设备出线端的牵引绳及导线上应装设接地滑车。附件安装时，作业区两端应装设保安接地线。

停电作业时，作业人员应正确使用相应电压等级的验电器和绝缘棒对停电设备或导线进行验电，确认无电压后装设工作接地线。

9.2 电气试验作业防护

试验电源应按电源类别、相别、电压等级合理布置，并在明显位置设立安全标志。试验场所应有良好的接地线，试验台上及台前应根据要求铺设橡胶绝缘垫。

9.2.1 高压试验

高压试验设备和被试验设备的接地端或外壳应可靠接地，低压回路中应有过载自动保护装置的开关并串用双极刀闸。接地线应采用多股编织裸铜线或外覆透明绝缘层铜质软绞线或铜带，接地线的截面应能满足相应试验项目要求，但不得小于4mm^2。动力配电装置上所用的接地线其截面不得小于25mm^2。

现场高压试验区域应设置遮栏或围栏，向外悬挂“止步，高压危险!”的安全标志牌，并设专人看护，被试设备两端不在同一地点时，另一端应同时派人看守。

高压试验操作人员应穿绝缘靴或站在绝缘台（垫）上，并戴绝缘手套。

试验用电源应有断路明显的开关和电源指示灯。

对高压试验设备和试品放电应使用接地棒，接地棒绝缘长度按安全作业的要求选择，但最小长度不得小于1000mm，其中绝缘部分不得小于700mm。

9.2.2　设备启动

启动时，被试设备或外接试验设备处，应挂有相应的标志牌，或使用遮栏、红白带等警示装置，高压外接分压器处应采取安全遮栏等特殊警示措施，并派专人看管。

第10章 输电线路工区布置

（1）施工区域应设置施工友情提示牌、施工现场风险管控公示牌、应急联络牌等，配备急救箱（包）及消防器材。

（2）土石方、沙石、水泥、机械设备等应按定置区域堆（摆）放，材料堆放应铺垫隔离，标识清晰，主要机械设备应设置设备状态牌和操作规程牌。

（3）基坑内外应设集水坑和排水沟，集水坑应每隔一定距离设置，排水沟应有一定坡度。基坑边坡应进行防护，防止雨水侵蚀。

（4）基础施工场地采用安全围栏进行围护、隔离。外来人员流动频繁的杆塔组立现场、张力场、牵引场等，应采用提示遮拦进行维护、隔离，实行封闭管理。牵、张场应布置休息室、工具房和指挥台，设置临时厕所。

注：施工区域布置要求在文章开始已有详细要求，请参照第 2 章、第 3 章。

第11章 输电线路基础阶段

11.1 土方开挖阶段

（1）在悬岩陡坡上作业时应设置防护围栏并系安全带。

（2）当基坑深度超过 2m 时，应采用取土器械取土。

（3）作业人员上下基坑要设有可靠扶梯（软梯）。

（4）挖掘泥水坑、流沙坑时，应使用挡土板，并经常检查有无变形损坏。

（5）除掏挖桩基础外，不用挡土板时，坑壁要留有适当的坡度。

11.2 石方开挖

（1）用凿岩机或风钻打孔时，操作人员应戴口罩和风镜。

（2）无声破碎时，施工操作人员应佩戴防护眼镜。

（3）爆破施工时，雷管应装在有防震垫的专用箱内。

（4）在城镇或者爆破点有建筑物、架空线路时炮眼上应压盖掩盖物（草垫、草袋、沙袋）或设置爆破防护网。

11.3 混凝土基础

（1）模板应用绳索和木杠划入坑内。

（2）模板支坑对称设置，高出坑口的加高立柱模板也需要进行支护，防止倾覆。

（3）用手推车运送混凝土时，倒料平台口应设挡车措施。

（4）涂刷过氯乙烯塑料膜基础养护时，施工人员应佩戴防毒面罩，并配备灭火器。

11.4 桩锚基础

（1）灌注桩施工孔顶应埋设护筒，埋深不小于 1m。

（2）人工挖孔桩基础开挖中，提土机构应设有防止倒转装置。

（3）人工挖孔桩护壁根据设计要求进行设置。

（4）提土斗或竹篮等轻型提土装置应设有刹车装置。

（5）人工挖孔桩施工人员上下应用软梯。并设置逃生笼，用于紧急情况人员撤离。

（6）在作业中应配备气体检测装置，定时检测是否存在有毒气体或异常现象。应配备送风输氧装置，当孔深超过 10m 时或孔内有沼气等有害气体时，每天先行对孔内送风输氧 10min 以上。

（7）井下照明应设采用矿灯或安全灯。

11.5 锚杆基础

风管控制阀操作架应加装挡土板，并设置在上风向。

第12章 组 塔 阶 段

12.1 一般要求

（1）施工区域布置按照标准化文明施工标准布置，标识牌、警示牌、围栏等相关要求已在上文中列出。

（2）用于组塔或抱杆的临时拉线均采用钢丝绳。使用抱杆组塔时需配备检测抱杆倾斜度的设备。

（3）组塔应设置临时地锚（含地锚和桩锚），锚体强度应满足相连接的绳索的受力要求。

（4）组塔使用的绞磨应使用双卷筒绞磨。

（5）铁塔组立过程中，应配备全站仪或其他能够监测铁塔倾斜度的设备，时刻检测铁塔倾斜度。

（6）铁塔组立完成后应及时与接地装置连接。

（7）更换铁塔主材时，应先安装临时拉线等其他措施补强后实施更换作业。

（8）攀登铁塔属于高空作业，个人防护用品配置要求已在第一章中详细列出。

（9）铁塔高于100m时，组立过程中抱杆顶端应设置航空警示灯或红色旗号。

（10）附着式外拉线抱杆分解组塔起吊构件前，吊件外侧应设置控制绳。

（11）在电力线附近组塔时，起重机应接地良好。起重机及吊件、牵引绳索和拉绳与带电体的最小安全距离应符合表12-1中的规定。

表12-1 起重机及吊件与带电体的安全距离

电压等级（kV）	安全距离（m）	
	沿垂直方向	沿水平方向
≤10	3.00	1.50
20～35	4.00	2.00
220	6.00	5.50
330	7.00	6.50
500	8.50	8.00
750	11.00	11.00

续表

电压等级（kV）	安全距离（m）	
	沿垂直方向	沿水平方向
1000	13.00	13.00
±50 及以下	5.00	4.00
±400	8.50	8.00
±500	10.00	10.00
±660	12.00	12.00
±800	13.00	13.00

注 1. 750kV 数据是按海拔 2000m 校正的，其他等级数据按海拔 1000m 校正。
2. 表中未列电压等级按高一档电压等级的安全距离执行。

12.2 内悬浮内（外）拉线抱杆分解组塔

（1）承托绳与主材连接处应设置专门夹具，且夹握着力满足承托绳的承载能力。

（2）提升抱杆应设置两道腰环，且间距不得小于 5m，下控制绳应采用钢丝绳。

（3）起吊绳径应与起重滑车组槽型匹配，滑车槽底直径与钢绳直径比大于 8.7。多轮滑车单轮最大负荷不大于滑车额定负荷的 1/2。

12.3 座地摇臂抱杆分解组塔

（1）为防止地面不均匀沉降，需在平整、夯实地面上铺设钢板，用于安装抱杆基础底板。安装基础底板后并设置锚固拉线。

（2）支座处内拉线只在独立高度以下的工作工况或风力达到八级或八级以上的非工作工况时需要打设，另外，在安装第二道腰环前的顶升工况，也需打设下支座内拉线以作保护绳，此时的内拉线不能张紧，应处于半松弛状态，随着抱杆的顶升或下降收放拉线。

（3）顶升前，应在要顶升的标准节上装好爬梯和所需要的平台（每四节一个平台）。

（4）抱杆安装后，除了下支座处始终打着拉线外，在塔身加高道一定高度时，需要安装腰环，以保证塔身稳定。

（5）无拉线摇臂抱杆若双侧起吊构件应设置抱杆临时拉线。

（6）抱杆应用良好的接地装置，接地电阻不得大于 4Ω。

（7）应配置力矩、风速等监控装置。

第13章 架线施工

13.1 跨越架施工

（1）跨越不停电电力线的跨越架，应适当加固并应用绝缘材料封顶。

（2）跨越架架顶的横辊要有足够的强度，且横辊表面必须使用对导线磨损小的绝缘材料。如用金属杆件作横辊，则必须在其上包胶。

（3）跨越架应按表13–1、表13–2中的有关规定保持对被跨越物的安全距离，即保持对被跨越物的有效遮护。

表13–1　　跨越架与被跨越的最小安全距离（m）

跨越架部位 跨越物名称	一般铁路	一般公路	高速公路	通信线
与架面水平距离（m）	至铁路轨道：2.5	至路边：0.6	至路基（防护栏）：2.5	0.6
与封顶杆垂直距离（m）	至轨顶：6.5	至路面：5.5	至路面：8	1.0

表13–2　　跨越架与高速铁路的最小安全距离（m）

安全距离		高速铁路
水平距离	架面距铁路附加导线	不小于7m且位于防护栅栏外
垂直距离	封顶网（杆）距铁路轨顶	不小于12m
	封顶网（杆）距铁路电杆或距导线	不小于4m

（4）跨越架上应按有关规定悬挂醒目标志、警示牌。

（5）应配备5000V绝缘电阻表，对绝缘施工器具进行检查。

（6）跨越场两侧的放线滑车上均应采取接地保护措施。

（7）跨越不停电线路时，新建线路的导引绳通过跨越架时，应用绝缘绳作引绳。

（8）临近带电体作业时，上下传递物体必须使用绝缘绳索，作业全过程应设专人监护。

（9）用吊车拆除跨越架时，在拆除过程中要求：架体、塔头、塔根必须设置浪风绳。

（10）跨越架架体的接地线必须用多股软铜线，其截面不得小于25mm^2，接地棒埋深不得小于0.6m。接地线与架体、接地棒连接牢固，不得缠绕。

13.2 张力放线

（1）放线施工段内的杆塔应与接地装置连接，并确认接地装置符合设计。

（2）挂接地线或拆除地线时，应佩戴绝缘棒、绝缘绳、戴绝缘手套、并穿绝缘鞋。

（3）牵引设备和张力设备应可靠接地。现场并配备绝缘垫，操作人员站在干燥绝缘垫上。

（4）牵引场转向布置时，应配置转向滑车，且锚固稳定。

（5）放线滑车悬挂应根据计算对导引绳、牵引绳的上扬程度，选择悬挂方式和挂具规矩。

（6）牵引机及张力机出线端的牵引绳及导线上应安装接地滑车。

（7）张力放线时导线上扬处应配备压线滑车。

（8）线盘架应稳固，转动灵活，制动可靠，并打上临时拉线固定。

（9）导引绳或牵引绳的连接应用专用连接工具。牵引绳与导线、地线（光缆）连接应使用专用连接网套或专用牵引头。

（10）应配备导线、地线连接网套，且使用应与所夹持的导线、地线规格相匹配。

（11）导地线升空时，必须配备压线装置。

（12）紧线时导线、地线的临时地锚应设置完毕。地锚布置与受力方向一致，并埋设可靠。

（13）紧线时，导、地线卡线器或其他专用工具，规格应与线材规格匹配。

（14）紧线、附件安装等高处作业时，施工人员应按照高空作业人员标准佩戴相关劳保用品，例如安全绳、差速自控器等。

（15）在带电线路上方测量间隔棒距离时，应配备使用干燥绝缘绳。

（16）使用飞车时，飞车的前后活门应关闭可靠，刹车装置灵敏。

第8部分

档案标准化管理

目　次

第 1 章　管理模式及职责 …… 415
1.1　项目档案管理策划 …… 415
1.2　项目档案交底培训 …… 415
1.3　项目档案资料专项检查 …… 416
1.4　项目竣工验收资料检查 …… 416
1.5　项目档案接收 …… 417
1.6　项目档案专项验收 …… 417
1.7　项目档案进馆移交 …… 418
第 2 章　管理流程 …… 419
2.1　项目档案管理策划流程图 …… 419
2.2　项目档案交底培训流程图 …… 421
2.3　档案资料专项检查流程图 …… 422
2.4　项目竣工验收资料检查流程图 …… 424
2.5　项目档案接收流程图 …… 425
2.6　档案专项验收流程图 …… 427
2.7　项目档案进馆移交流程图 …… 429
第 3 章　管理制度 …… 431
3.1　档案管理制度标准 …… 431
3.2　档案管理标准 …… 431
附录 A　工程档案管理工作方案规范性模板 …… 432
附录 B　工程档案资料过程管控实施方案规范性模板 …… 434
附录 C　工程档案专项检查报告规范性格式 …… 436
附录 D　直流线路工程竣工验收资料检查规范性要求 …… 437
附录 E　换流站工程竣工验收资料检查规范性要求 …… 442
附录 F　工程竣工验收资料组检查报告规范性格式 …… 446
附录 G　关于进一步明确工程档案后续工作规范性格式 …… 447
附录 H　工程竣工资料移交申请规范性格式 …… 448
附录 I　工程档案移交申请规范性格式 …… 449
附录 J　工程档案预移交文据规范性格式 …… 450
附录 K　工程档案专项预验收申请规范性格式 …… 451
附录 L　工程档案专项预验收意见规范性格式 …… 452
附录 M　工程档案专项预验收整改报告规范性格式 …… 454
附录 N　工程档案进行质量验收请示规范性格式 …… 455
附录 O　国家电网公司档案馆档案交接文据规范性格式 …… 456

第1章 管理模式及职责

特高压工程档案标准化管理从特高压直流工程项目档案管理策划、档案交底培训、档案资料专项检查、档案资料竣工验收、档案接收、档案专项验收、档案进馆移交等七个关键环节明确国家电网公司直流建设分公司（简称国网直流公司）各部门以及主要相关方工作职责、工作流程，统一管理制度、技术标准，分析流程相关风险指标，考核评价绩效指标。

1.1 项目档案管理策划

1.1.1 建设管理单位部门职责

（1）综合管理部负责编制项目档案总体策划，负责编制换流站工程、线路工程《档案管理手册》，统一项目档案整理的要求和标准；负责组建建管工程档案工作组。

（2）换流站管理部/线路管理部/物资与监造部负责编制换流站工程/线路工程/设备监造工程的技术资料手册，统一工程资料填写标准。

（3）业主项目部负责组织并指导参建单位编制《工程档案资料过程管控实施方案》。

1.1.2 总部协同部门

国家电网公司直流建设部（简称国网直流部）负责统一工程项目名称，明确建设项目档案管理单位；负责项目档案总体策划协调，印发工程项目档案总体策划文件。

1.2 项目档案交底培训

1.2.1 建设管理单位部门职责

（1）综合管理部负责对特高压直流工程档案管理要求和整理标准进行培训。

（2）换流站管理部负责对特高压换流站工程项目管理要求和技术资料填写标准进行培训。

（3）线路管理部负责对特高压直流线路工程项目管理要求和技术资料填写标准进行培训。

（4）物资与监造部负责对特高压换流站工程设备监造管理要求和资料填写标准培训。

（5）安全质量部负责对特高压直流工程安全、质量、创优、环保、水保项目管理要求和相关资料填写标准进行培训。

（6）业主项目部组织工程参建单位参加国网直流公司档案培训，根据工程参建单位人员进场情况开展档案管理要求及资料填写二次培训。

1.2.2 总部协同部门

国网直流部负责组织或委托国网直流公司开展工程档案交底培训。

1.3 项目档案资料专项检查

1.3.1 建设管理单位部门职责

（1）综合管理部负责按照国家电网公司要求，开展特高压直流工程档案专项检查工作，组织编制检查方案、检查通知、检查报告；建立工程项目档案问题通病库。

（2）工程建设部（业主项目部）负责开展建管工程及技术支撑工程档案专项检查，编写检查方案、检查通知、检查报告，督促检查问题整改闭环。

1.3.2 总部协同部门

国网直流部组织或委托国网直流公司开展特高压直流工程档案专项检查。

1.4 项目竣工验收资料检查

1.4.1 建设管理单位部门职责

（1）换流站管理部负责组织特高压换流站工程竣工预验收，编制竣工预验收方案、通知和报告等，预验收报告应包括资料检查情况及问题整改情况等。参与国家电网公司组织的竣工验收。

（2）线路管理部负责组织特高压直流线路工程竣工预验收，编制竣工预验收方案、通知和报告等，预验收报告应包括资料检查情况及问题整改情况等。参与国家电网公司组织的竣工验收。

（3）安全质量部参与工程竣工预验收、竣工验收，对环保、水保竣工资料进行检查。

（4）综合管理部参与工程竣工预验收、竣工验收，对竣工资料整理质量进行检查。

（5）业主项目部负责组织预验收、竣工验收问题整改及复核，整改情况报公司。

1.4.2 总部协同部门

国网直流部组织工程竣工验收。

1.5 项目档案接收

1.5.1 建设管理单位部门职责

（1）综合管理部牵头组织工程竣工档案资料归档接收，负责组织接收前的现场质量核查、编制接收工作计划，协调相关方及时移交工程档案资料。

（2）换流站管理部参与换流站工程档案接收前的现场质量核查；负责换流站工程竣工预验收、竣工验收等文件的整理归档；协助综合管理部督促换流站工程相关方的档案资料移交。

（3）线路管理部参与直流线路工程档案接收前的现场质量核查；负责直流线路工程竣工预验收、竣工验收等文件的整理归档；协助综合管理部督促直流线路工程相关方的档案资料移交。

（4）物资与监造部负责审查换流站工程监造资料，并组织归档移交。

（5）安全质量部负责工程环保、水保验收调查、工程创优咨询、工程创优奖项等文件的收集、归档。

（6）财务部负责工程竣工决算资料的归档。

（7）业主项目部负责组织工程竣工资料向运行单位和国网直流公司进行移交。

1.5.2 总部协同部门

国网直流部协调并督促工程档案整体接收工作。

1.6 项目档案专项验收

1.6.1 建设管理单位部门职责

（1）综合管理部负责组织开展工程档案自查，组织项目档案预验收及专项验收的迎检、整改工作。

（2）换流站管理部参加工程档案预验收及专项验收迎检，负责换流站工程项目管理、技术标准答疑及协调问题整改。

（3）线路管理部参加工程档案预验收及专项验收迎检，负责直流线路工程项目管理、技术标准答疑及协调问题整改。

（4）安全质量部参加工程档案预验收及专项验收迎检，负责工程环保、水保项目管理、技术标准答疑及协调问题整改。

（5）物资与监造部参加工程档案预验收及专项验收迎检，负责工程设备监造、大件运输等项目管理、技术标准答疑及协调问题整改。

（6）业主项目部组织工程参建单位按要求参加工程档案预验收及专项验收，负责工程建设过程项目管理、技术标准执行答疑，组织档案问题整改。

1.6.2 总部协同部门

（1）国网直流部组织工程档案专项预验收。

（2）国网办公厅组织工程档案专项验收。

1.7 项目档案进馆移交

1.7.1 建设管理单位部门职责

综合管理部负责组织实施工程档案数字化，负责工程档案向国家电网公司档案馆移交。

1.7.2 总部协同部门

国网办公厅批准并组织工程档案进馆接收工作。

第2章 管 理 流 程

2.1 项目档案管理策划流程图（见图 2–1）

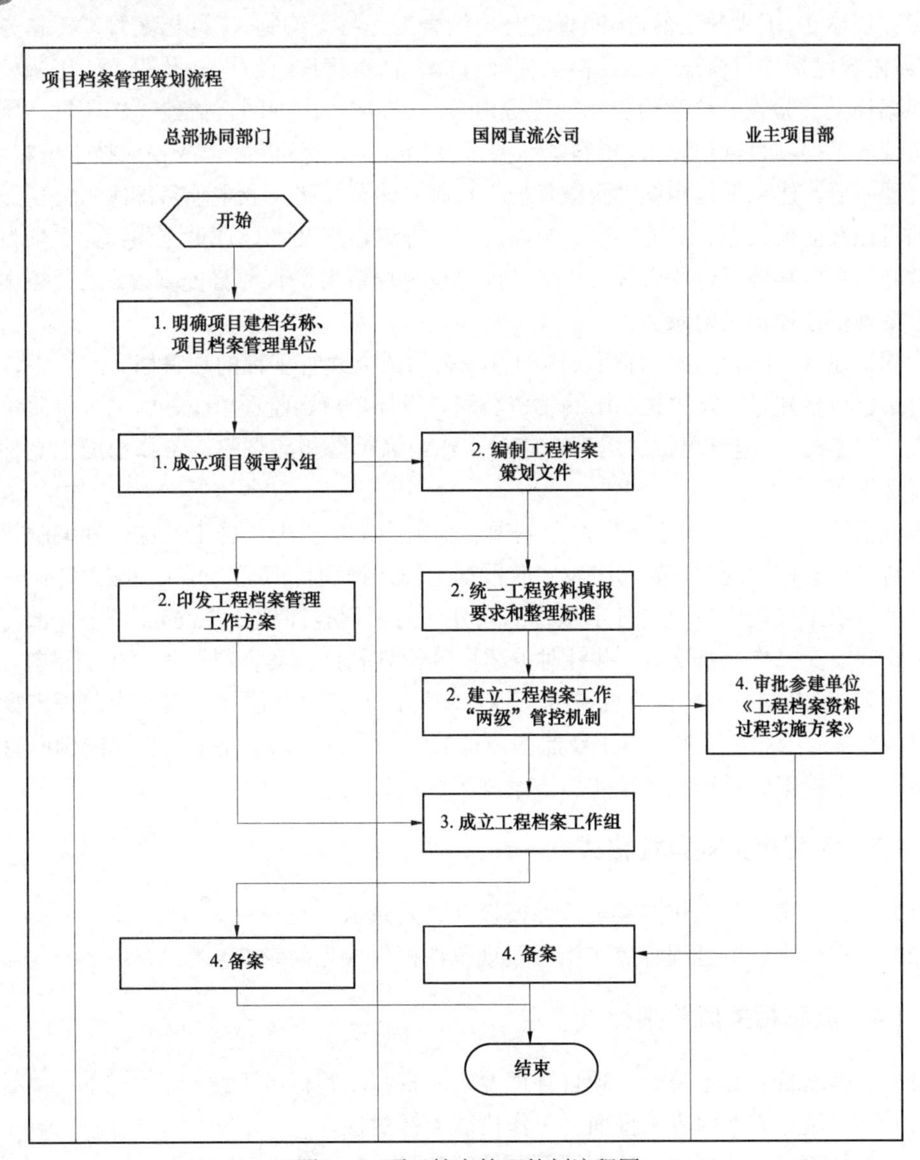

图 2–1　项目档案管理策划流程图

2.1.1　项目档案管理策划工作关键点

国网直流部统一工程项目全称、简称；国网直流公司（建设项目档案管理单位）编制工程档案策划文件，成立档案工作组，建立本部职能部门与现场业主项目部“两级管控”机制；业主项目部组织施工、监理单位编制《工程档案资料过程管控实施方案》。

2.1.2　流程详细说明

步骤描述 1. 工程项目核准后，国网直流部明确工程命名，通过工程建设管理委托协议或其他文件形式明确国网直流公司管理职责。国网直流部成立工程项目领导小组，负责工程项目档案工作的组织、指导和监督及重大事项统筹协调等。

步骤描述 2. 工程开工前，国网直流公司结合工程特点编制《工程档案管理工作方案》，《方案》内容包括项目概述、项目档案管理目标、档案管理组织机构及职责、工程档案管理、档案移交及验收、档案信息化管理等内容。《方案》由国网直流建设部印发。国网直流公司统一工程项目管理要求、资料填写要求及档案整理标准等，形成相应技术资料手册、档案管理手册。建立工程档案“两级管控”机制，即公司级、业主项目部级。公司级重点抓好项目档案前期策划、竣工移交、专项验收、进馆移交及考核评价工作；业主项目部级重点做好档案资料施工过程管控，开展过程建设现场资料检查并督促整改。工程档案管理工作方案规范性模板见附录 A。

步骤描述 3. 土建单位中标后，国网直流公司成立建管工程的项目档案工作组，工作组成员单位包括建设管理单位、国网物资公司、设计单位、监理单位、施工单位质量部门负责人（或专责）。电气单位进场后，应对工作组名单做相应调整。工作组成立文件向国网直流部报备。

步骤描述 4. 施工单位进场后，业主项目部组织工程监理、施工单位分别编制《工程档案资料过程管控实施方案》。《方案》应根据工程建设项目情况，开工、竣工时间，明确本单位项目部工作范围单位及分部工程的划分（与工程验评划分一致），每个分部工程计划完工时间及交叉作业情况等，并针对上述内容策划制订档案资料过程管控的措施，制订预立卷计划。《方案》应严格执行审批及报备制度，即施工单位《方案》由监理审批，监理单位《方案》由业主审批，施工及监理单位编制的《方案》由业主项目部向国网直流公司报备。工程档案资料过程管控实施方案规范性模板见附录 B。

2.1.3　流程相关规范性格式

（1）工程档案管理工作方案规范性模板（见附录 A）。

（2）工程档案资料过程管控实施方案规范性模板（见附录 B）。

2.1.4　流程相关风险指标

（1）工程项目名称不统一，项目管理要求、资料填写标准不统一。

（2）档案策划方案内容不全面、工作措施无针对性。

（3）工程项目档案预立卷计划不及时按照现场实际情况做滚动更新。

2.2 项目档案交底培训流程图（见图 2–2）

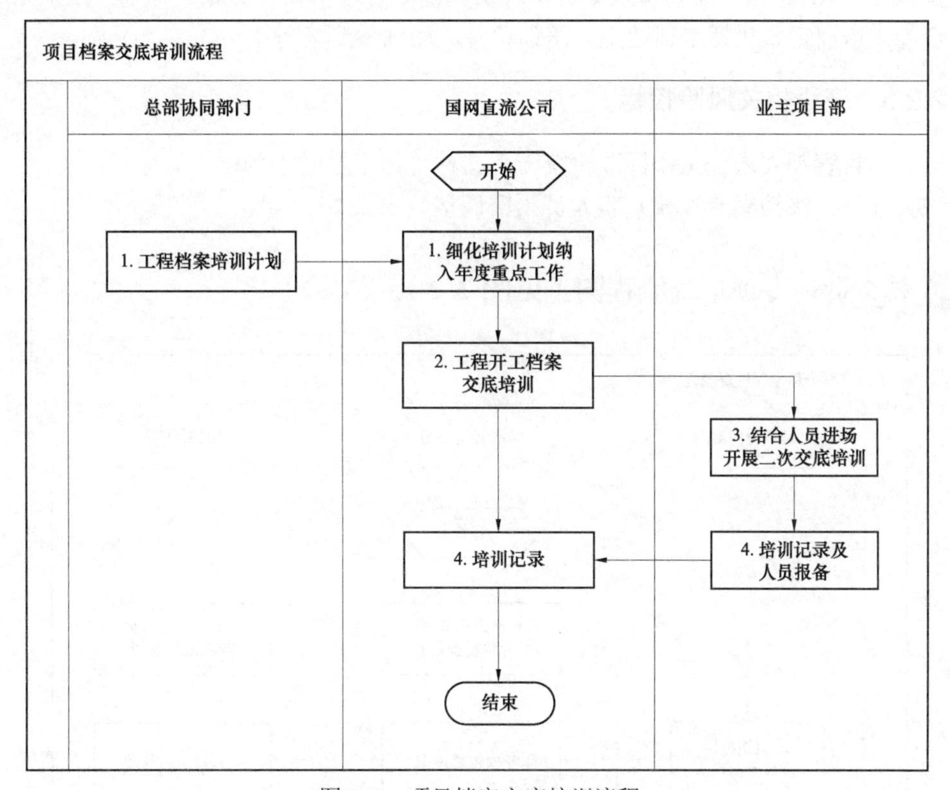

图 2–2　项目档案交底培训流程

2.2.1　项目档案交底培训关键点

工程档案培训工作计划纳入国网直流公司年度重点工作计划。工程开工前，国网直流公司组织参建单位开展档案交底培训，培训内容包括档案整理要求和资料填写要求。业主项目部根据工程现场人员进场情况及时开展二次培训。

2.2.2　流程详细说明

步骤描述 1. 根据国网直流部对工程项目档案培训工作总体要求，结合工程建管项目实际开工情况，国网直流公司制订工程项目档案管理交底培训计划及业主项目部二次交底培训计划，纳入本单位档案年度重点工作。

步骤描述 2. 国网直流公司开展工程项目档案管理交底培训，培训人员范围包括业主、监理、施工、设计等单位项目部负责人/总工、质量专责、技术专责以及档案资料专责等。国网直流公司编制培训课件，培训内容包括国家、行业、国家电网公司以及针对本工程现行有效的项目管理要求、档案填报要求、典型问题案例介绍、工程档案系统应用等。

步骤描述 3. 业主项目部应根据各项目部人员进场实际情况，开展档案管理二次交底培训。培训内容包括国网直流公司档案交底培训内容，还应结合土建、电气工程特点以及工程地方性法规要求，做针对性培训。施工、监理、设计单位档案工作组成员需参加培训，人员调整需经业主项目部批准，并报国网直流公司备案。

步骤描述 4. 国网直流公司收集、整理工程档案管理培训（交底）记录，归入工程档案综合卷。培训记录包括培训通知、培训课件、培训签到表等。

2.2.3 流程相关风险指标

（1）项目管理要求、工作标准不统一，文件传达不及时不到位。

（2）项目各级档案专（兼）职人员频繁调整。

2.3 档案资料专项检查流程图（见图 2–3）

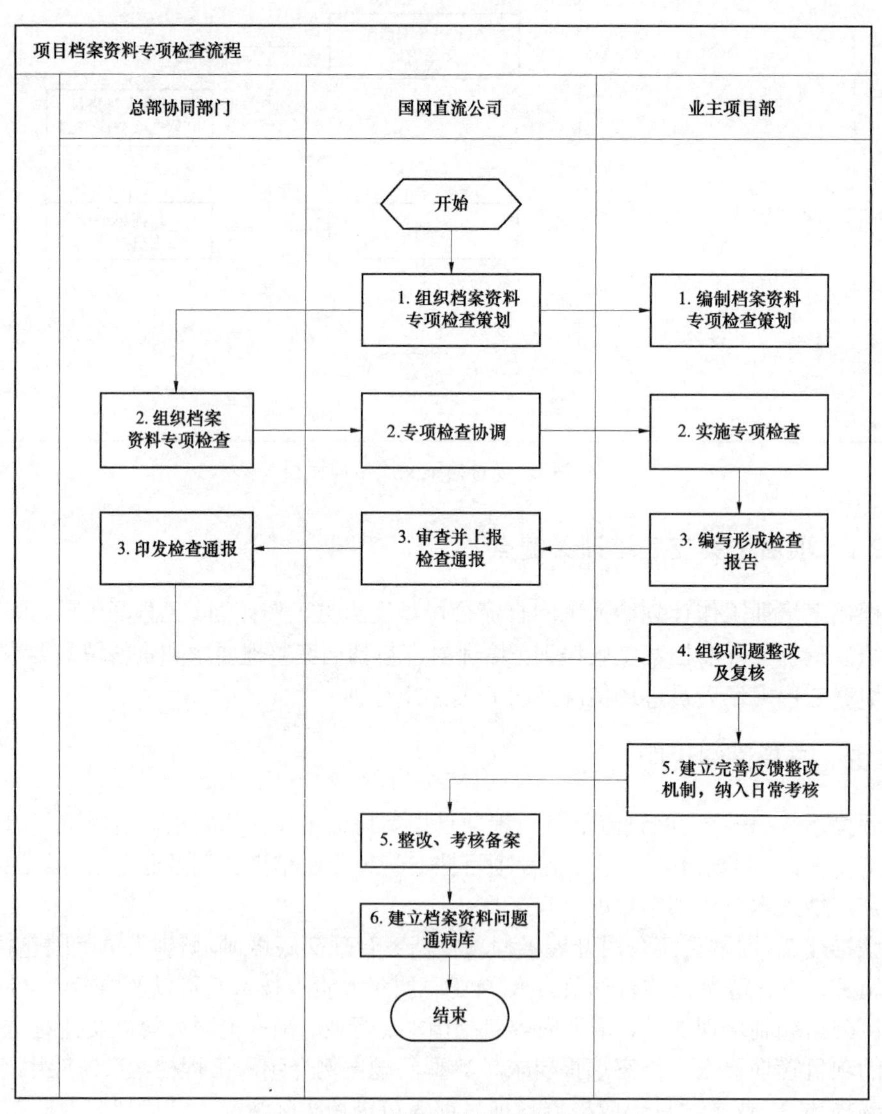

图 2–3　项目档案资料专项检查流程

2.3.1　档案资料专项检查工作关键点

档案专项检查工作开始前，国网直流公司组织工程建设部（业主项目部）编制检查方案（大纲）、检查通知。工程建设部（业主项目部）根据检查情况编写检查报告，并督促整改闭环。国网直流公司根据工程检查问题情况，建立工程档案问题通病库。业主项目部建立完善的反馈整改机制。

2.3.2　流程详细说明

步骤描述 1. 按照国网直流部对工程档案专项检查总体部署，国网直流公司编制档案资料专项检查策划方案，方案包括检查时间、检查计划、检查重点、检查要求、检查组成员等。检查组成员包括工程项目管理、技术管理、档案管理专业人员。方案报国网直流部。

步骤描述 2. 国网直流部组织档案专项检查，国网直流公司开展实施。原则上，换流站工程档案专项检查分别安排在土建、电气施工基本完成后，线路工程档案专项检查安排在基础工程组塔完成 70%以上。检查组组长由国网直流公司项目区域管理（技术支撑）人员担任。首次检查重点① 档案标准化建设：项目档案组织体系建立、档案人员上岗培训、项目档案管理策划、项目档案管理要求传达落实等；② 档案资料质量控制：档案资料与项目建设同步形成、同步整理；施工、监理项目部开展月度、阶段性档案资料检查及整改闭环情况；档案资料与标准规范要求的符合性、规范性、准确性、完整性。过程检查重点① 档案组织体系持续有效运转；② 检查问题整改闭环情况；③ 阶段性档案资料质量控制情况。

步骤描述 3. 检查组编写检查报告报国网直流公司审查，报国网直流部印发。工程档案专项检查报告规范性格式见附录 C。

步骤描述 4. 业主项目部组织问题整改及复核，整改采用图文并茂形式。

步骤描述 5. 业主项目部完善反馈整改机制，将整改工作纳入对各参建单位的月度考核评价。档案专项检查问题整改报告经业主项目部逐条逐项审核后，报国网直流公司。同时，按月向国网直流公司报月度考核评价结果。

步骤描述 6. 国网直流公司建立工程档案问题通病库，并根据每次检查发现问题进行补充完善，为后续工程资料填报及档案整理积累经验。资料问题通病库应对照每个通病问题，从问题描述、问题照片、分析改进 3 个方面进行整理。

2.3.3　流程相关规范性格式

工程档案专项检查报告规范性格式（见附录 C）。

2.3.4　流程相关风险指标

（1）专项检查组织不及时，成效不明显。

（2）资料问题整改不规范。

（3）各类档案记录填写不符合相关规定、与项目建设实际及管理实际不符，相关数据填写不真实、缺项、漏项。

2.4 项目竣工验收资料检查流程图（见图 2–4）

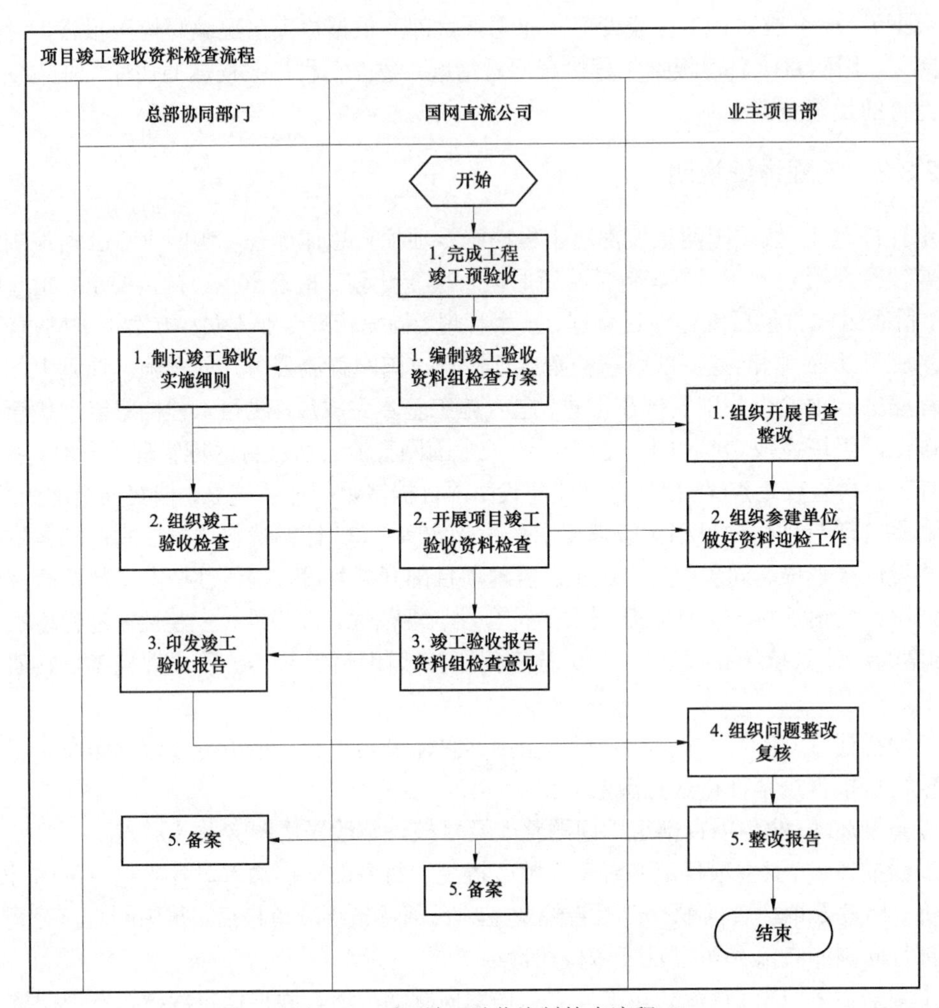

图 2–4　项目竣工验收资料检查流程

2.4.1　项目竣工验收资料检查工作关键点

国网直流公司组织开展工程竣工预验收。国网直流部组织工程竣工验收。业主项目部组织参建单位完成竣工管理，开展竣工验收自查、整改。按照国网直流部要求，国网直流公司组成竣工验收资料组，开展竣工验收资料检查，编写检查报告。业主项目部组织竣工验收资料问题整改。

2.4.2　流程详细说明

步骤描述 1. 国网直流公司完成竣工预验收工作后，国网直流部开展工程竣工验收。竣工验收工作开展前，国网直流公司编制工程竣工验收资料检查方案报国网直流部，资料

检查方案中包括竣工验收资料检查范围及检查要求等。国网直流部印发工程竣工验收实施细则，业主项目部组织开展自查整改。直流线路工程竣工验收资料检查规范性要求见附录 D。换流站工程竣工验收资料检查规范性要求见附录 E。

步骤描述 2. 国网直流部组织开展竣工验收，竣工验收成立现场组和档案资料组等。国网直流公司具体实施档案资料检查任务。竣工验收资料检查可按照工程建管段，采用资料现场集中检查方式，档案资料组应对档案专项检查［文件内容（三）］问题整改情况进行复核，统计整改率，对工程后续建设形成的竣工资料进行检查。工程竣工验收资料检查规范性要求见附录 D、附录 E。业主项目部组织工程参建单位按照检查行程和检查工作要求做好迎检准备。工程竣工验收资料检查规范性要求见附录 D、附录 E。

步骤描述 3. 国网直流公司根据检查情况，梳理共性问题和突出问题，作为竣工验收总体报告内容报国网直流部。国网直流公司收集、整理竣工验收资料组提出全部问题，针对问题及工程档案接收计划等，明确后续工作要求报国网直流部。工程竣工验收资料组检查报告规范性格式见附录 F。关于进一步明确工程档案后续工作规范性格式见附录 G。

步骤描述 4. 业主项目部组织参建单位对竣工验收报告提出问题进行逐一对照整改，业主项目部对整改情况进行复核，整改采用图文并茂形式。竣工验收报告及问题整改情况原件归档。

步骤描述 5. 竣工验收资料整改工作应在检查工作结束后一个月内完成，业主项目部将整改报告报国网直流部、国网直流公司进行备案。

2.4.3　流程相关规范性格式

（1）直流线路工程竣工验收资料检查规范性要求（见附录 D）。

（2）换流站工程竣工验收资料检查规范性要求（见附录 E）。

（3）工程竣工验收资料组检查报告规范性格式（见附录 F）。

（4）关于进一步明确工程档案后续工作规范性格式（见附录 G）。

2.4.4　流程相关风险指标

竣工验收资料检查不规范、不及时、不具体，竣工资料不完整，各类档案记录填写不符合相关规定、与项目建设实际及管理实际不符，相关数据填写不真实、缺项、漏项。

2.5 项目档案接收流程图（见图 2–5）

2.5.1　项目档案接收工作关键点

业主项目部组织工程竣工资料向运行、建管单位移交。国网直流公司组织开展档案接收前的现场检查以及档案接收工作。

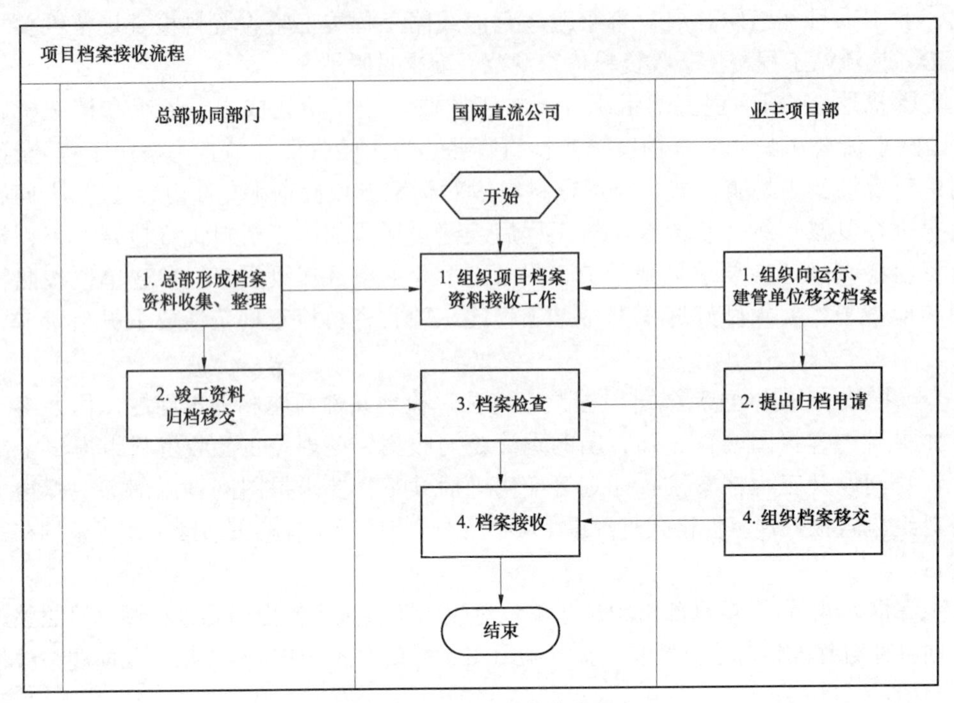

图 2–5 项目档案接收流程

2.5.2 流程详细说明

步骤描述 1. 工程竣工后一个月内，业主项目部按照国网公司项目档案管理要求，组织竣工资料向运行、建管单位移交，向国网直流公司提交申请。国网直流公司根据工程档案移交计划，组织整体工程档案接收工作。国网直流部统筹协调档案接收工作，收集、整理国网公司总部各部门在可研、核准、工程前期、竣工验收等阶段形成文件。工程竣工资料移交申请规范性格式见附录 H。

步骤描述 2. 工程投运后 2 个月内，工程建管单位（工程属地公司）完成档案自查及整改，向国网直流公司提出档案移交书面申请。国网直流部完成工程资料向国网直流公司的归档移交。工程档案移交申请规范性格式见附录 I。

步骤描述 3. 国网直流公司根据移交申请，排定整体工程档案接收计划，组织档案接收前的现场检查。资料检查可按照工程建管段，采用资料现场集中检查方式，检查内容包括工程竣工验收资料问题整改复核、档案整理规范性、完整性，档案信息系统录入挂接等，其中工程竣工验收资料问题整改率需高于 90%。施工、监理等单位在档案移交阶段，仍然存在档案整理未整改的问题，纳入工程合同档案违约金进行处罚。

步骤描述 4.业主项目部组织参建单位做好档案移交工作。工程投运后 3 个月内，国网直流公司完成整体工程档案接收，办理档案预移交的交接文据。工程档案预移交文据规范性格式见附录 J。

2.5.3　流程相关规范性格式

（1）工程竣工资料移交申请规范性格式（见附录 H）。

（2）工程档案移交申请规范性格式（见附录 I）。

（3）工程档案预移交文据规范性格式（见附录 J）。

2.5.4　流程相关风险指标

移交不规范、不及时，各类档案记录填写不符合相关规定、与项目建设实际及管理实际不符，相关数据填写不真实、缺项、漏项。

2.6 档案专项验收流程图（见图 2–6）

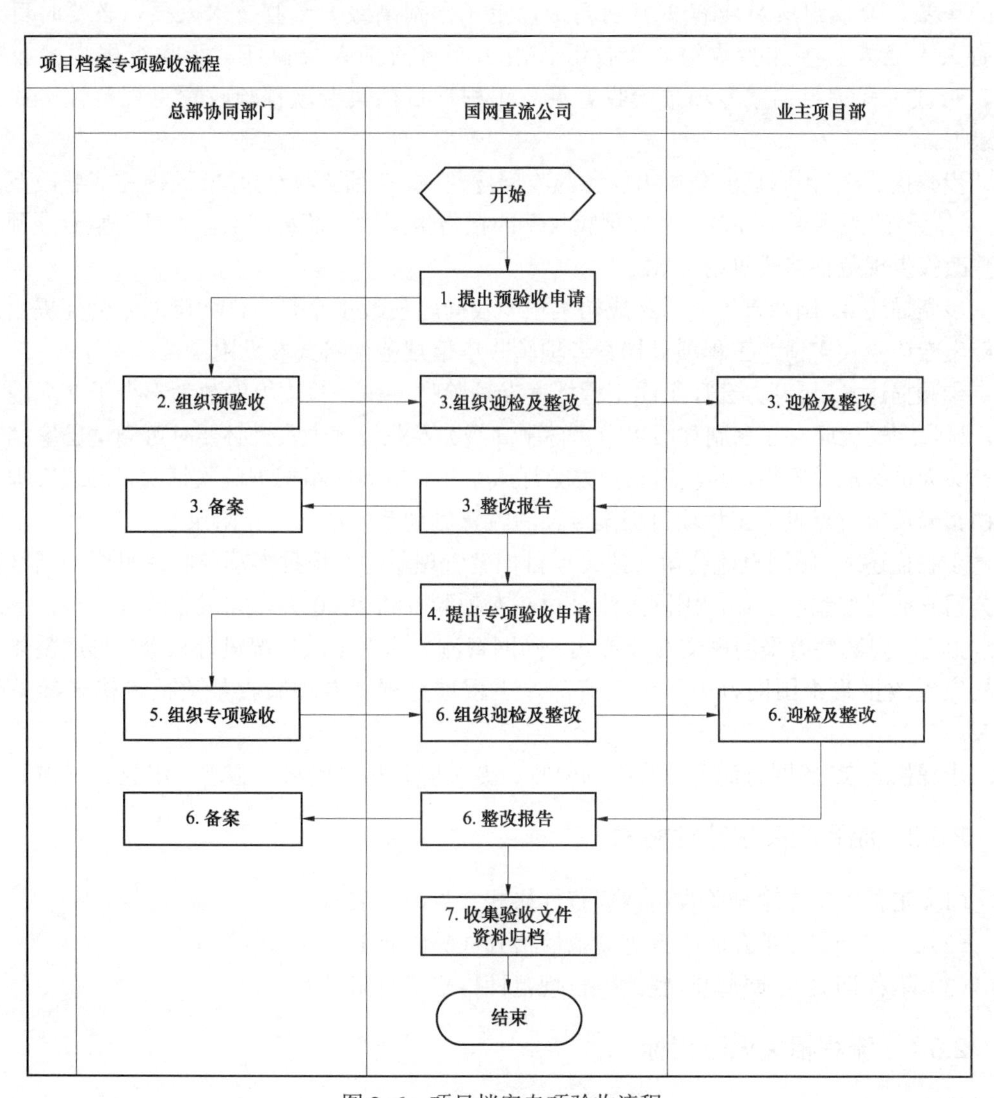

图 2–6　项目档案专项验收流程

2.6.1 档案专项验收工作关键点

国网直流公司组织开展工程档案专项验收前的自查及整改工作，提交工程档案专项预验收申请，国网直流部组织开展预验收。国网直流公司提交工程档案专项验收申请，国网办公厅组织开展专项验收。国网直流公司组织工程档案问题整改，业主项目部具体组织工程施工、监理、设计单位落实工程档案问题整改闭环。

2.6.2 流程详细说明

步骤描述 1. 国网直流公司完成档案接收 1 个月内，向国网直流部提出工程档案专项预验收申请。工程档案专项预验收申请规范性格式见附录 K。

步骤描述 2. 国网直流部组织工程档案专项预验收工作。预验收组人数为不少于 7 人的单数，验收组成员应有 3 名副高级以上（含副高级）专业技术人员，必要时可邀请有关专业人员参加验收组。验收组长由国网直流部人员担任。验收组根据验收情况，形成工程项目档案专项预验收意见。工程项目档案专项预验收意见规范性格式见附录 L。

步骤描述 3. 国网直流公司组织预验收问题整改，在预验收结束 20 天内完成整改及复核，问题整改采用图文并茂形式，预验收整改报告报国网直流部。工程项目档案专项预验收整改报告规范性格式见附录 M。

步骤描述 4. 国网直流公司完成档案预验收问题整改 1 个月内，向国网办公厅提出工程档案专项验收申请。工程项目档案专项验收申请规范性格式参见附录 K。

步骤描述 5. 国网办公厅组织工程档案专项验收工作。验收组人数为不少于 7 人的单数，验收组成员应有 3 名副高级以上（含副高级）专业技术人员，必要时可邀请国家档案局有关人员参加验收组。验收组长由办公厅人员担任。验收组根据验收情况，形成工程项目档案专项验收意见。工程项目档案专项验收意见规范性格式参见附录 L。

步骤描述 6. 国网直流公司（建设项目档案管理单位）根据专项验收意见组织国网直流公司开展问题整改工作。国网直流公司在专项验收结束 20 天内完成整改及复核，形成整改报告，问题整改采用图文并茂形式。国网直流公司对整改情况进行核查，形成整体工程档案整改报告报国网办公厅、直流部。工程项目档案专项验收整改报告格式参见附录 M。

步骤描述 7. 国网直流公司收集预验收、专项验收相关资料，整理、组卷、归档。

2.6.3 流程相关规范性格式

（1）工程档案专项预验收申请规范性格式（见附录 K）。

（2）工程档案专项预验收意见规范性格式（见附录 L）。

（3）工程档案专项预验收整改报告规范性格式（见附录 M）。

2.6.4 流程相关风险指标

（1）迎检组织不到位，未能及时、准确回复验收组提出的问题。

（2）档案问题整改不全面、不准确。

（3）验收文件收集不完整。

2.7 项目档案进馆移交流程图（见图 2–7）

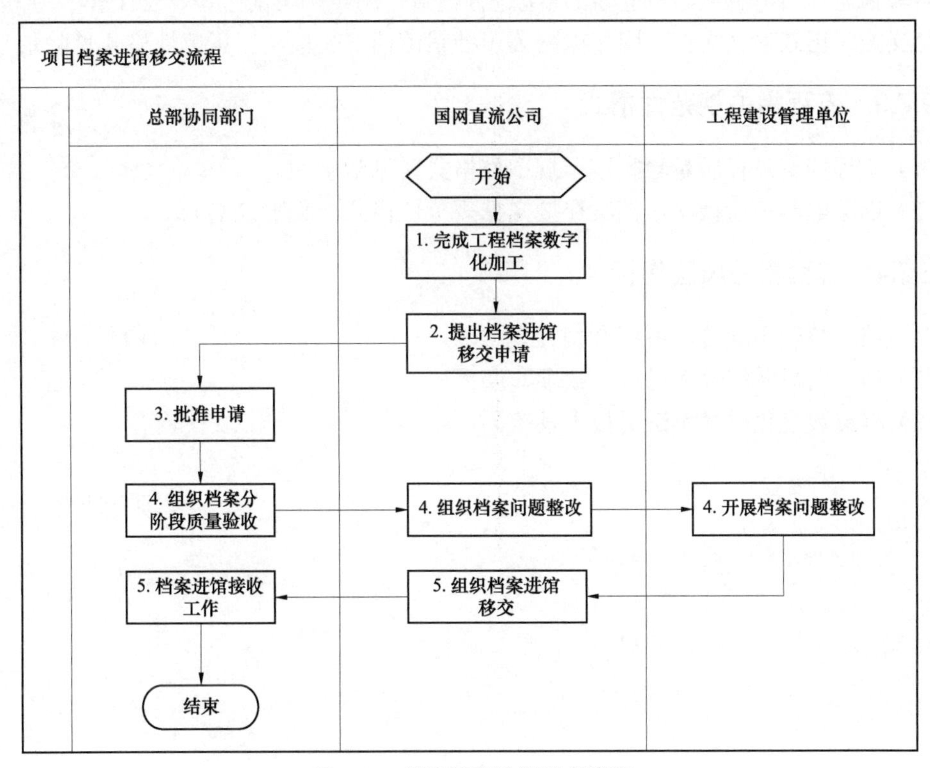

图 2–7　项目档案进馆移交流程

2.7.1　项目档案进馆移交工作关键点

国网直流公司组织项目档案数字化公开招投评工作，确定中标人，并组织实施项目档案数字化。档案数字化工作完成后，国网直流公司向国网办公厅提出进馆移交质量验收申请。国网办公厅批准申请并组织国网档案馆开展工程项目档案（实体及数字化档案）质量核查和进馆接收工作。

2.7.2　流程详细说明

步骤描述 1. 项目档案通过专项验收，且档案集中检查利用期已基本结束后，国网直流公司按照国网公司档案进馆要求和档案数字化技术规范要求，完成工程整体档案数字化加工。

步骤描述 2. 国网直流公司总结项目档案总体情况，向国网公司办公厅提出档案进馆移交申请，即工程档案进行质量验收的请示。工程档案进行质量验收请示规范性格式见附录 N。

步骤描述 3. 国网办公厅批准同意档案接收工作。国网直流公司按照国网档案馆要求，提供工程项目概况、档案整编说明、案卷目录等文件资料。

步骤描述 4. 国网档案馆根据工程档案数量，开展分阶段档案质量验收，质量合格率应在 93%以上。国网直流公司组织档案数字化单位做好质量验收检查问题的整改工作。

步骤描述 5. 国网档案馆对整改情况进行核查，组织档案的进馆移交工作，办理档案预移交文据、正式移交文据。国家电网公司档案馆档案交接文据规范性格式见附录 O。

2.7.3 流程相关规范性格式

（1）工程档案进行质量验收请示规范性格式（见附录 N）。

（2）国家电网公司档案馆档案交接文据规范性格式（见附录 O）。

2.7.4 流程相关风险指标

（1）档案整理不规范，不符合相关规定。

（2）档案信息系统录入错误，缺项、漏项。

（3）档案数字化质量不满足技术规范。

第3章 管理制度

3.1 档案管理制度标准

国家电网公司档案管理办法［国网（办/2）417—2014］

国家电网公司文件材料归档范围与档案保管期限规定（国家电网办〔2017〕131号）

国家电网公司供电企业档案分类表（6～9大类）（办文档〔2010〕56号）

国家电网公司电网建设项目档案管理办法（试行）（国家电网办〔2010〕250号）

国家电网公司电网建设项目档案管理办法（试行）释义（办文档〔2010〕72号）

国家电网公司关于进一步加强重大电网建设项目档案管理工作的意见（国家电网办公厅〔2013〕1001号）

国家电网公司输变电工程安全质量过程控制数码照片管理工作要求（基建安质〔2016〕56号）

国家电网公司直流输电工程建设影像资料拍摄实施方案（直流线路〔2012〕209号）

国家电网公司基建管理通则（国家电网企管〔2015〕221号）

国家电网公司采购活动文件材料归档整理移交管理细则［国网（物资/4）243—2017］

国家电网公司直流建设分公司档案整理及考核实施办法（国网直流内规〔2015〕7号）

直流工程档案工作“两级管控”职责及分工（国网直流综〔2016〕23号）

国家电网公司直流建设分公司工程项目档案资料管理考评实施细则（国网直流综〔2014〕76号）

换流站工程技术资料、设备监造资料、档案管理手册

直流线路工程技术资料、设备监造资料、档案管理手册

3.2 档案管理标准

科学技术档案案卷构成的一般要求（GB/T 11822—2008）

照片档案管理规范（GB/T 11821—2002）

电子文件归档与管理规范（GB/T 18894—2002）

国家重大建设项目文件归档要求与档案整理规范（DA/T 28—2002）

纸质档案数字化规范（DA/T 31—2017）

电力工程竣工图文件编制规定（DL/T 5229—2005）

电网建设项目文件归档与档案整理规范（DL/T 1363—2014）

附录A 工程档案管理工作方案规范性模板

工程档案管理工作方案

1 概述

1.1 工程简介

1.2 编制目的和依据

1.2.1 编制目的

1.2.2 编制依据

2 项目档案管理目标

3 档案管理组织机构及职责

3.1 组织机构

3.2 参建各方职责

4 工程档案管理

4.1 建立档案工作联络机制

4.2 做好档案管理策划

4.3 组织做好培训交底

4.4 加强资料过程管控

4.5 竣工阶段实施档案评价机制

5 工程档案移交及验收

5.1 工程档案移交

5.2 移交验收

5.3 档案专项验收

6　档案信息化管理

附件　1. 工程档案工作实施计划
　　　2. 工程档案工作组成员联系方式
　　　3. 工程档案资料过程管控实施方案
　　　4. 工程档案管理考评实施办法

附录B 工程档案资料过程管控实施方案规范性模板

××工程档案资料过程管控实施方案

1 总则

1.1 编制目的

1.2 档案工作职责

1.3 档案组织机构

2 编制依据

3 档案管理目标与要求

3.1 工程项目概况

主要内容包括工程建设项目情况；开工、竣工时间；工作范围单位及分部工程的划分，每个分部工程计划完工时间；交叉作业情况等。

3.2 档案目标

3.3 档案管理要求

4 工程项目档案资料管控措施（包括工程内容、工作程序、工作要求）

4.1 施工准备阶段

主要内容包括建立档案组织机构，做好人员配备、设备配备；分析档案工作重点；制订归档资料的分类、整理、预立卷计划；编制各分部工程完工时间及对应分部工程形成的项目资料清单；制订工程档案资料检查计划等，落实档案工作与项目管理“同时规划，同时部署”的要求。

4.2 施工过程阶段

工程档案资料过程管控措施，主要内容包括过程及阶段性检查措施；交叉作业资料管控措施；设备厂家资料管控措施；设计院资料管控措施；原材料资料管控措施；档案资料整理立卷措施；影像档案整理措施；档案系统及时准确应用措施等（根据工程建设实际，及时调整、更新《工程档案资料过程管控方案》并报审，按照《方案》形成过程资料，分部工程报审结束10日内，完成全部电子文件的系统挂接任务，具备系统远程检查条件，实现电子档案分阶段移交目标），落实档案资料与工程管理“同时形成，同时检查”的要求。

4.3　竣工验收阶段

主要内容包括竣工资料整理、收集、验收检查、整改、移交归档计划，落实档案资料与项目管理“同时验收，同时移交”的要求。

4.4　创优及专项验收阶段

主要内容包括人员准备、迎检工作准备、问题整改措施等。

5　档案管理考核

附件　1. 工程项目档案预立卷计划
　　　2. 分部工程完工时间及工程资料清单

注：施工项目部《工程档案资料过程管控方案》按通用报审表进行报审，监理项目部审批；监理项目部《工程档案资料过程管控方案》参照施工通用报审表进行报审，业主项目部审批。业主项目部负责将施工、监理项目部《工程档案资料过程管控方案》报公司档案部门、业务部门备案。

附录C　工程档案专项检查报告规范性格式

××工程档案专项检查报告

一、总体情况

工程整体情况介绍，建管单位及参建单位情况介绍，检查情况，检查问题整体描述。

二、共性问题

（一）建管单位（业主项目部）

（二）监理

（三）施工

（四）设计单位

三、整改要求

明确整改责任单位、整改要求（图文并茂整改）、整改时限以及整改报告报送要求等。要求工程各建管单位应组织参建单位对照问题清单逐条逐项进行说明，提供整改图片，并加盖印章。

四、进一步明确事项

总结检查发现的问题，分析确定解决改进措施，进一步统一资料填写及整理的标准。同时，结合本工程档案资料管理后续工作计划，明确提出后续工作要求。

附件　工程项目档案专项检查问题清单

附录D 直流线路工程竣工验收资料检查规范性要求

直流线路工程竣工资料检查范围及要求

一、检查内容

（一）开工和竣工管理控制资料

（1）工程开、竣工报告及监理审查批准记录；

（2）设计交底及施工图会审纪要；

（3） 建设管理纲要、项目管理规划、安全文明施工总体策划、环保总体策划、建设领导小组会议纪要、施工技术作业指导书、措施及监理审查记录、施工技术交底记录及工程协调会议记录（国家电网公司、建设管理单位、监理公司、施工单位）；

（4）设计变更通知单及执行报验单、联系单、材料代用单；

（5）省公司办理的土地征用协议书及付款凭证、土地使用证（或地方政府印发的不征地的有效文件），房屋及其他障碍物拆迁（包括通信线、电力线拆除、跨越赔偿等）协议书、赔偿清单、付款凭证，林地使用同意书、树木砍伐许可证、赔偿协议书及清单、付款凭证，通道树木砍伐及障碍物拆迁完成情况一览表，大跨越封航协议；

（6）业主项目部成立文件；

（7）创优规划、业主强条计划、业主质量通病防治任务书（与各参建单位分别签订）；

（8）建设总结、工程档案总结（施工、监理）、设计总结；

（9）业主协调会纪要；

（10）线路参数测试方案、参数测试报告。

（二）质量保证资料

（1）材料及加工件出厂质量合格证明、试验报告、焊接质量试验报告；

（2）材料跟踪表及材料复试报告；

（3）混凝土、导地线及压接等施工试验报告；

（4）铁塔、导线、地线（含 OPGW）及金具进场开箱检验及报审。

（三）中间验收检查记录资料

（1）施工单位中间验收“三级”质量检查及评级记录；

（2）监理初检报告；

（3）建设管理单位中间检查报告及记录；

（4）质监总站阶段性监督检查申报书及评价报告；

（5）整改、消缺检查确认记录。

（四）施工技术资料

（1）竣工草图，包括各塔厂的竣工草图及竣工草图移交单、质量验评划分表、质量等级评定及汇总表、施工塔号与运行塔号对照表；

（2）路径复测检查记录表；

（3）开挖式基础坑分坑和开挖检查记录表；

（4）房屋分布复测检查记录表；

（5）原状土基础坑分坑和开挖检查及评级记录；

（6）桩基础坑分坑和开挖检查及评级记录；

（7）开挖式（阶梯基础、直柱大板基础、斜柱基础、角钢插入基础）基础检查及评级记录；

（8）原状土（岩石基础、半掏挖基础、掏挖基础、人工挖孔基础、岩石嵌固基础、岩石锚杆基础）基础检查及评级记录；

（9）人工挖孔桩基础检查及评级记录；

（10）灌注桩基础检查及评级记录；

（11）自立式角钢塔组立检查及评级记录；

（12）自立式钢管塔组立检查及评级记录；

（13）导线、地线（含 OPGW）展放施工检查及评级记录；

（14）导线、地线直线液压管施工检查及评级记录；

（15）导线、地线耐张液压管施工检查及评级；

（16）导线、地线（含 OPGW）紧线施工检查及评级记录；

（17）导线、地线（含 OPGW）附件安装施工检查及评级记录；

（18）OPGW 现场开盘测试报告；

（19）OPGW 接头衰减测试；

（20）OPGW 纤芯衰减测试；

（21）电气开方检查及评级记录；

（22）交叉跨越检查及评级记录；

（23）接地装置施工检查及评级记录；

（24）线路防护工程检查及评级记录；

（25）隐蔽工程（基坑验槽）签证记录；

（26）隐蔽工程（岩石锚杆基础）签证记录；

（27）隐蔽工程（基础支模）签证记录；

（28）隐蔽工程（直螺纹连接）签证记录；

（29）隐蔽工程（基础浇筑）签证记录；

（30）隐蔽工程（基础拆模、回填）签证记录；

（31）隐蔽工程灌注桩签证记录；

（32）隐蔽工程灌注桩基础承台（连梁）签证记录；
（33）隐蔽工程（基础防腐处理）签证记录；
（34）隐蔽工程（接地线敷设）签证记录；
（35）隐蔽工程（导地线耐张（引流）液压）签证记录；
（36）隐蔽工程（导地线直线液压）签证记录。

（五）施工协议及赔偿记录资料

（1）青苗赔偿协议书及清单、付款凭证；
（2）施工补偿结算证明。

（六）厂家资料

铁塔、导线、绝缘子、金具、防坠落等。

（七）监理资料

（1）监理规划及报审、监理实施细则；
（2）施工承包商自购主要材料供应商、试验室资质及报审、分包商资质及报审；
（3）监理、施工、勘察、设计人员资质报审（总监、监理工程师、施工项目经理、总工、安全员等）；
（4）特殊工种、特殊工作人员资质报审；
（5）主要施工机械、工器具、安全用具报审；
（6）主要测量器具、试验设备检验及报审；
（7）施工计划报审；
（8）预付款及报审、进度款及报审；
（9）监理月报、设计监理半月报；
（10）监理旁站方案及报审、旁站记录；
（11）监理工作联系单及整改通知单；
（12）业主、设计、监理、施工创优规划、实施细则及报审；
（13）工程建设标准强制条文执行计划、设计、施工执行计划和检查记录、监理检查记录；
（14）施工及监理单位质量通病防治、控制措施、总结和评估报告；
（15）设计、监理单位的质量评价报告；
（16）监理日志、大事记；工程协调会纪要；
（17）平行检查记录；
（18）监理、施工、业主项目部成立文件及单位更名备案的相关文件；
（19）设计、监理、施工总结；
（20）预验收报告及整改闭环文件（包含对资料的检查及整改内容）；
（21）绿色施工方案。

（八）监造单位

主材监造单位的监造计划、监造细则、监造报告。

二、资料检查要求

对竣工资料的检查应符合：按工程管理程序、施工工序审查施工文件形成的完整性；依据现场施工实际情况审查施工记录内容的真实、可靠程度以及竣工图的质量；依据国家、电力行业、国网公司现行标准、规范及要求（特别是按照工程创优要求）审查施工文件的用表、施工文件签署程序。按照国家电网公司《电网建设项目档案管理办法》以及本工程《档案管理工作方案》《档案管理手册》明确的归档范围，审查竣工档案的齐全、完整、成套及归档文件质量情况；按系统整理要求审查竣工档案分类的科学性等；按文件的质量和编制要求审查文件形成、编制等质量情况。

竣工资料检查内容应包含对合同中有关文件编制和移交要求条款的检查项。

三、档案整理要求

工程档案与本体工程同步移交。建设管理单位按照本工程《档案管理工作方案》的归档要求，完成建设单位项目档案的收集、整理、组卷及移交工作；并组织好建管范围内施工、监理、设计单位做好各自负责组卷、整理的档案工作，按期完成档案移交。

（一）施工单位

（1）竣工资料：按照线路工程组卷模式将竣工资料整理完毕，组卷装盒，完成预立卷（可暂不用按照档案号组卷），打出资料目录清单。保证施工资料齐全、完整，签字手续齐全，原件归档。

（2）竣工图：完成一份有设计变更的施工图（竣工草图）的修改工作，并按照《竣工图编制规定》在竣工草图上盖章、签字，填写竣工草图移交单。施工单位于竣工预验收时将竣工草图（有修改的图纸）及竣工草图移交单交监理，由监理交设计院出版竣工图。

（二）材料供货厂家

（1）根据归档目录的要求整理质量保证资料，装订成册，并保证一套原件提交业主，于各标段预验收之前移交施工单位。

（2）厂家收集整理相关设计变更单（包括厂家的变更设计的申请单）、设计院的变更报审、设计变更执行报验单，于预验收之前提交施工单位归档。

（3）铁塔厂家在预验收之前完成有设计变更的加工图（竣工草图）的修改工作，并按照《竣工图编制规定》在竣工草图上盖章、签字，填写竣工草图移交单。厂家将竣工草图（有修改的图纸）及竣工草图移交单提交施工监理。监理提交设计院出版竣工图。

（三）监理单位

按照监理归档范围及组卷模式的要求，组卷装盒，完成预立卷（可暂不用按照档案号

组卷)，打出资料目录清单备查。保证监理资料齐全，完整、签字手续齐全，原件归档。

(四) 设计单位

(1) 设计变更单与竣工图的一致是今后安全运行的保障，也是历次检查验收的重点。设计变更单要注明每项变更的内容，变更图纸的卷册号、图号，与图纸一一对应，便于追溯（业主、监理、设计、施工项目部设计变更的口径须统一，工程总结、设计单位竣工图编制总说明、各专业说明、设计质量评估报告等文件，对设计变更的描述须一致）。

(2) 请各设计院整理所有设计变更单，提供一式 4 套设计变更单原件交施工单位归档；同时填写 DJS–C5 设计变更通知单汇总报验表（2007 版监理典型表式）报监理审核后，交施工单位组卷归档。

(3) 竣工验收完成后，设计院根据合同约定及设计变更单、竣工草图的内容编制竣工图，保证图纸的完整性和准确性。竣工图的组卷归档要求：

1) 竣工图由设计院负责编制、组卷并归档。

2) 设计院应编制竣工图总说明及分册说明与竣工图一并归档。

3) 所有图纸卷册的图纸目录应由设计院加盖竣工图审核章［《国家电网公司电网建设项目档案管理办法》(国家电网办〔2010〕250 号）中图 2 的图章样式］后，交由施工单位、监理单位进行复核、签字确认。

4) 发生设计变更的图纸，设计院应在该张图纸图签的右上方空白处加盖竣工图审核章，交由施工单位、监理单位进行复核、签字确认。

(五) 建设管理单位

建设管理单位负责与工程建设同步形成项目档案，组织相关单位（属地各参建单位）对项目文件开展过程检查；按照工程项目建设管理分工或建设管理委托协议；完成职责范围内房屋拆迁、塔基征地、施工、监理合同等建设项目文件材料的收集、整理、组卷及项目档案的编目。

四、归档份数

本工程要求每一个标段提交一式四套竣工资料，包括竣工图。其中向国网直流公司归档移交一套原件。同时移交一套 PDF 格式的电子版竣工资料，一套项目照片和音像资料。

附录E　换流站工程竣工验收资料检查规范性要求

直流换流站工程竣工资料检查范围及要求

一、检查内容

（一）开工和竣工管理控制资料

（1）工程开、竣工报告及监理审查批准记录；

（2）设计交底及施工图会审纪要；

（3）建设管理纲要、项目管理规划、安全文明施工总体策划、环保总体策划、建设领导小组会议纪要、施工技术作业指导书、措施及监理审查记录、施工技术交底记录及工程协调会议记录（国家电网公司、建设管理单位、监理公司、施工单位）；

（4）设计变更通知单及执行报验单、联系单、材料代用单；

（5）省公司办理的土地征用协议书及付款凭证、土地使用证（或地方政府印发的不征地的有效文件），房屋及其他障碍物拆迁（包括通信线、电力线拆除、跨越赔偿等）协议书、赔偿清单、付款凭证，林地使用同意书、树木砍伐许可证、赔偿协议书及清单、付款凭证，通道树木砍伐及障碍物拆迁完成情况一览表，大跨越封航协议；

（6）业主项目部成立文件；

（7）创优规划、业主强条计划、业主质量通病防治任务书（与各参建单位分别签订）；

（8）建设总结、工程档案总结（施工、监理）、设计总结；

（9）业主协调会纪要。

（二）质量保证资料

（1）出厂质量合格证明、试验报告、焊接质量试验报告；

（2）复试报告；

（3）开箱检验及报审。

（三）中间验收检查记录资料

（1）施工单位中间验收“三级”质量检查及评级记录；

（2）监理初检报告；

（3）建设管理单位中间检查报告及记录；

（4）质监总站阶段性监督检查申报书及评价报告；

（5）整改、消缺检查确认记录。

（四）施工技术资料

对照换流站工程施工记录归档文件范围进行检查。

（五）施工协议及赔偿记录资料

（1）青苗赔偿协议书及清单、付款凭证；
（2）施工补偿结算证明。

（六）厂家资料

（七）监理资料

（1）监理规划及报审、监理实施细则；
（2）施工承包商自购主要材料供应商、试验室资质及报审、分包商资质及报审；
（3）监理、施工、勘察、设计人员资质报审（总监、监理工程师、施工项目经理、总工、安全员等）；
（4）特殊工种、特殊工作人员资质报审；
（5）主要施工机械、工器具、安全用具报审；
（6）主要测量器具、试验设备检验及报审；
（7）施工计划报审；
（8）预付款及报审、进度款及报审；
（9）监理月报、设计监理半月报；
（10）监理旁站方案及报审、旁站记录；
（11）监理工作联系单及整改通知单；
（12）业主、设计、监理、施工创优规划、实施细则及报审；
（13）工程建设标准强制条文执行计划、设计、施工执行计划和检查记录、监理检查记录；
（14）施工及监理单位质量通病防治、控制措施、总结和评估报告；
（15）设计、监理单位的质量评价报告；
（16）监理日志、大事记；工程协调会纪要；
（17）平行检查记录；
（18）监理、施工、业主项目部成立文件及单位更名备案的相关文件；
（19）设计、监理、施工总结；
（20）预验收报告及整改闭环文件（包含对资料的检查及整改内容）；
（21）绿色施工方案。

（八）监造单位

设备监造单位的监造计划、监造细则、监造记录、监造报告。

二、资料检查要求

对竣工资料的检查应符合：按工程管理程序、施工工序审查施工文件形成的完整性；依据现场施工实际情况审查施工记录内容的真实、可靠程度以及竣工图的质量；依据国家、电力行业、国网公司现行标准、规范及要求（特别是按照工程创优要求）审查施工文件的用表、施工文件签署程序。按照国家电网公司《电网建设项目档案管理办法》以及本工程《档案管理工作方案》《档案管理手册》明确的归档范围，审查竣工档案的齐全、完整、成套及归档文件质量情况；按系统整理要求审查竣工档案分类的科学性等；按文件的质量和编制要求审查文件形成、编制等质量情况。

竣工资料检查内容应包含对合同中有关文件编制和移交要求条款的检查项。

三、档案整理要求

工程档案与本体工程同步移交。建设管理单位按照本工程《档案管理工作方案》的归档要求，完成建设单位项目档案的收集、整理、组卷及移交工作；并组织好建管范围内施工、监理、设计单位做好各自负责组卷、整理的档案工作，按期完成档案移交。

（一）施工单位

（1）竣工资料：按照换流站工程组卷模式将竣工资料整理完毕，组卷装盒，完成预立卷（可暂不用按照档案号组卷），打出资料目录清单。保证施工资料齐全、完整，签字手续齐全，原件归档。

（2）竣工图：完成一份有设计变更的施工图（竣工草图）的修改工作，并按照《竣工图编制规定》在竣工草图上盖章、签字，填写竣工草图移交单。施工单位于竣工预验收时将竣工草图（有修改的图纸）及竣工草图移交单交监理，由监理交设计院出版竣工图。

（二）设备供货厂家

根据归档目录的要求整理质量保证资料，装订成册，并保证一套原件提交业主，于各标段预验收之前移交施工单位。

（三）监理单位

按照监理归档范围及组卷模式的要求，组卷装盒，完成预立卷（可暂不用按照档案号组卷），打出资料目录清单备查。保证监理资料齐全，完整、签字手续齐全，原件归档。

（四）设计单位

（1）设计变更单与竣工图的一致是今后安全运行的保障，也是历次检查验收的重点。设计变更单要注明每项变更的内容，变更图纸的卷册号、图号，与图纸一一对应，便于追溯（业主、监理、设计、施工项目部设计变更的口径须统一，工程总结、设计单位竣工图编制总说明、各专业说明、设计质量评估报告等文件，对设计变更的描述须一致）。

（2）请各设计院整理所有设计变更单，提供一式 4 套设计变更单原件交施工单位归

档；同时填写 DJB–C5 设计变更通知单汇总报验表（2007 版监理典型表式）报监理审核后，交施工单位组卷归档。

（3）竣工验收完成后，设计院根据合同约定及设计变更单、竣工草图的内容编制竣工图，保证图纸的完整性和准确性。竣工图的组卷归档要求：

1）竣工图由设计院负责编制、组卷并归档。

2）设计院应编制竣工图总说明及分册说明与竣工图一并归档。

3）所有图纸卷册的图纸目录应由设计院加盖竣工图审核章［《国家电网公司电网建设项目档案管理办法》（国家电网办〔2010〕250 号）中图 2 的图章样式］后，交由施工单位、监理单位进行复核、签字确认。

4）发生设计变更的图纸，设计院应在该张图纸图签的右上方空白处加盖竣工图审核章，交由施工单位、监理单位进行复核、签字确认。

（五）建设管理单位

建设管理单位负责与工程建设同步形成项目档案，组织相关单位对项目文件开展过程检查；按照工程项目建设管理分工或建设管理委托协议；完成职责范围内房屋拆迁、征占地、施工、监理合同等建设项目文件材料的收集、整理、组卷及项目档案的编目。

四、归档份数

本工程要求每一个标段提交一式四套竣工资料，包括竣工图。其中向国网直流公司归档移交一套原件。同时移交一套 PDF 格式的电子版竣工资料，一套项目照片和音像资料。

附录F　工程竣工验收资料组检查报告规范性格式

××工程竣工验收资料组检查报告

一、竣工验收情况

档案资料部分对全线×家业主项目部、×家监理部、×家设计单位、×家施工单位预归档文件的系统性、规范性、准确性、完整性以及基础阶段档案专项检查整改情况进行检查。

二、竣工验收检查结论

（一）总体情况

内容包括档案专项检查问题整改情况以及验收结论。

（工程档案工作实现与工程建设同策划、同形成、同检查、同验收的要求，各项目部资料反映工程建设过程，能够满足生产运营和维护的需要，档案资料质量符合项目竣工验收要求。）

（二）存在问题

1. 共性问题
2. 个性问题

（三）整改建议

三、后续工作安排

附录G　关于进一步明确工程档案后续工作规范性格式

关于进一步明确××工程后续档案工作的通知

××××：

为做好竣工资料整改工作，同时为下一步项目档案整理移交做好准备，对工程后续档案工作明确以下要求。

一、竣工资料整改

二、管理统一事项

（一）工作要求

针对工程档案资料质量通病、容易缺漏项以及后续工作，如工程政策处理文件归档的范围及要求以及档案移交工作等内容，统一明确具体操作要求和工作计划。

（二）档案接收计划

三、后续竣工档案移交工作要求及计划

四、工作联系人

附件 1. 竣工资料检查问题清单

2. 工程政策处理文件归档范围及要求

3. ××公司关于开展××工程××段竣工档案移交的函

××公司（章）

××××年××月××日

附录H 工程竣工资料移交申请规范性格式

××业主项目部关于开展××工程竣工资料质量验收的申请

××（单位档案归口部门）：

××工程已竣工，各参建单位档案资料已按照《重大建设项目档案验收办法》《国家电网公司电网建设项目档案管理办法》《直流换流站工程档案整理手册》《××工程档案管理方案》《换流站工程档案管理手册》等标准、规范要求进行集中分类、整理，业主项目部已组织完成档案自查，竣工资料准确性、规范性符合国家电网公司27项通用制度、国家电网公司标准化手册、工程施工质量验收规范等技术标准要求，竣工资料已符合质量验收必要条件，详见下表。

序号	竣工资料质量验收必要条件	完成情况 （是/否）
1	竣工图已全部出版	
2	厂家资料收集齐全、完整	
3	档案专项检查问题已全部整改闭环	
4	竣工预验收资料检查问题已全部整改闭环	
5	各参建单位（业主、监理、设计、施工）全部档案资料（含数码照片）已按要求分类、整理	
6	全部档案资料已按要求扫描	
7	SG186档案离线客户端软件已全部按组卷模式要求录入完毕，并挂接电子文件	
备注：		

申请公司××部门开展竣工资料移交前质量验收工作。

××工程业主项目部（章）
××××年××月××日

附录I　工程档案移交申请规范性格式

××公司关于开展工程竣工档案移交的函

××××：

根据××文件要求，我公司积极组织××工程各参建单位完成工程竣工验收档案资料检查及档案接收前现场检查问题的整改，现已具备移交条件，特申请开展档案移交工作。相关工作开展情况如下：

一、工程建设情况

（一）工程概况

（二）参建单位

二、工程档案整编情况

（开展竣工档案整理时间、各单位形成的案卷总数，自查问题及整改情况，相关准备工作等）

三、档案检查及整改情况

（工程建设过程中历次档案检查及整改情况）

四、档案移交工作时间计划

附件　1. 档案接收质量检查整改报告

2. 档案移交目录

××公司建设部（部门章）

××××年××月××日

附录J 工程档案预移交文据规范性格式

××工程档案预移交交接文据

<table>
<tr><td>项目名称</td><td colspan="2"></td></tr>
<tr><td>归档说明</td><td colspan="2">（说明较多时，可另附页）</td></tr>
<tr><td rowspan="3">移交数量</td><td>文字材料案卷数：</td><td>照片/声像数：</td></tr>
<tr><td>竣工图案卷数：</td><td>电子文件光盘：</td></tr>
<tr><td colspan="2">其他：</td></tr>
<tr><td>移交单位
自查意见</td><td>（业主项目部填写）</td><td>移交人：
（签名、盖章）
年 月 日</td></tr>
<tr><td colspan="3">项目文件移交清单（附后共×页）</td></tr>
<tr><td>审查单位/部门意见</td><td>（省公司建设部门填写）</td><td>审查人：
（签名、盖章）
年 月 日</td></tr>
<tr><td>接收单位/部门
核查意见</td><td>（国网直流公司档案部门填写）</td><td>接收人：
（签名、盖章）
年 月 日</td></tr>
</table>

附录 K　工程档案专项预验收申请规范性格式

××公司关于申请开展××工程档案专项预验收的请示

××××：

××工程（于××××年××月获得核准，××××年××月开工建设，××××年××月竣工投运，目前工程运行情况良好。

工程概况（项目法人、项目建设管理单位、各参建单位工程建设情况介绍）。

××工程坚持档案管理与工程管理的“四个同时”（同时规划、同时部署、同时检查、工程验收同时移交归档）要求的落实。在工程开工之初，认真开展档案管理策划与技术交底；在施工过程中，通过现场会等形式开展档案管理检查；竣工验收时，同步检查文件材料归档情况，跟踪督导问题整改，以档案管理的规范化，促进工程管理的标准化、精细化。经过工程参建各方××个月的共同努力，××工程共收集、整理完成建设过程中形成的文件、图纸、照片等不同形式和载体的全部文件材料，形成了纸质档案××卷、照片档案××张、光盘××张。

经工程各建管单位组织的自查整改以及国网直流公司组织的档案现场检查，××工程档案收集齐全，签字手续完备，整理规范，案卷质量符合要求，能够反映项目建设的过程和真实情况，符合《国家重大建设项目文件归档要求与档案整理规范》（DA/T 28—2002）、《科学技术档案案卷构成的一般要求》（GB/T 11822—2008）以及国家电网公司相关档案管理要求，已经具备专项预验收条件，特呈请国家电网公司直流建设部组织开展××工程档案专项预验收。

妥否，请示。

××公司

××××年××月××日

（联系人：×××，联系电话：　　　　　）

附录L 工程档案专项预验收意见规范性格式

××工程档案专项预验收意见

根据××公司关于申请开展《××工程档案专项预验收的请示》(文号),××××年××月××日至××日,国网直流部组织有关专家组成档案专项预验收组,对××工程项目档案进行了专项预验收。验收组分别听取了××、××单位关于工程项目档案管理工作的汇报。验收组查验了有关佐证材料,抽查了项目档案,并针对有关问题进行了质询。经综合评议,形成以下验收意见:

一、项目档案管理情况评价

(从工程档案管理工作职责、项目档案管理体系建设、项目档案管控措施、档案创新手段、竣工图编制情况、声像档案情况、档案保管和保护设备等方面进行评价)。

本工程形成档案数量(包括竣工图张数、照片张数、光盘张数等)。

综上所述,验收组认为:本工程项目档案收集基本齐全、整理较为规范,竣工图编制符合规定,能够反映项目建设全过程,达到国家重大建设项目档案验收要求。验收组一致同意本工程项目档案通过专项预验收。

二、问题及建议

附表 1. ××工程档案专项预验收组成员签字表

2. ××工程项目档案专项预验收问题汇总

××工程档案专项预验收组

××年××月××日

附表1 ××工程档案专项预验收组成员签字表

(年 月 日)

验收组	姓 名	单 位	职务(职称)	签 字

附表 2　　××工程档案专项预验收问题汇总

序号	档　号	问　题
1		
2		
3		
4		

附录M 工程档案专项预验收整改报告规范性格式

工程项目档案专项预验收问题整改报告

本次档案专项预验收共提出问题××项，其中信通工程档案××项，换流站工程××项，线路工程××项。

1. 换流站工程整改情况

换流站共抽检了××家参建单位的档案，提出××项问题，已全部整改完毕。

2. 线路工程整改情况

共抽检了××个线路标段共××个参建单位的档案，提出××项问题，已全部整改完毕。

3. 通信工程整改情况

通信工程提出的××项问题，已整改完成。

档案专项预验收问题整改汇总情况详见附表1。

附表1　　工程档案专项预验收整改闭环汇总表

序号	档号	问题描述	整改责任单位	整改情况	
1				已整改	（整改后图片）
2					

附录N　工程档案进行质量验收请示规范性格式

××公司关于申请对××工程档案进行质量验收的请示

国家电网公司办公厅：

工程概况（简要介绍工程建设概况，形成档案数量，通过专项预验收时间及预验收问题整改情况）。

按照《国家电网公司档案馆档案收集管理办法》（国家电网办〔2011〕953 号）的有关要求，同时结合以往特高压直流工程档案数字化工作经验，××公司委托专业数字化公司对××工程档案开展了数字化加工工作，并计划××××年××月××日前完成××工程档案数字化加工。

目前，按照《纸质档案数字化规范》（DA/T 31—2017）要求，××工程档案数字化工作已经完成，呈请按照单项工程向国家电网公司办公厅办理档案的进馆移交工作，并申请进行档案进馆前的质量检查及验收工作。

妥否，请示。

××公司

××××年××月××日

（联系人：　　　，联系电话：　　　　　　　）

附录 O　国家电网公司档案馆档案交接文据规范性格式

国家电网公司档案馆档案交接文据

××公司向国家电网公司档案馆移交________工程档案____卷（含资料卷）。案卷中存在的问题已在移交清册附加说明中体现。

移交案卷情况详见案卷目录。

移交人签名：　　　　　　　　　　　　接收人签名：

审核人签名：　　　　　　　　　　　　审核人签名：

年　月　日　　　　　　　　　　　　年　月　日

第9部分

工程依法合规建设标准化管理

目　次

第 1 章　管理模式及职责 …… 459
1.1　工程依法合规建设管理模式 …… 459
1.2　工程参建各方依法合规建设工作职责 …… 459
第 2 章　工程依法合规建设工作流程 …… 462
2.1　工程依法合规建设现场自查工作流程 …… 462
2.2　工程依法合规建设综合检查工作流程 …… 462
第 3 章　依法合规建设工作相关管理制度 …… 464
3.1　国网公司工程依法合规建设管理相关通用制度 …… 464
3.2　国网公司审计专业管理相关通用制度 …… 464
3.3　工程建设管理单位依法合规建设管理相关制度及文件 …… 464
第 4 章　工程依法合规建设管理措施 …… 466
4.1　在工程开工前组织依法合规建设管理交底 …… 466
4.2　在建设过程中开展综合检查 …… 466
4.3　在竣工投产后提出依法合规建设总结报告 …… 467
4.4　依法合规建设管理风险辨识及防控 …… 468
第 5 章　工程依法合规建设风险防控平台建设及应用 …… 470
5.1　案例收集整理 …… 470
5.2　确定文库建设规则 …… 470
5.3　信息系统开发建设 …… 470
附录 A　工程依法合规建设标准化管理各项工作流程 …… 473
附录 B　建筑物精装修施工图预算的编制流程 …… 477
附录 C　工作联系单要求 …… 478
附录 D　施工承包商安全文明施工措施费台账 …… 479
附录 E　基建管控系统造价管理模块各角色用户任务分解表 …… 480
附录 F　国网直流公司工程依法合规建设现场检查工作流程 …… 481

第1章 管理模式及职责

1.1 工程依法合规建设管理模式

国网公司要求在电网工程建设过程中，严格执行国网公司通用管理制度及公司管理的各项规定，建立制度完善、标准统一、执行严明、管理有序的工程建设管控体系，保障特高压直流工程建设行为依法合规，不发生违法、违规行为，为工程优质高效建设奠定基础。

随着国家法制建设和意识形态工作力度不断加大，中央全面从严治党、全面依法治国深入推进，国资国企和电力改革对电网投资、成本、效率、公平的监管更加严格；社会高度关注特高压工程建设，政府监管和社会监督依法合规建设要求更高；特高压直流工程投资额度巨大、外部环境复杂、技术难度提高、参建单位众多，创建优质工程合规性管理要求更高。后续工程建设，项目接受的外部监管将形成常态化，加强工程依法治企建设、提高风险应对及管控水平、提升工程建设管理水平，是保障公司持续健康发展的一项重要任务。

直流输电工程依法合规建设由国网直流部统一提出管理要求，由工程建设管理单位具体负责工程建设过程中的依法合规管理，各参建单位对自身承担的工作内容承担依法合规管理责任，工程咨询单位对建设过程中各项工作按照依法合规的标准进行检查。在工程建设过程中，形成层次结构清晰、职责明确的管理模式。

1.2 工程参建各方依法合规建设工作职责

1.2.1 国网直流部

国网直流部行使项目法人职能，全面指导、监督、检查项目的实施，组织对项目的审核及审计，进行项目建设全过程监督和检查。对建管单位管理不善，或擅自变更初步设计批复的建设内容、规模、标准等违规行为和违约行为予以纠正、制止。如果工程建设不符合建设管理委托协议的质量或安全要求，将责成建管单位组织整改。

1.2.2 工程建管单位

作为现场建设管理主体，根据与国网公司总部签订的“建设管理委托协议”要求，以及国家有关法律、法规规定，负责工程项目建设的现场依法合规建设组织及管理工作。

1. 依法合规完成受托工程建设管理任务

按照国家法律、法规及国网公司相关管理制度要求，在工程实施阶段对工程项目实施全面管理，建立健全各项管理制度，实现建设管理委托协议中设定的工程安全、质量、进度、投资及档案管理等方面的目标和要求，确保相关建设管理行为依法合规。

2. 接受国网直流部监督和检查

按照国网直流部要求，配合开展相关工作，接受国网直流部组织的项目审核、审计及检查工作，包括（不限于）：重大设计变更、现场签证技术方案及预算费用审核，建筑物装饰、装修施工图预算审核，工程阶段性及总体竣工结算审核，单项工程施工图预算审核，工程实施过程中安全、质量、进度及投资等专项检查，公司系统及行业相关考评、评比、检查等。按照检查工作要求及时组织问题整改、闭环。

3. 开展工程建设过程中的依法合规自查工作

依据相关合同约定及相关法律、法规及管理制度，定期组织开展合规性检查，一是开展公司内部自查工作，结合单项工程特点，对业主项目部及公司相关部门涉及工程建设管理的工作进行检查；二是对施工、监理单位合同履约情况开展综合检查。主要检查内容包括合同执行、分包管理、合同变更、阶段结算、资金使用、环水保监测、安全文明措施费使用、外部协调、计划管理、业主项目部管理等项内容。

4. 配合工程内外部审计及依法治企综合检查工作

接受国家审计署、国网公司组织的工程内外部专项审计及依法合规综合检查等工作，配合审计收资、调研及审核工作，对审计报告提出问题进行整改闭环，完成审计问题回头看、问题梳理，建立风险隐患防控体系，针对工程特点及进展情况，做好分阶段风险警示、预控。

1.2.3 工程参建单位

1. 工程监理单位

依据监理合同约定及相关法律、法规及管理制度，完成合同约定的各项工作内容。配合工程内外部审计及建管单位组织的依法合规建设工作，按照审计单位、建管单位要求提供澄清资料、自查报告，组织问题整改。现场出具的各项审核意见客观、确切，提供的各项基础资料及时、真实、完整。特别是隐蔽工程记录、现场特殊施工措施情况记录、现场签证审核资料、阶段性及总体结算审核资料、工程量计算清单、设备材料采购发票、进度款支付审核意见、地方相关文件、价格依据等。

2. 工程设计单位

依据设计合同约定及相关法律、法规及管理制度，完成合同约定的各项工作内容，配合工程内外部审计及建管单位组织的依法合规建设工作，按照审计单位、建管单位要求提供设计相关的澄清资料、组织问题整改。配合工程阶段性及总体结算审核工作，提供的各项施工方案、图纸工程量审核资料客观、真实、完整，符合招标文件及合同相关约定，符

合行业规定。及时办理设计变更、出具现场签证（与设计图纸相关）及工程进度款支付审核意见，提供重大变更方案、重大工程量变化及预算费用审核报告，提供规范、真实的支撑资料。

3. 工程施工单位

依据施工合同约定及相关法律、法规及管理制度，完成合同约定的各项工作内容，配合工程内外部审计及建管单位组织的依法合规建设工作，按照审计单位、建管单位要求提供澄清资料、自查报告，组织问题整改。按期开展阶段性及总体结算资料编制报送工作，提供的各项结算申报基础资料客观、真实、完整，符合招标文件及合同相关约定，符合行业规定。及时办理设计变更、现场签证（与设计图纸相关），提出工程进度款支付申请，确保提供的支撑资料规范、真实。

1.2.4　工程造价咨询单位

依据咨询服务合同约定及相关法律、法规及管理制度，完成合同约定的各项工作内容，配合工程内外部审计及建管单位组织的依法合规建设工作，按照审计单位、建管单位要求提供澄清资料，组织问题整改。认真开展阶段性及总体结算资料报送工作，审核参建单位提供的申报、审核资料，确保提供的各项基础审核资料及时、客观、完整、翔实，符合招标文件及合同相关约定，符合行业规定。及时提出设计变更、现场签证（与设计图纸相关）、工程进度款支付审核意见，提供的支撑资料规范、真实。

第 2 章　工程依法合规建设工作流程

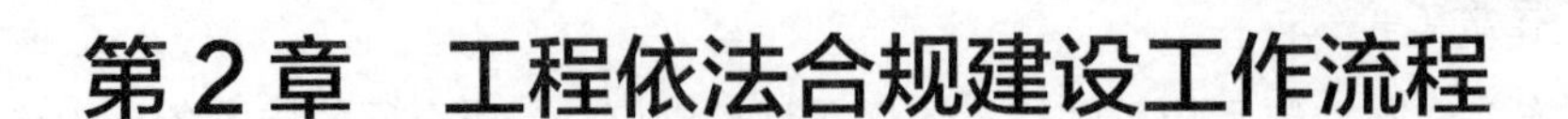

公司依法合规建设管理以各业主项目内部自查及公司检查组现场检查相结合。充分发挥公司内部监督作用，引导、促进相关人员自觉按规定履职、按程序办事，整改闭环防范工程建设管理风险。

2.1 工程依法合规建设现场自查工作流程

第一步：业主项目部按照公司年度依法合规检查工作通知启动自查工作。

第二步：按照依法合规检查工作方案中规定的检查内容，由各专业分别安排自查工作。

第三步：业主项目部应按照工作方案的内容组织各施工、监理、设计单位开展自查工作。检查内容应包括：工程建设管理情况（各参加单位基本情况、分包管理、创优工作开展情况、环保、水保设施施工准备及开展情况、安全文明施工管理）；工程合同管理、工程造价管理情况（现场变更及签证、工程进度款报审、工程阶段及竣工预结算审核）；工程财务管理情况（资金预算申请及支付、业主项目部经费等）。

第四步：业主项目部负责将各专业自查结果完善、审核后提交公司依法合规管理归口部门。

第五步：业主项目部按照公司依法合规检查组提出的整改意见工作联系单，组织各参建单位开展整改落实工作，完成整改闭环。将整改落实报告上报公司依法合规管理归口部门。

以上具体工作流程详见附录 F。

2.2 工程依法合规建设综合检查工作流程

第一步：建管单位依法合规管理归口部门根据工作实际制定工作方案并发出工作通知。

第二步：业主项目部组织各工程依法合规专项建设管理工作自查，并于规定时限内向建管单位依法合规管理归口部门提交自查报告。

第三步：建管单位依法合规管理归口部门报经公司领导批准后，会同相关部门在公司范围内选定相关专业人员组成检查组，针对当年年内在建直流工程开展现场检查。

第四步：检查范围为自查报告中汇报的各项相关工作，同时还将结合以往内外部审计

及历年国网公司依法治企综合检查发现的问题，开展检查。

第五步：现场检查完成后，依法合规综合检查组负责向建管单位工程分管领导汇报后，向各参建单位提出整改工作联系单，明确问题及整改要求。

第六步：建管单位依法合规管理归口部门收集整理各工程业主项目部依法合规整改报告后，负责将检查整改报告起草工作签报，向公司分管领导汇报。以上具体工作流程详见附录F。

第 3 章　依法合规建设工作相关管理制度

3.1 国网公司工程依法合规建设管理相关通用制度

国家电网公司输变电工程结算管理办法［国网（基建/3）114—2017］

国家电网公司输变电工程设计变更与现场签证管理办法［国网（基建/3）185—2017］

国家电网公司资金管理办法［国网（财/2）345—2014］

国家电网公司工程财务管理办法［国网（财/2）351—2014］

国家电网公司输变电工程施工分包管理办法［国网（基建/3）181—2017］

国家电网公司输变电工程业主项目部管理办法［国网（基建/3）180—2015］

国家电网公司输变电工程施工安全风险识别评估及预控措施管理办法［国网（基建/3）176—2015］

国家电网公司输变电工程安全文明施工标准化管理办法［国网（基建/3）187—2015］

国家电网公司招标活动管理办法［国网（物资/2）121—2016］

国家电网公司非招标采购实施细则［国网（物资/2）122—2016］

国家电网公司党风廉政建设责任制实施办法［国网（监察/3）171—2014］

3.2 国网公司审计专业管理相关通用制度

国家电网公司工程项目审计管理办法［国网（审/3）498—2014］

国家电网公司审计工作管理办法［国网（审/1）669—2016］

国家电网公司经济责任审计办法［国网（审/3）132—2013］

国家电网公司审计成果运用管理办法［国网（审/4）505—2014］

国家电网公司招投标管理审计办法（国家电网审〔2012〕196 号］

3.3 工程建设管理单位依法合规建设管理相关制度及文件

国家电网公司直流建设分公司技经工程量管理规定［直流（基建）A029—2015］

国家电网公司直流建设分公司工程进度款申报和审核管理规定［直流（基建）A030—2015］

国家电网公司直流建设分公司工程项目管理标准化文件

国家电网公司直流建设分公司相关的现场建设管理制度

《××工程建设监理及施工合同》

《××工程建设管理大纲》

第 4 章　工程依法合规建设管理措施

4.1 在工程开工前组织依法合规建设管理交底

加强特高压直流工程依法合规建设，也就是要求在工程建设的每个环节都要严格遵守国家的法律、法规以及国网公司提出的各项规章制度。国网公司要求各级单位努力提升公司法治力，加强制度建设和执行，强化制度刚性约束，所有工程参建人员以及各相关单位，必须从思想上、组织上、作风上和制度上形成有力的保障。深入扎实地在工程开工前组织依法合规建设管理交底，努力提高各参建人员的法律素质与思想觉悟，营造良好的工作环境，正是确保工程依法合规建设顺利开展的重要举措。

依法合规建设管理交底的目的是要促使各参建人员全面了解与特高压直流工程建设有关的各项法律、法规与规章制度，具体的交底对象也是参与工程管理的各专业人员，主要包括业主项目部项目经理以及技术、安全、质量、协调、造价等专业管理人员；监理单位总监以及各专业监理负责人；设计单位设总以及建筑、结构、水工、暖通、电气、通信等专业设计人员；施工单位项目经理以及技术、物资供应、安全、质量、造价等专业管理人员；造价咨询单位审核负责人以及各类专业审核人员等。

依法合规建设管理交底通常应安排在各专业工程开工前施工准备阶段完成，根据不同专业工程施工准备工作的差异，交底的时间要求各不相同。如换流站项目四通一平等附属工程应在开工前一周内完成交底，本体建筑工程应在接收平整施工场地前两周内完成交底，本体电气安装工程应在施工单位正式进场前一周内完成交底。直流输电线路工程则应在线路本体工程正式开工前一月内完成交底。

4.2 在建设过程中开展综合检查

切实加强工程依法合规建设主要是依靠提高各参建单位自身的管理水平、增强各参建人员责任意识来实现，而各项具体工作是否确实达到了依法合规建设要求，则要通过具体专业管理人员以外的其他专家来检查确认。在工程建设中开展依法合规综合检查，其目的就是为了检查工程建设的各个环节是否确实按照法律、法规及以各项规章制度的要求执行到位，进一步规范与工程项目建设管理相关的各项工作，防范工程建设管理风险，杜绝工程建设中的违法违规现象，保障工程建设管理行为依法合规，创建精品工程。

工程依法合规建设综合检查范围是对应工程建设各项管理专业以及各参建单位开展

的具体工作来确定的，主要可分为五个方面：

（1）相关法律、法规与规章制度的学习及落实情况：检查各参建单位对于相关法律、法规与规章制度学习情况；检查工程建设过程中对各项规定的落实情况，如各单位工程项目部组建及成员任免手续是否合规、主要负责人员与工程建设管理要求是否相符；检查工程建设相关证书及手续办理是否满足建设主管部门的要求等。

（2）工程建设管理工作情况：具体检查各参建施工单位分包管理、安全质量管理、工程技术管理情况；工程设计图纸提供及使用情况；与工程建设有关的环保、水保设施施工准备及开展情况；工程安全文明施工措施实施及管理情况等。

（3）工程造价管理工作情况：具体检查各参建施工单位设计变更与工程签证工作情况；工程进度款申报、相关工程量与费用审核情况；工程分阶段与总体竣工结算工作开展情况等。

（4）业主项目部经费管理工作情况：具体检查开办费、办公用品、安全费、劳动保护费支出情况，相关合同、台账、出入单，抽查购买的办公家具实物与账面是否相符；检查车辆使用费支出情况，相关台账、出车单；检查固定资产费用支出情况，固定资产卡片，保管使用清单，逐项核实各项实物资产与账面是否相符；检查各项预算经费支出明细、相关合同，是否存在“账外账”及“小金库”的情况；检查现场人员考勤和现场津贴发放情况。

（5）其他与工程建设有关的工作情况：在依法合规建设检查结束后，应由负责检查的专家汇报检查结果，明确检查过程中发现的各项问题，提出整改工作意见。依法合规综合检查组负责向建管单位工程分管领导汇报后，向相关工程参建单位提出整改工作联系单，明确各项具体问题整改要求。

对于具备整改条件的，要立行立改、不留死角，在检查组提出的时限前整改到位。暂不具备整改条件的，各相关工程参建单位应提出整改工作计划明确整改措施，报经检查组同意后按计划实施。整改工作责任人员应站在强化依法合规建设管理要求，提升特高压直流工程建设管理能力的高度，高质量完成问题整改。

4.3 在竣工投产后提出依法合规建设总结报告

工程依法合规建设是一项长期的工作，在工程开工前完成的依法合规建设交底，建设过程中开展的综合检查等仍是过程工作措施，属于短期管理行为，要真正提升直流工程依法合规建设的成效，要着力于提升各参建单位在依法合规建设工作中的责任意识，真正做到在工程建设的全过程，各单位专业人员能主动地、自觉地按照依法合规的管理要求开展各项工程建设活动。在工程竣工投产后，对全过程工程依法合规建设工作进行总结，就是按照闭环管理要求，总结具体直流工程依法合规建设的成效，反馈开展综合检查后整改工作的完成情况，剖析检查过程中发现的典型问题，从而实现提升各参建单位在依法合规建设工作中的责任意识这一目标。

通常应在工程竣工投产后三个月内，编制工程依法合规建设总结报告，具体报告内容共分为三部分：

（1）总结该工程建设过程中，完成的各项依法合规建设相关工作，包括各直流工程项目《依法合规管理策划》的编制以及主要内容；业主项目部开展的依法合规建设自查工作内容；建管单位开展的工程依法合规建设综合检查工作内容等。

（2）总结在该工程历次依法合规建设自查与综合检查过程中发现的相关问题，说明各相关单位整改工作开展及佐证材料提供情况。

（3）分类描述该工程在依法合规建设方面发生的典型案例，每类问题提出 1～2 项典型问题，剖析问题产生的原因，分析解决问题的具体措施办法，以及取得的经验及反思。

4.4 依法合规建设管理风险辨识及防控

制定针对有效、执行严明的直流工程项目依法合规建设管理策划，对工程建设过程中潜在的风险进行辨识，根据可能发生的风险提出防控措施，进一步保障特高压直流工程建设行为依法合规，不发生违法、违规行为，为工程建设顺利开展奠定坚实基础。

4.4.1 工程进度款审核风险

风险防控重点：工程各参建单位应严格执行合同条款约定，工程量计量单位、计算原则应与招标工程量保持一致。

具体风险防控工作：业主项目部组织参建各方开展施工图纸（含设计变更图纸）会审及交底，对交付现场的施工图（包括蓝图、白图）及时完成工程量清单计算工作。按照工程里程碑计划执行情况施工合同工程量清单项目的实际完成工程量进行审核确认，申报进度款的工程量应按照当期实际完成的实物工程量及合同单价计算进度款。施工单位将所完成的工程量清单（工程量计算口径按照招标工程量提资口径填写，包括已确认的设计变更、现场签证等工程量）报送至设计、监理、业主项目部依次进行审核。设计单位根据提出的设计工程量计算文件，核算施工单位报送的进度款清单项目施工工程量。监理单位依据合同条款及里程碑进度，审核施工单位申报的实际完成工程量，对隐蔽项目工程量进行审核，并对设计单位提供施工图工程量进行复核。工程造价咨询单位按照业主项目部统一安排，核查各期工程进度款申报资料的准确性及完整性，确保工程资金支付安全。

业主项目部根据工程进度定期组织施工、设计、监理单位对已完成的工程量进行核对，对新增项目的补充单价，严格执行合同约定，设计、监理单位出具明确审核意见及费用计算过程。业主项目部定期对工程进度款进行测算，审核是否支付进度满足合同，是否与工程实际完成情况相符，查看是否存在漏报、超付工程进度款等情况。在工程整体结算尚未完成时，工程进度款累计支付总额至合同价款的 85%时，应停止支付，待合同结算批复后再予以支付。

4.4.2 未及时办理设计变更及现场签证

风险防控重点：

（1）严格执行国网公司关于设计变更及现场签证的管理规定，加强现场管理，先办理变更后再行组织实施。

（2）各参建单位重视工程现场出具变更及签证办理情况，严格执行各方签证制度，保留有效施工过程记录、图片、会议纪要等。

（3）业主项目部根据工程现场变更及签证的实际办理情况每月向造价管理部门报送变更及签证管理台账，每季度工程管理部门及造价管理部门召开工程技经协调工作会，开展变更及签证过程检查，审查已办理变更及签证事项的支撑性资料是否齐全，流转办理的时限是否符合规定。

4.4.3　施工合同预结算不准确

风险防控重点：

（1）严格执行施工招标文件及施工合同相关条款规定，注意施工标包间接口划分，掌握施工合同结算条款约定，及时、规范做好工程施工过程中的相关工作。如工作签证签署、变更确认、变更流程的监控、工程量核算、进度款审核、变更费用测算等。

（2）做好施工图工程量审核工作。

（3）做好现场工程量签证等原始资料的积累工作。

（4）对于施工图设计外发生的其他依据合同可调整的新增项目，收集相关基础资料，及时、规范完成变更审核流程。

（5）结算资料规范化，结算文件的内容组成和格式要求符合国网公司下发的输变电工程结算管理办法的要求。

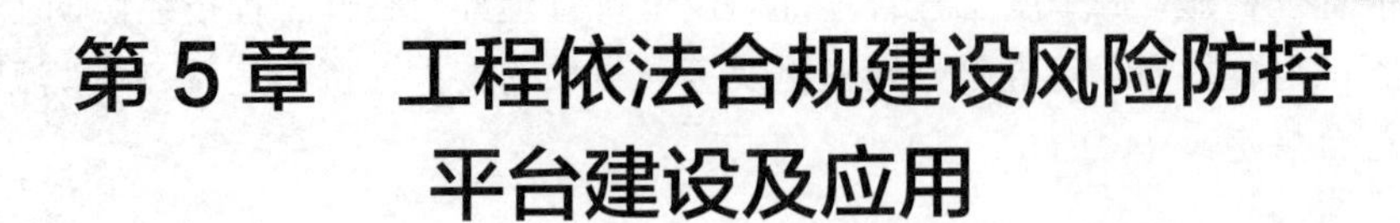

第 5 章　工程依法合规建设风险防控平台建设及应用

工程依法合规建设风险防控平台建设与应用，可以更好地总结直流工程依法合规建设经验，让决策者和各级管理人员通过已有案例举一反三，解决问题、规避风险。

工作主要分三部分：案例收集整理、确定文库建设规则以及信息系统开发建设。

5.1 案例收集整理

即总结、梳理已投运工程的建设全过程风险点，针对直流工程各个建设阶段，多方面入手，着重分析工作中可能存在的依法合规建设管理方面的风险因素，剖析原因，制订解决措施，形成依法合规建设风险防控的典型案例库。

5.2 确定文库建设规则

为提升案例文档的利用率和便于检索，案例材料必须包括案例名称、工程名称、所属建设时间段、问题详细描述、原因分析、制度依据、整改或预防措施、案例关键词等 8 项要素，其中案例关键词的规则设定是文库建设的关键所在。根据目前收集案例所提取的关键词以及按照现有的管理经验，将关键词按照风险的来源类别划分较为合适，分为招标、现场管理、设备/材料、环保、设计、变更与签证等 6 大类别，保证了划分的纬度完整性，便于后期文库的扩展；同时为了保证关键词的选取规范统一，参照文档专业管理要求制订了关键词 7 项选取原则。

5.3 信息系统开发建设

依托目前使用的基建管控系统，在换流站管理模块中开辟依法合规建设风险防控页面。

初始页面呈现为所有工程项目各类风险防控案例统计总表，如图 5–1 所示。

通过选择工程名称或直接点击数量链接，可进入详细查询页面，如点击酒泉换流站招标类别的案例数量 5，则出现酒泉换流站所有招标类别的案例总表，见图 5–2。

点击案例名称可进入单个案例详细查询，如图 5–3 所示。

依法合规风险统计

选择工程名称　查询　导出

序号	工程名称	招标	环保	设备/材料	现场管理	设计	变更与签证	总计
1	灵州±800kV换流站工程	5	8	2	10	5	5	35
2	绍兴±800kV换流站工程	5	5	5	5	5	5	30
3	酒泉±800kV换流站工程	5	5	5	5	5	5	30
4	晋北±800kV换流站工程	5	5	5	5	5	5	30
5	锡盟±800kV换流站工程	5	5	5	5	5	5	30
6	上海庙±800kV换流站工程	5	5	5	5	5	5	30
7	古泉±1100kV换流站工程	5	5	5	5	5	5	30
8	扎鲁特±800kV换流站工程	5	5	5	5	5	5	30
9								
10								
11								
12								
13								
14	合计	40	43	37	45	40	40	245

20　1　/　当前总记录　条，每页显示　条。

图 5–1　风险防控案例统计总表

依法合规风险

酒泉±800kV换流站工程　选择工程名称　关键词：招标　招标文件遗漏　风险案例名称：　查询　重置　添加

序号	工程名称	风险案例名称	填报人	发生的时间段	关键词
1	酒泉±800kV换流站工程	调相机合同签订日期滞后开工日期三个月	原琛琛	2016.7	招标文件遗漏
2	酒泉±800kV换流站工程	调相机合同签订日期滞后开工日期三个月	原琛琛	2016.7	招标文件遗漏
3	酒泉±800kV换流站工程	调相机合同签订日期滞后开工日期三个月	原琛琛	2016.7	招标文件遗漏
4	酒泉±800kV换流站工程	调相机合同签订日期滞后开工日期三个月	原琛琛	2016.7	招标文件遗漏
5	酒泉±800kV换流站工程	调相机合同签订日期滞后开工日期三个月	原琛琛	2016.7	招标文件遗漏
6					
7					
8					
9					
10					
11					
12					
13					
14					

20　1　/　当前总记录　条，每页显示　条。

图 5–2　通过工程名称或数量查看某类案例

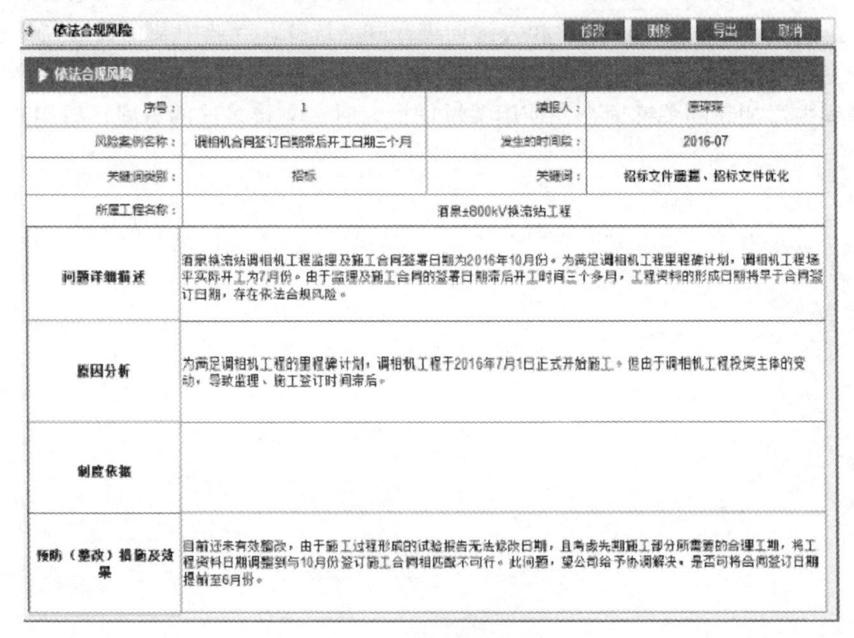

依法合规风险　修改　删除　导出　取消

依法合规风险

序号：	1	填报人：	原琛琛
风险案例名称：	调相机合同签订日期滞后开工日期三个月	发生的时间段：	2016-07
关键词类别：	招标	关键词：	招标文件遗漏、招标文件优化
所属工程名称：	酒泉±800kV换流站工程		
问题详细描述	酒泉换流站调相机工程监理及施工合同签署日期为2016年10月份。为满足调相机工程里程碑计划，调相机工程场平实际开工为7月份。由于监理及施工合同的签署日期滞后开工时间三个多月，工程资料的形成日期将早于合同签订日期，存在依法合规风险。		
原因分析	为满足调相机工程的里程碑计划，调相机工程于2016年7月1日正式开始施工。但由于调相机工程投资主体的变动，导致监理、施工签订时间滞后。		
制度依据			
预防（整改）措施及效果	目前还未有效整改，由于施工过程形成的试验报告无法修改日期，且考虑先期施工部分所需要的合理工期，将工程资料日期调整到与10月份签订施工合同相匹配不可行。此问题，望公司给予协调解决，是否可将合同签订日期提前至6月份。		

图 5–3　案例详情查询

系统数据维护由国网直流公司工程造价管理部门负责，各建设管理单位相关专业均可根据设定检索范围查询。每个工程风险案例收集整理完成后，工程造价管理部门即根据各单位案例维护系统数据。编辑页面如图 5–4 所示。

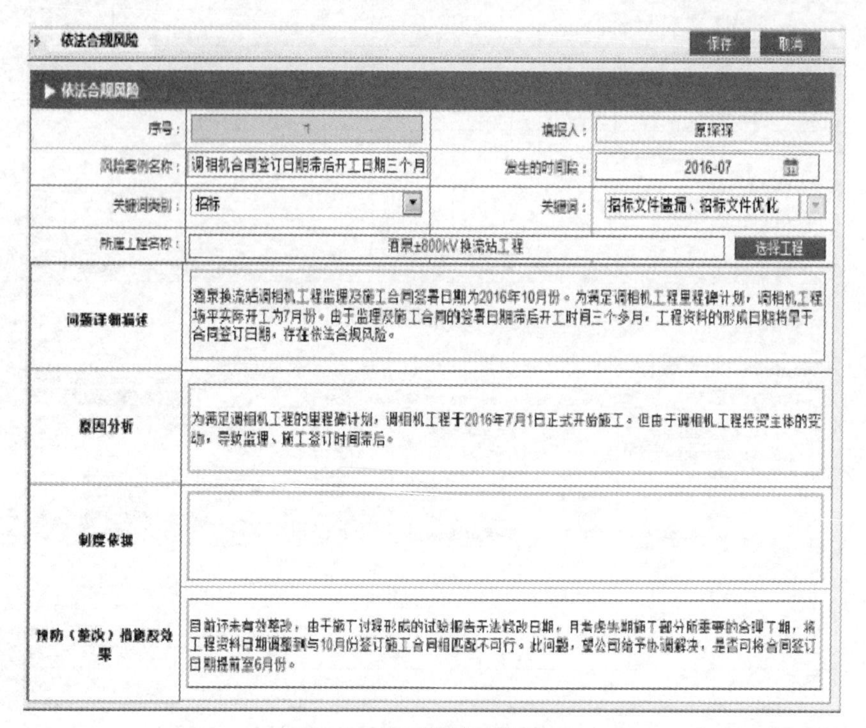

图 5–4　案例详情编辑页面

其中，关键词类别即指招标、现场管理、设备/材料、环保、设计、变更与签证 6 大类别，下拉列表选择关键词类别，和关键词进行联动选择。当选中某个关键词类别后，关键词下拉列表显示的为该关键词类别包含的关键词，若所选择的关键词不满足用户使用，可在关键词内添加新的关键词。在使用关键词检索时，支持多选的方式，以用户使用。

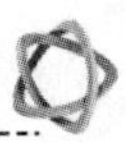

附录 A 工程依法合规建设标准化管理各项工作流程

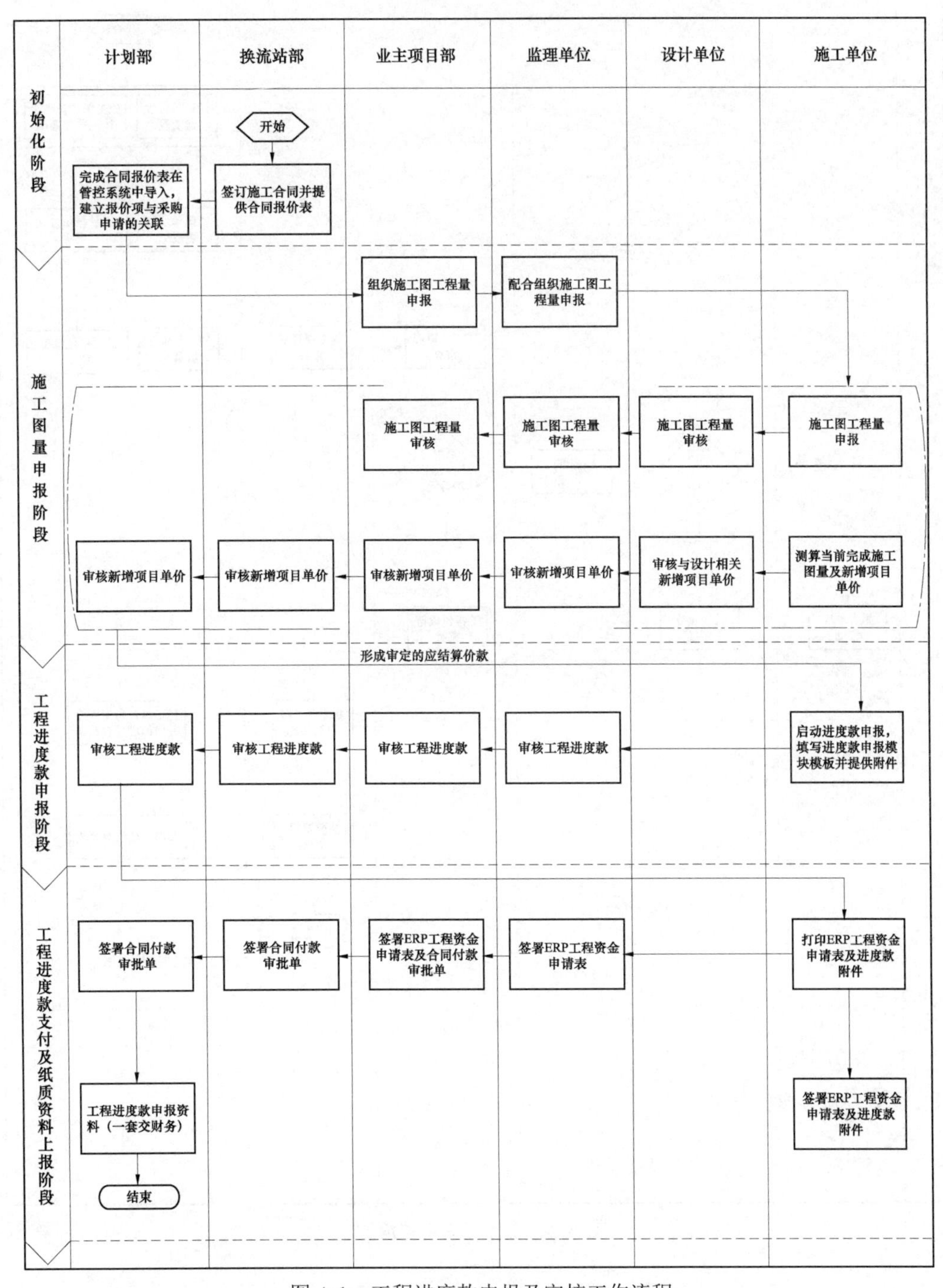

图 A.1 工程进度款申报及审核工作流程

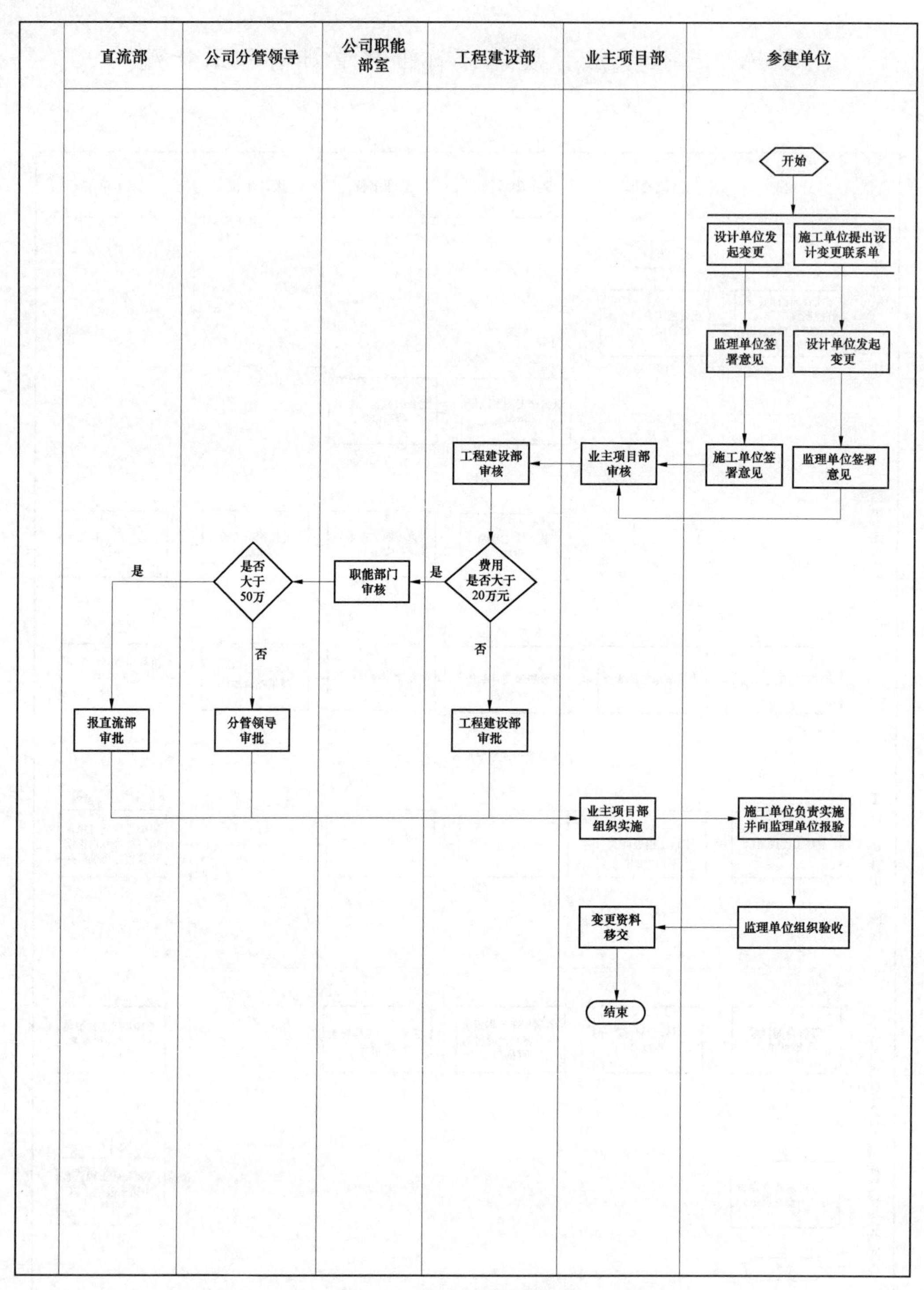

图 A.2　设计变更管理流程

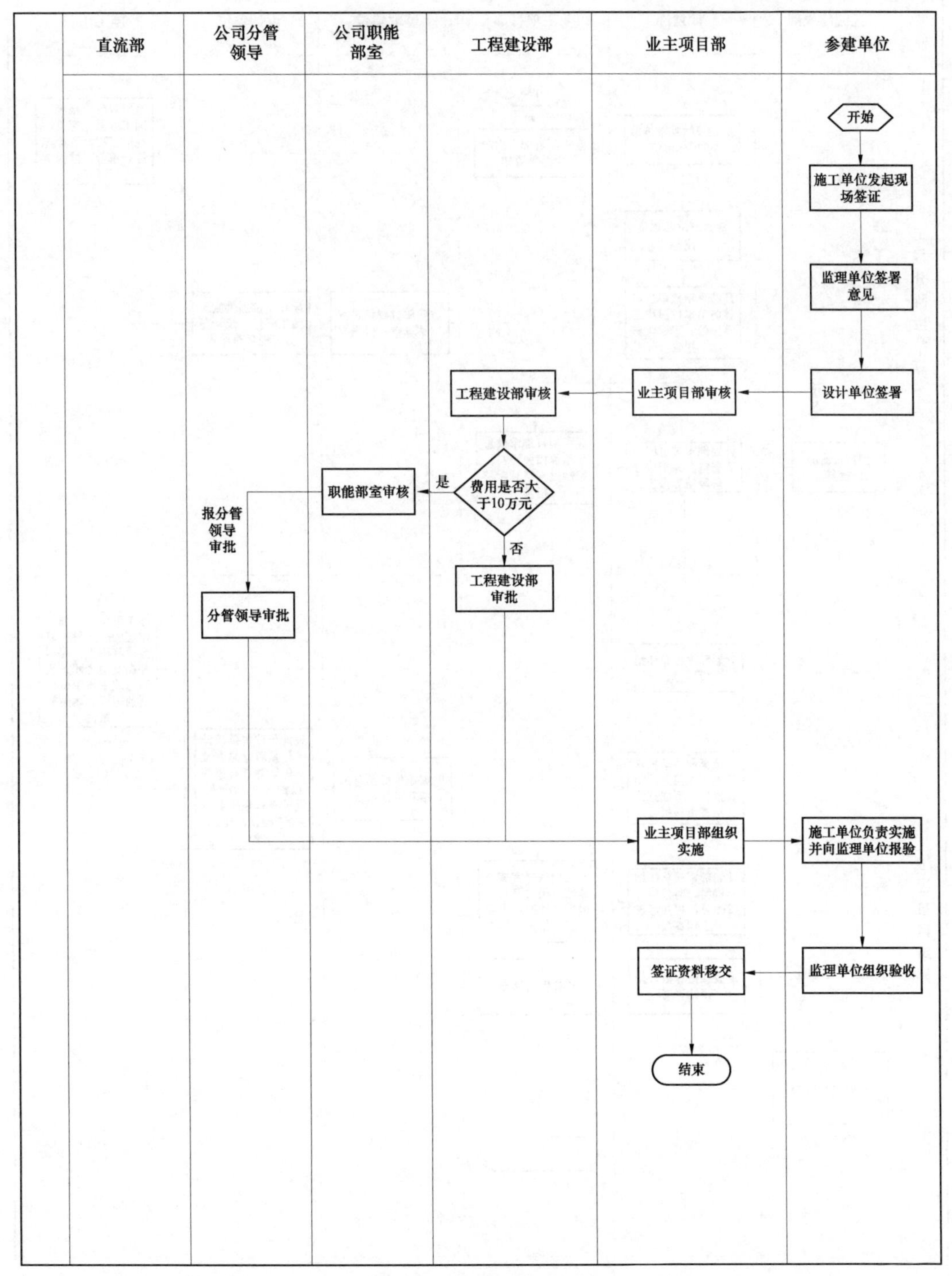

图 A.3　现场签证管理流程

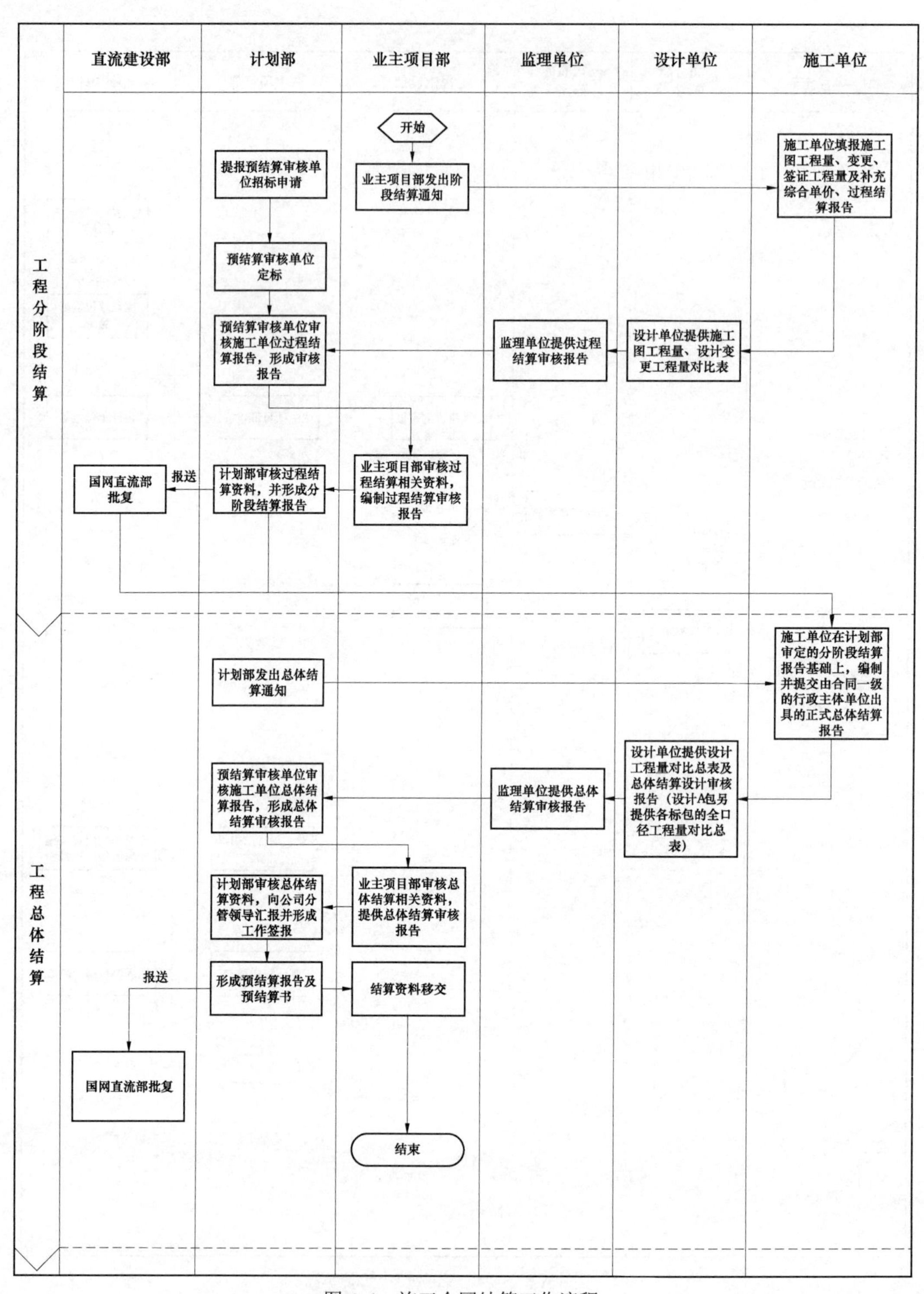

图 A.4　施工合同结算工作流程

附录B 建筑物精装修施工图预算的编制流程

第一步：施工单位上报建筑物精装修的装饰方案及优化后的装修图纸，施工方案中要明确采用的主要装饰材料的材质、品牌、规格、颜色等主要参数。

第二步：由监理单位、设计单位、业主项目部、运行单位对方案进行评审，审核通过后的方案需五方确认签字。

第三步：施工单位将审批的装饰方案和装饰优化图纸提交设计，设计需将优化装饰图体现在工程的竣工图中。

第四步：施工单位将主要装饰材料的价格资料报监理项目部审核。装饰材料要与装饰方案中的材料一致，材料的选购要提供比价过程资料，比价过程资料分两种情况：① 施工单位装饰采取专业分包的，需提供分包单位竞价文件，包括材料报价单、总包单位的招评标资料、装饰材料；② 总包单位自行采购装饰材料：普通装饰材料价格原则上参照当地信息指导价，信息价中没有或特殊的装饰材料价格超过信息价的，需提供各供应商比价资料。以上两种方式都需要有确价过程，装饰材料发票，且提供发票的验证证明，材料价格清单首先报监理审核，监理审核后报业主项目部。

第五步：设计单位技经根据图纸和经确认的材料价格编制装修施工图预算报监理项目部，监理项目部对建筑物精装修出具审核意见，加盖印章，完成后报业主项目部。

附录C 工作联系单要求

一、工作联系单作用：

工作联系单作为现场签证的重要过程性支撑资料，主要用于土石方工程、隐蔽工程等施工周期较长，性质相同的签证确认；它的优点在于能及时、全面、真实地反映现场施工情况，便于监理、业主对现场签证事情的管控和确认。

二、工作联系单附件资料的要求：

1. 施工简图。施工简图要能反映施工的部位，尺寸、深度等关键性因素，落款需施工项目部、监理项目部签字盖章证明该示意图是经过审核的。

2. 工程量计算书。计算式要清晰、准确，工程量由监理单位把关，并对计算书进行复合，落款需施工项目部、监理项目部签字盖章：如果监理对施工单位上报的工程量有异议，需将自己的计算过程体现在计算书上。

3. 施工照片。施工照片要真实反映现场实际情况，照片要有铭牌，反映工程名称、分部分项工程的部位、时间，落款需施工项目部、监理项目部签字盖章。

4. 涉及隐蔽换填工程，需要提供验槽记录复印件。

附录D 施工承包商安全文明施工措施费台账

名称：±1100kV古泉换流站工程

序号	标包	单位名称	合同安全文明施工费	安措费审核明细			合计	累计支付比例	备注
				2016年10月	2016年11月	2016年12月			
1	桩基A包	武汉南方岩土工程技术有限责任公司							
2	桩基B包	中冶集团武汉勘察研究院有限公司							
3	土建A包	安徽送变电工程公司							
4	土建B包	上海电力建筑工程公司							
5	土建C包	安徽电力建设第一工程有限公司							
6	电气A包	安徽送变电工程公司							
7	电气B包	黑龙江省送变电工程公司							
8	电气C包	辽宁省送变电工程公司							
9	调相机	上海电力建设有限责任公司							

注 1. 分阶段编制安全文明施工标准化设施报审计划，明确安全设施、安全防护用品和文明施工设施的种类、数量、使用区，将报审计划匹配到“古泉换流站安全文明施工费形象进度台账”中，做到先计划，后实施。建立“古泉换流站安全文明施工措施费台账”，应根据各自安全文明施工费实际使用情况如实申报。

2. 在实施过程中应认真落实《国家电网公司输变电工程安全文明施工标准化管理办法》[国网（基建/3）187—2015]和《国网基建部关于全面实施输变电工程安全文明施工设施标准化配置工作的通知（基建安质〔2017〕2号），对应“古泉换流站安全文明施工费实际进度台账”，提供相关票据复印件，安全文明标准化设施发放台账。全面真实反映安全文明施工费使用情况。

3. 应将进场的标准化设施报监理项目部和业主项目部审查验收，及时报审安全文明施工费。待监理、业主审核合格后，将与工程进度款同期支付。

附录E 基建管控系统造价管理模块各角色用户任务分解表

功能分解		角色任务					
		施工	设计	监理	业主项目经理	换流站部	计划部
结算管理	报价导入	—	—	—	—	—	负责导入报价表，分总价承包和单价承包两种类型分别导入，保证序号完整，纯文本格式
	采购申请导入	—	—	—	—	提供给计划部本合同的采购申请列表	负责在进度款管理模块导入该合同的全部采购申请
	实现报价子项目和采购申请的关联	—	—	—	—	—	将报价子项目与采购申请实现关联
	施工图工程量填报	根据收到的施工图统计工程量，统计口径与招标口径一致，完成填报	施工方填报提交后，设计各方填报自身设计量	—	—	—	—
	施工图工程量审核	—	—	审核施工方填报数量是否和设计数量一致，是否与招标口径一致	完成审定	—	—
	新增项目工程量填报	根据委托文件及图纸统计工程量	施工方填报提父后，设计谷方填报自身设计量	—	—	—	—
	新增项目工程量审核	—	—	审核施工方填报数量是否和设计图纸一致，是否计算合理	完成审定	—	—
	新增项目单价填报	根据相关依据估算单价，线下提供依据，线上填报	—	—	—	—	—
	新增项目单价审核	—	—	线下审核其计算依据，线上审	线下审核其计算依据，线上审	线下审核其计算依据，线上审	完成审定

附录F　国网直流公司工程依法合规建设现场检查工作流程

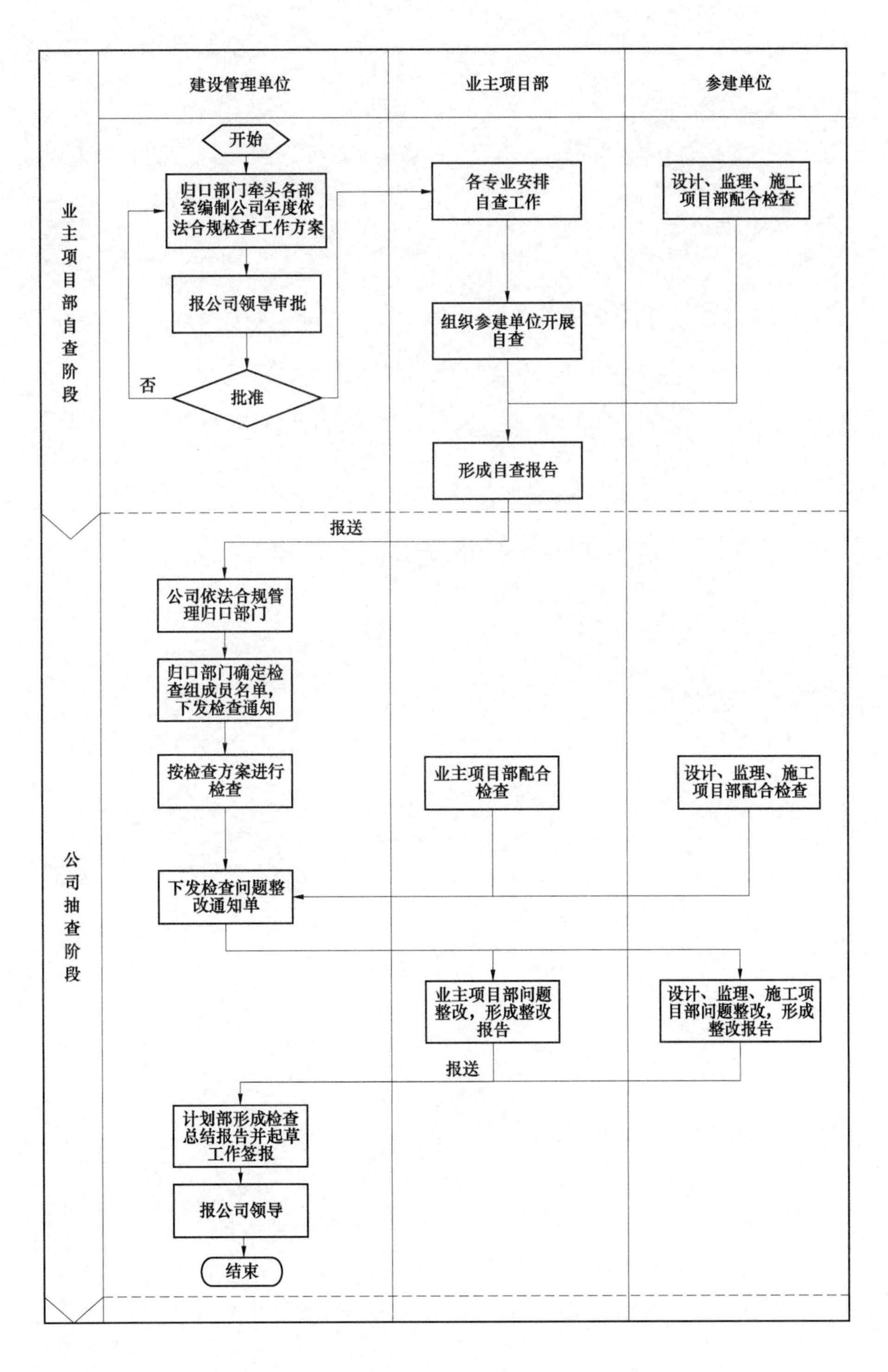